Gerhard Ochsenfeld

# Durch die Raumakustik muss ein Ruck gehen

*2., vollständig überarbeitete Auflage*

Herstellung und Verlag: **BoD** – Books on Demand, Norderstedt

**https://www.bod.de./buchshop/**


Druckvorstufe:    Gerhard Ochsenfeld, Velbert – Langenberg

Kontakt Autor:

**Raumakustik Premium e. K.**
Unterer Eickeshagen 30
42555 Velbert – Langenberg
**www.raumakustik-premium.de**

gerhard@raumakustik-premium.de




ISBN-13:        978-3-756-27670-7  (– Paperback –)
                978-3-756-80465-8  (– eBook –)

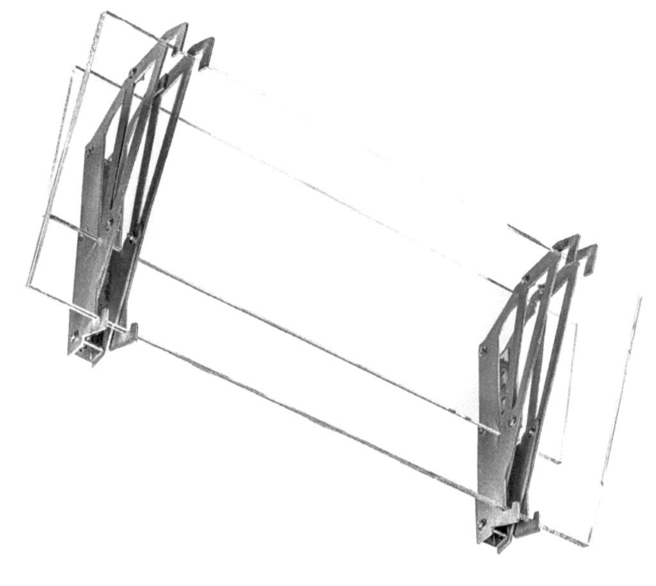

**ReFlx**-System,
Glasreflektor und Glasinnenschild auf
Edelstahlträgern (Prototyp);

*nächste Seite:*
**ReFlx**-450|900|35°mx3, Fichte-Dreischicht, seriell

*(beide gemäß DPMA-Anmeldungen)*

# raumakustik-premium.de

gerhard@raumakustik-premium.de

**Raumakustik Premium e. K.**

Gerhard Ochsenfeld

Unterer Eickeshagen 30
42555 Velbert - Langenberg

+49 2052 – 92 84 650

+49 160 – 785 1447

Ich hätte gern verschiedenen Personen
meinen Dank und meine Anerkennung öffentlich
zum Ausdruck gebracht – hier und sichtbar. Für
Unterstützungen, die mich in der einen oder
anderen Weise weitergebracht haben.

Mehr als eine Person hat mich dafür sensibili-
siert, mich grundsätzlich auf den jeweiligen
persönlichen Dank zu beschränken:
Wo Außenstehende mich ketzerisch finden oder
jemand anders mich als unsachlich empfinden
könnte, oder wo Außenstehende die Neutralität
unterstützender Person in Frage stellen könnten,
da kann auch leicht ein schlichter Dank weniger
zum Orden – den man zeigen oder für sich ganz
allein am Herzen tragen kann – als vielmehr gleichsam wie eine Tätowierung geraten, die man nur
schwer wieder los wird…

Also lieber doch – nicht ignorant und das eine
oder andere Engagement Dritter vergessend –
danke ich an dieser Stelle ausdrücklich:

niemandem.

eigene Tuschezeichnung
nach zwei Fotografien von Daniel J. Boorstin

„Das größte Hindernis
für Entdeckungen ist
nicht die **Unwissenheit**

– sondern das **Trugbild**
von Wissen."

*Daniel Joseph Boorstin, 1914 – 2004*
*Sozialhistoriker*

*(‚The 6 O'Clock Scholar',*
*Washington Post, 29. Januar 1984;*
*in eigener Übersetzung)*

# Inhaltsverzeichnis


**vorab...**

Vorrede zur 2ten Auflage ......................................... 16
Herrn Herzog die Ehre ............................................ 18
Vorwort ............................................................ 20


**Teil I**
Worum es geht...

Raumakustik – ein Thema, das uns alle betrifft ...... 25
Was Sprache ausmacht ........................................... 28
„... es sind eben nur Modelle" ............................... 34
Un-Schärfen ...................................................... 45
*kleiner Exkurs – Raum und Zeit*
   *Sabine's Kritik an der Ästhetik* ........................... 52
Ein Gaukler mit der Schnarre ................................. 67
Raumakustik – ein Auffassungsproblem ................. 74
Ein Funke Hoffnung ............................................ 78
*kleines philosophisches Intermezzo*
   *Was Menschen antreibt* ...................................... 81
Tiefe Frequenzen ............................................... 83


**Teil II**
der Lösungsweg

PrimOrdium – zurück zum Ursprung ..................... 95
   *unabhängiges Gutachten zum **ReFlx**-System:*
Raumklang zwischen Maß & Nutzen .................... 100
   *was das **ReFlx**-System im Schulalltag leistet:*
praktische Resultate ........................................... 123

**Teil III**
Irrungen und Wirrungen

zu DIN 18041 –
    Eine Stellungnahme zur Stellungnahme ............ 129
Der tiefere Sinn .................................................. 138
Kommunikationsräume ......................................... 148
Ein Blick in die Nachbarschaft: DIN 4109 ............ 160
Auf dünnem Eis: DIN 18041 ............................... 169
Sprachverständlichkeit passiv unterstützen
– eine Empfehlung aus DIN 18041 ...................... 183
Von der Bedeutung technischer Regeln .............. 192


**Teil IV**
neue Wege

das **ReFlx**-Konzept ......................................... 197
Turbulenz als Widersacher – und Freund ............. 202
Sabine'sche Formel – kein „Goodbye"… ............. 209
Wonach wir suchen ............................................ 217
Dämonen und Projektionen ................................. 237
*kleines geschichtliches Intermezzo*
    *Turbulenzen in der Zeit* ................................. 259
Nach Hall eine halbe Stunde zu Fuß .................... 261
Der Schallbeugung auf den Zahn gefühlt ............ 270
Wir fah'n, fah'n, fah'n auf der Autobahn ............. 274
Eine Aufforderung zum Tanz ............................... 278
Deklarierte Ahnungslosigkeit .............................. 288
Der Raumkante freundlich begegnen ................... 298
Von Wellenbrechern und Schutzschilden ............. 305
Neue Wege in der Raumgestaltung ...................... 312

**Teil V**
Grundlagen und kritische Betrachtungen

(k)ein Dilemma für Planende ................................ 323
von einer Stellungnahme zur ASR A3.7 ................ 329
Sprache – hier nicht: als Kulturgut ........................ 338
Hörgeräte – und wie sie funktionieren ................. 348
Das Ohr ................................................................. 356
Von tiefen Frequenzen .......................................... 367
Die Verdeckung höherer durch
   tiefe Frequenzen .............................................. 371
Von tiefen Frequenzen und Raumkanten – und
   wie eine DIN 18041 den Arbeitsschutz verletzt ...... 379
Abschied von der Welle ......................................... 391
Die Raumkante – der unerforschte Raum ............. 400
Schalldruck und Ausbreitung ................................. 406
Der Gleichbehandlungsgrundsatz
   – hier: für Sprache und Musik ........................... 414
Strömungsabriss – die dunkle Seite
   – *eine Exkursion* ........................................... 420
Turbulenzen stören Tragfähigkeit ......................... 445
Strömungsabriss – die freundliche Seite ............... 452
Halligkeit .............................................................. 460

*Gemurmel dröhnt drohend...* ............................. 467

DIN 18041 – von Sinn bis sinful ............................ 470

*kleine Exkursion*
   *Relativität und Wahrheit* ................................. 474

Über Direktschall und Erstreflexionen .................. 484
Hohe Frequenzen sterben
   einen schnellen Tod ......................................... 495

**Ausklang**

   *– über Meinung und Motivation*

   *Die Schweigespirale* .......................................... 508


Personenregister ...................................... 536
Stichwortverzeichnis ............................... 538


---

vorab…

# Vorrede zur 2ten Auflage

Was Boorstin *auch* sagt: Was der Mensch früh verinnerlicht, das schlägt im Denken so tiefe Wurzeln, dass es nicht leicht zu überwinden ist. – Dass auch Stolz eine Barriere für Erkenntnis sei, das darf die Erfahrung lehren, muss man aber zumindest nicht verallgemeinern.

Während Frau Noelle-Neumann einmal im Interview behauptete, persönlicher Ruhm sei ihr völlig unwichtig, wie es überhaupt Forschenden zueigen sei, sich ganz im Dienste der Wissenschaft persönlich hintan zu stellen – sich mithin persönlich unsichtbar zu machen – so ist es aber doch (selbst-) verständlich, dass Forschende eben „auch nur Menschen" sind: Natürlich möchte man die persönliche Anerkennung für sein Schaffen (*und etwaiges Lebenswerk?*) auch spüren können.

Mit diesem Buch möchte ich davon niemandem etwas nehmen, sondern hege allein die Absicht, Widersprüche und Irrtümer aufzudecken, Menschen aufzurütteln und Veränderungen einzufordern.

Wo aber so genanntes Wissen und wo Fachkenntnisse dazu führen, dass voreilige Schlüsse gezogen, berechtigte Zweifel beiseite gewischt, mangelhafte Zustände bewahrt werden, da begehre ich auf.

In diesem Sinne rufe ich all jene, die noch nicht Geschichte sind, auf, sich an der Erforschung und Entdeckung dessen, was *ich* nur anstoßen kann zu beteiligen:

Für die Raumakustik heißt es „**Zurück auf LOS**". Für die Forschung gibt es wieder ganz viel Grundlegendes zu entdecken!

In die vollständige Überarbeitung meines Buches ist in erheblichem Maße die Weiterentwicklung meiner Produkte und weitergehende Recherche eingeflossen.

Hier gilt insbesondere mein Hinweis auf **Wallace C. Sabine**, der bereits vor über einhundert Jahren und noch zu seinen Lebzeiten wichtige Hinweise veröffentlicht hatte, mit denen er selbst die von ihm in einer Frühphase aufgestellte „Gesetzmäßigkeit" faktisch und detailreich in Frage gestellt hatte.

Die zurückliegenden Monate haben mir einige wichtige weitere Grundlagen und Entwicklungen (und inzwischen auch ein Gutachten) beschert… aber auch die ernüchternde Einsicht, die ich unter anderen Erträgen und nicht allein von der DAGA 2022 mitnehmen musste, dass der Mensch an sich (zum Glück nicht stets, aber doch augenscheinlich überwiegend) eher zugänglich ist für das Gefühl der Kränkung, als für die Gewissheit, dass **Erkenntnis** noch stets allein durch **Brüche** vorangetrieben wurde – niemals aber durch den bloßen Zuwachs von **Kenntnis**.

Gerhard Ochsenfeld
im August 2022

# Herrn Herzog die Ehre

„Durch Deutschland muß ein Ruck gehen", hatte Roman Herzog in seiner Funktion als Bundespräsident in seiner viel beachteten Berliner Rede am 26. April 1997 prägnant appelliert. – So prägnant, dass man diese lange Rede im Internet auch als „Ruck-Rede" finden kann.

Nach 25 Jahren ist das Einzige, das an diesem Satz überkommen anmutet, dass Herr Herzog – zeitgeschichtlich korrekt – mit „ß" zitiert wird.

Auf der Suche nach einem passenden Titel für mein Buch hatte ich plötzlich diese Worte im Kopf… und die Erinnerung an eine Rede, die dem Präsidenten Roman Herzog dereinst nicht nur freundlichen Zuspruch eingebracht hatte. Einem Präsidenten zudem, der unspektakulär zum Amt gelangt war und dieses ebenso unspektakulär ausübte.

Dennoch war Roman Herzog ein Präsident, der sein Amt in einer Art, Tiefe und Umfänglichkeit verstanden hatte, wie andere Präsidenten kaum je – und der es verstanden hat, dieses Amt auf seltene Weise würdig und glaubwürdig auszufüllen.

Manche oder viele empfanden Herzogs Kritik als ungehörig für einen Bundespräsidenten – der der Neutralität verpflichtet sei. Aber es gibt *nichts* an jener Rede, das die Neutralität verletzte.

Eine Ehefrau erhob sich später gar im Voraus zu urteilen, es sei beschämend, wenn von einer Präsidentschaft nicht *mehr* bliebe als nur *ein* Satz – und huldigte damit vorauseilend einem, der sich gut damit hätte begnügen können, zwei Jahrzehnte lang der hochangesehene Ministerpräsident des einwohnerstärksten deutschen Bundeslandes gewesen zu sein. Und *das* den wirtschaftlichen Niedergängen und Umbrüchen zum Trotz.

*Das* empfand ich als beschämend für jenen geachteten Mann, als sie es vorauseilend in laufende Kameras hinein ausgesprochen hatte – und für einen, der sein Lebenswerk bereits geleistet und erfüllt hatte. *Gerade* seine **Bundes**präsidentschaft blieb sang- und klanglos.

Jener Satz von Roman Herzog ist nur das Markanteste, an das man sich erinnert – während man gern noch einmal zu jener Rede greift.

In einigen Punkten *ist* ein Ruck durch Deutschland gegangen, in vielen Punkten *hat* sich etwas getan.

Überwiegend und bedauerlicherweise sind Herzogs Worte noch immer oder wieder aktuell.

Nun ist es stets von umstrittener Kraft, Worte aus ihrem Zusammenhang zu reißen. Hier aber hatte Herr Herzog selbst seine Rede so trefflich zusammengefasst und schlüssig konzentriert in diesem seinem eigenen Satz – als Teil seiner Rede. Dieser eine Satz, der mir – ähnlich zitiert – so passend erscheint, um wiederum *mein* Anliegen kurzzufassen.

Gerhard Ochsenfeld,
Juli 2021 / August 2022

# Vorwort

„Bei der verbreiteten Hochachtung für imposante Architektur und Nichtachtung funktioneller Akustik wird es [...] höchste Zeit, dass sich Akustiker schlau und auf den Weg machen, um [...] mit entsprechend angepassten Werkzeugen, Materialien und Bauteilen praktikable Problemlösungen anbieten zu können."

*(Fuchs, Helmut V.: ‚Raumakustik und Schallschutz in kleinen bis mittelgroßen Räumen' im „Bauphysik-Kalender 2014", Ernst & Sohn 2014 – Seite 618)*

*Nun hat sich inzwischen durchaus etwas getan, um einige Jahre später nicht mehr eben von der „Nichtachtung funktioneller Akustik" sprechen zu müssen.*
*Insbesondere aber eröffnet das **ReFlx**-System eine neue Dimension für die Raumakustik – mit einer un-geahnten Klangtransparenz – **und** eröffnet der Architektur neue Freiheiten – durchaus auch: **die man sich wieder** herausnehmen kann.*

In der Branche – der Raumakustik – wird viel darüber gesprochen, dass ein Wandel erforderlich und wie sehr vonnöten sei. Das betrifft nun ganz unmittelbar die **Qualität** von so etwas wie Raumakustik.
Wenige sprechen seit Jahrzehnten darüber. Viele sind mindestens seit vielen Jahren unzufrieden mit einem wachsenden Regulierungsdruck, den man im Sinne des Arbeitsschutzes sehr begrüßt hatte. – Der aber schlussendlich inhaltlich enttäuscht hat, derweil die selbstgesteckten Ziele verfehlt werden:
Mit DIN 18041 in 2. Novelle wird **Lärm** nur vordergründig (sehr) stark eingeschränkt – insbesondere aber gute „Hörsamkeit" und gute **Sprachverständlichkeit**

für Kommunikationsräume wird *nicht* erreicht.

Hier gilt nun mein Hinweis auf die Raumkanten – und auf Prof. Fuchs, den die gutmütigen Spötter gern mal den „Raumkanten-Papst" nennen. Zumindest mir gegenüber stets mit einem wohlgesonnenen Lächeln im Gesicht, derweil ihnen gerade die Wichtigkeit der Raumkanten sehr wohl bewusst schien.

Wo die Raumkanten unbeachtet bleiben, ist *gute* Raumakustik kaum zu erlangen. Und DIN 18041:-2016-03 kennt die Raumkanten allein als Wort, nicht aber als Problem und höchstens randläufig als Chance.

---

*[...] um [...] mit entsprechend angepassten Werkzeugen [...] praktikable Problemlösungen anbieten zu können.*

---

Absorption ist das Credo jener Norm – und das plakativ deklariert Wohlmeinen zugunsten aller Personen mit erhöhtem Bedarf an guter Hörsamkeit.

Es sind jedoch gerade andere akustische Konzepte – jenseits von DIN 18041 – die für betroffene Personen eine hohe Alltagstauglichkeit erzielen. In allen solchen Fällen findet man die Raumkante angemessen berücksichtigt – wenngleich bisher stets durch Absorption oder Resonanz.

Hört man Betroffenen zu, oder hört man Auftraggebern zu, die davon zu berichten wissen, dass Klagen nach akustischen Sanierungen eher schüchtern und spät wieder aufflammen, dann ahnt man, dass da *etwas* in der Raumakustik gewaltig schief läuft...

Mit diesem Buch zeige ich nicht nur auf, *was* schief läuft, sondern erläutere deutlich die Mängel und Missverständnisse in der Raumakustik. Ganz entschieden

– damit bin ich weder der Erste noch der Einzige –
stelle ich die Legitimität geltender Normen in ihrer
bestehenden Form in Frage.

Darüber hinaus erläutere ich meinen Lösungsweg
– als eine solche geforderte „praktikable Problemlösung": Für klaren Raumklang, eine gute „Durchhörbarkeit" (Fuchs) – eine akustische Transparenz, die
nicht zuletzt so etwas wie gute Sprachverständlichkeit
überhaupt erst ermöglicht.

---

das **ReFlx**-System *ist*
ein solches Werkzeug

---

Ich stelle weder den Wunsch nach Richtlinien in
Frage, noch die Legitimität solcher Richtlinien an sich.
Und Fuchs darf man recht geben, wenn er zwischen
den Zeilen gefordert hatte (2014), eine gute Raumakustik müsse nötigenfalls per Gesetz derselbe Stellenwert zugesprochen werden wie etwa dem Brandschutz
oder dem Wärmeschutz.

Mit einer ASR A3.7 ist dem (seit 2018) entsprochen
worden.

(Arbeits-) Schutz bedeutet aber nicht nur, konkrete
oder potenzielle *Gefahr* abzuwenden und vor etwas
zu *schützen* – sondern auch, *etwas zur Verfügung* zu
stellen: *optimale Arbeits- oder Lernbedingungen*.

Gerhard Ochsenfeld, Velbert-Langenberg
Juli 2021 / August 2022

# Teil I

## Worum es geht

# **Raumakustik** – ein Thema, das uns alle betrifft

*Raumakustik.*

*Klingt „weit weg" – und eher kompliziert.*

*Aber Raumakustik war selten wirklich so kompliziert, wie man uns das Glauben macht.*

*Und ‚eigentlich' geht Raumakustik sogar ganz einfach. Insbesondere in „kleinen" und nicht mehr ganz kleinen Räumen.*

Raumakustik geht jede, jeden und jedermann etwas an, wird jedoch häufig noch nicht einmal *dann* als Ursache des Übels (an-) erkannt, wenn die Raumakustik gewaltig in Schieflage ist.

Tatsächlich sind wir ständig umgeben von furchtbarer Raumakustik. Ich meine akustische Gegebenheiten in Räumen, die Musik breiig klingen und dumpf dröhnen lassen – und sprachlichen Austausch behindern.

Hat nun jemand ein *deutliches* Problem mit der Raumakustik, dann müssen nicht selten die betroffenen Personen **beweisen**, dass diese Probleme mehr sind als Einbildung, Wichtigtuerei oder ein ungehöriges Ringen um Aufmerksamkeit.

Beispiel: Als Lehrkraft an einer von deutschlandweit über 32.000 allgemeinbildenden Schulen haben Sie ein Problem mit Lärmspitzen und miserabler Sprachverständlichkeit – insbesondere dann, wenn aufgrund von Nachhallzeiten „bewiesen" ist, dass eine „gute Sprachverständlichkeit" vorliege. Da fällt Ihnen die undankbare Aufgabe zu, um Ihre Glaubwürdigkeit zu ringen.

Für so etwas Unauffälliges, so etwas Unsichtbares
wie Schall vergibt sich ungern Geld. Medial gut und
stark umsetzbare Themen sind da einfach beliebter –
wie seit einigen Jahren die Digitalisierung der Schulen
oder jüngst die Belüftung von Räumen.

Anderes Beispiel: In Ihrer Küche daheim ist es oft
quälend laut – ganz gleich, ob Ihre Kaffeemaschine
Ihnen eine Tasse Genuss oder einen dringend nötigen
„Hallo-Wach" bereitet, ob Sie gemeinsam mit Freun-
den essen und ausgelassen plaudern und lachen oder
Ihre Kinder stürmisch und aufgeregt vom Vormittag
erzählen. Es klirrt in Ihren Ohren und bringt Sie
allmählich dem Wahnsinn näher.

Oder: Im Vereinsraum kommt man gern zusammen,
um zu feiern oder um konstruktiv Probleme zu erörtern.
Aber schon jeder Gedanke an eine Versammlung ist
auch ein Graus, denn weder kann man am langen Tisch
den Diskussion gut folgen, noch ist es auszuhalten,
wenn sich allmählich viele kleine Grüppchen bilden, so
dass am selben langen Tisch gleichzeitig drei, vier oder
fünf Keimzellen des bloßen Lärms entstehen.

---

**die wesentliche und eigentliche Störung
entsteht in den Raumkanten**

---

Das Problem ist immer dasselbe:
Je nach Einrichtung eines Raumes bedeutet das
überwiegend und in den meisten Fällen, dass vor allem
die Raumkanten im Übergang von den Wänden zur
Decke stören. – Dasselbe, wo diese nicht durch
Schränke oder Regale zugestellt sind, betrifft auch die
*senkrechten* Kanten.

Und all das auch dann, wenn die Decke bereits „bedämpft" worden ist. In den seltensten Fällen nämlich ist eine solche „Bedämpfung" so ausgeführt, dass der Kanteneffekt im Übergang von Wand zu Decke mindestens hinreichend abgeschwächt ist. Und die senkrechten Raumkanten betrifft es ohnehin – und weiterhin.

Das beinahe noch größere Problem mit den bedämpfenden Decken ist, dass die Sprachverständlichkeit – allen anders lautenden Behauptungen zum Trotz – *schlechter* wird als vorher:

Allen Raumnutzenden, sprechend oder hörend, wird angenehme Ruhe geschenkt – solange man sich noch locker einfindet und in kleinen Grüppchen leise plaudert. Aber sobald jedes dieser Grüppchen den Rest vergisst und laut und angeregt miteinander geredet, gelacht wird, oder wenn es schließlich darum geht, einem Vortrag zu folgen oder sich an Diskussionen zu beteiligen, wird allen **mehr** zugemutet als zuvor: Auf der einen Seite *mehr* Sprechanstrengung, auf der anderen Seite *mehr* konzentriertes Zuhören (was die Konzentrationsfähigkeit wiederum schneller und früher dahinschmelzen lässt).

Wenn nun also Maßnahmen endlich bewilligt und Gelder zugesagt sind, dann heißt das noch lange nicht, dass das eigentliche Problem mit Lärm und mit der **Sprachverständlichkeit** auch behoben wird…

# Was Sprache ausmacht

Zu Beginn möchte ich zu klären versuchen, was Sprache eigentlich ausmacht. Dabei muss ich gleich anmerken, dass ich vermutlich zahlreichen und komplexen Wissenschaften quer ins Fahrwasser kreuze:

Mit eigenen Schwerpunkten weise ich auch auf Widersprüche und Ungereimtheiten in bisherigen Darstellungen hin.

Zunächst stelle ich fest – und verkürze damit an dieser Stelle noch in gewohnter und übliche Weise:

*Sprache lebt von und in Konsonanten.*

Aber da die **Vokale** zwischen den Konsonanten *sehr wohl* wichtig sind, muss ich präziser werden.

Mit dem folgenden Satz möchte ich verdeutlichen, dass eine genau genommen äußerst prekäre Übereinstimmung der Konsonanten extrem unterschiedliche Wortbedeutungen allein über die vokalische Prägung *zwischen* den Konsonanten gewinnen kann:

---

*Die fest angezurrte **Z**ie**g**e **z**ei**g**te uns, als
sie mit starkem **Z**u**g** an der **Z**ar**g**e **z**og, dass
Zaun und Gatter nicht viel taugten.*

---

Oder: Ein einfacher Versuch kann jedermann aufzeigen, dass Sprache *nicht* von der Stimmhaftigkeit der Vokale lebt – sondern im Gegenteil Vokale ihrer Natur nach *gar nicht* stimmhaft *sind* – obwohl Name bzw. Bezeichnung darauf hindeuten möchten:

„**Vo|kal** ⟨vo-] m. 1; Sprachw.⟩ *Laut, bei dem der Atemstrom ungehindert aus dem Mundkanal entweicht (a, e, i, o, u); Sy Selbstlaut; Ggs. Konsonant;* ⇨ *Lexikon der Sprachlehre* [ <lat. *vocalis* „Selbst-

laut; tönend, klangreich"; zu *vox*, Gen *vocis* „Laut, Ton, Stimme"]"
(*entnommen: BROCKHAUS, WAHRIG – Deutsches Wörterbuch, von Renate Wahrig-Burfeind; wissenmedia in der inmedia ONE] GmbH, 2011*)

In der Phonetik hält man sich hier offenbar mit leichter Zurückhaltung etwas offener:

„Als *Konsonant* wird ein Laut definiert, der durch ein Hindernis im Ansatzrohr oder in der Glottis gebildet wird und normalerweise nicht den Silbengipfel bildet. Als *Vokal* wird ein Laut definiert, der ohne Hindernis im Ansatzrohr gebildet wird, der nahezu immer stimmhaft ist und normalerweise den Silbengipfel bildet. Weil keine Hindernisbildung vorliegt, findet sich auch die Bezeichnung *Öffnungslaut.*"
(*entnommen: Magnús Pétursson/Joachim M. H. Neppert, Elementarbuch der Phonetik; Helmut Buske Verlag, 2002 in 3., durchgesehener und bearbeiteter Auflage – Seite 87*)

Die Beschreibung von Pétursson/Neppert stimmt nun *nicht so ganz*! ... wenn man sich im Flüstern die Unterschiede der Vokale verdeutlicht: Durch Formung der Mundöffnung (Lippen) und mit Zungenarbeit werden die unterschiedlichen Klangmuster der Vokale ausgebildet – womit sich wiederum ein Hindernis im Ansatzrohr befindet, das ein spezifisches Klangmuster zur Ausprägung bringt.


Die etwas aufwändigere Version eines ganz einfachen Versuchs zur Sache:

Sie begeben sich zu zweit in den Lesesaal einer Bibliothek, um Literaturrecherchen anzugehen. Nun ergibt sich aus einer Quelle heraus eine strittige Ansicht,

die aber die weitere Recherche beeinflusst – und deshalb unmittelbar diskutiert werden muss, damit Sie ihre
Suche nach aufschlussreicher Literatur weiterhin in sinn-
voller Arbeitsteilung fortsetzen können.

Um nicht den ganzen Saal zu stören, tauschen Sie
sich, abwechselnd Mund an Ohr, flüsternd aus – was
Ihnen ohne Einschränkungen in jeder Sprache und in
jedem Fachwortschatz in der beliebigen Bandbreite
von Worten in 6-stelliger Anzahl zwanglos und eindeutig gelingt.

Wäre Sprache an sich auf die Stimme und auf die
Stimmhaftigkeit der Vokale angewiesen, so könnte das
nicht gelingen.

*Das* ist der Grund, weshalb ich die gesprochene
Sprache als etwas bezeichne, das ausschließlich im
Mundraum gebildet wird, durch Einsatz von Gaumen,
Wangen, Zunge und Lippen.

Sprache an sich ist eine abstrakte Codierung von
Information, die gänzlich ohne Töne auskommt.

In *geschriebener* Form in Zeichenfolgen umgesetzt,
ist Sprache in der *gesprochenen* Form eine Abfolge
von nicht von ihrer Stimmhaftigkeit abhängigen Geräu-
schen.

Mit dieser Ansicht offenbare ich mich zugleich eindeutig als Europäer mit nicht eben weltgewachsenem
Bewusstsein:

„Der *Ton* ist ein wesentliches Element der so-
genannten *Tonsprachen*. Als Tonsprache wird eine
Sprache definiert, in der *jede Silbe eine distinktive
Tonhöhe oder einen distinktiven Tonhöhenverlauf
besitzt* (Pike 1948, S. 3). Sehr viele Sprachen der
Erde, vielleicht sogar die Mehrzahl der Sprachen,
sind Tonsprachen in diesem Sinne. Unter den
europäischen Sprachen findet sich jedoch keine

Tonsprache […]. Die häufig genannten Worttöne des Schwedischen, des Norwegischen, des Serbokroatischen, des Litauischen und des Lettischen sind Wortakzente, die in erster Linie durch den Grundfrequenzverlauf realisiert werden und deren Vorhandensein mindestens teilweise morphologisch bedingt ist."
(*Magnús Pétursson/Joachim M. H. Neppert, Elementarbuch der Phonetik; Helmut Buske Verlag, 2002 in 3., durchgesehener und bearbeiteter Auflage – Seite 158*)

Ich möchte – aber an dieser Stelle durchaus explizit im *europäischen* Sinne bzw. *Sprachkontext* – auf die vereinzelt sehr rege Kritik näher eingehen, der ich ausgesetzt worden bin, wenn ich stark vereinfachend gesagt hatte, Sprache finde allein in den Konsonanten statt.

Ich präzisiere – das ganze Sprachmuster des gesprochenen Wortes einbeziehend – wie folgt:

---

***Sprache findet allein im Mundraum statt – und zwar durch Gaumen-, Wangen-, Zungen- und Lippenarbeit.***

---

Sprache an sich ist somit, so oder so, stets energiearm, weil sie an sich stimmlos ausgelegt ist.

Stimmhaftigkeit erhöht die Verständlichkeit insbesondere, weil das Sprachmuster mithilfe von Stimme weiter getragen werden kann – und für einen vereinfachten Wortschatz auch über größere Distanzen erfolgreich übertragen wird.

Ein Beispiel für eine wenig komplexe und ausschließlich stimmhafte Sprache ist das Hundebellen. Aber ich möchte nicht versäumen, wenigstens zu erwähnen, dass es offenbar umstritten ist, ob Hundebellen *überhaupt* als Sprache anerkannt werden kann. Dabei ist wohl das Kriterium der mangelhaften oder gar nicht vorhandenen Abstraktion der strittige Punkt, ob Hundegebell stets eine Gefühlsäußerung des Instinktes sei oder aber bereits ein Kommunikationsmittel im Sinne der Sprache.

Im Sinne einer mehr oder minder umfangreichen Variabilität bzgl. der Codierung ist das Bellen gewiss eine schwache Sprachform – so dass ich akzeptieren kann, wenn man das Bellen als „Sprache" nicht anerkennen mag.

*Ein* Aspekt spricht aus meiner Sicht durchaus dafür, das Bellen bereits als eine Art Sprache anzusehen. Und zwar die Tatsache, dass auch Bellen als Kommunikationsweg nur im sozialen Kontext funktioniert.

Und dass der Hund mit Bellen stets allein seinen Gefühlen und Emotionen folge, möchte ich an dieser Stelle strittig belassen: Nicht jeder Hund bellt in vergleichbaren Situationen stets und scheinbar wahllos, etwa, weil ihn etwas beunruhigt. Ganz so einfach ist das nicht! Sondern nun hängt es stark von der Lernfähigkeit und der allgemeinen Aufmerksamkeit des Hundes ab, ob er seine Kommunikation anpasst, wenn er über das Bellen sein Ziel nicht erreicht. Ja, sogar dieses: Ob er überhaupt zu bellen beginnt – oder aber sich bewusst ist, dass ihn absehbar niemand hören werde… und er also von vornherein andere Wege geht, und sei es, dass er überhaupt zunächst zu Menschen läuft, denen gegenüber er auf sich oder auf einen Sachverhalt aufmerksam machen kann. Passt der Hund dann auch noch die Art und Weise seines Bellens an oder weicht der Hund auf ganz andere Mittel und Wege des kommunikativen Austausches aus, dann ist der Hund auch in der Lage, Kommunikation an sich in Maßen zu abstrahieren.

Die menschliche Sprache auf jeden Fall ist eine komplexe und extrem abstrahierende Kommunikationform, die sich auf rein auditive Signale solcher im Mundraum gebildeter Muster beschränken *kann*, ohne dabei grundsätzlich an Informationsgehalt zu verlieren. Auch das geschriebene Wort zum Beispiel steht erst einmal grundsätzlich ohne Betonungen und Hervorhebungen da, verliert dabei aber erst einmal grundsätzlich nichts vom sprachlichen Reichtum.

Dass „man", und auch, dass insbesondere *ich* beim reinen Schreiben häufig bemüßigt bin, Hervorhebungen durch Anführungszeichen oder Anpassungen in der Schriftart oder Schriftausprägung anzubieten, ist dabei ein anderes Thema. Das entspricht allein dem besonderen Betonen des gesprochenen Wortes – das aber wiederum, zumindest in den europäischen Sprachen, auch stimmlos hervorgerufen werden kann.

Worum es mir also geht, ist, darauf hinzuweisen, dass alle Geräusche, die im Mundraum über den reinen gelenkten Luftstrom als Zisch-, Klick- oder Rauschlaute entstehen, *energiearm* sind – und deshalb von sich aus nicht weit tragen.

# „... es sind eben nur Modelle"

... so sagte mir einer, der sich der Schwächen der Modellvorstellungen bewusst ist. Und der mit den Lösungen für die Raumakustik hinlänglich unzufrieden ist.

Eines der Missverständnisse, die die Raumakustik ungünstig beherrschen, ist also ein ganz Ursächliches: Man arbeitet, derweil man den Schall nun einmal nicht sehen kann, mit Vorstellungen und... **Modellen** eben.
Die aber haben – *so* stark reduziert auch *zu* stark polarisierend – zwei gravierende Schwachpunkte: deren unsägliche **Unschärfe** – und den Fokus auf das **falsche Modell**.
Ehe ich darauf eingehe, muss ich gleich vorab betonen, dass der Wissenschaft sehr wohl bewusst und bekannt ist:

## *Schall* ist **Druck**.

Niemand bestreitet das. Ob Physiker, Biologen, Mediziner... jedem ist bewusst und wohl vertraut, was jeder ausspricht: Man spricht vom **Schalldruck**.
Zugleich gibt es diese Modelle, die Schall mit Lichtstrahlen vergleichen: Es ist die Rede vom **Schallstrahl**.
Aber zugegeben:
Es ist ein rein **vergleichendes** Modell.
Kuttruff erklärt uns dieses als die *„Repräsentation der Wellennormalen"* (*Kuttruff, Heinrich: Akustik – eine Einführung; S. Hirzel Verlag, 2004 – Seite 90*). Oder, wie ein Akustiker es mir gegenüber ausdrückte: Repräsentiert wird die Ausbreitung des Schalls im Normalenvektor der Wellenfront.

Das führt zu in sich schlüssigen Ergebnissen!  Mathematisch betrachtet. – Aber die Mathematik ist kein **Abbild** von der Realität, sondern ein Modell, mit dem die **Scheinbarkeit** der Realität beschrieben wird.

Ich kann nicht anders: Ich muss an Ptolemaios denken, einen brillanten Mathematiker und Antike (ca. 100 – 160 n. Chr.). Für sein geozentrisches Weltmodell – mit der Erde als Mittelpunkt unseres Planetensystems und des gesamten Universums – löste er alles Beobachtbare, einschließlich aller Anomalien und Unregelmäßigkeiten, so passgenau mathematisch auf, dass alles schlüssig passte. Die schon absurde Komplexität seiner Berechnungen wurde über Jahrhunderte kritisiert… aber erst von Kopernikus grundsätzlich entthront..

*(In meiner Publikation „PrimOrdium" gehe ich hierauf ausführlicher ein.)*

Ich hörte und sah jemanden im Rahmen irgendeiner Messe über die Raumakustik dozieren. Der Videomitschnitt machte es mir leicht zugänglich. Jener Herr gab vor, viel von Raumakustik zu verstehen. Allein: Er hatte grundsätzlich *Räume* nicht verstanden. Und Schall an sich, so schien es mir, blieb ihm in abstrakter Ferne.

Da war etwa – gängig und branchenüblich – die Rede davon, kurzwelliger Schall sei dem Licht zumindest für annähernde Modelle vergleichbar. Zweifelsfrei hatte er das so gelernt, derweil auch die Wissenschaft damit arbeitet.

Selbst bekannte Namen, die in der Physik und der Akustik nicht wegzudenken sind, kommen um das Denkmodell vom „Schallstrahl" nicht herum. Dennoch ist allen und sehr wohl bewusst, dass diese Modelle manche bis gewaltige Mängel aufweisen.

Recht offensichtlich aber reicht dieses Modell, um das größte Problem zu meistern: Die Mathematik zu bedienen– mithilfe derer man die Akustik eines Raumes berechnet und gleichsam vorhersieht.

Ich möchte hier zunächst nur auf zwei Schwierigkeiten hinweisen, die ungelöst bleiben, wenn Raumakustiker mit Bedämpfung winken.

Das eine ist die Luftdämpfung, die Werner in einer tabellarischen Übersicht entblößt, wenn er aufzeigt, in welcher Entfernung 127 dB Anfangslautstärke komplett verklungen sind – frequenzabhängig:

**Tab. 3.13:** **Einfluss frequenzabhängiger Luftdämpfung auf die Schallausbreitung, Temperatur 20 °C, relative Luftfeuchte 50 %, Schallquelle: P = 5 W, $L_W$ = 127 dB, kugelförmige Schallausbreitung**

| Frequenz<br>f / Hz | Dämpfungskoeffizient[1]<br>$\delta$ / m$^{-1}$ | Entfernung für L ≈ 0 dB<br>r / m |
|---|---|---|
| 500 | ≈ 0,000.3 | 22.000 |
| 1.000 | ≈ 0,001 | 8.700 |
| 2.000 | ≈ 0,004 | 2.700 |
| 4.000 | ≈ 0,015 | 880 |
| 8.000 | ≈ 0,035 | 420 |
| 10.000 | ≈ 0,060 | 250 |

[1] Zahlenangaben sind Mittelwerte.

*(Werner, Ulf-J.: Handbuch Schallschutz und Raumakustik; Beuth 2015 – Seite 123)*

Was verbleibt nun in einem von mir aus nur durchschnittlich bedämpften Raum von so schwach unterschiedlichen Konsonanten wie „d" oder „t", die ohnehin schon leiser sind als der langlebigere Grundton der Stimme? Im bloßen Direktschall? Oder was unterscheidet hinten im Klassenraum die noch höheren „z" und „ß", wenn deren bloße Zischlaute gegen kräftig intonierte Vokale bestehen sollen?

Mit dem Blick auf die höherfrequenten Konsonanten – den Konsonanten zwischen 2.000 Hz und 8.000 Hz – wird die Luftdämpfung der Sprachverständlichkeit auch in „kleinen" Räumen schnell zum Verhängnis.

Regulierer und Normen hingegen machen uns glauben, Absorption sei *der* Weg hin zu guter – so genannter – *Hörsamkeit*.

Bei all der Absorption: Was bleibt da, wenn ein ohnehin leiseres „ß" gegenüber einem „a" mindestens 30- bis 40-mal stärker der Luftdämpfung erliegt?

Der andere Hinweis auf einen Mangel schon des Modells ist die dem „**Schallstrahl**" ureigene Unschärfe:

Obgleich unterstelltermaßen allbekannt der Schallstrahl nur ein Projektionsobjekt der mathematischen Bewältigung ist, scheint aber zwanglos jedermann den Umgang in Wort und Vorstellung im Rahmen des Studiums hinreichend verinnerlicht zu haben.

Das Modell vom Schallstrahl entstammt der so genannten „geometrischen Akustik":

„Eine anschauliche Möglichkeit zur Beschreibung der Schallausbreitung in einem Raum bietet die geometrische Akustik, die sich – analog der geometrischen Optik – auf den Grenzfall hoher Frequenzen beschränkt, wo Beugung und Interferenzen vernachlässigt werden können. Als Träger der Schallausbreitung betrachtet man hier nicht die Welle, sondern den Schallstrahl […]. Das wichtigste Gesetz der geometrischen Raumakustik ist das Reflexionsgesetz, das sich hier auf die Regel
Einfallswinkel = Ausfallswinkel
reduziert."
(Kuttruff, H.: Akustik – Eine Einführung; Hirzel 2004 – Seite 251)

Und damit ist das Dilemma in der Welt.

Denn obgleich Kuttruff einräumt, dieses Modell sei nur auf den „Grenzfall hoher Frequenzen" anwendbar, und obgleich *er selbst* darauf hinweist, dass das Modell vom Schallstrahl nur für große Räume gelte, wird es fortan gern und überall angewendet – nur für den tieffrequenten Bereich, also für Schall von 16 Hz bis 200 Hz nicht.

> „Bei den folgenden Darlegungen beschränken wir uns im wesentlichen auf Räume bzw. auf Frequenzbereiche, für welche die Großraumbedingung [...] erfüllt ist, die hier noch einmal wiederholt sei:

$$f > 2000\sqrt{\frac{T}{V}} \qquad\qquad (1)$$

> Die Frequenz f ist dabei in Hertz zu messen, V ist das Raumvolumen in m$^3$ und T die Nachhallzeit in Sekunden."
> (*Kuttruff, H.: Akustik – Eine Einführung; Hirzel 2004 – Seiten 250/ 251*)

Und Kuttruff erläuternd:

> „Diese Bedingung stellt sicher, dass die den Eigenschwingungen zuzuordnenden Resonanzkurven sich hochgradig überlappen und daher nicht einzeln in Erscheinung treten können."
> (*ebenda*)

Was nichts anderes heißt, als dass die Anwendung des Strahlenmodells in Bezug auf die Raummoden keine Probleme bereitet, wenn man die Großraumbedingung erfüllt – **und** man allein die hohen Frequenzen in Betracht zieht.

Weshalb hält Kuttruff sich dann aber selbst nicht an die Bedingungen und Regeln, damit die Ergebnisse nicht *zu sehr* verzerren?

Denn dann heißt es weiter:

> „Sie [*eig. Anm.: die Großraumbedingung*] ist nicht
> allzu einschränkend: Bereits für einen Raum mit
> einem Volumen von 400 m³ und einer Nachhallzeit
> von 1 s liegt der durch Gl. (1) zugelassene Fre-
> quenzbereich oberhalb von 100 Hz."
> (*ebenda*)

Nur beipielhaft, ein Raum von 8,5 x 14 Metern, also ein Raum von knappen 120 m² – wenngleich so *gerade* grenzwertig – *erfüllt* die Großraumbedingung, wenn dieser mit einer in älteren Gebäuden gängigen und häufig anzutreffenden Raumhöhe von 3,4 Metern aufwarten kann.

Aber besonders fällt auf: 100 Hz stellen bereits eine tiefe Frequenz dar – die Kuttruff zuvor noch ausdrücklich ausklammert. – Zwanglos konterkariert Kuttruff mit solchen Widersprüchen und Unschärfen die von ihm selbst ausgesprochenen Grundbedingungen.

Auf Unschärfen gehe ich im nächsten, kurzen Kapitel nur noch ein wenig ein, da ich von „Unschärfen" nicht mehr sprechen mag: Wo ich schon das Modell vom „Schallstrahl" zurückweisen muss, da müsste es eher missverständlich geraten, den Schallstrahl detailliert abzuwägen.

Die folgende Betrachtung von Kuttruff hingegen möchte ich anführen, weil sich diese Ausführungen und Betrachtungen zumindest sinnvoll daran orientieren, was auch real beobachtet bzw. gehört werden kann:

Vereinfachend gesprochen „sehen" tiefe und mittlere Frequenzen kleiner dimensionierte Löcher oder Unterbrechungen nicht. So ist es mithin – wenn auch ausdrücklich nur verbildlichend – zu lesen.

Und so beschreibt Kuttruff uns die unterstellte Vereinfachung auch an anderer Stelle sehr anschaulich –

die dazu führt, dass man ohne größere Probleme recht zwanglos arbeiten kann. Das Prinzip ist für den *Durchgang* von Schall, also für Löcher oder Öffnungen, dasselbe wie für Hindernisse, an denen Reflexion stattfindet und wird von Kuttruff in Bezug auf die Reflexion wie folgt beschrieben:

> „Sind die Wandelemente […] sehr klein gegenüber der Wellenlänge (linkes Teilbild), dann nimmt der Schall die Unebenheit sozusagen gar nicht wahr und reflektiert die Welle wie eine völlig ebene Fläche.“
> *(Kuttruff, H.: Akustik – Eine Einführung; Hirzel 2004 – Seite 130)*

Die folgende Illustration von Kuttruff dazu, Fig. 7.13 von Seite 130, habe ich zur schnelleren Verständlichkeit insoweit überarbeitet, als ich über seinen Grafiken die „Wellen" mit unterschiedlichen Durchmessern zusätzlich symbolisiert habe:

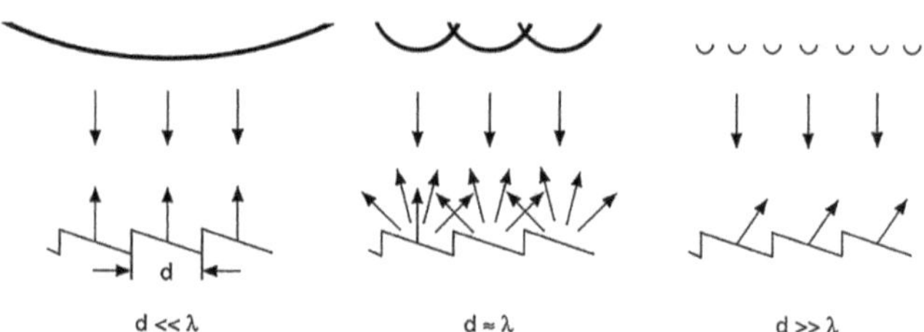


(Reproduktion in modifizierter Darbietung nach: *Kuttruff, H.: Akustik – Eine Einführung; Hirzel 2004 – Seite 130; Fig. 7.13)*

In Fachbüchern zur (Raum-) Akustik taucht bisweilen ein wohlgemeintes Bekenntnis auf, die Leserschaft mit verkürzten Darstellungen vor der verwirrenden Komplexität des physikalischen Phänomens „Schall" bewahren zu wollen. – So einfach kann man sich dann auch mal aus der Affäre ziehen…

Jener weiter oben erwähnte Herr (jenes Video eines Vortrages) erläuterte, Frequenzen *bis* 200 Hz seien Druckwellen – die kürzerwelligen Frequenzen darüber hingegen seien dem Licht ähnlich (genug).

Vorsichtig und sehr zurückhaltend bewertet, sind solche Betrachtungen nicht sinnvoll.

Das weiß auch jeder, der sich intensiver mit Schall auseinandersetzt. Und Kuttruff pocht mehrfach auf eine klare Differenzierung, worauf ich auch später noch umfangreicher eingehen werde. Hier schon einmal seine sehr eindringliche Beschreibung:

> „[…] der Übersichtlichkeit halber nur durch eine Wellennormale, gewissermaßen durch einen ‚Schallstrahl' repräsentiert."
> (*Kuttruff, Akustik – Eine Einführung, Hirzel Verlag, 2004 – Seite 90*)

Ich hebe ausdrücklich hervor: Wenn von der „Wellennormalen" die Rede ist, dann wird ein Standardisierungsformat eingebracht, mit dem man **mathematisch** arbeiten kann! Außerdem ist die Darstellung insoweit unmissverständlich, als Kuttruff formuliert, der zugrundegelegte „Schallstrahl" sei eine **Repräsentation** – also ein platzhaltendes mathematisches „Subjekt"!

Dennoch klammert man sich offenbar gern an diese Modelle – vermutlich, weil sie den Schall recht plastisch abbilden.

Auch Ulf-J. Werner schiebt sich mit einer erfrischenden Intransparenz durch einen von der Physik letztlich doch hinlänglich ungelichteten Nebel hindurch:

> „Schallwellen als mechanische Wellen stellen sowohl zeitlich als auch räumlich periodische Änderungen eines schwingungsfähigen Mediums dar. Ihre Übertragung erfordert demzufolge elastische Kopplungen von schwingungsfähigen Systemen

[…]. Die von einem solchen System erzeugten Schwingungen werden somit erst durch die Übertragung in einem Medium zu einem Wellenvorgang, der von einem Empfänger wiederum als Schwingung registriert werden kann."
(Werner, Ulf-J.: Handbuch Schallschutz und Raumakustik; Beuth 2015 – Seite 41)

Das „Medium" kann zum Beispiel Luft sein; das schwingungsfähige System bilden bewegungsfähige Moleküle.

Aber was bedeutet „Wellenvorgang", wenn Kuttruff für den Sender und den Empfänger sorgsam von „Schwingung" schreibt?

Eines der Probleme, die solche Beschreibungen umgehen, ist, dass die rhythmische Verdichtung von Teilchen im schwingungsfähigen Medium tatsächlich *keine* 'mechanische Welle', sondern eine *mechanische Periodizität* ist. Es handelt sich um Dichtestöße, die in derselben Richtung wirken, wie die Ausbreitung. Im gasförmigen Medium sind die Teilchen letztlich so lose angeordnet, dass der Raum für die Komprimierung vorhanden ist – so dass sich im gasförmigen Medium auch keine auf- und abwärts schwingenden Wellen abbilden.

*Und nun sage **ich**: … wenn nichts im Wege ist, dass die reguläre Ausbreitung stört.*

Regt man zum Beispiel das Wasser in einem Aquarium durch seitliches Auflegen eines Lautsprechers akustisch an, dann bilden sich an der Oberfläche Wellen ab – weil die Flüssigkeit bereits eine Teilchendichte hat, die einen Spannungsausgleich erzwingt.

In meinem Kapitel „Abschied von der Welle" spreche ich die Chladnischen Klangfiguren an. Dabei werden Muster oder „Ornamente" erzeugt, indem man

Sand oder Gries auf Metallplatten streut und diese mit unterschiedlichen Frequenzen anregt. Die Schwingungen selbst wären – im besten Falle – an der Oberfläche als Unschärfe sichtbar, ansonsten aber mit bloßem Auge nicht zu erkennen. Die Muster, die die Körnchen auf den Platten abbilden, offenbaren Spannungsfelder: Die Körner kommen dort zur Ruhe, wo die Platte *nicht* schwingt.

Mit einem anderen Beispiel möchte ich noch einmal darauf hinweisen, was es letztlich bedeutet, wenn Werner die Anregung unterschiedlicher schwingungsfähiger Medien beschreibt. Vielleicht am deutlichsten anhand einer angezupften Gitarrensaite lässt sich die Problematik aufzeigen:

Nicht allein die „Amplitude", also hier konkret die Schwingungshöhe der Saite, bestimmt den Schalldruck, der an die Luft abgegeben wird. Bei gleicher Schwingungshöhe der Saite bestimmt die Spannung der Saite, wie laut der Klang abstrahlt. Die Lautstärke ist Indikator für die Energie, die aufgewendet werden musste, um die Spannung der Saite zu überwinden.

Wiederum – nur vereinfachend – ist verschiedentlich zu lesen, die Amplitude der Schallwelle drücke deren Lautstärke aus. Aber: Die Schallwelle selbst **hat** in diesem Sinne keine Amplitude. Sondern die als Schall übertragene Energie bestimmt sich über die Stärke der Verdichtung der Teilchen.

Für den Schalldruckpegel bestimmend ist nicht die tatsächliche Schwingungshöhe der Ursprungsquelle, sondern – auf welchem Wege diese auch immer in das umgebende Medium eingebracht wird – die **Energie**, die jene Ursprungsquelle innerhalb der Frequenz an die Umgebung abgibt.

Was aber ist die „Schallwelle" – jenes „Phänomen" zwischen Impulsgeber und Schallempfänger?

Werner beschreibt es so:

> „Bei den Längs- oder Longitudinalwellen stimmen Schwingungsrichtung und Ausbreitungsrichtung überein [...]. Bei dieser Wellenform handelt es sich um Dichtewellen, wobei sich die einzelnen Moleküle in Ausbreitungsrichtung hin und her bewegen."
> *(Werner, Ulf-J.: Handbuch Schallschutz und Raumakustik; Beuth 2015 – Seite 52)*

Diese Longitudinalwelle – auf die ich an anderer Stelle noch genauer eingehen werde – ist also die Aneinanderreihung von Dichtestößen: So eine Art „Staffellauf".

Solche „Stoßwellen" sind nicht vereinbar mit der Vorstellung von Schall-„Wellen", weil es keine amplitudischen Auf- und Abwärtsschwingungen gibt – sondern diese erst als Masseausgleich zum Beispiel an einer Wasseroberfläche oder als Spannungsschwingung an einer Membran oder einem sonstigen Festkörper sichtbar werden.

In festen Körpern treten unterschiedliche Formen der Ausbreitung auf, in Abhängigkeit von den Eigenschaften der Feststoffe (*U.-J.Werner, Handbuch Schallschutz und Raumakustik; Seiten 53/54*): Sowohl Dehn- als auch Biegewellen sind letztlich Ausgleichsbewegungen im Festkörper – also eher Nebenerscheinungen des Energietransfers.

Vor allem geht es mir mit diesem Buch also darum, auf die umfangreichen Ungereimtheiten aufmerksam zu machen, die die Physik uns in Sachen und Angelegenheiten des Schalls bisher locker und teuer verkauft.

# Un-Schärfen

Im Zusammenhang mit „Wellenlängen" und „Amplituden" möchte ich nur knapp erläutern, was ich meine, wenn ich bereits von „Unschärfen" gesprochen hatte.

Ich gebe zu: Ich möchte das nur noch am Rande anreißen, denn wie ich ebenfalls schon angedeutet hatte, empfehle ich unbedingt, sich von der Vorstellung vom „Schallstrahl" zu verabschieden – und auch den Begriff der „Schallwelle" am besten hinter sich zu lassen.


Aber wenn Kuttruff uns erläutert hat, dass sich die geometrische Raumakustik, die Analogisierbarkeit schlicht unterstellend, bei der geometrischen Optik bedient, dann muss ich auch kurz darauf eingehen.

Der „Schallstrahl" als **Repräsentant** einer „Schallwelle":

Die Schallwelle von 440 Hz weist – im Modell – eine Wellenlänge von runden 77 cm auf. Eine Schallwelle von 20.000 Hz, die als Obergrenze des für das menschliche Ohr Hörbaren gilt, ist noch immer 1,7 cm lang. Der „höchste" tiefe Ton weist mit 200 Hz eine Wellenlänge von bereits 170 Zentimetern auf – und der tiefste Ton auf einem gängigen Flügel hat mit 27,5 Hz eine Wellenlänge von über 12 Metern.

– Von einem untypischen Flügel werde ich später berichten, der mit seinen 97 Tasten volle acht Oktaven abdeckt und bis zirka 16 Hz hinunterreicht. –

Nur zum Vergleich gehe ich auf die Optik, und damit auf „Lichtstrahlen" ein: Ein Blauviolett weist eine Wellenlänge von 380 Nanometern oder 0,00038 mm auf; gerade noch sichtbares Rot kommt mit 780 nm oder 0,00078 mm daher.

Aber es stimmt *nicht* und ist eben *nicht* wahr, dass eine Schallwelle eine „Welle" sei – außer, man versteht den Begriff der Welle als Ausdruck für Periodizität.

Man kann selbstverständlich aus der für das jeweilige Medium bekannten Schallgeschwindigkeit – besser: der Reichweite des Schalls pro Zeiteinheit in einem bestimmten Medium – rein rechnerisch ein Längenmaß ermitteln.

Tatsächlich aber ist die Frequenz des Schalls ein umgekehrt proportionaler Ausdruck für die **Dauer** der Unterbrechung zwischen zwei Impulsspitzen.

Was nichts anderes bedeutet, als dass, je größer die Zahl der Hertz-Einheit (Hz), desto mehr Schwingungen pro Sekunde stattfinden – das heißt, desto kürzer die jeweiligen Impulsunterbrechungen sind.

Die Zeitdauer zwischen zwei Impulsen als „Wellenlänge" zu interpretieren, und somit in einer Längeneinheit auszudrücken, ist mathematisch sicherlich korrekt. Physikalisch hingegen ist das bedenklich, wenn man daraus eine Schwingung, und somit das Auf und Ab einer Wellenbewegung ableitet oder suggeriert.

Wie ich bereits im vorhergehenden Kapitel aufgezeigt hatte, kann man mit unterschiedlich großen Reflektoren auf verschiedene Frequenzen auch gezielt unterschiedlich eingehen. Ganz unabhängig davon, mit welcher Modellvorstellung man das beschreiben möchte, so ist dieser Effekt beobachtbar – oder eben besser: hörbar. Und auch messbar.

Kuttruff beschreibt es so:

„Sind die Wandelemente [...] sehr klein gegenüber der Wellenlänge [...], dann nimmt der Schall die Unebenheit sozusagen gar nicht wahr und reflektiert die Welle wie eine völlig glatte Fläche".

(Kuttruff, Heinrich: Akustik – Eine Einführung;
Hirzel 2004 – Seite 130)

Mit „nimmt der Schall [...] sozusagen gar nicht wahr"
spricht Kuttruff selbstverständlich ausschließlich im
Rahmen der Modellvorstellung. Für glatte Oberflächen
gilt dort – und auch im Regelfall der beobachtbaren
Anwendung: Einfallswinkel gleich Ausfallswinkel!

*Ich werde noch darauf eingehen, weshalb der
Regelsatz „Einfallswinkel = Ausfallswinkel" mit Ent-
schiedenheit nur* sehr vereinfachend *und im geometrischen Modell vom Schall etwas taugt.*

Ich erinnere an dieser Stelle an Deckenplatten, so
genannt akustisch wirksame Platten, mit Löchern unterschiedlicher Größe darin. Diese Löcher erhöhen so
etwas wie Porosität. Nicht mehr.

Natürlich können Hersteller deren unterschiedliche
Wirksamkeiten (in unterschiedlichen Frequenzen) belegen. Aber das hängt schlicht mit Porosität und deren
schädlicher Wirkung für so etwas wie Schalldruck zusammen – und wiederum auch mit Resonanz.

Wie sich diese Porosität der sichtbaren Deckung (die
sichtbare Oberfläche der Akustikplatte) auf den Schall
auswirkt, wird ganz wesentlich von deren Dicke, von
aufliegendem absorbierenden Vlies, dem verbleiben-
den Hohlraum und von der Entfernung zur tragenden
Decke mitbestimmt. Und – manchen ist dies auch aus
praktischem Missgeschick bekannt – auch davon, wie
die äußerste Schicht beschaffen ist: Eine gut gemeinte
Renovierung kann den Einfluss einer akustisch wirksamen Decke mindestens im  hochfrequenten Bereich
vollständig negieren, wenn porenschließend eine
gewöhnliche Wandfarbe aufgerollt wird. Eine poren-
dichte Farbe bildet eine schallharte Oberfläche.

Auch auf die „Amplitude" möchte ich einen kurzen
Blick werfen, die ebenfalls groß und unscharf sein kann
– oder so unfassbar klein, dass die Linie eines noch
so dünnen Zeichenstiftes sie fehlerhaft und gleichsam
baumstammdick abbildet…

> „Das Ohr ist in der Lage, in einem Frequenz-
> bereich von 16 Hz bis etwa 20.000 Hz sowohl
> Leistungsdichten von $I_0 = 10^{-12}$ W/m$^2$ (Hör-
> schwelle) als auch von $I = 1$ W/m$^2$ und mehr
> zu registrieren und die Eingangssignale nach
> Lautstärke und Frequenz zu analysieren."

… so lässt Dr. rer. nat. Ulf-J. Werner uns recht theoretisch mitstaunen – klärt aber auch auf, wie sich das
bei der schwächsten Anregung ($I_0 = 10^{-12}$W/m$^2$) aus-
drückt. Zur Hörschwelle erfahren wir in seinem „*Handbuch Schallschutz und Raumakustik*" (*Beuth-Verlag
2015 – Seite 142*), dass an der Hörschwelle bei 1.000
Hz eine Amplitudenschwingung von 0,01 Nanometer
wirksam wird.

> „Eine noch größere Empfindlichkeit würde  […]
> zu einem von der Mikrostruktur der Materie
> (BROWNsche Molekularbewegung) verursachten
> Dauergeräusch in Form eines Rauschens führen."
> (*ebenda*)

Die Dauerpräsenz dieses Molekularrauschens, wenn
auch ohnehin nur irrwitzig leise, wäre gewiss nur eine
Frage der Gewohnheit.

Der schottische Biologe Robert Brown (1773 – 1858)
hat damit die Grundlage der Diffusion in Flüssigkeiten
und Gasen beschrieben – deren ständige Bewegungen
von Atomen und Molekülen uns also immer und überall
durch Geräusche begleiten würden.

An die Feststellung von Werner zum Hören an der
Hörschwelle anknüpfend: Sollen wir nun, im Umkehr-

schluss – und um die Schmerzgrenze herum – von einer Schwingung von 10 Metern für eine durch extremen Schalldruck angeregte Membran ausgehen?

Selbstredend nicht. Das menschliche Trommelfell könnte diesem Schwingungsausschlag noch nicht einmal annähernd folgen. Und muss es auch nicht, um irgendwo oberhalb der Schmerzgrenze daran zu zerreißen…

Leider – oder lieber – ist Werner dieser Frage *nicht* nachgegangen. Und hat sich aus meiner Sicht gedrückt vor den Unwägbarkeiten des tatsächlich Unbekannten.

So oder so, es bleibt allein ein „Vergleich", der entsteht, wenn am Ende eine übertragende, eine von der Schallenergie angeregte Membran den Schall sichtbar oder im Wortsinn hörbar macht. So also die Membran eines Messinstrumentes. Oder unser Trommelfell.

Beide können die Energieanregung abbilden, aber die Schwingungsanregung nicht linear, sondern nur proportional abbilden – und im schlimmsten Fall am oberen Ende der Skala: daran reißen oder „platzen".

Vielleicht darf ich das Phänomen der Schallwahrnehmung salopp umschreiben: **Es geht um nichts anderes, als wir auch vom Wetter kennen, um Luftdruck. –** Und mit den Ohren unter Wasser ist es dann Wasserdruck.

Schlicht und ergreifend temporäre Druckänderungen sind das, was so etwas wie „Hören" ermöglicht.

Weshalb wir das Wetter nicht hören?

Die Druckunterschiede müssen so plötzlich auftreten, dass sie geeignet sind, eine Membran – also konkret unser Trommelfell – in Schwingungen zu versetzen.

Genug des Vergleichens und Gegenüberstellens, wenn ich schlussendlich sage, dass wir uns die Ausbreitung von Druck„wellen" in Wahrheit ganz anders vorstellen müssen. An allen Gegenständen – etwa an einer Membran – kann man zwar einen Wellenausschlag ablesen. Jedoch ist das nur die mechanische Wirkung auf den von Druckenergie getroffenen festen Körper.

Zu vieles deutet darauf hin, dass die tatsächliche Ausbreitung des Schalldrucks ganz anderen Gesetzen gehorcht.

Es wäre unhandlich und wahrhaftig für den gängigen Gebrauch sehr sperrig, den Begriff der „Schallwelle" zum Beispiel zu ersetzen durch: **transparente Energietransmission**. Auch verwirrt daran, von Transparenz zu sprechen, nur weil man Schall nicht sehen kann. Klar und durchsichtig ist Schall – in der Theorie – eben überwiegend doch nicht.

Vielleicht präziser aber nicht weniger unhandlich: **mechanische Energietransmission**.

Der Begriff der „Schallwelle" hingegen ist griffig und dabei auch noch recht handlich. Er beschreibt auch einige der Symptome, die beobachtet werden können. Und weiterhin die Periodizität von Schall. Dennoch ist der Begriff geeignet, für mehr Verwirrung als Klarheit zu sorgen.

*kleiner Exkurs*

– Raum und Zeit

# Sabine's Kritik an der Ästhetik

*Ich nehme es vorweg und gebe es gleich selbst zu: Den kundigen Leser habe ich gerade gefoppt. Denn mit „Sabine" verbindet, wer mit Raumakustik zu tun hat, Wallace Clement Sabine.*

*Kurz für alle, die mit Raumakustik bisher zumindest so wenig zu tun hatten, dass sie den Herrn noch nicht kennengelernt haben:*

*Die Chancen standen ohnehin nicht mehr gut, heute wenigstens jemanden anzutreffen, der Wallace C. Sabine persönlich gekannt haben könnte. Am 13. Juni 1868 geboren, verstarb er am 10. Januar 1919 – und deutlich – verfrüht.*

*Ich zitiere ganz ungeniert aus ‚www.britannica.com', dort aus der Kurzbiografie zu Wallace C. Sabine:*

> *„Nach seinem Abschluss 1886 an der Ohio State University nahm Sabine seine wissenschaftliche Arbeit an der Harvard University auf, wo er später die Fakultät übernahm. Als brillanter Forscher liebte er die Lehre, aber machte sich nie die Mühe, zu promovieren; seine Publikationen waren bescheiden an der Zahl, aber inhaltlich herausragend.*
>
> *Als Harvard 1895 das Fogg Art Museum eröffnete, zeigte das Auditorium schwerwiegende akustische Mängel […]. Man zog Sabine hinzu, ein Heilmittel zu finden. Seine Entdeckung, dass das Produkt der Nachhallzeit, multipliziert mit der absoluten Absorption in einem Raum proportional zum Volumen des Raumes sei, ist bekannt als das ‚Sabine'sche Gesetz' […].*
>
> *Das erste Gebäude, das in Übereinstimmung mit den Grundsätzen von Sabine gestaltet wurde, war*

die Boston Symphony Hall, die 1900 eröffnet
wurde und akustisch einen großen Erfolg
bewiesen hat."
(in eigener Übersetzung entnommen von:
https://www.britannica.com/biography/Wallace-
Clement-Ware-Sabine)

Es liegt mir fern, Herrn Sabine diesen Erfolg streitig
zu machen. Aber Sabine hat in Fachbeiträgen auch
deutlich darauf hingewiesen, dass die von ihm aufge-
schlüsselte Regel auch Mängel aufweise. Einigen dieser Hinweise folge ich in diesem Buch an anderen
Stellen – und ausführlich. Ich möchte aber nicht versäumen, insbesondere auf das Kapitel „Schon Sabine
hat's gewusst" in meiner Publikation „PrimOrdium" zu
verweisen.

Nein, ich habe Sabine's Niederschriften nicht vollumfänglich gelesen. Aber auf einige Details und Hinweise, die Wallace C. Sabine uns hinterlassen hat,
muss ich eingehen, die nämlich aus meiner Sicht nicht
nur interessant, sondern gerade **sehr** bedeutsam sind.

Erste kurze Einblicke in Sabine's Leben und Wirken
bietet die „American Physical Society": mit einem Beitrag in den „APS-News" vom Januar 2011 (Volume 20,
Number 1) –  anlässlich des Todestages von Wallace
C. Sabine.

Der Autor Alan Chodos bezieht sich dabei umfangreicher auf die „Collected Papers on Acoustics", die
1922, drei Jahre nach Sabine's Tod, veröffentlicht
worden waren – als Sammlung mehrerer Publikationen
in Fachzeitschriften in den Jahren von 1900 bis 1915.

„[…] hat Sabine einige Jahre darauf verwendet,
die akustischen Verhältnisse im Hörsaal des
Museums und die des Sanders-Theaters zu stu-

dieren – Letzteres weithin als akustisch hervorragend angesehen – um herauszufinden, was die
Unterschiede in der akustischen Qualität zwischen
beiden verursacht. Insbesondere versuchte er,
eine objektive Formel, einen Standard herauszufinden, um die Gestaltung von Aufführungs- und
Vortragssälen akustisch messen und einschätzen
zu können.

Das war keine leichte Aufgabe, da so viele unbe-
kannte Einflüsse berücksichtigt werden mussten.
Sabine und seine Assistenten testeten die Räume
immer wieder unter verschiedenen Bedingungen,
trugen das Material von hier nach dort und wieder zurück zwischen den beiden Hallen [eig. Anm.:
beide Hallen liegen tatsächlich nur einige Fußminuten
auseinander] und machten gewissenhafte Messungen – nur mit einer Orgelpfeife und einer Stopp-
uhr. Er maß, wie lange es bei unterschiedlichen
Frequenzen dauerte, bis der Ton nicht mehr hörbar war – unter verschiedensten Bedingungen:
mit und ohne Orientteppiche, Sitzkissen, abwech-
selnden Anzahlen von Personen, und so fort. So
fand er etwa heraus, dass ein durchschnittlicher
menschlicher Körper den Nachhall so stark
reduzierte wie sechs Sitzkissen.“
(https://www.aps.org/publications/apsnews/
      201101/apsnews/201101/physicshistory.cfm) –
[in eigener Übersetzung]
Man liest dort auch, was ich hier nun – zum Zwecke
der Hervorhebung – im Anschluss zitiere:
„Sabine hatte keinerlei besondere Sachkenntnis in
Akustik – er hatte auch nicht promoviert, obgleich
er ein herausragender Lehrer und Forscher war –
aber er stellte sich beharrlich auch dieser Heraus-

forderung, wie er es mit jeder anderen physikalischen Fragestellung getan hätte.
Er ging das in der Weise an, dass er sich den
Schall in Räumen als diffusen Energiekörper vor-
stellte – statt den im 19. Jahrhundert üblichen
geometrischen Ansatz zu übernehmen, der dazu
führte, dass man die Ausbreitung der Schallwellen
lenkte. Sabine fokussierte seine Untersuchungen
auf die Schall absorbierenden Eigenschaften unterschiedlicher Materialien und Gegenstände und
deren jeweiligen Einfluss auf die Nachhallzeiten."
(ebenda) [in eigener Übersetzung]
Was mag Sabine motiviert haben, mit den Traditio-
nen zu brechen und einen gänzlich neuen Ansatz zu
verfolgen?

„Komponisten waren sich der Wichtigkeit der
Akustik stets bewusst, die durch einen für die jeweilige Aufführung bestimmten Raum vorgegeben
war. Zum Beispiel kommt Gregorianischer Gesang
in mittelalterlichen Kirchen bestens zur Geltung;
dasselbe gilt für Orgelmusik, wie etwa Bach's
‚Toccata und Fuge in D-Moll'. Ganz im Gegensatz
dazu komponierten Mozart und Haydn Musik, die
in reich möblierten Kammern, somit auch vor
kleinerer, intimerer Hörerschaft gespielt wurde.
Solche Stücke verlieren ihre Klarheit, wenn sie in
großen, halligen Räumen aufgeführt werden."
(ebenda) [in eigener Übersetzung]
Sabine war also – zu allem Überfluss – auch konfrontiert mit einem neuen Unterhaltungskonzept: Längst
wurde die kleine Kammermusik vor großem Publikum
aufgeführt. In der kleinen Kammer gab es aber nicht
nur relativ viel Absorption und Diffusion, sondern vor
allem eine geringe Distanz zur kleinen Hörerschaft.

Sabine war auf ein weiteres Problem scheinbar nicht eingegangen: Dass er zwei Säle miteinander verglich, die zwar auf den ersten Blick ähnlich (genug), aber auf den zweiten Blick bedeutende Unterschiede aufweisen. – In meinem Kapitel „Wonach wir suchen" gehe ich darauf detailliert ein.

Auch war Sabine nicht ganz unvoreingenommen und unterschied – zumindest tendenziell – zwischen der Nutzung eines Raumes für Musik oder für Sprache. Möglich, dass er damit früh einem Missverständnis den Boden bereitet hat, das zwar schon in den 30er Jahren erkannt wurde, sich aber letztlich noch heute als beherrschend zeigt – nicht nur in einer DIN 18041.

Bis in die Gegenwart hinein stellt man sich der Raumakustik mit unterschiedlichen Ansätzen für Musik **oder** Sprache: Man empfiehlt überwiegend mehr Nachhall für Musik aller Art, als für sprachliche Kommunikation… dann passt das schon.

Aber hatte Sabine das auch so beabsichtigt?

Es gibt schon beim groben Hinschauen so viele Hinweise darauf, dass Sabine einfach nicht fertig geworden war. Sein vorzeitiger, sein nachgerade überstürzter Tod ist darunter noch der schlechteste Beleg:

> „Die Belastungen all seiner Aktivitäten während des Ersten Weltkriegs forderten, wie auch immer, ihren Tribut von seiner ohnehin angeschlagenen Gesundheit, als er am 10. Januar 1919 an Komplikationen verstarb, die mit der Behandlung einer Nierenentzündung einhergingen […]."

(ebenda) [in eigener Übersetzung]

Nun ließe dieser verkürzte Beitrag in den APS-News durchaus den Schluss zu, Sabine habe seine Erkenntnisse nur auf zwei Säle gestützt. Das hat er nicht! Sabine hat in vielen unterschiedlichen Räumen gemessen. Umso mehr wundere ich mich, dass man heute – über einhundert Jahre später – noch immer so sorglos auf eine an sich noch ganz und gar unvollständige wissenschaftliche Erarbeitung eines allgemeingültigen Schemas dogmatisch zurückgreift. Statt sich den weitergehenden Hinweisen Sabine's mit Akribie zu widmen.

Ich bezweifle, dass Wallace C. Sabine das gewollt hätte – und halte es für voreilig, aus Sabine's Erfolgen zu schließen, dass diese Formel Sabine's Weisheit letzter Schluss gewesen sei. Hatte er denn – wenn man alle Umstände angemessen würdigt – schon einen Schluss gezogen, der die Grundlage für eine Theorie bietet?

Wenn es im ausklingenden 19. Jahrhundert ein so neuer Ansatz war, der Absorption überhaupt Aufmerksamkeit zu schenken, dann erscheint es plausibel, dass Sabine sich erst einmal ganz konzentriert den absorbierenden Eigenschaften von Materialien und Gegenständen widmete… und fasziniert und staunend entdeckte, was man mit Absorption machen kann. – Und auch, welche Probleme damit einhergehen.

Dass man rund ein Jahrzehnt später – und mathematisch hergeleitet – das Sabine'sche Gesetz hat bestätigen können, belegt noch nicht, dass nun alle notwendigen Einflussgrößen der akustischen Praxis hinreichend berücksichtigt seien.

Es wäre unangemessen, Wallace C. Sabine anzulasten, dass aus seiner Formel für die Absorption von Schall in Räumen ein einhundert Jahre während des Dogma wurde.

Nun aber gehe ich erst einmal von „dem" Sabine zu „der" Sabine:

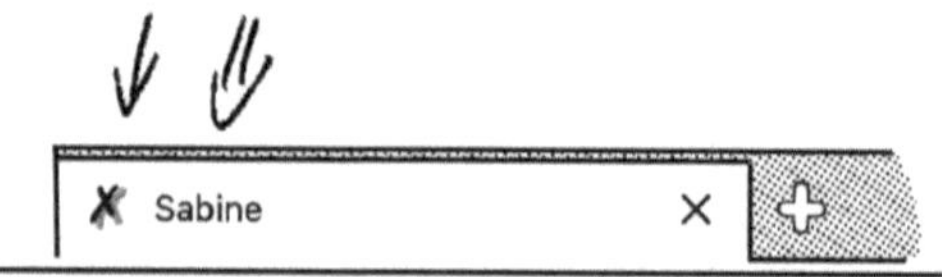


Als ich bemerkte, dass die Website von Sabine Hossenfelder im Reiter des Browsers einfach nur mit „Sabine" firmiert, da lag es für mich spontan nahe, diese kleine Spielerei zwischen Wallace C. und „der Hossenfelder" anzustelllen.

Inzwischen präsentiert Sabine Hossenfelder ihre Website anders – und so werden Außenstehende diesen Gedanken nun nicht mehr nachvollziehen können.

Sabine Hossenfelder hat mit so bodenständiger Physik, wie etwa der Raumakustik, wenig am Hut. Hossenfelder balanciert zwischen den ganz kleinen Teilchen – und dem großen Ganzen: auf dem Seil der theoretischen Physik. Aber auf ihrem Youtube-Kanal „SCIENCE without the gobbledygook" – zu Deutsch etwa „Wissenschaft ohne Kauderwelsch" – ist kaum ein Thema vor ihr sicher.

„Was läuft falsch in der gegenwärtigen Physik?" titelt Sabine Hossenfelder etwa an der Universität Stuttgart (siehe unten). Mit ihrem Vortrag hat sie nicht nur ihr erstes Buch beworben, sondern gibt auch aufschlussreiche Antworten und präsentiert eine sehr unterhaltsame Kurzfassung zu ihrer Publikation. Dabei erscheinen diese Einblicke in die theoretische Physik wie austauschbar mit solchen in die akustische Physik. Insoweit ist der Video-Beitrag vollkommen ernst zu nehmen – und doch auch meisterlich satirisch.

„Gibt es eine Krise in der theoretischen Physik? Ja, inzwischen habe ich den Eindruck, dass dem so ist",

*räumt Hossenfelder am 29. April 2019 ein, fährt dann
aber fort:*

> „Ich mag es nicht besonders gerne, wenn man hier
> von einer Krise redet, weil ‚Krise' so optimistisch
> klingt. Das klingt so, als hätten die Physiker ver-
> standen, dass etwas falsch gelaufen ist und jetzt
> umdenken. Dem ist aber nicht so. Deshalb rede
> ich lieber von einer Stagnation. Es tut sich einfach
> nichts."
> (benanntes Youtube-Video; min. 04:40 – 05:04)

*Ih gebe zu: Ich fand mich sogleich in der Raum-
akustik wieder…*

*Dennoch ist vermutlich die allgemeine Situation nur
in Teilen vergleichbar. Denn für die Raumakustik arbeiten ein Interessenverband und verbundene Personen
mit Ausdauer und Energie daran, diese Stagnation
normativ zu zementieren.*

> „Die allgemeine Relativitätstheorie ist mehr als
> 100 Jahre alt. Die Entwicklung des Standard-
> modells wurde in den 70er Jahren abgeschlossen.
> Seitdem hat sich natürlich auf der experimentellen
> Seite noch mehr getan. […] Aber die Theorien, die
> dazugehören, gibt es schon mehr als 40 Jahre. Die
> kosmologische Konstante wurde schon ursprüng-
> lich von Einstein eingeführt, die Theorie vom
> Higgs-Boson kommt aus den 60er Jahren […]
> Seit den 70er Jahren hat sich die mathematische
> Struktur dieser Theorien nicht geändert.
> Aber es ist nicht so, dass wir sagen können: ‚Okay,
> wir hören auf mit den Grundlagen der Physik. Wir
> sind fertig […]' – Wir wissen, das war's **nicht**. Wir
> **haben** noch Fragen, auf die wir Antworten wollen.
> […]
> Auf der ersten Folie hatte ich die allgemeine Rela-

tivitätstheorie neben dem Standardmodell, und nicht zusammen [*gezeigt*]. Das liegt daran, dass diese beiden Theorien sich nicht vertragen. Die funktionieren nicht zusammen. Man sieht das Problem relativ einfach – aber es zu lösen ist sehr schwierig.[…] Man kennt dieses Problem seit den 30er Jahren. Eine Lösung dazu haben wir immer noch nicht."
(*benanntes Youtube-Video; min. 05:04 – 08:00*)

*Auf den ersten Blick gefällig und einsehbar, macht Hossenfelder folgende Feststellung:*

„Die Physik ist eine der ältesten Naturwissenschaften. Und die einfachen Dinge wurden schon gemacht."
(*benanntes Youtube-Video; min. 9:12 – 09:18*)

*Für die Raumakustik ebenso wie für die theoretische Physik melde ich meine Zweifel an: In einer Sackgasse verrennen konnte man sich noch stets prächtig mit komplizierten und komplexen Lösungsansätzen. Und so stelle ich – von mir aus äußerst kühn – auch für die theoretische Physik die Frage: Ist nicht das Grundmodell, das man ‚eigentlich' sucht, viel weniger komplex?*

*Ich folge Hossenfelder weiter:*

„Das ist auch noch so ein Grund, weshalb ich das Gefasel über die Krise nicht hilfreich finde. Woher wissen wir denn eigentlich, ob wir in der Krise sind? Wir haben ja kein Paralleluniversum, mit dem wir das vergleichen können.
Ich denke, eine bessere Frage ist: ‚Tun die Physiker denn das Beste, das sie tun könnten?' Und die Antwort darauf ist meiner Meinung nach: Nein. Denn sie konzentrieren sich auf die falschen Probleme."
(*benanntes Youtube-Video; min 9:24 – 9:50*)

*Das erging mir mit der Raumakustik vergleichbar: Widersprüche schon in der Theorie und Ungereimtheiten in den Lösungsansätzen ließen mich irgendwo zwischen unzufrieden und ratlos zurück.*

*Und natürlich gibt es in der Wissenschaft – wie auch im gewöhnlichen Leben – ein weiteres Problem:*

**Sattheit**.

Sattheit befördert ein Verhalten, das Hossenfelder in ihrem Vortrag so beleuchtet:

> „Das Standardmodell der Teilchenphysik und auch die Allgemeine Relativitätstheorie beruhen sehr stark auf Symmetrieprinzipien. Da macht es sicherlich Sinn, dass man versucht, Schönheit – also diese Symmetrieprinzipien – auch weiter anzuwenden. Aber dieser Erfahrungswert ist nicht sehr hilfreich, wenn man neue Theorien entwickeln will, die aus komplett neuen mathematischen Strukturen bestehen – für die man diesen Erfahrungswert einfach nicht mehr anwenden kann.
>
> Ästhetische Kriterien. Die Zusammenfassung ist: Sie basieren auf Erfahrung, aber wir wissen nicht, ob sie auch für neue Theorien gelten. Die wissenschaftliche Herangehensweise wäre deshalb, dass wir ästhetische Kriterien als Hypothesen benutzen und dann testen, ob sie funktionieren. Man *hat* ästhetische Kriterien benutzt. Man *hat* getestet, ob sie funktionieren. Aber sie funktionieren seit 40 Jahren nicht. Trotzdem benutzt man sie weiter. Und ich denke, das ist der Grund, weshalb wir in den Grundlagen der Physik diese Stagnation sehen. […]
> Was passiert, wenn wir ein Experiment machen, um unmotivierte Thesen zu testen, ist, dass wir mit

großer Wahrscheinlichkeit *mehr* negative experimentelle Resultate bekommen. Das heißt, wir bestätigen nur die Theorien, die schon bekannt sind. Wir finden keine Hinweise auf neue Phänomene. Jetzt ist es natürlich so, dass negative Resultate **auch** Resultate sind. […] Aber wenn Sie eine neue Theorie entwickeln wollen, dann sind das keine besonders hilfreichen Resultate. Was Sie eigentlich haben möchten: […] Daten […] für irgendwelche neuen Effekte, die Sie dann mit Ihren Theorien beschreiben können.
Das passiert aber nicht. Und weil wir diesen Datenmangel haben, bleiben wir auf diesen unmotivierten Thesen sitzen. Da kriegen wir wieder negative experimentelle Resultate… und so weiter und so fort."

*(benanntes Youtube-Video; min. 40:22 – 42:30)*
*Ein solcher Teufelskreis erzeugt auch Frustration – die wiederum massiv auf die Arbeitsmoral drückt.*

*Aber „wenn's um Geld geht", dann geht es auch um den eigenen Stand. Man muss „gute" Ergebnisse vorweisen können. Präsentiert diese dann aber mit umso lauterem Getrommel?*

*Und also noch einmal zu Hossenfelder. Denn bei aller Ernsthaftigkeit liefert sie auch wieder eine amüsante Parabel für die Situation in der Raumakustik:*

„[…] ich [nicht] die Erste bin, die darauf hinweist, dass das Schönheitskriterium nicht objektiv ist, sondern subjektiv. Natürlich ist den Physikern das auch durchaus bewusst. Die sagen das auch gerne […]
Die größte Frage von allen ist deshalb: Wenn Schönheitsargumente so schlecht funktionieren, warum benutzen Physiker sie dann dennoch?

Funktioniert jetzt schon seit 40 Jahren nicht, aber man macht immer noch dasselbe.
Ich denke, ein plausibler Grund dafür ist: Sie machen es, weil alle anderen es auch machen. Es ist einfach allgemein akzeptierte Praxis [...], dass man diese Schönheitsargumente benutzt. Da zieht keiner mehr die Augenbrauen hoch."
*(benanntes Youtube-Video; min. 52:24 – 53:22)*
*Und aus ihrer Schlussfolgerung hier  – sehr plausibel – wiederum eine eher traurige Wahrheit:*

„Die Verwendung von Schönheitskriterien zur Auswahl von wissenschaftlichen Hypothesen ist schlechte Methodik. Solch schlechte Methodik kann akzeptierte Norm werden, wenn viele Wissenschaftler sich gegenseitig versichern, dass sie das Richtige tun."
*(benanntes Youtube-Video; min. 57:24 – 57:52)*


*Im Grunde ist die Wissenschaft gleichsam „durchseucht" von einfachsten und ganz „menschlichen" zwischenmenschlichen Prozessen – und verliert daran grundlegend ihre Objektivität.*

*Insoweit ist es weder bahnbrechend noch revolutionär, sondern schlicht folgerichtig, wenn Hossenfelder vorschlägt, Wissenschaftler sollten berücksichtigen, „wie ihre Mitgliedschaft in einer Gruppe die Objektivität beeinträchtigen kann".*

*Mindestens bemerkenswert: Hossenfelder – als eine von ihnen – spricht das offen ausspricht, übt offen Kritik. Sie hatte in der theoretischen Physik promoviert und ist nach verschiedenen wissenschaftlichen Tätigkeiten in Deutschland, den USA, Kanada und Schweden schließlich seit 2015 tätig beim FIAS in Frankfurt/ Main, dem ‚Frankfurt Institute for Advanced Studies'.*

Im Kollegium der Wissenschaftler nimmt man ihre Kritik (nicht nur) positiv auf, die sie mit ihrer Buchpublikation von 2018, „Lost in Math: How Beauty Leads Physics Astray", in gut verdaulicher Form der breiten Öffentlichkeit zugänglich gemacht hat. – Die Übersetzung erschien für den deutschen Sprachraum mit ganz eigenem und sperrigem Titel: „Das hässliche Universum – Warum unsere Suche nach Schönheit die Physik in die Sackgasse führt".

Damit schließe ich hier den Kreis und komme wieder zur Raumakustik:

Es sind, wie ich bereits angedeutet hatte, so viele Ähnlichkeiten, die mir aufgestoßen waren – und die mich veranlasst hatten, vom Thema abzuschweifen und einen Schwenk hinüber zu machen zu Frau Hossenfelder und der theoretischen Physik.

Nun muss man diese ganzen komplexen Formeln nicht schön finden, die in der Raumakustik genutzt werden. Die Ästhetik der mathematischen Formel schlechthin ist ohnehin eher etwas für Personen, die sich der Mathematik in besonderem Maße verbunden fühlen – und ist ein Empfinden, dem im Alltag kaum jemand folgen wird, wenn man in der praktischen Anwendung nur die nötigen Parameter in vordefinierte Eingabefelder praxistauglicher Programme eingibt, um Räume zu berechnen.

Endlich bei der „Visualisierung" der Raumakustik kommt dann doch noch so etwas wie Ästhetik ins Spiel. Wenngleich in einem ganz anderen Sinne…

Aber das Visualisieren von Raumakustik ist kaum etwas, das wirklich hilft. Eher im Gegenteil – muss der Kunde doch schlussendlich in der einen oder anderen Weise diese aufwändigen Visualisierungen irgendwie

*und irgendwann (mit-) bezahlen. Aber zu **grundlegen-***
*der Klarheit hat das alles offenbar bisher nicht geführt.*

*„Ist alles so schön bunt hier!" trällerte Nina Hagen*
*(„Ich glotz TV" – 1978) – die ich bei all den*
*bunten Bildern einfach nicht aus dem Kopf*
*bekomme…*

*Mehr bleibt am Ende nicht, als schöne bunte Bilder von schematisierten Großraumbüros mit roten und gelben, blauen und grünen Wolken. Oder bunte, so genannte Wasserfalldiagramme, mit denen dem HiFi-Enthusiasten daheim oder dem professionellen Studio-Betreiber die Abhörräume in die Zukunft hinein schöngeredet werden. Der Ist-Zustand in rot und orange und schreckerregend. Nach der – in Aussicht gestell-ten – Maßnahme überwiegen blaue und Grüntöne. Das beruhigt.*

*Ob all das am Ende zu guter Raumakustik verhilft? Es **ver**hilft – im Wortsinn: Es ist **so** hilfreich, dass der Blick für die Akustik daran verloren geht. Und wenn das beratende Fachpersonal weder Raum noch Schall ursächlich verstanden hat, dann wird am Ende die Akustik auch nicht gut. Bunt hin – und Bild her…*

*Kurzum: Visualisierungen von Raumakustik sind Marketing-Instrumente – aber keine Instrumente, um gute Raumakustik zu erlangen.*

# Ein Gaukler mit der Schnarre

Beginnt das ganze Problem, weshalb Räume selten wirklich gut akustisch ausgearbeitet werden, mit einem grundlegenden Missverständnis der Wissenschaft zu Wesen und Charakter des Schalls?

Zunächst möchte ich auf den Titel dieses Beitrags eingehen. Denn vielleicht möchte es merkwürdig anmuten, wenn ich vom „Gaukler mit der Schnarre" schreibe. Ich hatte dieses Bild schon so oft vor Augen, dass ich Sie daran teilhaben lassen möchte – und es dazu auch gezeichnet habe.

Man klatscht voll und volumig in die Hände – und der Raum antwortet mit einem satten „**pr-r**-r-r-rr". In denselben Räumen, mit tapfer vollflächig bedämpften Decken – normgerecht in jeweils unterschiedlichen Ausführungen – spielen und toben ausgelassen, allmählich das wachsame Auge der ErzieherInnen vergessend, 18 oder 24 Kinder im unbesorgten Alter von drei bis sechs Jahren… Und bald beginnt etwas bis zur Unerträglichkeit anzuschwillen, für das viele – nicht alle (!) – der Kinder noch kaum eine Aufmerksamkeit zeigen:
ein hohes, raues und intensives „(s)**i**-*i-i-i-ii*-ii".
Was für das In-die-Hände-Klatschen noch recht klar beschrieben werden kann, ist für jene Raumantwort auf laut rufende oder quiekende Kinder – einmal mehr in akustisch bereits behandelten Räumen  – um so schwerer zu fassen. Was man hört, klingt rau, oft prasselnd, vor allem aber stechend eindringlich.
Das vielleicht größere Problem in akustisch ausgestatteten Räumen: Personen, die dort unter Lärmproblemen leiden, gelten erst einmal als unglaubwürdig.

Noch ein anderes Raumbeispiel:

Ein Ruheraum in einer Einrichtung für Menschen mit Behinderungen. Aber in diesem Raum können sich die Betreuten in weichen Polstermöbeln auch mal gern – und laut – austoben. Der Raum hat einen Grundriss von ca. 3,5 x 4,1 Metern. Mit schräg aufliegendem Holzdach ist der Raum an der einen Seite ca. 3,5 Meter hoch, an der anderen ca. 4,1 Meter. Ob geplant oder zufällig: Der Raum verkörpert gleichsam die Sehnsucht des Würfels nach gotischer Raumweite.

Klatscht man dort in die Hände, dann scheppert es mit metallischem Beiklang – obgleich sich im ganzen Raum kein Metall, mehr noch, an der Decke (sehr angenehm und wohnlich) – das blanke Holz präsentiert.

Die größte Hürde für guten Raumklang bleiben die Raumkanten. *Dort* sitzt dieser Gaukler: Mit einer bunten, dreigehörnten Narrenmütze auf dem Kopf, vielleicht ein Glöckchen an jedem Horn, vor allem aber… mit einer Schnarre in der Hand: Mit seiner Schnarre ratscht der Gaukler eben nicht nur im tieffrequenten Bereich!

**Das** ist **eines** dieser Missverständnisse, die sich um die Raumkante ranken.

Es gibt solche, die mich *nicht* gefragt haben, was ich mit dem **Raumkanteneffekt** meine. Mögen sie mich aus purer Höflichkeit nicht unterbrochen haben – schnell hingegen schien klar, worum es geht.

Ich bin jedoch – von fachlicher Seite (was mich leicht verstört hat) – auch hartnäckig gefragt worden, was ich denn mit dem Kanteneffekt meine!? Das mag daran gelegen haben, dass dieser Effekt in Literatur und Lehre schwach beleuchtet, im Rahmen technischer Vorschriften oder Empfehlungen erst gar nicht besprochen wird. Oder daran, dass dieser Effekt als rein modaler Effekt dargestellt wird, der also für das Gesamtschallereignis im Raum nicht von Bedeutung sei.

Ich muss die Gutmütigkeit des Daniel J. Boorstin und die Nachsichtigkeit des Manfred Spitzer zu Rate ziehen, um meine Worte wohlwollend zu wählen:

> ## Was der Mensch **weiß**, das erklärt ihm von der Welt auch das, was er *nicht* weiß.

Ich komme später häufiger darauf zurück, muss es aber an dieser Stelle schon einmal betonen, damit es keine Missverständnisse gibt:

**Helmut V. Fuchs** ist jener, der in der Literatur bzgl. des Raumkanteneffektes immer wieder auffällt! Es ist nicht Fuchs selbst: Es sind andere, die ihn zum einsamen Streiter gemacht haben. Und das seit Jahrzehnten.

Ich kann nicht sagen, weshalb Fuchs überwiegend unerhört bleibt. Ich kann nur hier und da verschiedene Gründe erahnen, die eine Rolle spielen mögen...

Der Raumkanteneffekt ist ein undurchsichtig „Ding". Dieses Ding erzeugt sinnlosen und destruktiven **Lärm**!

Mit den unterschiedlichsten Worten versuchen Betroffene zu beschreiben, was da stört und quält: Mal ein Prasseln, ein Rasseln, ein Schnarren, mal ein Sirren, ein Klirren, manchmal auch ein Klingeln im Ohr...

Es sind stets „unreine", raue Schallereignisse, die beschrieben werden. Im physikalischen Sinne sind es weder Töne, noch Klänge:

Es sind Geräusche, die Betroffene in der Regel räumlich nicht zuordnen können. Und wenn es als „Klingeln" beschrieben wird, dann auch deshalb, weil es in seiner Rauigkeit dem Brummen eines Verbrennungsmotors mindestens eine Nuance ähnlicher ist als einem sauberen Ton: Es klingt schrill.

Was da stört – in den Raumkanten – ist für den einen bloße Lautheit, für jemand anderen schon Lärm, für die Nächsten schließlich nur noch unaushaltbar.

Was da stört, lässt musikalische Darbietungen unsauber, unklar erscheinen – eine willkommene bassige Resonanz ist das nicht. Oder: Was da stört, beeinträchtigt Sprache mithin so stark, dass man Vorträgen oder Gesprächen nicht mehr folgen kann.

Setzt man sich mit solchen Störungen auseinander, dann kann man sich aber eben nicht allein auf tiefe Frequenzen konzentrieren, sondern muss explizit auf die *Raumkante an sich* eingehen.

Fachleute sind sich einig, dass die Raumkante kein Resonator ist – aber *wie* ein solcher wirke: Die Raumkante reagiert – geringfügig – mit einer Frequenzabsenkung gegenüber dem Quellgeräusch. Es bleibt aber eine Analogie, in Bezug auf die Raumkante von „Resonanz" zu sprechen. Darauf gehe ich an anderer Stelle noch genauer ein.

Vor allem darf man nicht erwarten, dass etwa aus einem mittleren ein tieffrequenter Ton wird: Der große „resonative" Sprung ist von der Raumkante nicht zu erwarten. Und genau erforscht hat das bisher offenbar auch niemand.

Weiterhin ist man sich einig, dass die Raumkante ein Verstärker ist. Ein Verstärker bloßer Lautheit. Im Durchschnitt eines Raumes sollen es 6 bis 8 dB sein. In Ecken wiederum – also dort, wo drei Kanten aufeinandertreffen – sind bis zu 20 dB Verstärkung gemessen worden! Als Spitzenwert.

Das könnte von Vorteil sein für so etwas wie Sprachverständlichkeit. Jedoch führt die irreguläre „Verrauung" eben nicht zu einer klaren Signalverstärkung – sondern zu bloßer Lautheit, zu Lärm!

Der aber hat es in sich: Ob nahe einer Ecke im Klassenraum, ob im Besprechungsraum, ob im Vereinsheim oder im Versammlungsraum eines Seniorenheimes – wer hinten sitzt oder seitlich unterhalb einer Kante, hat es nicht mehr in der Hand… sondern den Schwarzen Peter auf der Hand. Zu allererst derjenige, der nicht richtig (zu-) hört, ist auch derjenige, der stört: durch Zwischenfragen oder die Bitte um Wiederholung…

Was sich in der Raumkante abspielt, scheint die Natur der Physik nachgerade zu umgehen – derweil bisher allgemeingültige und allseits anerkannte Vorstellungen vom Schall dafür keine Erklärung bieten. Und das Modell von den Spiegelschallquellen angeboten zu bekommen, ist eher peinlich als plausibel.

Manchen Physiker scheint das wenig zu behindern und kaum aufhorchen zu lassen. – Aber auch den Schall selbst stört nicht, dass es an Erklärungen und Berechnungen bisher fehlt. … und so treibt der Gaukler ungestört sein Unwesen.

Einiges spricht dafür, dass zumindest ein Teil der Schallenergie sich an bisher geläufige Erklärungen nicht hält… um sich in unterschiedlichem Grade zu potenzieren. Neben dieser oder jener Ungereimtheit gibt es auch deutliche Hinweise, dass der Einfallswinkel als ein sehr wichtiges Kriterium für das Ausmaß des Raumkanteneffektes in Betracht zu ziehen ist.

Die allgemein hochgehaltene Gesetzmäßigkeit – Einfallswinkel gleich Ausfallswinkel – zeichnet sich mit einiger Deutlichkeit als zu stark vereinfachend ab.

*Wie ich deutlich hervorheben möchte, spricht vieles dafür, dass man sich Schall auf sein Verhalten in Abhängigkeit vom Anprallwinkel an einer Fläche genauer ansehen muss. (Zu) vieles spricht dafür, dass Schall sein Ausbreitungsmuster ändern könnte – durchaus im Gegensatz zum Licht. Das mag daran liegen, dass Licht eben nicht durch andere Teilchen übertragen wird – und insoweit schon ganz grundsätzlich für analoge Betrachtungen immerhin mäßig, als unmittelbare Vorlage aber auf keinen Fall taugt.*

Ich bin nicht bereit, keine Fragen mehr zu stellen, wo der theoretische Teil der Physik uns mathematische Antworten liefert, die auf der anderen Seite der Gleichung glatt aufgehen, wenn man auf der einen Seite der Gleichung die Parameter nur sauber vordefiniert. Mögen solche Antworten im vereinfachten Sabine'schen Raummodell noch schlüssig erscheinen:

An der Raumkante scheitern diese Lösungsansätze.

Oder, mit anderen Worten: Die Gleichung ist keine Gleichung, weil sie **nicht** aufgeht.

Aber die Branche zeigt sich bemerkenswert widerstandsfähig: Selbst Helmut V. Fuchs, als Physiker promoviert und als einstiger Professor in der Akustik aktiv, hat man weder mundtot noch federfaul bekommen – aber normativ schlicht überrollt.

Weshalb das so ist, darüber mag man streiten. Eines allerdings sollte man **nicht** außer Acht lassen: Dass grundsätzlich alle Beteiligten bisher wesentliche Eigenschaften des Schalls außer Acht gelassen und auch gern der Mathematik den Vortritt gewährt haben. Somit haben beide Seiten sich gegenseitig – vielleicht eher versehentlich – Schwachstellen geboten.

Man muss vorbehaltlos und sollte unbedingt in Betracht ziehen, dass die Ausbreitung von Schall anderen Gesetzen folgt – und andere Verhaltensweisen annimmt, je nach den Umgebungsbedingungen.

Hier nur noch einmal kurz zurück in den Vereinsraum, in den Besprechungsraum, in den Klassenraum…
Während nun die sprechende Person vorn versucht, wenigstens sinngemäß zu wiederholen – sicherlich etwas lauter, vielleicht auch klarer artikuliert – sitzen zwei irgendwo am Tisch, die tuscheln: Der eine lästert genervt über die Unaufmerksamkeit – der andere zeigt Verständnis, aber tuschelt nicht minder quer in den Vortrag hinein. Der Effekt ist so oder so, dass auch diese Störkulisse in den Raumkanten – und insbesondere in den Raumecken – nicht nur verzerrt, sondern nochmals verstärkt wird.
Und so ahnt man schon: „Ich hab' das immer noch nicht verstanden…"
Man ist auf dem besten Wege, sich keine Freunde zu machen… und fragt lieber nicht mehr nach.

Jedoch: Sätze, in Bruchteilen verstanden, sind keine Lerngrundlage. Oder: sind keine Entscheidungsgrundlage, sind keine Arbeitsgrundlage…
Ganz subtil oder schon in der Magengrube spürbar: Da liegt viel Stress verborgen, über den niemand spricht.
… vor allem aber: niemand sprechen **mag**.

# Raumakustik – ein Auffassungsproblem

Wenn es um Raumakustik geht, dann geht es immer wieder und schlicht: um Lärm. Wenn dieser leiser ausfällt, dann immer noch um eine Störung.

Wiederum, wenn es um Raumakustik geht, wird nach Nutzungsarten unterschieden: Nach der Eignung eines Raumes für Musik einerseits, sprachliche Kommunikation andererseits. Eben stets: entweder – oder.

Kuttruff und Mommertz geben sich sattelfest:

*„[…] sei darauf hingewiesen, dass diese Bedingungen wesentlich davon abhängen, ob es sich bei den zu übertragenden Schallsignalen um Sprache oder Musik handelt; im einen Fall ist eine möglichst gute Sprachverständlichkeit das Kriterium für die Qualität der Übertragung, im anderen dagegen hängt der Erfolg raumakustischer Bemühungen von der Erreichbarkeit anderer, weniger leicht quantifizierbarer Gegebenheiten ab […]. Jedenfalls gibt es die schlechthin ‚gute Akustik' eines Raumes nicht."*

(H. Kuttruff u. E. Mommertz, Raumakustik; Fachbeitrag in: G. Müller, M. Möser (Hrsg.), Taschenbuch der Technischen Akustik, Springer Verlag, 2004 – Seite 331)

**Die** gute Raumakustik „schlechthin" gibt es nicht?

Nun gut: Die Eier legende Wollmilchsau gibt es auch nicht. Möchte man keck antworten.

Beide – Musik und Sprache – liegen tatsächlich aber näher beieinander, als die Fachwelt es wahr haben möchte. Und es scheint fast, als betonte einzig Fuchs hartnäckig, dass beide *miteinander* bestehen können.

Vielleicht – ob nun ein bisschen oder ursächlich – beginnt das Problem ja schon viel früher – und viel banaler. Denn die Fachwelt ist sich ja schon über die Grundlagen uneins.

*Hier muss ich darauf hinweisen, dass – jedoch in einem anderen Sinne – die Nutzungsarten sehr wohl getrennt betrachtet werden müssen:*
*Mit DIN 18041 geht es um kommunikativ genutzte Räume – im Sinne des Austausches miteinander. Für VDI 2569 gilt, jene Kommunikation, die gegeneinander wirkt, zu bewältigen. – Betrachtet man schließlich den Studiobereich, so gibt sich keines dieser Regelwerke als zuständig aus.*

Aber zurück zu jener Unterscheidung zwischen *entweder* musikalischer *oder* sprachlicher Nutzung eines Raumes.

Zwar richte ich den Fokus gern und mit Vorliebe auf die Sprachverständlichkeit: Sie steht in einem viel weiter reichenden Maße allgemein für die Arbeitswelt im Vordergrund – und ganz besonders in der Pädagogik. Aber eben auch im Sinne einer guten Darstellung von Musik muss man lernen, Raumakustik anders zu betrachten:

Man muss stets die **Raumkanten** ins Zentrum seiner ersten und vorrangigen Aufmerksamkeit rücken.

Ganz gleich, ob Klassenraum, ob Besprechungsraum, Büro, Tonstudio… Man muss den Raum zu **allererst** akustisch „sauber" bekommen. Und die Störung aus den Raumkanten und Raumecken heraus ist die **Störung erster Ordnung** in jedem Raum.

Dabei sollte man jedoch *nicht pauschal* auf Absorption setzen. Absaugen, Verschlucken, Ersticken… oder welche Worte man auch immer dafür finden möchte… ist nicht pauschal der richtige Weg.

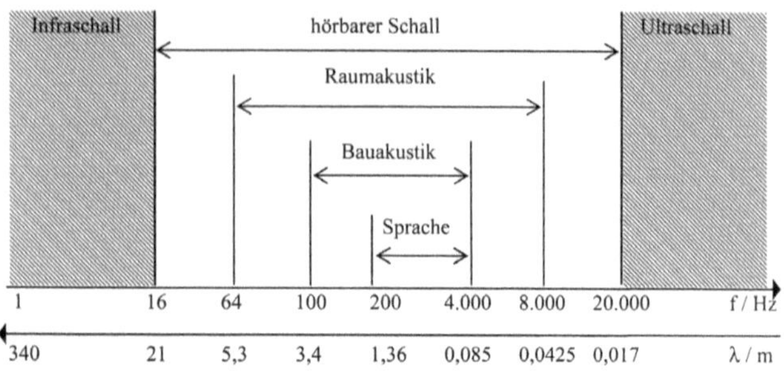



Abb. 1.2:  Frequenzen f und Wellenlängen λ wichtiger akustischer Bereiche

(Werner, Ulf-J.: Handbuch Schallschutz und Raumakustik; 2. Auflage, Beuth 2015 – Seite 13)

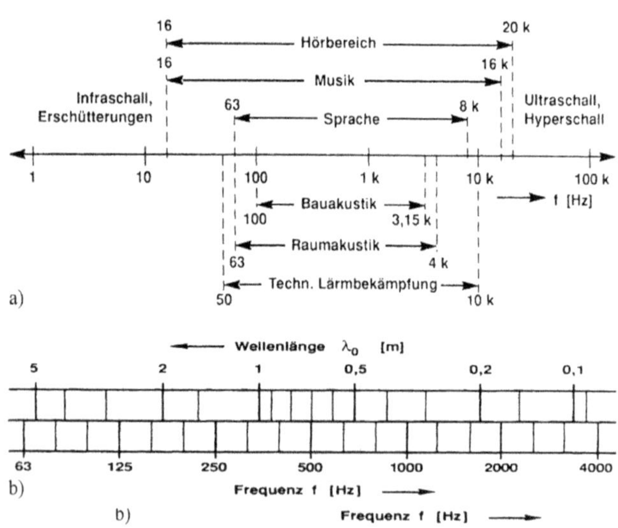



**Abb. 1.3** Wichtige Frequenzbereiche für das Hören (**a**) und entsprechender Wellenlängenbereich (**b**). (Nach Fasold et al. 2003)

(Fuchs, Helmut V.: Raum-Akustik und Lärm-Minderung; 4. Auflage, Springer Vieweg 2017 – Seite 5)

Sondern es gibt genau von dort, den Raumkanten, *positive* Einflüsse, die man sich – über die grundsätzliche Entstörung des Raumes hinaus – noch einmal konstruktiv zunutze machen *kann*… und *sollte*.

Aber zunächst möchte ich noch einmal auf die Sprache eingehen:

Wir werden später sehen, dass in einer Publikation von 2019 der Frequenzumfang für Sprache gar nur mit 170 Hz bis 3.000 Hz beschrieben wird.

In einem umfangreichen Fachbuch zur Akustik, in 2. überarbeiteter Auflage von 2015, wird für den Umfang von Sprache geringfügig weiter gefasst, jedoch ebenfalls nicht weit genug: mit 200 Hz bis 4.000 Hz. Der Handlungsrahmen der Raumakustik, immerhin, wird beschrieben mit 64 Hz bis 8.000 Hz. (*gegenüberliegende Seite, oben*)

Helmut V. Fuchs ist, wie ich noch detaillierter aufzeigen werde, wirklichkeitstreu, wenn in seiner Einführung zu „Raum-Akustik und Lärm-Minderung" (Springer Vieweg, in 4. Auflage 2017) der Sprachbereich von 63 Hz bis 8.000 Hz gefasst ist. Er beruft sich dabei auf *Fasold und Veres* („*Schallschutz und Raumakustik in der Praxis*", *Beuth 2003*; siehe nebenstehend).

Mit anderen Worten: Bei so viel Uneinigkeit allein über die Grundlagen gibt es auch viel Spielraum zwischen Faktenlage und Glaubensbekenntnis.

Und folglich: Da wird ein immenser Spielraum genutzt, um interessengelenkt sehr unterschiedlich eingefärbte Darstellungen als wissenschaftlich fundiert in den Raum zu stellen.

# Ein Funke Hoffnung

… ist längst der falsche Titel für diesen Beitrag.
Denn seit dem 1. Juni 2022 gibt es „Klare Sprache" bei
ARD und ZDF.

Am 12. und 13. Dezember 2020 hatte man mit
„klarer Sprache" noch am Publikum experimentiert.
Man wollte herausfinden, welchen Nutzen das Publikum würde gewinnen können – und ob diese Art der
Vertonung Akzeptanz finden würde.

Dafür, dass selbst unterhaltende Beiträge nicht nur
berieseln sollen, sondern der Handlungsstrang maßgeblich von und mit Sprache nachvollziehbar wird,
war ein solcher  Schritt längst – und eben nicht nur für
Dokumentationen – überfällig.

An jenem Wochenende hatte im „Ersten Programm"
ein breit angelegter Probelauf stattgefunden – mit verschiedenen Sendungen und Beiträgen, die in zwei
Versionen übertragen worden sind.

Gemeinsam mit dem ‚Fraunhofer Institut für Inte-
grierte Schaltungen' hatte man Beiträge neu vertont
und alternativ gesendet.

Ich selbst hatte die Mediathek genutzt, um Sendungen beispielhaft parallel zu verfolgen – mir also kurze
Abschnitte in der herkömmlichen, und direkt anschließend in der modifizierten Vertonung anzuhören, oder
umgekehrt. So bin ich ständig hin und her gesprungen
zwischen beiden Sendeversionen, um die Unterschiede
abhören zu können.

Spätestens über die Vertonung von Filmen, so spe-
kuliere ich einmal, werden wir daraufhin „erzogen",
basslastig zu hören. Bass schindet enorm Eindruck.
Daran hatte ich bereits in meiner Jugend Zweifel: Die

wummernden Bässe hatten mich häufig als laut und allzu dominant gestört. Und so hatte ich recht früh die Bässe abgeschwächt und die Höhen gezielt stärker ausgepegelt.

Bässe sollen klar, differenziert und eigenständig bestehen, aber auf keinen Fall dominant wuchern. Höhen dürfen nicht zu leise sein und nicht dumpf überdeckt werden, um der **Musik** Helligkeit und Transparenz zu verleihen.

Was man von den ARD in der Erprobung geboten bekommen hatte, waren begleitete Überarbeitungen. Ich hatte subjektiv den Eindruck gewonnen, dass man nicht nur moderat Sprache hervorgehoben, sondern zum Teil auch die musikalische und Geräuschuntermalung vor allem in den Tiefen bearbeitet hatte.

„Mit Hilfe von künstlicher Intelligenz wird aus dem Fernsehton in Echtzeit ein alternatives Audiosignal »errechnet«, das die Stimmfrequenzen erkennt", so erläutert der MDR das neue Programmangebot (*„Was steckt hinter der Tonspur »klare Sprache« bei ARD und ZDF?", MDR Thüringen, 02.06.2022*). – Die Resultate können schon mal sehr ungewohnt klingen, nicht so sauber abgestimmt – aber es dient dem Zweck der klaren Sprachverständlichkeit.

„Klare Sprache" ist mindestens ein Schritt in die richtige Richtung. Insgesamt denke ich, sollten wir eine neue Hör- und auch Vertonungskultur erlernen. Aber dazu muss man auch bereit sein, sehr ehrlich Wahrnehmung als auch Tontechnik zu beobachten und zu hinterfragen.

*kleine philosophische Einkehr*

# Was Menschen antreibt

Einige – frühe – Jahre meines Lebens lang pflegte ich stets zu sagen: „Faulheit ist der Motor einer jeden Erfindung."

Irgendwann – so um mein dreißigstes Lebensjahr herum – fragte mich ein befreundeter Jurastudent: „Und weshalb ist dann der Herzschrittmacher erfunden worden?"

Fortan hatte ich keine Antwort mehr auf die Frage, weshalb der Mensch getrieben sei, Neues zu erfinden.

Allmählich habe ich wieder eine Antwort darauf gefunden, was den Menschen antreibe:

Unzufriedenheit.

Es ist die Unzufriedenheit mit Lösungen, die keine sind, mit Antworten, die schon in sich unschlüssig und nicht frei von Widersprüchen sind.

Und also: Was macht den **Menschen** aus?

Der Mensch ist ja keineswegs das einzige lernfähige, so genannt „intelligente" Wesen, das seine Unzulänglichkeit als solche ebenso wie die Unzufriedenheit mit dieser ihm ureigenen Unzulänglichkeit realisieren kann.

Jedoch, der Mensch ist unter den (mir) bekannten Lebewesen das einzige, dass mithilfe seiner Finger filigrane und auch sachlich mithin extrem abstrahierende Werkzeuge erschaffen kann, um diese Unzulänglichkeiten weitreichend zu kompensieren.

Dabei sind es nicht ursächlich zehn Finger – die uns möglicherweise geistig sogar etwas im Wege stehen. Rein motorisch wäre es von Nachteil, wenn es pro Hand nur zwei wären. Und günstig erscheint, wenn es pro Hand einen Finger mehr gibt als nur drei.

Intellektuell wiederum ist es dem Menschen vor allem hilfreich, auch sozial abstrakt denken zu können. Mit dieser Fähigkeit abermals ist der Mensch unter den bekannten Lebewesen keineswegs allein.

Einzig die Fähigkeit, abstrakt erdachte Werkzeuge und Hilfsmittel auch physisch detailliert und komplex umsetzen und zugleich sozial abstrahiert – und unter Zuhilfenahme einer umfangreichen und detaillierten Kommunikation zwischen seinesgleichen – in einen größeren Kontext einordnen zu können, eröffnet (im Wortsinn!) unendlich viele Möglichkeiten.

Vielleicht ist der Mensch das einzige uns bekannte Lebewesen, das aus der Unzufriedenheit mit es umgebenden Umweltbedingungen heraus etwas für das Kollektiv nützliches Komplexes generieren kann, obwohl nicht unmittelbar das Überleben des Individuums oder der eigenen Sippe – also eine unmittelbare oder nahe mittelbare Selbstbetroffenheit – im Fokus der Bemühungen steht.

Aber nicht einmal Unzufriedenheit ist es, die den Menschen einzigartig macht. Sondern eher, so etwas wie Unzufriedenheit konstruktiv und langfristig für das Kollektiv nutzbringend einsetzen zu können.

Nicht zuletzt also die Unzufriedenheit mit falschen „Wahrheiten": Dieses drängende Unwohlsein, solange zu viele Fragen unschlüssig beantwortet und zu viele Widersprüche sperrig hingenommen werden müssen.

Aber... es ist angenehm – und gesund – mit sich im Reinen und zufrieden zu sein.

# Tiefe Frequenzen

Für den ersten Teil abschließend möchte ich den tiefen Frequenzen schon einmal etwas mehr Aufmerksamkeit widmen.

Spricht man über tiefe Frequenzen, muss man auch über Fuchs sprechen.

Es scheint fast, als sei Helmut V. Fuchs in der Gegenwart der Einzige, der noch engagiert und unbeirrt über tiefe Frequenzen spricht.

Fuchs zeigt ganz bescheiden auf, dass die Relevanz tiefer Frequenzen zumindest seit den 1930er Jahren bekannt ist (etwa in seiner Publikation „*Thesen zur Akustik anspruchsvoller Räume*" im *Akustik-Journal 02/2018*, der Fachzeitschrift des DEGA e.V.; *Seiten 31–45*).

Detaillierter als dort führt Fuchs in „Raum-Akustik und Lärm-Minderung" (*Springer Vieweg, 2017 in 4. Auflage*) aus, wie Leo Beranek 1962 mit seiner Formel für das Bassverhältnis zumindest kräftig geholfen hat, das dumpfe und beherrschende Wummern der Bässe als Postulat für eine gute Raumakustik zu etablieren.

… und 42 Jahre später auch selbst widerrufen hat!

„Ganz generell gilt: Um ein differenziertes Bassfundament als Basis für den gesamten Klangkosmos […] generieren zu können, bedarf es einer schlanken Raumakustik. Der weit verbreitet anzutreffende Anstieg der Nachhallzeit zu den Tiefen hin […] wirkt sich ausgesprochen kontraproduktiv aus. Wenn man dagegen […] dafür sorgt, dass der tiefe Bassbereich klar und unverfälscht […] vom Raum übertragen […] werden kann, wird auch eine gute Wiedergabequalität ermöglicht. Denn der unterste Bereich des Schallspektrums [...] kann bei zu starkem Nachhall dazu führen, dass sich im Raum stattdessen ein konturloses Wabern einstellt, das [...] das darüber aufgebaute Klanggebäude vernebelt.

Man findet in der Literatur aber auch gegenteilige Ansichten, zumindest was den üblichen Anstieg der Nachhallzeit zu den Tiefen hin für musikalische Nutzung angeht, z. B. bei Barron (1993, dort Abschn. 2.8 und 3.4):

‚Ein Anstieg der Nachhallzeit ist aus Gründen der Deutlichkeit sehr günstig für Orchesterkonzerte, derweil die meisten tiefen Instrumente ihre stärkste Klangabstrahlung oberhalb von 200 Hz haben und schwach in den tiefen Frequenzen abstrahlen. Deshalb ist es vorteilhaft, das Klangfundament der Bassstimmen durch den Raum zu verstärken. Das ist einer der Gründe, weshalb die Decke in der Philharmonic Hall in New York, die weitreichend tiefe Frequenzen absorbiert, ein solcher Nachteil für die Celli ist. [...] Ein Wert bei 125 Hz von 50 % oberhalb dessen bei mittleren Frequenzen ist normalerweise empfohlen. [...] Die Auswirkung für Konzerthallen, in denen lange Nachhallzeiten für tiefe Frequenzen angestrebt werden, ist dass Wände, Decken und alle darin befindlichen Gegenstände hinreichend schwer sein müssen, um die tieffrequente Absorption gering zu halten. Eine solche Herangehensweise hat deutliche finanzielle Konsequenzen‘.“

*(Fuchs, Raum-Akustik und Lärm-Minderung, 4. Aufl.; Springer Vieweg, 2017 – Seiten 212/213)*

[Textpassage in abgesetztem Schriftbild in eigener Übersetzung, da Fuchs englischsprachig zitiert]

(der bezogene ‚Barron, 1993':
Barron, Michael, „Auditorium acoustics and archi-
tectural design", E. & F.N. Spon, London, 1993)
Liegt denn Barron so falsch, wenn er fordert, tiefe
Frequenzen sollten Unterstützung durch den Raum
selbst gewinnen? Recht hat er, wenn er zu diesem
Zweck den Einsatz schallharter Materialien fordert.

Aber nun muss man auch für die tieferen Frequenzen
einmal genauer hinschauen, was denn Nachhall sei!

Messtechnisch ist Nachhall ein Gesamtereignis – in
das die Raumkanten als ein eigenständig Störschall er-
zeugendes Teilvolumen des Raumes variabel mit einfließen. Mit dem klaren Manko der Raumkanten, keinen
sauberen Schallreflex abzubilden. Das heißt: Die **Raumkante** kann der (sehr förderlichen) Diffusion nicht zugeordnet werden – obgleich im weitesten Sinne die
Raumkante eine „streuende" Wirkung hat.

---

### **Raumkante** „streut" zwar,
### schenkt aber keine nützliche **Diffusion**

---

Dabei muss man berücksichtigen: Was „Raumkante"
ist bzw. wie groß der Bereich der Kante, dieses „Teilvolumen des Raumes" zu beschreiben ist, hängt unmittelbar mit den betreffenden Frequenzen zusammen:

Je tiefer die Frequenz, die über die Raumkante entstört werden muss, desto großzügiger muss man das
Volumen der Kante abschirmen.

Man kommt nicht umhin, wenn man eine saubere
Analyse der akustischen Verhältnisse in einem Raum er-
bringen möchte: Man muss die Raumkante separieren.
Alles andere ergibt für die Akustik in einem Raum ein
Zerrbild.

Aber zunächst noch einmal zu den tiefen Frequenzen:
Auch die Bässe sollten durch klare Reflexionen getragen sein – nicht aber durch undiffferenzierten Nachhall. Und ein solches – ein undifferentiertes – Nachklingen kommt für *alle* Frequenzen *nicht* aus dem Raum an sich, sondern aus den *Raumkanten* – also nicht von „typischen" reflektierenden Flächen, womit ich hier Wandflächen, Decken, Schrankoberflächen und dergleichen meine.

Man muss auch Acht geben auf einen wichtigen Hinweis von Fuchs, der beinahe verloren gehen könnte:

> „Schon 1933 wird von Meyer et al. (1933)* auf gute Sprachverständlichkeit infolge der die Tiefen absorbierenden Holzeinbauten in Kirchenräumen hingewiesen."
> *(Fuchs, H.: Raum-Akustik und Lärm-Minderung; Springer Vieweg 2017 – Seite 230)*
>
> [* Quelle gemäß Fuchs: *Meyer E, Cremer L (1933) Über die Hörsamkeit holzausgekleideter Räume. Z. Techn. Physik 14:500*]

Und hier wird es nun besonders interessant, Fuchs bzw. seinen Zitaten weiter zu folgen:

> „Nach Gehret (2008) dürfte ihr Einfluss aber ebenso positiv auf die Entstehung und Darbietung polyphoner Musik gewesen sein. Der Autor schreibt zum ‚extrem hell färbenden Verlauf der Nachhallzeiten', dass konventionell planende Konzertsaalbauer solche zwar vermeiden, diese in barocken Kirchen aber die folgende Wirkung entfalten:
> ‚Beim Einschwingen der Orgelpfeifen favorisiert der Raum die Obertöne, daher auch der Eindruck […] der *»Hellfärbung des Klangs«*. Die schädliche Wirkung der Verdeckung der hohen Klanganteile durch tiefere wird in solchen Räumen besonders

zurückgedrängt, wodurch sich der geschätzte
*»tragende«* Raumeindruck einstellt.' Die dadurch
bedingte Verfärbung wird positiv bewertet, weil
sich der Klang »im Verklingen in Richtung auf den
Vokal A hin verwandelt. Das passiert nun nicht erst
am Ende eines Stücks im so genannten Nachhall,
sondern widerfährt jedem einzelnen Ton in einem
fortwährenden Kontinuum, das nur selten von
Hörern bewusst wahrgenommen wird«."
*(Fuchs, H.: Raum-Akustik und Lärm-Minderung;*
*Springer Vieweg 2017; Seiten 230/231)*
Der positive Einfluss von Holz auf die Klangfarbe
darf von mir aus eine Frage des Geschmacks sein – und
mag bisweilen zu viel „Leben" sein. Aber allbekannt
und immer wieder gern eingesetzt wird Holz wegen
seiner Wirksamkeit als warmtönend und gerade in den
Tiefen beruhigend.

## Holz geht freundlich mit Klang um

Aus meiner Sicht sollte man wohl beachten: Holzeinbauten, etwa in Form von Emporen, Chorgestühlen
oder Wandverkleidungen, können nicht verglichen
werden mit dem Einbau moderner Absorber oder Re-
sonatoren an Wänden oder Decken, während im Übrigen moderne Räume spartanisch ausgestattet bleiben.
Solche Holzeinbauten bieten sowohl Resonanz ein, als
auch ganz viel **Diffusion** für mittlere und höhere Frequenzen. Dadurch wird die Klarheit von Raumklang
unbedingt unterstützt.
Barron widerspricht 1993 mit seinem Credo auf den
längeren Nachhall in den tiefen Frequenzen auch interessanten Beobachtungen, die schon Wallace C. Sabine
gemacht und recht detailliert beschrieben hatte. An

anderer Stelle in diesem Buch und auch in meinem
Buch „Prim-Ordium" gehe ich umfassender auf solche
Hinweise Sabine's ein, dass in Innenräumen ein ver-
hängnisvolles Missverhältnis der eher tiefen zu den
mittleren und höheren Frequenzen *gerade durch
Absorption* entsteht.

Wenn andere sich auf Sabine berufen und die so genannte „Sabine'sche Formel" lobpreisen, dann berufe
*ich* mich hier in einem anderen Sinne auf Sabine:

So sehr Sabine sich die Absorption zunutze gemacht
haben mag, um Probleme zu lösen, so sehr war ihm
aber auch bald bewusst geworden, dass *gerade* die
Absorption für die mittleren bis höheren Frequenzen
*sehr verhängnisvoll* enden kann.

Und für die tiefen Frequenzen erscheint mir Fuchs
bezüglich der bloßen Absorption tiefer Frequenzen
auch keinesfalls so sicher, wie es sich auf den ersten
Blick liest, wenn er schreibt:

> „Wenn man dagegen durch bauliche Maßnahmen
> dafür sorgt, dass der tiefe Bassbereich klar und
> unverfälscht von den Musikern dargeboten, vom
> Raum übertragen und von den Tonschaffenden
> aufgezeichnet werden kann, wird auch eine gute
> Wiedergabequalität ermöglicht."
> (*Fuchs, Raum-Akustik und Lärm-Minderung, 2017
> – Seite 212*)

Man darf mich spitzfindig schimpfen, wenn ich in der
Aussage *„vom Raum übertragen"* entdecke, dass auch
Fuchs für die tiefen Frequenzen ein bisschen „Raum"
sehen und mit der Absorption keiner Freifeldsituation
nahe kommen möchte. Auch Fuchs ist ja einer, der sich
gerade hinsichtlich tieffrequenter Absorption mit großer Zurückhaltung auf die Raumkanten konzentriert.

Um zu verdeutlichen, was ich meine, möchte ich einmal überspitzt formulieren: Absorption bedeutet am obersten Ende der Skala, einen Raum von Räumlichkeit zu befreien. An diesem obersten Ende der Skala steht der schalltote Messraum.

---

auch die **Tiefen** *nicht pauschal totschlagen*!

Natürlich hat Fuchs erst einmal nicht Unrecht, wenn er immer wieder betont, lange Nachhallzeiten in tiefen Frequenzen seien – *ich* nenne es hier so – ein Monster.

Allein – dieses Monster sollte man nicht bezwingen, indem man es pauschal seiner Energie beraubt. Sondern auch die tiefen Frequenzen wollen getragen werden, wie das auch für die Mitten und Höhen gilt.

Oder mit anderen Worten: Dieses Monster möchte **freundlich** *gezähmt* werden.

Wenn ich nun noch einmal auf Fuchs zurückgreife, dann muss ich zuvor auch darauf hinweisen, dass Fuchs mindestens die Musikenthusiasten daheim oder Betreiber von Aufnahme- oder Produktionsstudios schon gar nicht mehr überzeugen muss, wenn er sagt, dass zu viel Nachhall in den tiefen Frequenzen schädlich sei. Die nämlich übertreiben es offenbar auch längst gern – und leider – in der Gegenrichtung.

Wo Musikenthusiasten so viel Absorption empfohlen wird, so viel Bassfalle aufgedrängt wird, dass sie am Ende die Musik lauter abspielen sollen, damit das Bassfundament seine Kraft wiedergewinnt, da haben solche „Berater" verstanden, dass ein „kompetentes" Auftreten den Ratschlag ertüchtigt. Von Schall und Raum haben die dann offenbar nicht so viel verstanden.

Fuchs spricht von der Lehre und von Normen, wenn er mit der „verbreiteten Philosophie" folgend meint, dass längere Nachhallzeiten für tiefe Frequenzen nicht nur toleriert, sondern entschieden empfohlen werden:

> „Damit die Tiefen in Pausen etwa gleich lange hörbar bleiben, solle der Pegelabfall im Nachhall [...] langsamer als bei den Höhen erfolgen."
> (*H. V. Fuchs, Raum-Akustik und Lärm-Minderung, 4. Auflage; Springer Vieweg 2017 – Seiten 213*)

Leider geht Fuchs hierauf nicht genauer ein. Dabei spielen aber doch solche Empfehlungen ihm gerade gute Argumente zu, weshalb man **nicht** so vorgehen sollte. Es ist erst einmal absurd – und deshalb unbedingt hervorhebenswert – wenn empfohlen wird, die bemängelte Schwäche oder Energiearmut im tiefer frequenten Bereich zu kompensieren, indem man eine *längere Nachhallzeit* hinnimmt oder gar fördert:

Einmal nicht im Störgeräusch, sondern ganz bewusst für Musik betrachtet bedeutet das, einem Musikstück **Asynchronität** aufzunötigen, um für den Bass eine etwaig zu schwache Präsenz auszugleichen. Das finde ich gelinde gesagt „schräg":

Ein längerer Nachhall tiefer Frequenzen gibt dem Bass gerade dort Kraft, wo er nicht gesetzt wurde – nämlich im Nachschleifen.


Weiter bei Fuchs:

> „[...] Seit gut 50 Jahren stand [...] ein fast sakrosanktes Dogma im Raum, das für Musik generell einen Anstieg der Nachhallzeit zu den Tiefen postulierte. Beranek (1962) definierte ein Bassverhältnis (‚bass ratio')

$$BR = \frac{T_{125} + T_{250}}{T_{500} + T_{1.000}} \qquad (11.23)$$

> [*eig. Anm.: T = jeweilige Nachhallzeit der Frequenz x in sec.*]

[...] als ein Qualitätskriterium insbesondere für Konzertsäle. Dieses sollte Werte zwischen 1,1 (für Räume mit hoher) und 1,5 (für Räume mit niedriger mittlerer Nachhallzeit) betragen mit der noch in Beranek (1996, dort S. 37) hoch gehaltenen Begründung:
,Wenn die Oberflächen von Wänden oder Decken oder der Bestuhlung die tiefen Frequenzen absorbieren, kann das gesamte Orchester in den Bässen und Celli schwach klingen. [...] Eine Musikhalle lässt Wärme vermissen, wenn die Nachhallzeiten bei tiefen Frequenzen (75 bis 350 Hz) kürzer sind als bei mittleren Frequenzen (350 bis 1.400 Hz)'.
Diese Ansicht wurde von anderen erfahrenen Akustikern übernommen und wird von vielen heute noch vehement vertreten."

Das **Gerücht** hält sich hartnäckig, …

*(H. V. Fuchs, Raum-Akustik und Lärm-Minderung, 4. Auflage; Springer Vieweg 2017 – Seiten 214) [Textteil in alternativer Schriftart: eigene Übersetzung, da Fuchs englischsprachig zitiert]*

*(der bezogene ‚Beranek, 1996' ist: Beranek, LL, „Concert and Opera Halls – How They Sound", Acoustical Society of America, New York, 1996)*

Ich möchte orientierungshalber erläutern, dass der zitierte Beranek zwar mit „75 – 350 Hz" und mit „350 – 1.400 Hz" andere Frequenzen angibt, als er für seine Formel aus dem Jahre 1962 zugrunde legt. Schlussendlich aber vertritt er mit jener Aussage die Ansicht, dass ein Bassverhältnis, ausgedrückt als das von ihm entworfene „bass ratio", in etwa von kleiner gleich 1 für eine Musikhalle „kalt" und „trocken" klinge.

Das heißt, Beranek betrachtet noch 1996 eine undifferenzierte Bekräftigung der tiefen Frequenzen,
nämlich allein über den Nachhall, als den goldenen
Weg, um über ein insgesamt schummeriges Bass-
volumen einen warmen Raumklang zu erzeugen.

Einige Seiten später darf Leo L. Beranek (1914 –
2016) dann Rehabilitation erfahren, da er offenbar
12 Jahre vor seinem Tod dem eigenen und einstigen
Irrtum in seiner Publikation „Concert Halls and Opera
Houses" (Springer-Verlag, New York, Inc., 2004)
abgeschworen hatte:

> „[…] außer einem lange hochgehaltenen Anspruch
> wie BR > 1 [...] für Musik, der sich später nach
> Bradley et al. (1997) und Beranek (2004, dort S.
> 512), als unhaltbar herausgestellt hat, findet man

... und wird auch normativ gestützt, mehr...

> zur [...] vorgefundenen Nachhallcharakteristik
> dieser Räume keinen einheitlichen Beurteilungs-
> maßstab. Zu Räumlichkeiten, die für Rock- und
> Popdarbietungen oft noch viel intensiver genutzt
> werden, fehlte lange eine ähnlich [...] professio-
> nelle Beschäftigung.
> Erst kürzlich hat Adelman-Larsen (2014) dazu eine
> [...] Dokumentation [...] vorgelegt. Der Autor hat
> diese alle über Jahrzehnte als ausübender Musiker
> am eigenen Leib bzw. Gehör offenbar sehr ein-
> dringlich erfahren [...]. Im Rahmen eines größeren,
> wissenschaftlich fundierten Projekts wurden Nach-
> hallzeitspektren (glücklicherweise stets wenigstens
> bis 63 Hz herunter!) gemessen und ausgewertet.
> [...]
> Bei seiner Beurteilung [...] hat sich Adelman-Larsen

(2014) aber nicht allein auf seine eigene Erfahrung und Einschätzung verlassen, sondern dazu auch Fragebögen und Interviews [...] ausgewertet. Die Schlussfolgerungen in seinem Kap. 5 passen sehr gut zu dem hier propagierten [*eig. Anm.: Fuchs' eigenem*] raumakustischen Konzept: [...].
Die zitierten Aussagen lassen sich nach Adelman-Larsen [...] durch ein alternatives Bassverhältnis

$$BR = \frac{3}{2} \, \frac{T_{63} + T_{125}}{T_{500} + T_{1.000} + T_{2.000}} \qquad (11.24)$$

quantifizieren, das einem gemittelten Wert von 0,88 für die fünf am besten und 1,32 für die fünf am schlechtesten bewerteten Hallen annimmt, und in seinem Kap. 3 schreibt er: [*eig. Anm.: eig. Übersetzung, da Fuchs englischsprachig zitiert*]

---

... „Nachhall" im Bass böte **Klangvolumen**.

---

‚Hallen mit einer niedrigen Nachhallzeit bei tiefen Frequenzen werden als am besten bewertet [...] Nachhallender tieffrequenter Schall zeigt die Tendenz, Direktschall teilweise zu maskieren (sowohl bei tiefen als auch bei mittleren Frequenzen), und hiermit geht die Kernaussage von Musik, Rhythmus und auch Text verloren.'"
(*H. V. Fuchs, Raum-Akustik und Lärm-Minderung, 4. Auflage; Springer Vieweg, 2017 – Seiten 233/234*)

*Zu den hier nach Fuchs zitierten Formeln (11.23 und 11.24) erlaube ich mir für solche Personen aufzuschlüsseln, die bisher weniger mit der Raumakustik zu tun haben: „T" bezeichnet die Nachhallzeit in Sekunden, die tiefer gestellte Zahl dahinter die spezifisch betrachtete Frequenz. – Die Nachhallzeit ist jene Zeitspanne , in der der Schallpegel um 60 dB abfällen.*

# Teil II

der Lösungsweg

# PrimOrdium

## – zurück zum Ursprung

In meiner Publikation „PrimOrdium" hatte ich schon einiges erzählt von den ersten praktischen Anwendungen des **ReFlx**-Systems in Klassenräumen – aber auch von zahlreichen Experimenten, die ich mit unterschiedlichen Materialien und Varianten vorangestellt hatte, um meine Annahmen zunächst einmal grundsätzlich zu überprüfen.

---

**vor** *dem ersten praktischen Einsatz:*
**umfangreiche Experimente**

---

*experimentell: 2 Reflektoren, Buche-Leimbinder,*
*ungedämmt*

*experimentell: 1 mm Stahlblech auf 8-mm-Span-
platte als Träger, mit Dämmung STEICO-base, 20 mm,
auf der Rückseite*

So habe ich in „PrimOrdium" bereits beschrieben,
dass das **ReFlx**-System ein Konzept ist, das sich in den
unterschiedlichsten Ausführungen – komplett schallhart, aber auch unter Einbeziehung von Absorption
konstruktiv vereinfachend und kostensparend – mit
dem stets gleichen Effekt umsetzen lässt, wenn auch
mit unterschiedlichen klanglichen „Färbungen":
Es schaltet – die angemessene Größe vorausgesetzt
– den Kanteneffekt komplett aus. **Und** – das kommt
beim **ReFlx**-System „gratis" hinzu: Es unterstützt die
mittleren bis höheren Frequenzen maßgeblich.
In erster Linie ist es damit tauglich für kleine **bis** mittelgroße Räume. Das kann man erst einmal – und mit
der besonderen Betonung auf „bis" – so festhalten,
weil der Einfluss der Raumkanten auf das Gesamtschallereignis mit zunehmender Raumgröße abnimmt.
Jedoch, wegen des *stets* negativen Einflusses der
Raumkante auf das unmittelbare Umfeld **und** wegen

*Schulalltag: C-Cases in Raum 116 der Städt. Realschule Waltrop*

des *positiven* Einflusses der Reflektoren mindestens für das nahe Umfeld muss von einer günstigen Wirkung des Systems grundsätzlich für alle Räumlichkeiten, also auch große Räume ausgegangen werden. – Das mag von (Gewohnheits-) Skeptikern noch als kühne Vermutung, gar als bloße Behauptung gesehen werden. Die logische Abwägung in Verbindung mit der experimentellen Überprüfung im Kleinen (meine Versuche unter „laborähnlichen" Bedingungen) *und* in kleinen Räumen in der Praxis (mehrere Klassenräume und ein OGS-Betreuungsraum) lassen jedoch auf den Nutzwert auch für größere Räumlichkeiten schließen. Dieser Nutzwert in größeren Räumen beschränkt sich selbstverständlich eher auf Hörorte im nahen Umfeld der Raumkanten und verliert sich zunehmend im Gesamtschallereignis.

Dort ist also die Ausstattung der Raumkanten eine ergänzende Maßnahme – wie auch umgekehrt einiges dafür spricht, kleine Räume partiell mit kleineren ab-

*OGS-Betreuungsraum; Lindgren-Schule-II, Waltrop*

sorbierenden Flächen oder Objekten zusätzlich zum **ReFlx**-System auszustatten, um etwaig den Nachhallcharakter des Raumes gezielter zu steuern.

Aber Messwerte – die ein Gutachten inzwischen bietet – zeigen deutlich auf, dass *zusätzliche Absorption nicht mehr erforderlich* ist, sondern eher eine Frage von Geschmack, Komfort oder Budget.

Solchen Messwerten bleibt der Makel anhaften, dass Berechnungen und Normen die Raumkante bisher quasi „nicht kennen" – das heißt, der Einfluss der Raumkante zumindest auf das Gesamtschallereignis im Raum nicht gesondert betrachtet – werden kann.

Vom spezifischen Einfluss der Raumkante auf das unmittelbare Umfeld sei an dieser Stelle  also ohnehin einmal abgesehen…

Aber Physikerinnen und Physiker, die in ein ganz anderes Verständnis von Schall und Raumakustik quasi „hineingewachsen" sind, wollen praktische Belege innerhalb des allgemein angewandten Normenwerkes sehen – und möchten das Neue sich fügen sehen in die bestehenden mathematischen Modelle.

Das ist ein Widerspruch in sich – denn für dieses Neue gibt es bisher *weder* Norm *noch* mathematische Herleitungen. Das mag im Neuen an sich begründet sein.

Aber nicht einmal das Altbekannte – das spezifische Problem der Raumkanten – ist bisher in tragfähige Figuren und Formeln gegossen worden.

Und so können jene Messungen, die ich inzwischen vorweisen kann, die Richtung und den Erfolg bestätigen – aber kaum den wahren Ertrag für den praktischen Alltag vollumfänglich abbilden: Die Auswertung ist zwangsläufig beeinflusst vom *Nachhall*, der auch für den Sprachverständlichkeitsindex (STI) noch eine mehr oder minder relativierende Größe ist – der jedoch tatsächlich *für die Sprachverständlichkeit ein nachrangiges Kriterium* darstellt.

Nicht ohne Grund hatte ich schon in der ersten Auflage dieses Buches **neue mathematische Ansätze** und *grundlegend andere Lösungswege* für die raumakustische Analyse eingefordert.

unabhängiges Gutachten zum **ReFlx**-System:

# Raumklang zwischen Maß & Nutzen

Es wird Zeit, auf das Gutachten zum **ReFlx**-System einzugehen. Aber einleitend einen Schritt zurück…

Der Ingenieur Dr. Heiko Winkler aus Ibbenbüren hatte mir Anfang 2021 Messungen gestiftet.

Die noch immer sehr langen Nachhallzeiten, die diese Messungen belegen, können leicht  missverstanden werden. Denn die außerordentlich gute Sprachverständlichkeit – die bereits die kleiner dimensionierten C-Cases erbringen – deutete klar darauf hin, dass es den Zusammenhang zwischen Nachhallzeit und Sprachverständlichkeit, den DIN 18041 unterstellt, so nicht gibt.

---

*extrem gute* **Sprachverständlichkeit**
*bereits mit den C-Cases*

---

Als Referenz diente ein nur ähnlicher Raum: Die Montage der C-Cases hatte ich nicht gut gelöst , so dass eine Demontage unverhältnismäßig aufwändig gewesen wäre. – Ein solcher Vergleich ist nicht optimal. Die Ergebnisse waren dennoch *sehr aussagekräftig* – und haben mich in meiner Entwicklungsarbeit entscheidend vorangebracht.

Bereits das bloße Sprechen entlarvte die recht starke Halligkeit in Raum 116. Und mit Klatschtests ließ sich herausfinden, dass die tieferen Frequenzen in den Raumkanten noch subtil lauerten.

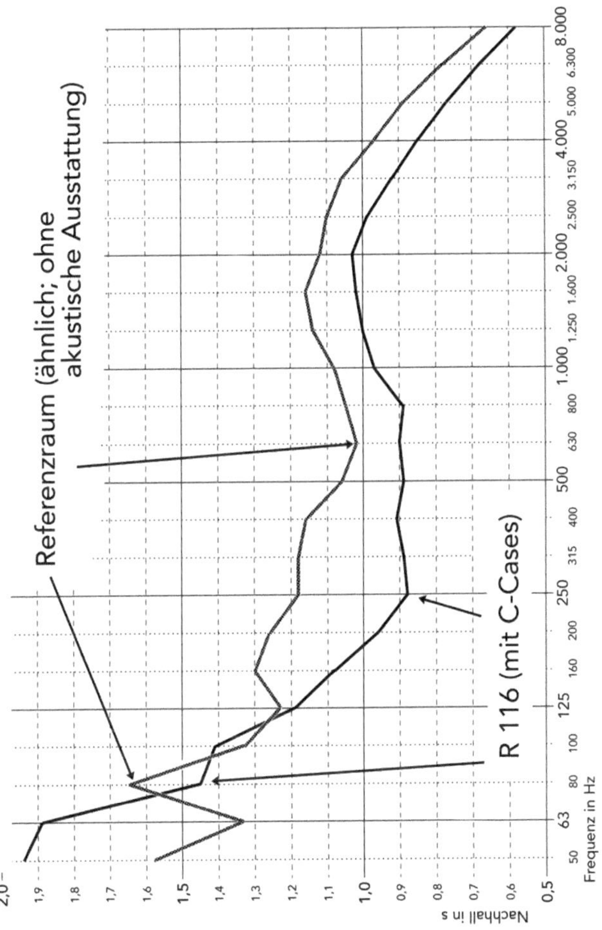


Kurvendarstellung der gemessenen Nachhallzeiten für Raum 116, ausgestattet mit C-Cases (insgesamt 22 Meter Raumkante); vergleichend Nachhallzeiten eines ähnlichen Raumes, ohne akustische Ausstattung

Aber es war sehr aufschlussreich, die analytischen Werte in Schritten von Drittel-Oktaven von 50 Hz bis hinauf zu 8.000 Hz beobachten zu können.

Der längere Nachhall entspricht deutlich nicht der Norm (DIN 18041). Auch mag man den Nachhall als unkomfortabel empfinden. Jedoch: Dieser längere Nachhall beeinträchtigt die bereits *sehr gute* Sprachverständlichkeit nur bedingt – nämlich in Abhängigkeit von der Grundfrequenz der Sprecherstimme etwaig noch im tieffrequenten Bereich. Eine basslastige Sprecherstimme regt die Raumkanten noch immer an und erzeugt eine tieffrequente Maskierung.

Es gab zwar nur *eine* Reaktion einer Testperson – auf meine bewusst sehr leise Sprechweise hin – dass eine unterschwellige, tieffrequente Störung es schwer gemacht habe, mir über längere Zeit zu folgen. – Im Zusammenhang mit den Messergebnissen gab das aber Aufschluss über das störende Potenzial der tiefen Frequenzen, die die relativ klein ausgelegten C-Cases nicht hinreichend bewältigen können.

(Siehe ausführlichere Darlegungen und Vergleiche in meiner Publikation „PrimOrdium".)

Die Konsequenz war, die Reflektoren größer auszulegen, um mehr Kantenvolumen abschirmen zu können. – Dass die Reflexion nützlicher Frequenzen dadurch noch einmal zusätzlich profitiert, ist nicht von der Hand zu weisen.

Wichtiger ist, dass – die Reflektoren schräg angeordnet – mit *größeren* Reflektoren auch bedeutend mehr Raumkante entstört wird. Das ist ein banaler geometrischer Zusammenhang: Je größer das einbezogene Kantenvolumen, desto tiefere Frequenzen können ihr störendes Potenzial nicht mehr entfalten.

Raum 122 der Städt. Realschule Waltrop habe ich im Sommer 2021 mit dem neuen **ReFlx**-System ausgestattet – und als Referenzraum gleichzeitig in einem anderen Gebäude Raum 222.

In Raum 122 war irgendwann ein PVC-Boden auf den ursprünglichen Steinfußboden aufgebracht worden. Das hat die Verhältnisse so weit beruhigt, dass – zumindest gemäß Sprachverständlichkeitsindex – kaum weiterer Handlungsbedarf bestand.

*die Weiterentwicklung zum*
**ReFlx**-System

Raum 222 ist – in einem anderen, später erbauten Gebäude – einer jener Räume, die mit vollflächig bedämpfenden Decken nachgerüstet worden waren. Im Vergleich werden diese Räume spontan als angenehm beschrieben. Das ist üblich und erwartungsgerecht.

Im Unterrichtsbetrieb jedoch werden Raum 222 und vergleichbare Räume von Lehrkräften – durchgängig ab einem Alter von um die 50 – als anstregend beschrieben. Allerdings in einem ganz anderen Sinne, als es für schallharte und akustisch komplett unbehandelte Räume gilt…

Für Räume 122 und 222/223 hat die SG-Bauakustik, mit Standorten in Mülheim a. d. Ruhr und in Schornsheim ein Gutachten erstellt.

Zuerst möchte ich auf die Messungen der Nachhallzeiten eingehen – und hier vorangehend auf Räume 222 und 223.

Der Raum 223 diente als Referenzraum, der im Vergleich zu Raum 222 fast identisch mit Mobiliar ausgestattet, tatsächlich identisch ist in Größe und Beschaf-

| Frequenz f in Hz | Nachhallzeit T in s | |
|---|---|---|
| | **Raum 223**<br>(mit vollflächig bedämpfender Decke; *ohne* ReFlx-System) | **Raum 222**<br>(mit vollflächig bedämpfender Decke; *mit* ReFlx-System) |
| 50 | 1,40 | 1,42 |
| 63 | 1,29 | 1,34 |
| 80 | 0,97 | 1,38 |
| 100 | 0,91 | 0,88 |
| 125 | 0,72 | 0,80 |
| 160 | 0,54 | 0,67 |
| 200 | 0,43 | 0,45 |
| 250 | 0,41 | 0,45 |
| 315 | 0,40 | 0,48 |
| 400 | 0,37 | 0,41 |
| 500 | 0,36 | 0,47 |
| 630 | 0,38 | 0,44 |
| 800 | 0,37 | 0,43 |
| 1.000 | 0,40 | 0,44 |
| 1.250 | 0,40 | 0,45 |
| 1.600 | 0,38 | 0,41 |
| 2.000 | 0,37 | 0,45 |
| 2.500 | 0,40 | 0,45 |
| 3.150 | 0,38 | 0,48 |
| 4.000 | 0,42 | 0,48 |
| 5.000 | 0,41 | 0,50 |

Oben die einzelnen durchschnittlichen Messwerte der Nachhallmessungen in Räumen 223 und 222,
unten anschaulicher als Kurven gegenübergestellt.

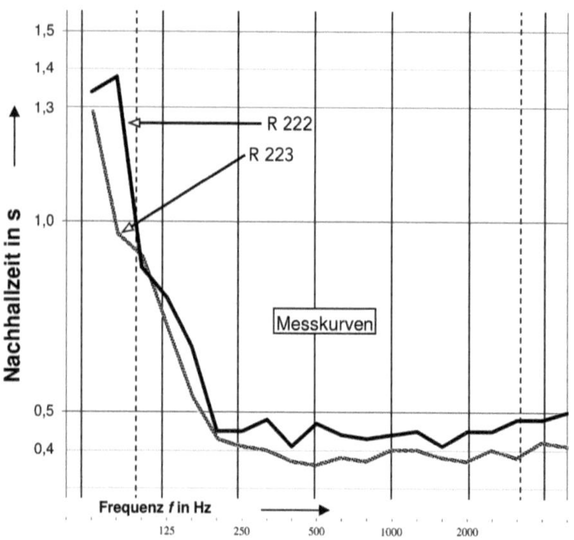

fenheit der umfassenden Wände, sowie der akustischen Nachrüstung.

Die Nachhallzeiten belegen, dass in der späteren akustischen Nachrüstung eher besinnungslos das Mögliche getan worden war: Ein als „Odenwalddecke" bekanntes System ist in den betreffenden Räumen mit einer Systemdicke von ca. 30 cm nachträglich eingezogen worden.

Selbst wenn man unterstellte, es sei bewusst und weitsichtig nach den erhöhten Anforderungen des inklusiven Bauens bedämpft worden, so ist die Raumantwort aber auffallend dünn: In den mittleren Frequenzen zwischen 250 Hz und 2.000 Hz gelangt Raum

---

**DIN 18041** empfiehlt verhängnisvoll:

Im Zweifelsfall [...] eher kürzere [...] Nachhallzeiten [...]

---

223 auf durchschnittlich 0,38 Sekunden Nachhall. Betrachtet man die Frequenzen von 630 Hz bis 5.000 Hz, sind es – beinahe identisch – 0,39 s. Erst mit dem großen Durchschnitt von 125 Hz bis 4.000 Hz wird mit 0,42 s der Sollwert nur noch knapp unterschritten – und verdankt allein dem Nachhall bei 125 Hz und 160 Hz, dass die Latte nur unerheblich gerissen wird.

Klagen von Lehrkräften werden nun besser verständlich: Gerade die für eine gute Sprachverständlichkeit so wichtigen höheren Frequenzen bleiben *ungetragen*: Man muss für Fragen oder Wortbeiträge aus den hinteren Reihen konzentriert hinhören. Und man ist ganz von selbst gedrängt, als Lehrkraft permanent mindestens mit angehobener Stimme zu sprechen.

Denn hier ist Sprachverständlichkeit – und normgerecht – ganz allein auf den Direktschall gestützt. Der

**ReFlx**-System in Raum 222 der Städt. Realschule Waltrop

aber reicht – wie ich an anderer Stelle ausführlich erläutern werde – schon bei Distanzen oberhalb von 4 m zwischen Mund und Ohr *nicht* mehr aus...

Der Raum klingt sehr dumpf.

Laut Norm jedoch geht das Risiko gegen Null, durchschnittliche Klassenräume zu überdämpfen:

> „Aufgrund der Raumabmessungen ist eine Überdämpfung des Raumes durch schallabsorbierende Maßnahmen in der Regel nicht zu befürchten."
> (*DIN 18041:2016-03; Kap. „5.3.3 – Kleine Räume mit Volumina bis etwa 250m$^3$" – Seite 19*)

Formal schützt der einschränkende Einschub „in der Regel"vor zu hohen Erwartungen im Hinblick auf die Sprachverständlichkeit.

Ich zeige in gesondertem Kapitel, weshalb dieser Regelsatz *regelmäßig* schon in kleinen Räumen unterhalb von 250 m$^3$ scheitert. Und, weshalb Überdämpfung „in der Regel" nur in kleineren Räumen mit **bis** ca. 6 m Raumtiefe kein objektiv akustisches Thema ist.

DIN 18041 spricht eine ganz andere Sprache, wenn es in den „Hinweisen für die Planung von Räumen der Gruppe A" (also ausdrücklich Kommunikationsräumen)

– und dort unter Verweis auf die Volumenkennzahl, d.h. das Verhältnis zwischen Raumvolumen und der Anzahl anwesender Personen – heißt:

> „Um eine der Raumnutzung angemessene Nachhallzeit *T* erzielen zu können, sind die in Tabelle 4 angegebenen Volumenkennzahlen *k* anzustreben. Im Überschreitungsfall können umfangreichere schallabsorbierende Maßnahmen erforderlich werden."
> *(DIN 18041:2016-03; Ordnungspunkt „5.2 – Volumenkennzahl" – Seite 16 unten)*

Regelmäßig erreichen Klassenräume oder durchschnittlich genutzte Besprechungsräume diese Kennzahlen nicht. So kommt etwa der Klassenraum R 122 der Städt. Realschule Waltrop bei 207 m$^3$ und 31 Anwesenden auf die Volumenkennzahl $k = 6{,}68$. Die erwähnte Tabelle 4 nennt jedoch für Räume in Sprachnutzung eine Kennzahl *k* in m$^3$/Platz zwischen 4 und 6.

Fokus auf **Nachhallzeit** setzt falsche Schwerpunkte

Demzufolge selbstredend kann für Kommunikationsräume pauschal viel Absorption gerechtfertigt werden. Im Text der Norm liest mein weiter:

> „Dadurch [*eig. Anm: siehe zuvor, durch Absorption*] wird der Schalldruckpegel am Hörort reduziert. Dies ist in größeren Räumen mit Entfernungen zwischen Sprecher und Hörer von über 8 m von Nachteil (sofern keine elektroakustische Verstärkung vorgesehen ist)."
> *(DIN 18041:2016-03; Ordnungspunkt „5.2 – Volumenkennzahl" – Seite 16 unten)*

Gesamtansicht von Raum 222 der Städt. Realschule Waltrop, ausgestattet mit dem **ReFlx**-System

Daher nun stammt die sakrosankte 8-m-Faustregel, unter der Nutzende in beiden Positionen – sprechend oder hörend – zu leiden haben, schon wenn Räume nur nach Raumgruppe A3, also nicht einmal inklusiv, bedämpft wurden.

Bei allem Verständnis für die gut gemeinte Zielsetzung der Norm… es kommt ein weiteres Missverständnis hinzu:

> „Im Zweifel sollten in Räumen zur Sprach-Information und -Kommunikation eher kürzere als längere Nachhallzeiten realisiert werden."
> *(DIN 18041:2016-03; Ordnungspunkt „4.2 – Raumakustische Anforderungen an die Räume der Gruppe A"; Unterordnung „4.2.3 – Anforderungen an die Nachhallzeit" – Seite 12, unten)*

Der Zweifel befeuert den Tatendrang.

Viel hilft viel – eine viel strapazierte Lebensweisheit – und Maxime, die zumindest besser klingt als Ratlosigkeit: Eine alte Faustformel, die noch stets den Willen bewiesen, aber auch viel Hilflosigkeit hat durchscheinen lassen.

In keiner Weise gelangen solche Feststellungen aus DIN 18041 in Überstimmung mit den Klagen, die ich über Jahre hinweg immer wieder in vergleichbarer Weise zu hören bekommen habe. – „Der Unterricht in solchen Räumen ist sehr angestrengend", sagte etwa – sehr zurückhaltend – ein Lehrer von Mitte 50 über den Unterricht in Räumen mit vollflächig akustisch wirksamen Decken.

In Raum 222, nun mit dem **ReFlx**-System ausgestattet, sind die Nachhallzeiten über praktisch den gesamten Frequenzbereich leicht angehoben. Aber diese geringe Veränderung im Abbild des Gesamtschalls erklärt noch nicht die extrem hohe Transparenz:

## **klarer** Fokus: **klare** Sprachverständlichkeit

Die gerichtete Reflexion(35-Grad-Schräge) an insgesamt knapp 6,4 m$^2$ glatter und mäßig schallharter Oberfläche (Fichte-Dreischicht-Platten, unbehandelt) unterstützt Sprachsignale optimal – und mit an keinem Hörort zu großer zeitlicher Spreizung zwischen dem Direktschall und der zusätzlichen Erstreflexion.

Der tatsächliche Nutzen spiegelt sich in der Nachhallzeit nicht in entsprechend hohem Maße wider.

Nun also wende ich mich Raum 122 zu – mit besonderer Beachtung gerade der Sprachverständlichkeit.

Für einen unproblematischen Arbeitsablauf war es naheliegend, einen mit dem **ReFlx**-System bereits ausgestatteten Raum akustisch zu vermessen, um anschließend das System abzunehmen.

Die Trägerkomponenten des **ReFlx**-Systems werden auf systemgelochten Stahlwinkelprofilleisten befestigt, so dass die  Montage an sich simpel ist. Zeitaufwändiger war das Unterfangen, da diese erste Ausführung 60 cm breite Elemente aufweist. Inzwischen lege ich die Elemente in 90 cm aus – was den Herstellungs- und auch den Montageaufwand deutlich verringert.

| Frequenz f in Hz | Nachhallzeit T in s | |
|---|---|---|
| | Raum 122 (*ohne* **ReFlx**-System) | Raum 122 (*mit* **ReFlx**-System) |
| 50 | 1,48 | 1,40 |
| 63 | 1,07 | 1,27 |
| 80 | 1,68 | 1,45 |
| 100 | 1,39 | 1,04 |
| 125 | 1,38 | 1,11 |
| 160 | 1,49 | 1,11 |
| 200 | 1,40 | 0,86 |
| 250 | 1,20 | 0,93 |
| 315 | 1,13 | 0,98 |
| 400 | 0,96 | 1,02 |
| 500 | 1,04 | 0,87 |
| 630 | 1,08 | 0,82 |
| 800 | 1,05 | 0,88 |
| 1.000 | 1,02 | 0,94 |
| 1.250 | 1,09 | 0,98 |
| 1.600 | 1,06 | 0,92 |
| 2.000 | 1,12 | 0,94 |
| 2.500 | 1,05 | 0,92 |
| 3.150 | 0,99 | 0,92 |
| 4.000 | 0,93 | 0,85 |
| 5.000 | 0,87 | 0,81 |

<u>Oben</u> die einzelnen durchschnittlichen Werte der Nachhallmessungen in Raum 122,
– links *ohne* **ReFlx**-System,
– rechts <u>*mit*</u> **ReFlx**-System (20,4 Meter der Raumkanten; bei 42 cm Höhe der Reflektoren);
<u>unten</u> übersichtlicher im Kurvendiagramm gegenübergestellt.

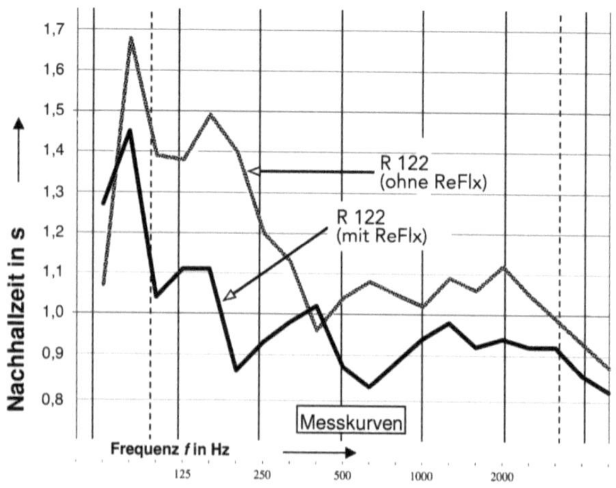

Um zu erkennen, dass ich mit dem **ReFlx**-System die Anforderungen der Norm an die Nachhallzeiten *nicht* erfülle, hätte es auch hier einer Messung nicht bedurft: Eine recht deutliche Halligkeit des Raumes ist auffällig.

Aber die genaue Analyse der Nachhallzeiten ist abermals sehr aufschlussreich.

Bedeutsam ist, dass bereits für die Frequenzen von 100 Hz, 160 Hz und 200 Hz allein die Beruhigung der Raumkanten eine drastische Senkung des Nachhalls erbracht hat. Auch für 80 Hz und 250 Hz ist eine herausragende Senkung des Nachhalls festzustellen.

Der Vergleich dieser Werte mit denen aus Raum 116 (die Messungen aus dem Jahr zuvor, die C-Cases), zeigt den Zusammenhang zwischen der Bewältigung tiefer Frequenzen über die  Raumkanten und der Größe des Reflektors bereits klar auf.

Vereinfacht gesagt:

Je **größer** die **Abschirmung** des Kantenvolumens, desto umfassender der günstige Einfluss des  **ReFlx**-Systems auf den Raumkanteneffekt
 – nämlich umso mehr und effektiver werden die unteren Mittel- und die tiefen Frequenzen erreicht.

Ob ich die Möglichkeiten mit der Vergrößerung der Reflektoren von 312 mm (C-Cases) auf 420 mm (**ReFlx**-System) bereits ausgeschöpft habe, lässt sich schnell und korrekt beantworten:                nein.

---

*Die Besonderheit im Bereich von 125 Hz und 160 Hz in Messwerten bzw. Kurven bleibt vorläufig ungeklärt. Die Spitze bei 160 Hz im unausgestatteten Raum deckt sich mit der Messung vom Vorjahr – und mag eine bauphysikalische Besonderheit sein, der mit dem* **ReFlx**-*System bei 160 Hz besser entgegengewirkt werden konnte, als bei 125 Hz.*
*Unklar auch: die Spitze bei 400 Hz mit* **ReFlx**-*System.*

---

## 4.3 Sprachübertragungsindex (STI)

**Tabelle 3: Raum 122 (mit ReFlx System):**

| Messposition | Abstand vom Lautsprecher in m | STI | STI Beurteilungs-ergebnisse |
|:---:|:---:|:---:|:---:|
| $X_1$ | 2,37 | 0,77 | „ausgezeichnet" |
| $X_2$ | 3,74 | 0,77 | „ausgezeichnet" |
| $X_3$ | 5,27 | 0,76 | „ausgezeichnet" |
| $X_4$ | 6,87 | 0,72 | „gut" |
| $X_5$ | 2,56 | 0,78 | „ausgezeichnet" |
| $X_6$ | 4,25 | 0,76 | „ausgezeichnet" |
| $X_7$ | 5,73 | 0,75 | „ausgezeichnet" |
| $X_8$ | 7,49 | 0,77 | „ausgezeichnet" |

**Tabelle 4: Raum 122 (ohne ReFlx System):**

| Messposition | Abstand vom Lautsprecher in m | STI | STI Beurteilungs-ergebnisse |
|:---:|:---:|:---:|:---:|
| $X_1$ | 2,37 | 0,56 | „genügend" |
| $X_2$ | 3,74 | 0,54 | „genügend" |
| $X_3$ | 5,27 | 0,56 | „genügend" |
| $X_4$ | 6,87 | 0,52 | „genügend" |
| $X_5$ | 2,56 | 0,56 | „genügend" |
| $X_6$ | 4,25 | 0,56 | „genügend" |
| $X_7$ | 5,73 | 0,54 | „genügend" |
| $X_8$ | 7,49 | 0,54 | „genügend" |

*Auszug aus dem Prüfbericht 1970-001-22 des „SG-Bauakustik Institut für schalltechnische Produktoptimierung", Mülheim a.d. Ruhr, Stefan Grüll (hier in leicht modifizierter Präsentationsform)*

Es bleibt eine Abwägung von Kosten und Nutzen.

Das **ReFlx**-420 deckt die Erfordernisse in durchschnittlichen Kommunikationsräumen bereits hervorragend ab. Damit spreche ich von der Sprachverständlichkeit – und von der gemischten Nutzung, insoweit Videodokumentationen und Lehrfilme zum Schulalltag oder zu Seminaren seit Langem wie selbstverständlich dazugehören.

Für Räume in Musikschulen sollten Schwerpunkte gesetzt werden. Denn für solche Räume, in denen mit eher basslastigen Instrumenten geprobt wird, sollte auch mehr Beruhigung in den tiefen Frequenzen angestrebt werden: Die Messungen zu den C-Cases und zum **ReFlx**-System lassen erwarten, dass bei noch größer dimensionierten Reflektoren und einhergehend großvolumigerer Berücksichtigung der Kanten der Bass-Bereich, also der Bereich bis hinunter zu 80 Hz, noch einmal besser gezähmt werden kann.

---

### Sonderfall: Musikräume

---

Mit einer Schwerpunktsetzung für Übungsräume meine ich also die Arbeit mit Bass-Saxophon, Cello, Fagott, Harfe, Kontrabass… um nur eine Hand voll zu nennen, die eine effektivere Beruhigung der Raumkanten bis in den Subbass hinein zumindest nahelegen.

Für sämtliche Instrumente ist voraussichtlich günstig, mit niederpreisigen Flächenabsorbern gleichzeitig partiell den Nachhall etwas zu senken. – Besser, aber absehbar kostenintensiver, könnte man auf Diffusoren setzen.

Erweiternd hatte ich, und habe ich auch jüngst wieder, Versuche mit HiFi-Musik durchgeführt. Hier bleibt es vorläufig bei dem subjektiven Eindruck, dass die

The Story of Stuff

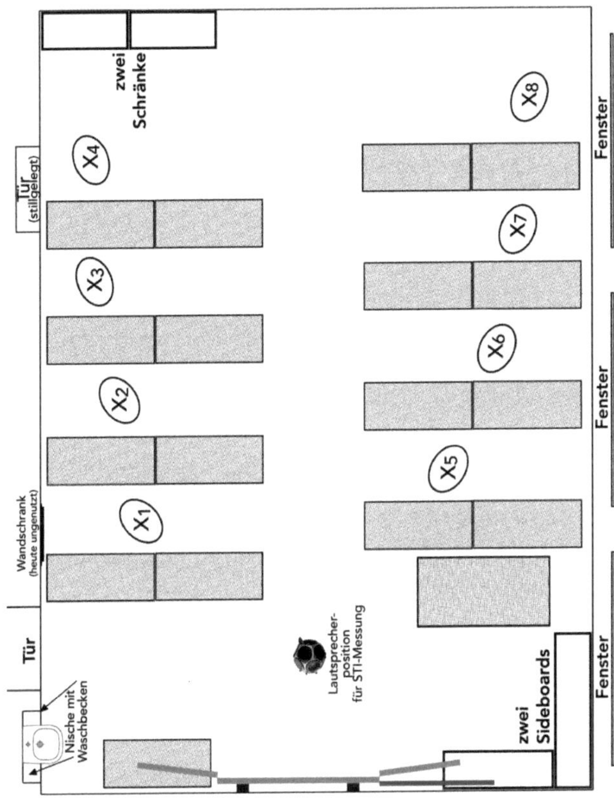


ganz oben: R 122 der Städt. Realschule Waltro *VOR* der akustischen Maßnahme

2te von oben: Panorama zu R 122 *NACH* der Ausstattung mit **ReFlx**-420|600|35°mx;
2te von unten: R 122 mit dem **ReFlx**-System, halber Raum;
unten: Detail – **ReFlx**-System in der hinteren Raumecke

| STI-Wert | Einstufung EN 60268 | in % | | |
|---|---|---|---|---|
| | | Silben- | Wort- | Satz- |
| | | verständlichkeit | | |
| 0 – 0,3 | nicht akzeptabel, unverständlich | 0 – 32 | 0 – 37 | 0 – 75 |
| 0,3 – 0,45 | schlecht | 32 – 61 | 37 – 68 | 75 – 93 |
| 0,45 – 0,6 | genügend | 61 – 85 | 68 – 88 | 93 – 98 |
| 0,6 – 0,75 | **gut** | 85 – 98 | 88 – 98 | 98 – 100 |
| 0,75 – 1 | **ausgezeichnet** | 98 – 100 | 98 – 100 | 100 |

*auszugsweise unter Bezugnahme auf: Anselm Goertz (für ZVEI-Akademie) und IT-Wissen.info*

Musik im gesamten Spektrum an Klarheit gewonnen hat. Die hohen Mitten klirren nicht mehr – und auch die Bassdarstellung bleibt sauber und mit Obertönen klar durchgezeichnet.

Damit möchte ich nun aber übergehen zur Analyse der **Sprachverständlichkeit** – und einhergehend der allgemeinen Klärung von Raumklang, mit großer Transparenz in den mittleren bis höheren Frequenzen.

In Raum 122 – *ausgestattet mit dem **ReFlx**-System in der Ausführung mit 420 mm hohen Reflektorflächen aus 19 mm starken Dreischicht-Fichtenplatten* – sind für acht repräsentative Hörpositionen die Werte zum Sprachverständlichkeitsindex (STI) ermittelt worden.

Als vergleichsweise ungünstig fällt Messposition $X_4$ auf – bereits im akustisch unbehandelten Raum, und anschließend (proportional zu anderen Plätzen) *mit* dem **ReFlx**-System noch *tendenziell* klarer.

Auf der vorhergehenden Doppelseite habe ich die STI-Messungen mit Foto (*vor* der akustischen Ausstattung) und Skizze erläutert: Rechter Hand zu Messposition $X_4$ befindet sich eine Türnische und ungenutzte

zweite Tür; hinter diesem Platz stehen an der Rückwand zwei Schränke.

Vor allem die Türnische erbringt gegenüber dem ge-
spiegelten Platz $X_8$ eine zumindest tendezielle Benachteiligung.

Erwartungsgemäß nimmt – für den unausgerüsteten
Raum – mit zunehmendem Abstand zur Sprachquelle
die Sprachverständlichkeit ab. Die entferntesten sind
auch die schlechtesten Hörplätze. Selbst die unmittelbare Nähe zur schallharten Rückwand kann für die entferntesten Sitzpositionen den Nachteil der großen
Hördistanz nicht angemessen kompensieren.

## STI-Werte bestätigen das Konzept umfänglich

Das **ReFlx**-System entzieht nun sowohl die Störung
über die Raumkanten, als auch bringt wertvoll und zusätzlich über die Reflexion in den mittleren und höheren Frequenzen eine Verstärkung der Nutzsignale ein.
– *Erstreflexionen*, die man also auch dann *nicht* zur
Verfügung gehabt hätte, wenn man zumindest mit reinen Kanten*absorbern* gegen den störenden Effekt der
Raumkanten vorgegangen wäre.

Mit überspitztem Blick auf das Hunderstel, mit dem
Blick auf die zweite Stelle hinter dem Komma, kann
man die Tendenzaussage riskieren, dass durch die Ausstattung mit dem **ReFlx**-System gerade die Plätze ganz
hinten ebenso privilegiert seien wie die erste Reihe.
Mindestens ist nun gleichgültig, wo in der Klasse man
sich befindet, ob ganz vorn, in der Mitte oder in letzter
Reihe (*siehe Tabelle auf Seite 112*).

Das deckt sich mit den Hörerfahrungen in den mit
dem **ReFlx**-System ausgestatteten Räumen – die als

das **ReFlx**-System in Raum 1002 der Gesamtschule Waltrop, Jahrgangshaus I,

„subjektive" Eindrücke bisher von Fachleuten misstrauisch zurückgewiesen worden waren.

Diese „ausgezeichnete" Sprachverständlichkeit an praktisch allen Hörpositionen steht – beobachtet man die Gesamtsituation mit DIN 18041 im Hinterkopf – im krassen Widerspruch zu der noch immer im Raum vorhandenen, *sehr* deutlichen Halligkeit.

Manchen Personen erscheint diese Halligkeit als unruhig und tendenziell unangenehm. Andere schätzen an dieser Halligkeit *gerade*, dass sie ein großzügiges Raumgefühl vermittelt – quasi ein Gefühl von Weite.

### überall im Raum: gleich gute Hörbedingungen

Einmal abgesehen von solchen subjektiven Einschätzungen zum Raumempfinden haben mir Akustiker immer wieder und unabhängig voneinander bestätigt, dass die Nachhallzeit und eine gute Sprachverständlichkeit zumindest in keinem direkten, keinem unmittelbaren Zusammenhang zueinander stehen.

Was hingegen – ebenfalls unbestritten – einen wesentlichen Einfluss auf die Sprachverständlichkeit hat, ist die Frage, ob es gelingt, möglichst viele Erstreflexionen gleichsam „einzusammeln".

In diesem Sinne war es schon immer von Nachteil –
und in dieser Weise seit Jahrzehnten bekannt – Räume
über vollflächig bedämpfende Decken zu beruhigen.
Auch ist von Nachteil, wenn die akustische Arbeit an
Kommunikationsräumen von der Absorption dominiert
wird, weil man damit den positiven Einfluss der Diffusion vollkommen verwirft.

Und so möchte ich an dieser Stelle noch einmal zurückkehren zur Musik:

In Raum 122 der Städt. Realschule Waltrop wie auch
in Raum 1002 der Gesamtschule habe ich – wie vorangehend bereits knapp angerissen – auch Versuche mit
HiFi-Musik durchgeführt. Ich wollte hören und besser
verstehen können, ob und wie sich das Konzept für
einen Raum nicht nur in Bezug auf die Nutzbarkeit für
Sprachkommunikation auswirkt. – Unerwartet haben
*gerade* die Musikaufnahmen auch mehr Licht in das
Thema der Sprachverständlichkeit geworfen.

---

Wallace C. Sabine steht Absorption kritisch gegenüber

---

*Nicht* unerwartet zeigte sich: Die Höhen gewinnen
in ganz ungewohnter Weise an Kraft und Klarheit.
Sabine's Kritik, die er für höher klingende Instrumente
und die Obertöne in Relation zur Absorption übt,
spiegelt sich hier unmittelbar wider.

Wallace C. Sabine hatte schon damals recht detailliert die Probleme besprochen, die für die Violine oder
für die Obertöne auch tieffrequenter musikalischer Bespielungen im geschlossenen Raum und bei unterschiedlich starker Absorption entstehen.

Ich möchte auf mein Kapitel „Wonach wir suchen"
verweisen. Sabine war keineswegs unaufmerksam gegenüber Problemen mit der Absorption: Ungerechtfer-

tigt erscheint Sabine in der Gegenwart als vehementer Verfechter der Absorption, derweil das Verhältnis von Absorption zum Raumvolumen im Hinblick auf die Nachhallzeit zum „Sabine'schen Gesetz" erhoben worden ist – und man sich bis heute fügsam daran hält.

Was für die Sprache äußerst positiv ist, weil gerade die sehr hohen Konsonanten sämtlich energiearm sind, nützt auch der Musik: Die Höhen klirren nicht, die Tiefen dröhnen nicht. Und durch die Entstörung zeichnet die Musik im gesamten Spektrum klar durch.

Auch leiser abgespielt, verliert die Musik in einem mit dem **ReFlx**-System ausgestatteten Raum an keinen Details – sondern im Gegenteil besticht die Musik durch Ausgewogenheit durch alle Frequenzbereiche hindurch.

---

**„Transparenz": klare Durchzeichnung in den Höhen**

---

Auch für den mittel- bis tieffrequenten Bereich trägt die Entstörung der Kanten entscheidend zur Klarheit und Detailtreue bei. Durch die hohe Transparenz und das klare Durchscheinen gewinnen die Instrumente mit der präzisen Abbildung ihrer Obertöne enorm an Umfang und Aussagekraft. Etwa eine Bassgitarre offenbart *nach* der Ausstattung des Raumes mit dem **ReFlx**-System ihr volles Spektrum in den Obertönen und präsentiert sich in den Tiefen klar konturiert.

Es erfreut, sich mit über 100 Jahre alten kritischen Äußerungen Wallace C. Sabine's zur Absorption und deren Auswirkung auf höherfrequente Instrumente und auf die Obertöne der tiefer klingenden Instrumente vollkommen in Deckung wiederzufinden.

Dazu führe ich später noch genauer aus.

Ich erlaube mir – noch einmal zur Sprache – ein Beispiel für die Wirkung des **ReFlx**-Sstems zu geben, nachdem auch in der Musikprobe eine Passage mit hoher weiblicher Stimme in diese Richtung weist:

Ist die hohe Stimme laut, so wird durch das **ReFlx**-System die hohe Frequenz nicht mehr verzerrt durch die Raumkanten, so dass in der Auswirkung das Klangereignis nicht schrill klingt. Das hat eine „Gesangspassage" in dem Musikstück deutlich aufgezeigt.

Nicht belegen kann eine solche Musikprobe, da die Aufnahme abschließend abgemischt ist, wie die Auswirkung konkret für das Sprechen aussieht: Da die Sprache im gesamten Raum klarer wiedergegeben wird, wird auch ganz von selbst leiser gesprochen. Was die Schall**intensität** senkt – **und** die Frequenz.

Was für die reine Absorption in den Raumkanten und bei schallharter Decke bereits zutrifft, das gilt nun ganz besonders in einem Raum, in dem der Kanteneffekt ausgeschaltet **und** *zugleich* günstige Erstreflexionen genau von den Kanten her zusätzlich zurückgeworfen werden:

Es kann – völlig unabhängig von der natürlichen Stimmlage einer Person – leiser gesprochen werden,  und dennoch ist die **Sprachdeutlichkeit** *extraordinär*.

Schall absorbierende Decken lassen Sprache ebenso wie Musik dumpf klingen, schwächen die Höhen und machen sie stumpf und ungetragen. Mehr Lautstärke kann Bässe zwar klarer repräsentieren, die Absorption hingegen hält sie trocken und unvoluminös, weil die Obertöne der Insturmente verschlungen und Reste dieser höheren Frequenzen schlicht überdeckt werden.

Es ist keineswegs neu, dass die mittleren und höheren Frequenzen allein durch Diffusion Präsenz und detaillierte Klarheit gewinnen – indem man ihnen über den bloßen Direktschall hinaus auch noch Raumgegenwart verleiht.

Wenn man umgekehrt – bei zu viel Absorption – der Schwäche der höheren Frequenzen nur durch mehr Lautstärke entgegenwirken kann, so nimmt zugleich das Störpotenzial und die Maskierung zu. Das ist genau der Grund, weshalb durch lauteres Sprechen zugleich auch die Störungen durch den Raum – nämlich durch die Raumkanten – zunehmen… und zuindest im Hören beeinträchtigte Personen dann Sprache noch schlechter verstehen können.

Das **ReFlx**-System hingegen nimmt die Störung aus den Raumkanten – *und* behebt genau den bereits damals von Wallace C. Sabine bemerkten Mangel für die Obertöne. Die Notwendigkeit, Musik laut aufzudrehen oder Videobeiträge sehr laut abzuspielen, besteht nicht mehr. Und im unnmittelbaren sprachlichen Austausch können Menschen leiser und entspannt miteinander kommunizieren.

Zugunsten der Sprachverständlichkeit setzt das **ReFlx**-System in Räumen insbesondere für die Sprachkommunikation nicht allein auf die Diffusion – sondern durch die optimale Ausrichtung des Reflektors auf den gezielten Rückwurf von zusätzlicher Erstreflexion in den Hörraum hinein.

*In meiner Publikation „PrimOrdium" gehe ich ausführlicher auf die unterschiedlichen Experimente und auf die Anwendungen des **ReFlx**-Systems in Klassenräumen ein.*

was das **ReFlx**-System im Schulalltag leistet:

## praktische Resultate

Obgleich der Unterschied marginal erscheint, habe ich für die Ausstattung des Raumes 1002 der Gesamtschule Waltrop noch einmal 30 mm draufgelegt:

Mit 450 mm sind die Reflektoren noch einmal um ein kleines Stück „gewachsen". Die Pylonen der Tafeln haben mich – so gerade eben – nicht eingeschränkt.

STI-Werte repräsentativ und verlässlich

Ich habe mehrfach die Kritik geerntet, für jene Räume, die ich ausgestattet hätte, habe das Konzept eben zufällig gut gepasst. Und so bin ich gewarnt worden, dass man auch das Gutachten als Zufallstreffer zurückweisen würde.

Aber in völliger Übereinstimmung mit dem Bild, das die STI-Messungen in Raum 122 der Städtischen Realschule Waltrop widerspiegeln, zeigen sich die Praxiserfahrungen in einem ganz anderen Raum, in einer anderen Schule: Raum 1002 der Gesamtschule Waltrop, dort im Jahrgangshaus I.

Die Sprachverständlichkeit ist an ausnahmslos jeder Hörposition im Raum nun ‚Erste Klasse'. Und die Pädagoginnen sind überhaupt nicht euphorisch, sondern einfach nur rundum zufrieden.

Das erste, über das die Pädagoginnen der Klasse sprachen, war der Nachhall. Nachhall ist ein Thema für Lehrkräfte… An dieser Schule, wie an vielen anderen.

Auch beim Termin gemeinsam mit den städtischen Verantwortenden kam zuerst der Nachhall zur Sprache. Jedoch ohne Beklagen darüber, der Raum sei noch immer „sehr hallig" – wie ich es woanders durchaus zu hören bekommen habe.

Sondern zweimal merkte die Pädagogin an: „Der Nachhall ist jetzt viel weniger." Und beim dritten Mal – „… der ist ja noch immer recht deutlich…", hörte man die anfängliche Skepsis sehr wohl durch – hebt sie klar hervor: „Aber der stört jetzt nicht mehr."

Die Pädagogin bezog dann auch die  Klasse mit ein, fragte, ob es Schülerinnen oder Schüler gebe, die sie nicht gut hören, nicht gut verstehen könnten, denn…

„Für *mich* sprechen Sie jetzt sehr leise", hakte etwa der stellvertretende Leiter des Immobilienmanagements nach kurzem ersten Austausch nach, nachdem wir zuvor – ohne Anzeichen, man habe sich gegenseitig nicht verstehen können – miteinander gesprochen hatten. „Sprechen Sie *immer* so? In dieser Lautstärke?" – Beide standen ca. dreieinhalb Meter voneinander entfernt: Der Herr hatte die Türnische unmittelbar hinter sich, die Pädagogin stand neben ihrem Pult.

„Ja", bestätigte die Pädagogin, „so spreche ich normal. Ich spreche immer in dieser Lautstärke."

Dann wandte sie sich – mit unveränderter Lautstärke – an die Klasse: „Hatte jemand von Euch zurückliegend Probleme gehabt, mich zu verstehen?"

Aber es gab – in diesem Kontext und dieses Mal positiv – nur Nein-Sager. Im Gegenteil hob eine Schülerin, von ganz hinten rechts hervor: „Wir können Sie gut verstehen." Und von links außen, nicht ganz hinten, bekräftigte eine andere: „Ja, ich finde auch, man kann Sie gut verstehen."

Raum 1002 der Gesamtschule Waltrop, ausgestattet mit dem **ReFlx**-450|900|35°mx3
(Verzerrungen im Umfeld sind der Bildmontage geschuldet: passgenaue Korrektur nur für ds ReFlx-System im mittleren Bildbereich)

Nach einigen Momenten ahnten die Schülerinnen und Schüler, dass es den Erwachsenen allmählich mehr um Fachliches ging, um die Erfahrungen in einer anderen Schule, um so etwas wie das Kosten-Nutzen-Verhältnis. Und so wurde es unruhig und lauter in der Klasse. *Laut* wurde es nicht. Und wir konnten uns auch vor dem Hintergrund der sehr abwechslungsreichen Geräuschkulisse weiter gut austauschen.

Ehe jedoch das Freiheitsgefühl der Schülerinnen und Schüler chaotisch zu entgleiten drohte, mahnte die Pädagogin an – mit nur etwas angehobener Stimme – sich doch schon einmal für den anschließenden Mathematikunterricht vorzubereiten.

Resultat des Treffens mit jenen Personen der Stadt Waltrop, die sich für ihre Entscheidung und den Abrechnungsposten verantworten müssen:

---

**ReFlx**-System funktioniert zielgenau…

---

Das **ReFlx**-System macht genau das, was es soll. – Und das ganz ohne Nebenwirkungen.

Denn die unterschiedlichsten „Nebenwirkungen" sind, das hob auch die Leiterin des Immobilien-

Raum 1002 der **Gesamtschule Waltrop**, Ecke Tafel-/Flurseite
– und Abb. gegenüberliegender Seite, unten: Detail aus Bild
von Seite 118, Plexi®-Glas als Reflektor vor WLAN-Anlage

Managements hervor, selbstverständlich aus zahlreichen anderen Projekten hinlänglich bekannt, wann
immer akustische Maßnahmen bisher realisiert worden
waren. Explizit diskutiert wurden dabei die vollflächig
bedämpfenden Decken.

---

### ... für Personen mit Hörbeeinträchtigungen

---

*Ursächlich* aber war es um jenen Schüler gegangen,
der beidseitig *auf Hörgeräte angewiesen* ist. Denn
das war der *Auslöser* für die akustische Maßnahme.

Für den Jungen – so bestätigte uns die Pädagogin –
gebe es keinerlei Probleme, Sprache und Unterricht zu
folgen. Er sitze zwar vorn, so erläuterte die Lehrerin...

... aber wenn man DIN 18041 und wenn man der
Akustikbranche und ihren zumindest mehrheitlich hoch-
gehaltenen Empfehlungen Glauben schenkte, dann
**müsste** der Junge **große** Probleme haben – wegen
des noch immer recht langen Nachhalls, und wegen
der schallharten Rückwand.

# Teil III

## Irrungen und Wirrungen

zu DIN 18041 –

# Eine Stellungnahme zur Stellungnahme

In der undatierten „gemeinsamen Stellungnahme des DIN-Arbeitskreises zur Überarbeitung von DIN 18041 und des Fachausschusses Bau- und Raumakustik der Deutschen Gesellschaft für Akustik zur Thematik tiefer Frequenzen für die Akustik kleiner und mittelgroßer Räume" heißt es gleich eingangs:

> „In den vergangenen Jahren wurden in mehreren Fachzeitschriften Veröffentlichungen abgedruckt, welche sich mit tieffrequent wirksamen, raumakustischen Verbesserungsmaßnahmen in verschiedenen Räumen befassen. Hierbei wird den Frequenzen unter 100 Hz eine besondere Bedeutung unterstellt."
>
> *(Pressemitteilung des DEGA-Fachausschusses Bau- und Raumakustik, an dieser Stelle verkürzt benannt als „Gemeinsame Stellungnahme des DIN-Arbeitskreises zur Überarbeitung der DIN 18041")*

Veröffentlicht und verantwortet wird diese Stellungnahme durch den „Verein Deutscher Ingenieure e. V." (VDI) und den „Deutsches Institut für Normung e. V." (DIN); dort agiert für beide Verbände der so bezeichnete „Normenausschuss Akustik, Lärmminderung und Schwingungstechnik", kurz NALS.

Verfasst bzw. gemeinschaftlich gezeichnet wurde die Pressemitteilung von Herrn Martin Schneider (als Vorsitzendem des Fachauschusses Bau- und Raumakustik der DEGA) und Herrn Dr. Christian Nocke (als Leiter des Arbeitskreises zur Überarbeitung der DIN 18041).

Unter Vorbehalt lässt sich vermuten, dass eine solche Formulierung an Helmut V. Fuchs und etwaige Mitstreiter adressiert ist. Die begriffliche Einordung als „Unterstellung" im Hinblick auf die Bedeutsamkeit der tieferen Frequenzen kann man als unglücklich gewählt beschreiben.

Denn in welchem Ausmaß und mit welcher praktischen Relevanz im Hinblick auf die jeweilige Nutzung der Räume letztlich auch immer: Die Bewältigung akustischer Probleme mit besonderem Blick auf den Nachhall bei tiefen Frequenzen ist zahlreich beschriebenen und mit positiven Resultaten für Sprache oder Musik belegt worden. Durchaus auch für Räume, in denen tiefe Frequenzen eine mindestens untergeordnete Rolle spielen, so etwa in Kindertagesstätten.

*Das deutet schon an: Möglicherweise überwiegen andere Einflüsse, die in stärkerem Maße für Störung sorgen, als die tiefen Frequenzen selbst.*

Nicht zuletzt vor dem Hintergrund von Messungen des Nachhalls und der Sprachverständlichkeit gibt es deutliche Hinweise, dass den tiefen Frequenzen *mehr* Beachtung geschenkt werden sollte. Im Jargon der DIN 18041: „Im Zweifel" sollten tiefe Frequenzen stärker berücksichtigt werden – solange nicht belastbar erwiesen ist, dass die tieferen Frequenzen *nicht* von Belang seien.


Ich muss an dieser Stelle einmal gleich abschweifen – zur DAGA 2022 und einer dort vorgestellten, kleinen Studie mit Grundschulkindern, die erst jüngst erarbeitet worden war.

Dustin Selbach hat in seiner „*Untersuchung zur Sprachverständlichkeit bei Schülern unter Variation der tieffrequenten Nachhallzeit*" (TU Berlin) bewiesen, dass für Grundschulkinder die Relevanz tiefer Frequenzen im Sinne der Sprachverständlichkeit als unbegründet zurückgewiesen werden kann. Die Klarheit, mit der ein Zusammenhang zwischen Bassverhältnis und Wortverständlichkeit für die Kinder zurückgewiesen werden kann, darf man beachten, überrascht aber nicht:

Bei einem Durchschnittsalter der Kinder von 10,2 Jahren muss man mit hochsensiblen Ohren rechnen. Die Fähigkeit von Kindern ist bekanntlich sehr ausgeprägt, auch ganz hohe Frequenzen klar zu hören.

Ein solches Studienergebnis stützt somit vordergründig die Unglaubwürdigkeit von Helmut V. Fuchs, soweit dieser gern mit seinen Kantenabsorbern in Kindertagesstätten und Grundschulen argumentiert.

Gerade *nicht* jedoch ist ein solches Ergebnis geeignet, etwa die Abwägung des „Fachausschusses Bau- und Raumakustik" etwaig nachträglich zu stützen, wenn dieser die Bedeutsamkeit tiefer Frequenzen für die Sprachverständlichkeit – und für das Schutzanliegen einer DIN 18041 im Speziellen – zurückgewiesen hat.

Mit DIN 18041 wird mit besonderem Schwerpunkt die Sprachverständlichkeit verteidigt, wo die Hörfähigkeit *bereits **beeinträchtigt*** ist! Also wo die *Sprachdeutlichkeit eine besondere Rolle spielt*, nämlich in regulären Schulen, in der Erwachsenenbildung und im ganz alltäglichen Arbeitsleben.

So darf man den dringende Aspekt des Arbeitsschutzes, insbesondere auf ältere Lehrkräfte oder Erzieherinnen und Erzieher, nicht aus den Augen verlieren.

Darüber hinaus sind sämtliche Studien mit Fokus auf die Sprachverständlichkeit bisher von dem Mangel geleitet, dass die besondere Problematik der **Raumkanten** einfach *ausgeblendet* wird – das heißt, dem *Nachhall alles zugerechnet* wird, *was* an Schall *abklingt*.

Eine umfassendere Auseinandersetzung mit der Bedeutsamkeit tiefer Frequenzen für die Sprachverständlichkeit wäre durchaus gerechtfertigt. – Eine Veranlassung dazu wurde hingegen nicht (an-) erkannt:

„Recherchen und Befragungen des Arbeitskreises zur Überarbeitung der DIN 18041 sowie eine ausführliche Diskussion im Rahmen der Sitzung des Fachausschusses im September 2012 in Aachen (zur Vorbereitung der Überarbeitung der Norm) zur Bedeutung der tiefen Frequenzen im Hinblick auf die Sprachkommunikation ergaben keine belastbaren Ergebnisse, die eine entsprechende Erweiterung des normativ gefassten Frequenzbereichs der DIN 18041 rechtfertigen würden." *(Zeilen 18 – 24 der vorbenannten Pressemitteilung)*

Geschenkt. Ist zehn Jahre her...
Dennoch ist man offenbar weiter bemüht, die Bedeutung tiefer Frequenzen zu marginalisieren.

Es fällt mir leicht zu verstehen, weshalb Personen, die mit der Erstellung oder Überarbeitung von DIN 18041 befasst sind oder waren, stets zufriedene Nutzer vorfinden: Jedermann – ob mit oder ohne besondere Hörbeeinträchtigungen – wird durch die klassischen Bedämpfungsmaßnahmen entstresst. Längst entnervt, ist man endlich erfreut über die ungeahnte Ruhe.
Wenn dann aber bei Christian Nocke in „Raumakustik im Alltag" *(Fraunhofer IRB 2019)* zum Beispiel zu lesen ist, dass in einen Klassenraum von 65 m² „eine vollflächige schallabsorbierende Decke mit Abhängehöhe von 300 mm" eingezogen worden sei, dann wird deutlich, dass die Sprachverständlichkeit mindestens beeinträchtigt und eine erhöhte Sprechanstrengung zwangsläufig abverlangt wird.

Wenigstens (fast) richtig gemacht worden ist dort die Kantenbedämpfung: „[…] und dazu eine Fläche von 14 m² mit 80 mm Steinwolle-Platten" (*Christian Nocke, Raumakustik im Alltag; Fraunhofer IRB Verlag 2019 – Seite 248/249*).

Man hätte gern *mehr* als 80 mm eines so leichten Absorbers wählen können. Aber für eine Grundschulklasse geht das schon in Ordnung. In der Tat spielen die tiefen Frequenzen dort als gegenwärtige Alltagsprobleme kaum eine Rolle.

So oder so: Durch die vollflächige Bedämpfung der Decke ist der Sprache jede *Unterstützung* genommen. Die Verständigung fußt in beiden Richtungen – gleichgültig, ob Lehrkräfte in die Tiefe der Klasse hinein sprechen oder Kinder Wortbeiträge leisten – normgerecht nur noch auf den Direktschall.

Das ist so *gewollt* – nicht zuletzt, weil es so in DIN 18041 verankert ist, an der Christian Nocke (als Vorsitzender des Fachausschusses) im Rahmen der 2. Novellierung mindestens maßgeblich mitgewirkt hatte.

Der Direktschall ist ja für kleine Räume ohnehin das Credo der DIN 18041:

> „[…] können umfangreichere schallabsorbierende Maßnahmen erforderlich werden. Dadurch wird der Schalldruckpegel am Hörort reduziert. Dies ist in größeren Räumen mit Entfernungen zwischen Sprecher und Hörer von über 8 m von Nachteil […]."
> (*DIN 18041:2016-03; Ordnungspunkt 5.2, Sätze 2-4*)

Dazu dann nicht einmal im völligen Widerspruch:

> „Für eine optimale Sprachkommunikation über mittlere und größere Entfernungen müssen bei geringer bis mäßiger Sprechanstrengung des

Sprechers (normale bis angehobene Sprechweise) möglichst viel Direktschall und deutlich-
keitserhöhende Anfangsreflexion bis 50 ms
nach dem Direktschall vom Sprecher zum Hörer
geleitet werden."
*(DIN 18041:2016-03; Ordnungspunkt 4.2.1, Satz 4)*
Das Problem in den Schulen und das Problem für
Lehrkräfte: Klassenräume sind im Sprachgebrauch der
Bauphysiker eben noch „kleine Räume".

Und so klagen Lehrkräfte beiderlei Geschlechts –
also auch Männer, denen gern, jedoch so pauschaliert
völlig verfehlt mehr Stimmgewalt unterstellt wird –
über Räume mit vollflächig bedämpfenden Decken,
dass sie dauerhaft mehr Kraft für das Sprechen auf-
wenden müssen, um sich im gesamten Klassenraum
verständlich zu machen. In durchschnittlichen Klassenräumen sind Hördistanzen von 7 **bis 9** m (wegen der
Diagonalen!) üblich. – Da stellen schon die erwähnten
8 m eine zu lange Distanz dar, um eine Lehrkraft „entspannt" bis „normal" arbeiten zu lassen.

Es sollte aber möglich sein, dass Lehrkräfte in
Schulen, Lehrende an Hochschulen oder Universitäten
in Seminarräumen oder dass Lehrende in Seminaren
der freien Wirtschaft nicht über lange Strecken und
wiederholt im Verlaufe des Arbeitstages mit mindestens angehobener Stimme sprechen müssen. Denn
wenngleich für Sprechende in Ordnungspunkt 4.2.1
der DIN 18041 eine „normale bis angehobene Sprechweise" als Arbeitsbedingung eingefordert wird, so
heißt es – dazu nun ganz klar im Widerspruch – in
Anhang C zur DIN 18041:
„Die Schallleistung von Sprechern bei üblichen
Sprechweisen ist in Tabelle C.1 angegeben. Der
Sprechapparat des Menschen ist normalerweise für

eine Sprechweise auf einen A-bewerteten Schalldruckpegel in 1 m Abstand von 54 dB bis 60 dB
($L_{pA, 1m}$) ausgelegt.
Länger dauerndes Sprechen ist für ungeübte
Sprecher über die Sprechweise ‚angehoben'
mit $L_{pA, 1m}$ = 66 dB nicht zweckmäßig."
*(DIN 18041:2016-03; Anhang C – Sprachkommuni-
kation, Seite 27)*

Tabelle C.1 – A-bewerteter Schallleistungspegel $L_{WA}$ von Sprechern bei der Sprechweise „entspannt" bis „laut" im öffentlichen Bereich

| Spalte / Zeile | 1 Sprechweise | 2 A-bewerteter Schalldruckpegel der Sprache $L_{pA,1m}$ in 1 m Entfernung vom Sprecher dB | 3 A-bewerteter Schallleistungspegel der Sprache $L_{WA}$ dB |
|---|---|---|---|
| 1 | entspannt | 54 | 62 |
| 2 | normal | 60 | 68 |
| 3 | angehoben | 66 | 74 |
| 4 | laut | 72 | 80 |

Quelle: **DIN 18041:2016-03**, Seite 27)

„Nicht zweckmäßig" darf man lesen als: *auf Dauer gesundheitlich belastend.* Der Hinweis auf *„ungeübte Sprecher"* ist irreführend: Auch für im Sprechen Ge-übte ist es nicht förderlich, wenn die Stimmlippen durch stärkere Luftanströmung und über längere Dauer härter aneinanderschlagen. – Nichts anderes nämlich ist „Stimme", als das Prasselgeräusch der Stimmritze.

An verschiedenen Stellen und in unterschiedlichsten Quellen der Literatur – und hier meine ich nun den me-dizinischen Fachbereich – wird darauf hingewiesen, dass eine dauerhaft angehobene Sprechweise zu Rachen- und Kehlkopfreizungen mit weitergehenden gesundheitlichen Folgen führen kann.

Wenn man also einerseits Helmut V. Fuchs mit seiner Art, Räume zu beruhigen, nicht fundiert widersprechen

kann, weil er sehr wohl gute Erfolge vorzuweisen hat,
so hat man sich vielleicht gern auf die Argumentation
hin zu den tiefen Frequenzen gestützt – die weder gut
erklärt noch leicht verständlich erscheinen, insbesondere wenn es um die akustische Sanierung von KiTa-
Räumen und Grundschulklassenräumen geht.

Selbstverständlich erklärt Helmut V. Fuchs, was er
meint. Zum Beispiel in „Raum-Akustik und Lärm-Minderung" in 4. Auflage, wo er detailliert die „Verdeckung
hoher durch tiefe Frequenzanteile" (Kap. 11.4 – Seiten
202 ff) bespricht – und sich auf andere Wissenschaftler
berufen kann.

Aber was hilft es, wenn er dabei auf Slawin (1960)
oder auch neuer auf Gelfand (2004) verweisen kann?
Die Verdeckung durch Störgeräusche von 200 Hz oder
250 Hz liegen in einem Bereich, den DIN 18041 und
sogar die zumindest in Teilen angegriffene VDI 2569
längst einschließt. Auch gelten überhaupt erst die Frequenzen ab 200 Hz abwärts als „tiefe Frequenzen", so
dass Fuchs seine Referenzen schlüssig interpretiert –
aber am Ende den „Beweis" schuldig bleibt.

Letztlich also bleibt Fuchs seinen Widersachern wohl
auf willkommene Weise nicht leicht nachvollziehbar,
wenn er nicht eindeutig kommuniziert, worum es ihm
geht. Und ebenso willkommen sind jene Erzieherinnen,
die sich die Ruhe in KiTas anders vorgestellt haben, als
es über Kantenabsorption umsetzbar ist: Halten *die*
nun als Beweis her für den Misserfolg eines Helmut V.
Fuchs und „seinen" Kantenabsorbern?

Gern ungehört bleiben also solche Erzieherinnen,
die sich über den „Erfolg" vollflächig bedämpfender
Decken *zunächst* gefreut haben – aber langfristig nicht
minder über Lärm klagen: Dort ist leicht zu analysieren,
dass die Raumkanten *genau* das Problem sind.

So bleibt Fuchs weitreichend nicht nur ungehört, sondern wird rüde als einer diffamiert, der es geschafft habe, sachlich unhaltbare Publikationen der geachteten Fachpresse quasi unterzujubeln.

Man mag Herren Schneider und Nocke im Rahmen ihrer „gemeinsamen Stellungnahme des DIN-Arbeitskreises zur Überarbeitung der DIN 18041" zugute halten, dass die Relevanz der tiefen Frequenzen für den praktischen Alltag noch immer nicht umfassend belegt sei – und dass diese tatsächlich in KiTas oder Grundschulen eine, wenn überhaupt, nur untergeordnete Rolle spielen.

Auch mag man ihnen zugute halten, dass sie einen Helmut V. Fuchs als schwierig nachvollziehbar empfinden, wenn der darauf pocht, man solle die tiefen Frequenzen von 63 Hz oder gar 50 Hz berücksichtigen, um eine gute Raumakustik umsetzen zu können – wenn letzterer andererseits zahlreiche von ihm akustisch sanierte Räume in KiTas und auch Grundschulen in Berlin ins Feld führt.

Wer dort die praktische Relevanz übersehen möchte, kann den Eifer um die tiefen Frequenzen leicht als eine akademische Ertüchtigung abtun.

Ich persönlich hatte – und vor dem Hintergrund objektiver Messungen des Nachhalls und explizit der Sprachverständlichkeit (STI) – sehr wohl und deutliche Hinweise erhalten, die auf die Relevanz tieferer Frequenzen auch für den schulischen Alltag hindeuten. Und sei es nur als hilfreiche analytische Parameter.

# Der tiefere Sinn

Das Gehör hat gleichsam noch einen „tieferen" Sinn. Mit „Sinn" meine ich hier: Wahrnehmung.

Nicht *nur* an diesem Punkt, aber *auch* hier wird die Betrachtung der tieferen Frequenzen bedeutsam, nämlich um aufzudecken, wie relevant die tieferen Frequenzen als Störung denn nun sind. Oder nicht.

Dabei war ich auf etwas gestoßen, das mir aussichtsreich im Hinblick vor allem auf die messtechnische Analyse von Räumen erschienen war. Nach eingehender Auseinandersetzung ist bei mir jedoch eine große Ernüchterung eingekehrt.

Verkürzt vorab: Herren Pham Vu und Lissek haben einen Weg ausgearbeitet, um mit relativ wenigen Messungen und tieffrequenter Anregung die modale Situation eines nicht-rechtwinkligen Raumes abzubilden.

Für Kommunikationsräume, in denen für viele Hörpositionen eine optimale Sprachverständlichkeit oder für viele Sprechorte eine günstige Grundvoraussetzung geschaffen werden muss, zeichnet sich aus dieser Arbeit heraus kein Ansatz ab. – Nicht zuletzt liegt das daran, dass der störende Effekt der Raumkanten eben *keine* modale Erscheinung ist – was in der Fachwelt mindestens teilweise umstritten ist.

Die Arbeit der Herren Pham Vu und Lissek mag aber aussichtsreich sein für den Studio- und den High-End-HiFi-Bereich.

Zur besseren Veranschaulichung hatte ich selbst Skizzen nach den Abbildungen der Herren Pham Vu und Lissek erstellt (siehe nebenstehend).

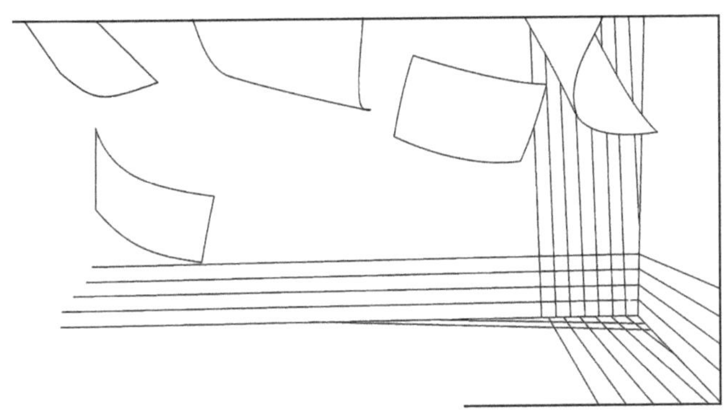

Reduzierte Skizze nach Fig. 10 der Publikation von Pham Vu und Lissek, einer Fotografie von dem "windschiefen" Hallraum. (siehe: *Pham Vu, T. & Lissek, H., 2020: Low frequency sound field reconstruction in a non-rectangular room using a small number of microphones. Acta Acustica, 4,5)*

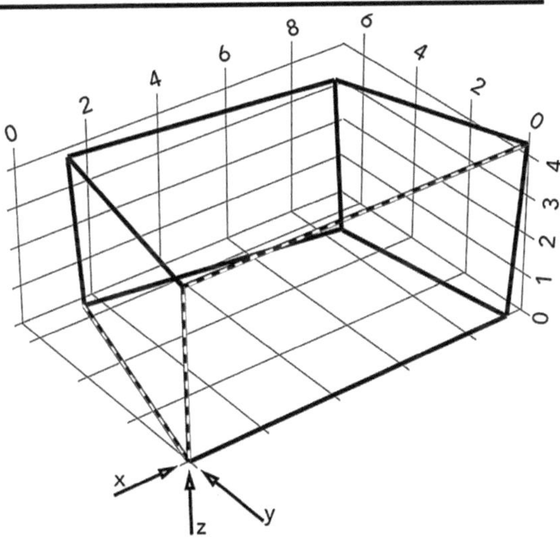


Modifizierte Skizze nach Fig. 2 nach Pham Vu und Lissek; der windschiefe Hallraum, dessen Schallverhältnisse a) im Modell berechnet, b) mit Messungen im realen windschiefen Hallraum untermauert wurden.
(siehe: *Pham Vu, T. & Lissek, H., 2020: Low frequency sound field reconstruction in a non-rectangular room using a small number of microphones. Acta Acustica, 4,5)*

Die eine Skizze zeigt den Hallraum – nach einer Fotografie. Offenbar ist der Hallraum mit einem Raster ausgestattet worden, das ich in meiner Skizze nur an einigen Rändern andeutend aufgegriffen habe, um die Windschiefen zeigen zu können. Vermutlich zur eigenen Orientierung im Raum hat man ein solches Raster im Hallraum angelegt.

Die andere Skizze veranschaulicht grob die Gestalt des Raumes. Der Raum hat auf der z-Achse eine größte Höhe von 4,6 Metern, auf der oberen x-Achse eine größte Länge von 9,8 m, und schließlich schräg verlaufend, also in der xy-Ebene eine größte Raumbreite von 6,6 m (jeweils die in meiner unteren Skizze – Vorseite – gestrichelten Linien).

Es ging darum, eine Methode zu entwickeln, um die Raummoden im nicht-kubischen Raum abzubilden. Ich mag mich täuschen, aber so begeistert ich die Arbeit spontan aufgenommen hatte, so sehr mutet mich das ganze Spektakel an wie eine mit einer gewissen Erleichterung dahingezauberte Aufgabenstellung.

Auf den ersten Blick erschließt sich tatsächlich der Sinn. Aber wenn ich genauer hinsehe, dann erahne ich hier einen zumindest ähnlichen Mangel, wie er für jeden kubischen Raum gilt, wenn man das griffige „Sabine'sche Gesetz" anwendet – und „im Zweifelsfall" (DIN 18041, Ordnungspunkt 4.2.3) auch noch lieber *mehr* als weniger Absorption verabreicht. Gerade so, als sei Absorption ein gern großzügig dosiertes und stets äußerst hilfreiches Breitbandantibiotikum mit multiplem Heilsversprechen.

Es spricht einiges dafür, dass man für die Arbeit von Pham Vu und Lissek (*Low frequency sound field reconstruction in a non-rectangular room using a small number of microphones – École Polytechnique*

*Fédérale de Lausanne, 2020*) ein bestimmtes mathematisches Modell entwickelt hatte – und die Freude ungebremst war, als sich alles im Hallraum wie erwartet bestätigte.

Das Problem am Hallraum ist hingegen seine Idealisierung und seine (akustische) Neutralisation: Vermutlich noch nicht einmal unerwartet bestätigt der reale (Hall-) Raum die mathematischen Berechnungen.

Ich denke also, es ging weniger darum, eine Methode zu entwickeln, mit der man unter Realbedingungen, sozusagen „draußen" praktisch messen kann. Sondern ich fürchte, es ging schlicht darum, die mathematisch erschlossene Methode, mit der man im nicht-kubischen Raum mit windschiefen Begrenzungsflächen die Raummoden berechnen möchte, auf mögliche (Denk-) Fehler hin zu überprüfen.

Meine Anerkennung an den Mathematiker, wenn das gelungen ist. Jedoch, für den praktischen Alltag der Raumakustik erkenne ich – vorläufig – wenig Gewinn.

Ein gewöhnlicher realer Raum bietet andere Bedingungen. Weniger im Hinblick auf seine Dimensionen, als mehr im Hinblick auf die einzelnen Moden – und andere Störeinflüsse. Im gewöhnlichen realen Raum gibt es Unregelmäßigkeiten, die der Hallraum nicht kennt. Und seiner „Natur" nach auch nicht kennen *soll*.

Der Sinn eines Hallraumes ist es ja nicht, Raum schlechthin als Idealraum darzustellen – sondern eine neutrale akustische Raumumgebung zu schaffen, um darin unterschiedlichste Dinge so testen zu können, sodass bedingungsübergreifende Vergleichbarkeit entsteht.

Mit solchen Unregelmäßigkeiten, die der Hallraum also nicht kennt, meine ich an dieser Stelle nicht die windschiefen Begrenzungsflächen, durch die der

Modellraum von Pham Vu und Lissek beschrieben wird. Sondern damit meine ich Türnischen, Fensternischen, bauliche Vorsprünge und ähnliche Einflüsse, die in einem Raum unregelmäßige modale Verhältnisse hervorbringen. Und natürlich die einen oder anderen Einrichtungsgegenstände, die man etwaig nicht verschieben und anpassen kann, sondern die man als gegeben hinnehmen muss.

Und so bin ich in der Summe skeptisch, was die Möglichkeit betrifft, sich ein modales Abbild von einem Raum zu erzeugen – durch wenige Messungen in den tiefen Frequenzen. Was immer nun „wenig" sei.

Freundlicherweise hatte Herr Dr.-Ing. Heiko Winkler, Mitgeschäftsführer der energum GmbH in Ibbenbüren, mir Anfang 2021 Nachhallmessungen in Waltrop gestiftet.

Dabei wurde der Nachhall in Raum 116 gemessen – ausgestattet mit den C-Cases – und in einem Vergleichsraum. Eine Messung „vorher/nachher" war umständehalber nicht möglich. Aber auch so hatten die Messungen mir wertvolle Hinweise geboten und mir für die Weiterentwicklung *entscheidend* geholfen.

Die Messungen haben sehr deutlich aufgezeigt, was für Fachleute ganz normal ist: Dass mittels sehr *vieler* Messungen Fehler bzw. Abweichungen vermittelt und zu einem aussagekräftigen durchschnittlichen Abbild der Nachhallzeiten vereint werden müssen.

Oder, mit anderen Worten: Unter Realbedingungen fallen enorme Spreizungen in den Messergebnissen auf, je nach Position der Schallquelle bzw. des Mikrofons – und umso deutlicher bis drastisch, je tiefer die beobachtete Frequenz ist.

Fachleute zucken da nicht einmal mit der Schulter.

So erlaube ich mir aber die Frage, wie die Herren aus Lausanne in der Praxis mit „wenigen Messungen" ein klares Bild von den Raummoden zuverlässig erstellen möchten.

„Wenig" relativierte sich in der konkreten Versuchsanordnung zweifellos, da man die Abweichungsanfälligkeit des Modells überprüfen musste: 61 an der Zahl.

Die Positionierung der Schallquelle gerade in einer **Raumkante** irritiert. Mich zumindest.

Die Tatsache, dass die Messpunkte zufällig ausgewählt sind und vier von sechs Flächen windschief im Raum platziert sind, spricht noch nicht dafür, dass sich mit der entwickelten Methode auch reale, unregelmäßig gestaltete Räume zuverlässig modal berechnen

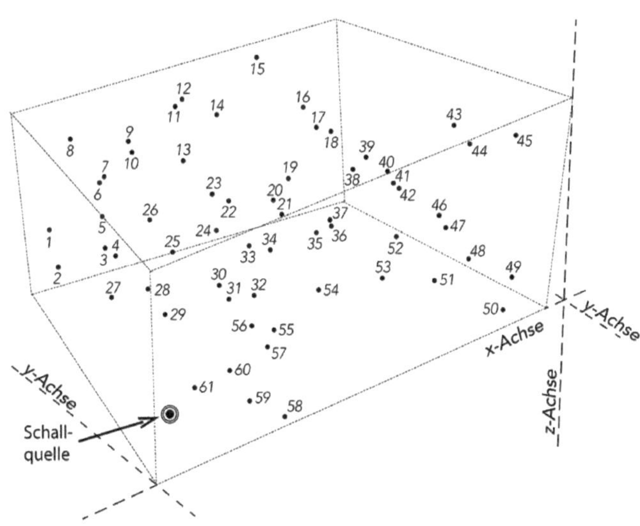


(nach Fig. 2 in: *Pham Vu, T. & Lissek, H., 2020; Low frequency sound field reconstruction in a non-rectangular room using a small number of microphones. Acta Acustica, 4,5.*)

lassen. Bemerkenswert bleibt für mich der allgegenwärtige Drang, innerhalb der vorhandenen Modelle zu vereinfachen… um dann wiederum „exakt" zu berechnen.

Noch eine andere, vermutlich gewichtigere Erkenntnis haben jene Messungen der Nachhallzeiten in dem ersten und noch mit den C-Cases ausgestatteten Raum in der Städt. Realschule Waltrop für mich ergeben:

Je nach der akustischen Anregung des Raumes und auch der subjektiven Wahrnehmung (individuelle Unterschiede in der Hörfähigkeit, ggf. auch psychoakustische Aspekte) sind in dem von mir mit C-Cases ausgestatteten Raum die tiefen Frequenzen noch nicht optimal reguliert worden.

Das hatte mich veranlasst, die Reflektoren zu vergrößern, um mehr Kantenvolumen abschirmen oder umschließen zu können. – Die jüngsten Messungen (das bereits besprochene Gutachten zum **Re-Flx**-System) bestätigen, dass die Beruhigung der unteren Bässe (80 Hz, 100 Hz und 125 Hz) nun besser erfüllt wird. Darauf war ich bereits ausführlicher eingegangen. –

Unterschiedliche Personen heben dennoch auch für Raum 116, also für die an sich zu kleinen C-Cases, die außerordentlich gute Sprachverständlichkeit hervor.

Das heißt auch: Das Potenzial der Entstörung der Raumkanten ist *in dieser Größe der Elemente* für einen Klassenraum oder einen vergleichbar großen Besprechungs- oder Seminarraum *nicht* optimal. Dennoch ist die Unterstützung der für die sprachliche Kommunikation relevanten Sprach- bzw. Wortmuster zumindest ausreichend.

Wände und die Decke sind schallhart verblieben und bieten eine gute Unterstützung im mittleren bis höherfrequenten Bereich.

Nun kommen in optimaler Anwinklung die Reflektoren der C-Cases – oder in der Weiterentwicklung des **ReFlx**-Systems – hinzu, nämlich in einem Winkel von 35 Grad (Bezugsebene: Wand).

Insgesamt ist der Nachhall weniger bewältigt – jedoch insbesondere durch das **ReFlx**-System gerade der Nachhall im oberen Bassbereich und in den tiefen Mitten. Der bloße Lärm ist damit gut bewältigt, der in den Raumkanten nun nicht mehr entsteht und also im Raum gar nicht mehr präsent ist (*wie ausgeführt: leicht unterschiedliche Wirksamkeit von C-Cases und **ReFlx**-System im tieffrequenten Bereich ist voraussichtlich rein größenabhängig in Bezug auf das abgeschirmte Kantenvolumen*):

Man könnte vermuten, dass nun durch die Reflektoren auch die mittel- und höherfrequenten Störgeräusche auf unangenehme Weise verstärkt und zum Hörer hin somit konzentriert werden.

Tatsächlich jedoch werden ***Störgeräusche*** im Hörbereich nun ebenfalls *nicht* mehr durch die Raumkanten *potenziert* – so dass Störgeräusche klarer und zugleich leiser ausfallen. Und – was extrem auffällt: Die für die Sprachverständlichkeit nützlichen Signale werden durch die Reflektoren sehr bedeutsam verstärkt – schlicht durch die zusätzlichen Erstreflexionen, die gleichzeitig nicht mehr „verunreinigt" sind durch die störende Energie der Raumkanten.

Das erscheint auf den ersten Blick wie ein Widerspruch. Gerade so, als kleidete ich nur das Störsignal in freundliche Worte. Jedoch: Die *Störkulisse* ist erstens nun *leiser*, zweitens *klar abgesetzt* – nicht als lautere Rauschkulisse überdeckend, sondern als gleichlaute Störung *neben* der Sprache. Das verringert das absolute störende Potenzial eines negativen Einflusses.

Beim längeren Aufenthalt und konzentrierten Austausch fiel für Raum 116, also für die kleineren C-Cases, mindestens einer der Personen als unangenehm auf, dass es auf Dauer anstrengend gewesen sei, mir im Gespräch – gleichsam durch einen Vorhang einer tieffrequenten Störkulisse hindurch – zu folgen.

Das zog meine Aufmerksamkeit zunächst auf die tieferen der tiefen Frequenzen (50 Hz und 63 Hz), da gerade dort trotz der C-Cases extrem hohe Nachhallzeiten zu entdecken waren. – Inzwischen und vor dem Hintergrund einer Vergleichsmessung *ohne* akustische Ausstattung und *mit* dem weiterentwickelten **ReFlx**-System in ein und demselben Klassenraum, außerdem einhergehend mit subjektiven Äußerungen zur Wahrnehmung der jeweiligen Akustik zeichnet sich ab, dass weniger die ***ganz tiefen*** Frequenzen das Problem für die Sprachverständlichkeit und für den Themenbereich der Raumakustik zu sein scheinen. Darauf gehe ich aber an anderer Stelle ausführlicher ein.

An dieser Stelle reicht es, zu erwähnen: Es kommt auf den Grundton der Sprecherstimme an, inwieweit tiefe Frequenzen in einem Raum tatsächlich Störpotenzial aufbauen. Die *ganz tiefen* Frequenzen aber sind davon wiederum voraussichtlich nicht betroffen. Solche Frequenzen von 50 Hz und 63 Hz liegen im Subbass-Bereich und werden von Sprache seltener angeregt. Dem Bassbereich ab 80 Hz aufwärts aber muss man Aufmerksamkeit schenken. Sind die Reflektoren des **ReFlx**-Systems groß genug ausgelegt – schirmen also hinreichend Kantenvolumen ab – so ist auch der Bassbereich passend beruhigt.

Dennoch darf man interessehalber einmal einen Blick auf die sehr tiefen Frequenzen werfen: Es kommt nicht allein auf den Grundton der Stimme an, sondern auch darauf, mit welcher Resonanz etwa ein männlicher Brustkorb auf den originär gar nicht *so* tiefen Grundton der Stimme noch einmal mit tieferen „Untertönen" antwortet – somit aber auch zusätzlich tieferfrequentes Störpotenzial bieten *kann*.

Fuchs spricht solche Klangspektren „unterhalb des Grundtons" an, ohne sie als „Untertöne" begrifflich zu erfassen (*siehe Fuchs, H. V.: Raum-Akustik und Lärm-Minderung; Springer Vieweg 2017 – Seite 195*).

Nur beiläufig, weil es bemerkenswert ist: Was hier akustisch eine unterschwellige Störung darstellt, ist im metaphorischen Sprachgebrauch des „Untertons" die unterschwellige oder versteckte Botschaft des gesprochenen Wortes.

Ich gehe in meinem Kapitel „Tiefe Frequenzen – hoch bedeutsam" auf das Thema der tieferen Frequenzen und der „Untertöne" noch einmal ein.

Hier soll es reichen, die Problematik anzuschneiden – womit ich aber vornehmlich in der Musik ankomme – dass unter den menschlichen Stimmen allein eine Bassstimme tatsächlich bis in den Subbass-Bereich hinunter reicht. Zusätzlich jedoch *kann* die individuelle körperliche Konstitution Untertöne im Subbass-Bereich unterschwellig mit anregen, nämlich resonativ über den Körper.

# Kommunikationsräume

Wenn es um die Ausschreibung von Neubauten oder Sanierungen geht, dann ist es selbstverständlich, dass man versucht, die Anforderungen so neutral und nüchtern zu beschreiben wie eben möglich. Dabei wird gern auf DIN-Normen oder VDI-Richtlinien verwiesen.

Das betrifft nicht nur den Umgang mit DIN 18041, die konkret auf die akustische Qualität von Kommunikationsräumen im Hinblick auf die so bezeichnete „Hörsamkeit" abzielt – und der ich daher verstärkt meine Aufmerksamkeit widme.

Gerade diese DIN 18041 ist es, die planenden und ausführenden Stellen besondere Probleme bereitet. Mit anderen Worten: *Gerade* mit einer DIN 18041 fangen die Probleme an.

Das ist erfahrenen Fachleuten der Branche auch weithin bekannt. Dass dieselben ihren Widerstand gegen die Norm zunehmend aufzugeben *scheinen*, liegt nicht daran, dass sie die Norm in der bestehenden Form als gut und sachgerecht einschätzen, sondern dass sie versuchen, sich mit den Umständen zu arrangieren: Der Aufwand, sich in Normierungsarbeit zu engagieren, wird offenbar verbreitet als zu aufwändig angesehen, um sich neben Beruf und Familie noch die Zeit für den Normenausschuss nehmen zu können.

DIN 18041 stellt über das Nachweisverfahren im Schwerpunkt auf die Nachhallzeit ab.

Dabei misst man zwar seit der 2016 gültigen Ausgabe auch bis 125 Hz hinunter, räumt aber dennoch einen gegenüber den mittleren Frequenzen ansteigenden Nachhall ein – in der Überzeugung, dies sei für die Sprachverständlichkeit unschädlich.

Tatsächlich spielt der **Nachhall** *an sich* für die Sprachverständlichkeit eine deutlich untergeordnete Rolle. Dazu hatte ich bereits und werde noch genauer ausführen.

Man definiert in der DIN 18041 klare Vorgaben – und freundliche Toleranzen für den Nachhall tieferer Frequenzen – vermeintlich, um eine gute Sprachverständlichkeit zu garantieren. Für mehr Genuss bei musikalischer Nutzung wird pauschal und nachdrücklich **mehr Nachhall** sogar eingefordert.

Wie wir bereits gesehen haben, geht beides auf verheerende Weise in genau die falsche Richtung.


Widersprüchlichkeiten haben die Autoren jener DIN 18041 nicht erschreckt – und mögen zähe Kompromisse gewesen sein.

Wichtiger und selbstverständlich scheint zu sein, einen klaren Anspruch zu formulieren. Oftmals muss der jedoch gar nicht explizit ausgesprochen werden:

Für Besprechungs-, Seminar- oder Klassenräume – als mustergültige Kommunikationsräume – ist das Anforderungsprofil überhaupt nicht fraglich. Sondern die *optimale* Sprachverständlichkeit ist ein Grundkriterium… und eine Selbstverständlichkeit. An sich.

Werden Normen in Ausschreibungen eingebunden, so *beginnt* jedoch das Dilemma: Wenn etwa explizit unter Einbindung von DIN 18041 ausgeschrieben wird, dann **muss** sich jeder daran halten – und die Räume gemäß dem dort beschriebenen *Nachweis* des Nachhalls unabdingbar unterwerfen.

Aber ist das tatsächlich so?

Möglicherweise ist auch das nur ein Missverständnis – ist aber inzwischen mit Verstand und guten Worten kaum mehr aus der Welt zu schaffen.

Dabei kann man mindestens der auftraggebenden Seite keinen Vorwurf machen: Das Vertrauen in DIN 18041 wird bewusst und gezielt geschürt.

Einmal ganz abgesehen davon, dass vonseiten der DEGA eine DIN 18041 *über* die Arbeitsschutzrichtlinie ASR A.3.7 gestellt wird: Welchen Schluss sollen planende Stellen ziehen, wenn es im Vorwort zur DIN 18041 heißt:

> „Die raumakustische Qualität hat einen bedeutenden Einfluss auf das Verstehen von Sprache.
> Ist die Sprache nur mühsam zu verstehen, müssen verstärkt kognitive Prozesse mobilisiert werden, um die Sprachinformationen verarbeiten zu können."
> *(DIN 18041:2016-03, Vorwort – Seite 3)*

---

## DIN 18041: Einfluss suggestiver Stilmittel

Längst Stand der Kenntnis, sind das Allgemeinplätze, denen niemand widerspricht – und deren subtile Wirung zweifelsfrei erwünscht ist: Man suggeriert, die Befolgung von DIN 18041 habe gute Sprachverständlichkeit in Räumen *selbstredend* zur Folge.

Bleibt dieser Erfolg einer wenigstens guten Sprachverständlichkeit aus, kommen gar nutzerseitig erneut Klagen auf, geht der Bauträger resigniert in die nächste Sanierungsrunde – oder hat kein Geld mehr.

Die ausführende Seite hingegen hatte entspannt den Leistungsnachweis gemäß DIN 18041 erbracht – und ordnungsgemäß in Rechnung gestellt.

Man wird leicht nachvollziehen können, dass in den meisten Fällen die auftraggebende Seite im Vorhinein die Konsequenzen nicht abschätzen kann, die es hat, wenn ein Auftrag explizit gemäß DIN 18041 ausgeschrieben wird

– weil die kausale Verkettung nicht allein juristisch, sondern vor allem *physikalisch* tiefergehend angelegt ist.

Nun zaudere ich: *Gerade deshalb* oder **dennoch** ist zu beobachten, dass ein Streit über Nachbesserungen nichts als gefürchtet wird.

In der Folge wird schlechte Raumakustik gleichsam *schicksalhaft hingenommen*. Da wirft man die Stirn in Falten, presst die Lippen zusammen… haucht verzweifelt: „… da kann man halt *mehr* nicht machen."

Und wenn sich das dann noch anbietet, dann soll die alte Bausubstanz Schuld sein…

Auf den Gedanken, dass die *Herangehensweise* des Akustikunternehmens – oder der zugrunde liegenden Norm – mangelhaft sein könne, kommt man in der Situation nicht leicht.

Ich möchte einige Hinweise und Betrachtungsweisen anbieten, die helfen mögen, das Regelwerk kritischer zu sehen. Denn Kritik an der Norm bebt schon lange durch die gesamte Branche.

Was bewirkt es, wenn auf DIN 18041 in Ausschreibungsverfahren Bezug genommen wird? Oder was bewirkt es, wenn in Gesetzen und Verordnungen Bezug genommen wird auf DIN 18041?

Ich werde in den nächsten Kapiteln kritisch die Einordnung von DIN 18041 als gemeingültigem Regelwerk beleuchten – und auch juristisch abwägen.

Die gewaltige und beeindruckende Kulisse, die Autoren oder Verbände mit Blick auf Rechtsprechung und Gesetz aufbauen, sind nebulös orientiert an welchen Interessen auch immer. – *Auf keinen Fall aber engagiert man sich im Interesse der Nutzenden.*

Nutzenden auf beiden Seiten der Betroffenheit: Als Sprecherinnen oder Sprecher, Musikschaffende, gar Sängerinnen und Sänger – oder als Hörende, für Lernerfolg, Arbeitserfolg, oder einfach Genuss… Sämtlich Nutzende, die zumindest den bestmöglichen Schutz vor gesundheitlichen Beeinträchtigungen aller Art erwarten dürfen, etwaig auch die sinnvolle Korrektur mangelhafter akustischer Verhältnisse in einem Raum.

In diesem Kapitel möchte ich zunächst einen nutzerorientierten Blickwinkel einnehmen.

Wie kann es, beispielsweise, sein, dass ein Neubauprojekt errichtet wurde – und die Sprachverständlichkeit in sämtlichen Seminarräumen jener Hochschule, gelinde ausgedrückt, miserabel ist?

Es ist selbstredend, dass der reine Abstellraum *nicht* akustisch optimiert wird.

Ebenso bedarf es keiner expliziten Vereinbarung, dass in Seminarräumen die bestmögliche Sprachverständlichkeit herrschen **muss**. Selbstverständlich sollen Lehrende nicht permanent mit angehobener Stimme sprechen, und sollen Studierende an jedem Platz im Raum bestmöglich hören und sich einbringen können.

---

Wenigen Benachteiligten **Chancengleichheit** zu gewähren, **indem man viele schlechter stellt**, war nie die Intention von **Inklusion**!

---

Oder: Wenn Hörbeeinträchtigte in einer regulären Schulklasse inkludiert werden, dann darf sich aber die Sprachverständlichkeit für Normalhörende zumindest *nicht verschlechtern*. Wenn „Inklusion" zwangsläufig die Chancengleichheit anderer Personen beeinträchtigt, dann ist das wiederum – übrigens gern und ganz im Sinne des „Kommentars zu DIN 18041" – schlicht verfassungswidrig.

Ich fasse hier also vorgreifend kurz: Besonders Bedämpfungen gemäß Vorgaben für Räume der „Nutzungsart A4" der DIN 18041, „Unterricht/Kommunikation inklusiv", sind arbeitsschutzrechtlich mindestens bedenklich und grenzwertig.

Entgegen anders lautenden Behauptungen in DIN 18041 liegt das daran, dass es *nicht* ausreicht, erstens den Nachhall möglichst gering zu halten, zweitens den Abstand zwischen Nutzsignal und potenziellem Störgeräusch möglichst groß. Die weiterhin deutlich unausgewogenen akustischen Verhältnisse an unterschiedlichen Positionen im Raum bedeuten darüber hinaus eine erhebliche Chancen*ungleichheit* für Lernende.

Wenn die Inklusion Hörbeeinträchtigter bedeutet, dass wegen der „Dumpfheit" der Raumakustik Lehrkräfte permanent lauter sprechen müssen, Fragen oder Beiträge von Schülerseite zugleich schlechter verstehen, dann ist in der akustischen Planung etwas schiefgelaufen – oder grundlegend missverstanden worden.

Und es darf auch nicht sein, dass Lehrkräfte solche Räume gar als „bedrückend" beschreiben – in solchen Räumen also nur noch ungern unterrichten, einhergehend ihre Leistungsfähigkeit, ihre Widerstandsfähigkeit und ihre Leistungs*bereitschaft* beeinträchtigt sind.

Hier geht es ganz konkret um Stress: Eine extraordinäre Arbeitsbelastung, der man nicht ausweichen kann. Hier geht es unmittelbar um den Arbeitsschutz.

Nicht, weil ein Gesetz zur Gleichstellung von Menschen mit Behinderung es verlangt, sondern weil es tatsächlich Menschen gibt, denen daran gelegen ist, bestimmte andere Menschen nicht mehr unterhalb ihres Potenzials zu verlieren, bloß weil sie (da wir nun zufällig bei so etwas wie Sprachverständlichkeit sind) schlechter oder nur mit technischen Hilfsmitteln hören können… *deshalb* gibt es so etwas wie Inklusion.

*Weil* es so etwas wie Inklusion gibt, deshalb gibt es aber auch eine hohe Hemmschwelle, als (mehr oder minder) unbeeinträchtigte Person Arbeitserschwernisse überhaupt anzusprechen, die durch Maßnahmen zugunsten der Inklusion erst entstanden sind.

Von Räumen, die gemäß DIN 18041:2016-03, gar gemäß Nutzungsart A4, schlicht überdämpft sind, hört man also nur hinter vorgehaltener Hand.

Natürlich liegt es nahe, zu fürchten, man könne vorgeworfen bekommen, *gegen* Inklusion eingestellt zu sein. Also sagt man lieber nichts gegen die Lehr- und Lernbedingungen in so genannt „inklusiven" Räumen.

Grundsätzlich habe ich Inklusion nur begrüßt vorgefunden, mit der Menschen mit körperlichen Beeinträchtigungen angemessen gefördert und gefordert werden. Das vorbehaltlose Einbeziehen solcher Menschen also, die noch bis weit in die zweite Hälfte des 20. Jahrhunderts hinein allein deshalb verloren gingen und verloren waren, weil ihnen der Zugang zur Welt aufgrund körperlicher Beeinträchtigungen versperrt blieb. Die nannte man wohlwollend „etwas zurückgeblieben" – und zollte ihnen flüchtig mit dem Lächeln des Bedauerns einen kurzen Moment des Mitleids.

Wie leicht könnte man – gerade in heutigen Zeiten – missverstanden werden: Wer gegen die inklusive (akustische) Ausstattung von Räumen spreche, chiffriere doch „eigentlich" nur seine Vorbehalte gegenüber der Inklusion. – Leichter kann man Mängelrügen nicht (mund-) tot bekommen: Zur miserablen Raumakustik in „inklusiven" Räumen wird praktisch nichts publik.

Auf der anderen Seite: Bei so viel plakativem  Wohlmeinen hinterfragt kaum jemand die **Qualität** akustischer Maßnahmen – dem guten Zweck gewidmet.

Vor diesem Hintergrund (verständlicher) Furchtsamkeit und (hochmotivierter) Förderbereitschaft lässt sich komfortabel planen und normieren.

Und gleich in einem Atemzug fordert man, dass planende Stellen sich *allein* an diese Norm halten. Gar mit Nachdruck wird suggeriert, es sei gesetzlich verbindlich, konkret diese Norm anzuwenden! – Auf Letzteres gehe ich noch ausführlicher ein.

---

**falsch verstandene** Raumakustik **stützt die Norm**

Gute Sprachverständlichkeit – die implizit mit DIN 18041 einhergehen möchte – ist über die wesentlichsten dort verankerten Kernkriterien, den kurzen Nachhall und einen großen Abstand zwischen Direktschall und Störsignal, nicht erreichbar. Sondern, sind diese Kriterien erfüllt, dann leidet die Sprachverständlichkeit erst recht – und massiv.

Das ist auch in der Fachwelt weitreichend bekannt.

Das findet man aber nicht heraus, wenn man sich mit Verfassenden oder Verfechtern der Norm austauscht – oder wenn man deren Fachpublikationen liest.

Erste Zweifel bekommt man bestätigt, wenn man mit Personen des öffentlichen Dienstes spricht, die aus der Perspektive des Bauträgers heraus ihrerseits häufig eingeschüchtert sind von einer DIN 18041 – aber auch konfrontiert werden mit Anwendererfahrungen. Weil es ganz konkret um Arbeitsschutz geht.

Besser also achtet man auf die Anwenderseite.

Erziehende in Kindertageseinrichtungen, Lehrkräfte an Schulen aller Art, gern auch Vortragende in Seminaren – um nur einige herauszugreifen, wo sich die Probleme auf eine fast natürliche Weise konzentrieren. Das ist die eine Seite, den Arbeitsschutz betreffend.

Oder man spricht mit Planenden auf Auftragnehmerseite, die beklagen, dass – streng nach DIN 18041 und streng an Nachhallzeiten orientiert – gute Sprachverständlichkeit regelmäßig kaum zu erlangen sei. Im Wettbewerb und Preiskampf war bisher kein Spielraum, um sowohl die niedrigen Nachhallzeiten als auch optimale Sprachverständlichkeit umzusetzen.

Von auftraggebender Seite schließlich wird berichtet: Klagen über schlechte Raumakustik kommen erst allmählich wieder auf. Denn zunächst ist regelmäßig die Erleichterung über Schall absorbierende Maßnahmen groß – und die Resonanz deshalb positiv.

Der Grund ist schlicht, dass die Ursprungsthemen – Lärm und Sprachverständlichkeit – unter fehlerhaften Vorzeichen betrachtet werden.

Aber man sollte auch die Kinder und Jugendlichen nicht übersehen. In KiTas und Schulen sind *sie*, wenn auch auf andere Weise, die Leidtragenden!

Allem voran: Auf besonders sensible Kinder nimmt niemand Rücksicht. – Aber auch allgemein unterwandern schlechte Sprachverständlichkeit und ein unklarer Raumklang auf eine subtile Weise die (Lern-) Motivation und die *Chancengleichheit*!

Vermutlich ist – ein auf die eine oder andere Weise ausgedrücktes – Desinteresse die häufigste Reaktion auf Schülerseite, wenn die Sprachverständlichkeit schlecht ist. Aber das ist eine völlig normale Reaktion, wenn allein das Verstehen von Vorträgen oder die Teilnahme an Diskussionen zu viel Konzentration fordern, dass man sich schon sehr bald anderen Dingen zuwendet, denen man leichter folgen kann.

Jugendliche daddeln auf ihrem Handy oder schieben sich gegenseitig kurze Botschaften auf Zettelchen zu. Im besten Falle fragen sie untereinander nach verpassten Worten oder Sätzen – und zwei verpassen nun erneut weiteren Unterrichtsstoff…

Nicht anders ergeht es Erwachsenen, ob nun bei Stadtführungen oder bei Arbeitsgesprächen in größerer Runde, bei Seminaren – wann immer die Umstände ein Nachhaken oder Zwischenfragen nicht zulassen…

Darüber hinaus tatsächlich kommt für Lernende hinzu, dass Kinder und Jugendliche *im Durchschnitt* etwa 10 dB mehr Lautstärke „aushalten" können. Das hat zwar mit dem Verstehen von Sprache nicht viel zu tun, führt aber dazu, dass schülerseitige Klagen über mangelhafte Raumakustik erst recht selten zu hören sind.

## zweitrangige Kriterien als Normierungsgrundlage

Über die normgestützte Bindung an höchstens zweitrangige Kriterien wird viel Geld vergeudet: Teure Gutachten vorab (die in dieser Form niemand braucht), teure akustisch wirksame Materialien, oftmals teure zusätzliche bauliche Maßnahmen, weil die Räume sonst gar nicht ausgestattet werden könnten.

Von guter Sprachverständlichkeit nun einmal ganz zu schweigen, fördert eine DIN 18041 noch nicht einmal das höchste Ziel dieser Norm: Hörgeräte nutzenden Personen einen *realen* Vorteil anzubieten. Sie genießen den *relativen* Vorteil einer ruhigeren Umgebung, gewiss. Aber diesen geringen Vorteil erzielt man, indem man **allen** Personen im Raum die für eine klare Sprachdeutlichkeit so wichtigen höheren Frequenzen entzieht.

Wie kann es sein, dass eine Grundschullehrerin möglichst – wann immer sie auf die grüne Tafel verzichten kann – quer zum Raum unterrichtet, nachdem ihr Klassenraum mit einer normgerecht absorbierenden Decke ausgestattet worden ist? Festzustellen, ihr fehle schlicht die angemessene Stimmkraft, geht fehl: Auch große und kräftige Personen, wenn sie lange und über mehrere Unterrichtseinheiten hinweg sehr laut sprechen, klagen über die hohe Sprechanstrengung, tragen gar Kehlkopfreizungen davon, wenn die Sprachverständlichkeit miserabel ist.

In DIN 18041 selbst wird *ausdrücklich* gewarnt vor langandauerndem Sprechen mit erhobener Stimme:

> „Der Sprechapparat des Menschen ist normalerweise für eine Sprechweise auf einen A-bewerteten Schalldruckpegel in 1 m Abstand von 54 dB bis 60 dB ($L_{pA,1m}$) ausgelegt."

– und weiter:

> „Länger dauerndes Sprechen ist für ungeübte Sprecher über die Sprechweise ‚angehoben' mit $L_{pA,1m}$ = 66 dB nicht zweckmäßig."
> (*DIN 18041, Anhang C „Sprachkommunikation",* *Seite 27*)

Dort gelten gemäß Tabelle C.1 (*siehe mein Kapitel „Eine Stellungnahme zur Stellungnahme"*) die erwähnten 54 dB als „entspannte", 60 dB als „normale" Sprechweise.

Es **kann** also nicht, es **darf** nicht sein, dass eine Schulleiterin im Hinblick auf den Arbeitsschutz einräumte, seit ein bestimmter Raum wegen der Inklusion einer Hörgerät tragenden Schülerin umgerüstet worden sei, rangiere der Raum „noch so gerade" im Rahmen des Zulässigen. – Der Raum war mit einem Teppich mit mäßig trittweicher Schlinge, einer stark absorbierenden Odenwald-Decke und einer Bedämpfung der Rückwand ausgestattet worden.

Seither klingt der Raum dumpf. Lehrkräfte sprechen, um sich weiterhin für mehr als nur die Schülerinnen und Schüler in den ersten beiden Tischreihen verständlich zu machen, permanent lauter.

Und so *kann* es nicht sein, dass der stellvertretende Schulleiter sich – hinter vorgehaltener Hand – beklagte, Lehrkräfte (ihn selbst eingeschlossen) unterrichteten dort nur noch sehr ungern, nicht zuletzt, weil der Raum subtil als sehr bedrückend empfunden werde.

Dort hat die normgerechte akustische Ausstattung des Raumes für gleich mehrere neue Stressfaktoren gesorgt, die keineswegs – wenn man sich erst daran gewöhnt habe – allmählich abklingen.

Wie mag es da umgekehrt zu erklären sein, dass in einem miserablen und noch immer deutlich halligen, alten Klassenraum (schallharte Decke und Wände, Steinboden) Lehrkräfte feststellen, dass sie leiser sprechen können und dennoch gut verstanden werden? Und deshalb dort endlich wieder gern unterrichten?

Ein Ergebnis, nachdem *allein die Raumkanten* bereinigt worden waren! Und das, obgleich die Raumkanten allein über – schlussendlich starke – Absorption (!) zur Ruhe gebracht worden waren.

Mit den von mir entwickelten Produkten wähle ich nicht mehr die reine Absorption in den Raumkanten, weil sie – insbesondere im Hinblick auf die Sprachverständlichkeit – weniger sinnvoll ist.

# Ein Blick in die Nachbarschaft: DIN 4109

Ich möchte den Blick auf ein anderes, offenbar vergleichbar engagiert verteidigtes Regelwerk richten, um zu schauen, wie man in der Rechtsprechung auf ähnlich gelagerte Problemfälle eingeht.

Es geht um DIN 4109, um baulichen Schallschutz.

Dr.-Ing. Steffen Hettler schreibt:

> „[…] lässt sich festhalten, dass am Ende sowohl der DIN 4109 aus dem Jahr 1962 als auch der Fassung aus dem Jahr 1989 die Bedeutung als anerkannte Regel der Technik in der täglichen Baupraxis durch das höchste deutsche Zivilgericht, den BGH, entzogen werden musste."
> (*Steffen Hettler, Technische Regelwerke zum Schallschutz – Rechtliche Einordnung, Beuth Verlag, 2018 – Seite 7*)

Zugleich zeigt Hettler auf, wie der DEGA e.V. auf Deutungshoheit besteht:

> „Selbst auf der Internetseite der Deutschen Gesellschaft für Akustik findet man noch gar nicht so alte Veröffentlichungen, die entgegen der Rechtsprechung des Bundesgerichtshofs einem nahelegen, die Anforderungswerte von DIN 4109 seien anerkannte Regeln der Technik."
> (*ebenda – Seiten 6/7*)

Zwar relativiert die DEGA dort insgesamt, um der Rechtsprechung (noch) knapp zu genügen. Jedoch geht der Hauptanspruch dahin, sich über die höchste Rechtsprechung schlicht hinwegzusetzen:

> „In der von den obersten Baubehörden als Technische Baubestimmung eingeführten DIN 4109 sind Anforderungen […] festgelegt. Diese Anfor-

derungen nach DIN 4109 sind deshalb bauordnungsrechtlich einzuhalten."
*(Deutsche Gesellschaft für Akustik e.V., Fachausschuss Bau- und Raumakustik; „Memorandum –
Die allgemein anerkannten Regeln der Technik in
der Bauakustik", März 2011 – Seite 2)*
Solche sich widersprechenden Ansichten der höchsten Rechtsprechung einerseits, aus den Reihen des
DEGA e.V. andererseits dürfen irritieren.

Für eine DIN 18041 handhabt man das in einer recht
ähnlichen Weise.

Deklaratorisch unvollständig erläutert, faktisch eher
gestützt wird die Norm durch den „Kommentar zu DIN
18041" – für den eine Gruppe von Mitverfassenden der
DIN 18041 in 2. Novelle (2016) zeichnet:
> „Mit diesem Kommentar zu DIN 18041:2016-03
> werden Anmerkungen und Gedanken einiger Mit
> glieder des Arbeitskreises zur und während der
> Überarbeitung der Norm zusammengefasst und
> dargestellt."
> *(Chr. Nocke [Hrsg.]: Hörsamkeit in Räumen;
> Beuth 2015 – Seite 1)*

Der Beuth-Verlag selbst bietet diesen Kommentar
zwar als „**Beuth Kommentar**" auf der Website des
Beuth-Verlages an – benennt dort aber ausdrücklich als
Herausgeber Dr. rer. nat. Christian Nocke, sowie führt
die insgesamt fünf Autor*innen auf.

In keinesfalls untypischer Verlagspraxis distanziert
sich der Beuth-Verlag inhaltlich auf Seite IV:
> „Die im Werk enthaltenen Inhalte wurden von Ver
> fasser und Verlag sorgfältig erarbeitet und geprüft.
> Eine Gewährleistung für die Richtigkeit des Inhalts
> wird gleichwohl nicht übernommen. Der Verlag

haftet nur für Schäden, die auf Vorsatz oder grobe Fahrlässigkeit seitens des Verlages zurückzuführen sind. Im Übrigen ist die Haftung ausgeschlossen." (*Chr. Nocke [Hrsg.], Hörsamkeit in Räumen; Beuth Verlag 2018 – Seite IV*)

Christian Nocke zeichnet namentlich das „Vorwort des Herausgebers" auf Seite VII.

So viel nur allgemein zur Einordnung, denn der „Kommentar zu DIN 18041" spielt eine durchaus wichtige Rolle neben der Norm.

Nocke et al. erklären in „Hörsamkeit in Räumen – Kommentar zu DIN 18041" (Beuth, 2018) – leider ohne ausführliche Erläuterungen – in unmissverständlicher Weise DIN 18041 zum verbindlichen Regelwerk:

> „Das Behindertengleichstellungsgesetz gilt streng genommen nur für Bundesbauten. Deshalb haben die Länder eigene Gleichstellungsgesetze verabschiedet [...]. Weil aber DIN 18040 ‚Barrierefreies Bauen' in fast allen Bundesländern als technische Baubestimmung bauaufsichtlich eingeführt ist und weil dieses Norm-Paket bezüglich der schalltechnischen Anforderungen für Menschen mit Hörschädigungen auf DIN 18041 verweist, gelten die Anforderungen dieser Norm für alle genehmigungspflichtigen Gebäude."
> (*Chr. Nocke [Hrsg.]: Hörsamkeit in Räumen; Beuth Verlag 2018 – Seiten 13/14*)

Das „**Bundesinstitut für Bau-, Stadt- und Raumforschung (BBSR)**" hat im Rahmen einer langjährig angelegten Initiative des „Bundesamtes für Bauwesen und Raumordnungen (BBR)", der Initiative „**Zukunft Bau**", freundlich oder nüchtern Stellung bezogen. Im Abschlussbericht des Projektes „*Optimierung der BNB-*

*Kriteriensteckbriefe Schallschutz und Akustischer Komfort"* (Projektlaufzeit 10.2015 – 02.2017) heißt es:

> „Während der Projektlaufzeit ist im März 2016 das maßgebliche Regelwerk für die Raumakustik, DIN 18041 'Hörsamkeit in Räumen' in einer neuen Fassung erschienen. Diese Norm ist – anders als Normen aus dem Bereich des Schallschutzes – nicht baurechtlich verpflichtend eingeführt, wird in Fachkreisen aber als anerkannte Regel der Technik eingestuft."

DIN 18041 **nicht** baurechtlich bindend

Zur Einordnung des bezogenen Projektes und des Begriffs „BNB" erlaube ich mir hier noch orientierungshalber aus dem Ordnungspunkt „Ausgangslage" zum bereits benannten Projekt „Optimierung der BNB-Kriteriensteckbriefe [...]" anzufügen:

> „Das Bundesbauministerium hat für Bundesgebäude verbindliche Qualitätsvorgaben an ganzheitlich optimierte Gebäude im Leitfaden Nachhaltiges Bauen und im Bewertungssystem Nachhaltiges Bauen (BNB) festgelegt. Seit Oktober 2013 ist das BNB verpflichtend für die Planung und Realisierung von Gebäuden des Bundes anzuwenden. Im Bewertungssystem wurden auch konkrete Ansätze zum Schallschutz und raumakustischen Komfort formuliert."

Doch zunächst zurück zur DIN 4109. – Denn die hat der DEGA (Deutsche Gesellschaft für Akustik e.V.) im bereits erwähnten Memorandum dann doch als nur in Teilen bindend beschrieben:

„Seit vielen Jahren haben sich […] für einige Bereiche der Bautechnik standardmäßige Grundkonstruktionen durchgesetzt, mit denen ein besserer Schutz erreicht wird, als in der DIN 4109 gefordert. Da der Einsatz derartiger Konstruktionen seitens des Fachausschusses als allgemein anerkannt und üblich betrachtet wird, gelten diese und die mit ihnen zu erreichenden schalltechnischen Kennwerte als allgemein anerkannte Regel der Technik." *(Deutsche Gesellschaft für Akustik e.V., Fachausschuss Bau- und Raumakustik; „Memorandum – Die allgemein anerkannten Regeln der Technik in der Bauakustik", März 2011 – Seite 5)*

Interessant ist, wie in ein und derselben Publikation des DEGA e.V. die DIN 4109 zurückgestuft wird. Kaum verwunderlich: Der Interessenverband kann seinen Mitgliedern schwerlich Empfehlungen aussprechen, die der Rechtsprechung nicht standhielten.

Aber es lohnt sich, wiederholend zu lesen:

„Da der Einsatz derartiger Konstruktionen **seitens des Fachausschusses als allgemein anerkannt** und üblich betrachtet wird, **gelten diese und die** mit ihnen zu erreichenden […] **Kennwerte** als **allgemein anerkannte Regel der Technik**."

Das ist, was man beim ‚*Bundesinstitut für Bau-, Stadt- und Raumforschung*' (BBSR) meint, wenn man feststellt, DIN 18041 (siehe Vorseite) werde „in Fachkreisen aber als anerkannte Regel der Technik eingestuft."

Und so bleibt es spannend, Hettler zu folgen, der DIN 4109 mit detaillierten Betrachtungen unter juristischen Gesichtspunkten abwägt und umfangreich diskutiert.

Es wäre unfreundlich, zu vermuten, vonseiten des „Fachausschusses Bau- und Raumakustik" werde keine Mühe gescheut, für sich weiterhin so etwas wie Deutungshoheit zu retten:

> „Die Festlegung weiterer, höherer Anforderungsniveaus, wie sie beispielsweise im Beiblatt 2 zu DIN 4109, in der Richtlinie VDI 4100:2007-08 und in der DEGA-Empfehlung 103 (Schallschutzausweis) vorgeschlagen sind, dienen ausschließlich dazu, allen am Bau Beteiligten ein Werkzeug an die Hand zu geben, mit dem sie in der Lage sind, höhere Anforderungsstufen in vernünftiger Weise zu formulieren und zu planen. Die vorgeschlagenen Werte werden in der Regel erst dann zu Anforderungen, wenn sie vertraglich vereinbart werden, [...]"
> *(Deutsche Gesellschaft für Akustik e.V., Fachausschuss Bau- und Raumakustik; „Memorandum – Die allgemein anerkannten Regeln der Technik in der Bauakustik", März 2011 – Ordnungspunkt „6. Erhöhter Schallschutz" – Seiten 5/6)*

## DIN-Normen sind keine Rechtsnormen

Zu den Urteilen des BGH führt nun Hettler aus:
> „Bis zum Jahr 2007 wurden Neubauvorhaben im Hochbau nahezu ausschließlich nur nach den Mindestanforderungen von DIN 4109 (1989) geplant und errichtet; [...]. Dieser pauschalen Anwendung [...] hat der BGH mit seinen beiden Grundsatzurteilen vom 14.06.2007 und vom 04.06.2009 ein längst überfälliges Ende gesetzt. Mit beiden Entscheidungen hat der BGH nochmals unmissverständlich klargestellt, dass eine DIN-Norm [...] keine Rechtsnorm darstellt, sondern als eine tech-

nische Regel mit Empfehlungscharakter zu betrachten ist. […]
Tatsächlich sind somit die Urteile des BGH […] nur
eine Fortsetzung der Rechtsprechung zur alten
DIN 4109 (1962), zu der der BGH unter Bezugnahme auf seine ständige Rechtsprechung bereits
entschieden hat, dass DIN-Normen die aktuellen
anerkannten Regeln der Technik sowohl wiedergeben als auch hinter diesen zurückbleiben können."
*(Steffen Hettler, Technische Regelwerke zum
Schallschutz – Rechtliche Einordnung, Beuth
Verlag, 2018 – Seite 19)*

Und ergänzend aufschlussreich hierzu auch eine Darstellung eines anderen Fachanwaltes, im Internet auf
der Website einer Kanzlei:

„Der Umstand, dass [in] ein[em] Vertrag auf eine
Schalldämmung nach DIN 4109 Bezug genommen
wird, lässt schon deshalb nicht die Annahme zu,
dass lediglich die Mindestmaße der DIN 4109
vereinbart seien, weil diese Werte in der Regel
keine anerkannten Regeln der Technik für die
Herstellung des Schallschutzes in Wohnungen
sind, die üblichen Qualitäts- und Komfortstandards
genügen (BGH, VII ZR 54/07). […]
Ein bloßer Verweis in der Leistungsbeschreibung
auf die Schalldämmung nach DIN 4109 genügt
insoweit nicht (BGH, VII ZR 54/07). Diese
Rechtsprechung des BGH hat nunmehr das OLG
München in seinem Urteil vom 26.07.2016 (28 W
1460/16 Bau) bestätigt."
*(Dr. Florian Schrammel auf der Website der „HFK
Rechtsanwälte PartGmbH", Kanzlei München)*

Wenn sich Gerichte an der Auffassung des BGH,
auch inhaltlich gut nachvollziehbar, orientieren, so ist

mit Bedacht zu beobachten, innerhalb welcher Einzel-
fälle der DEGA e.V. resp. dessen „Fachausschuss Bau-
und Raumakustik" auf ältere Rechtsprechung zugreift,
um Rang und Geltung zu behaupten.

Aber auch das allgemeine Selbstverständnis des
Fachausschusses, mit dem Memorandum von 2011 zum
Ausdruck gebracht, können wir gemeinsam mit Hettler
bestaunen:

> „[…] gibt es weiter zu beachten, dass aufgrund der
> notwendigen Verfahrensdauer bis zum BGH in 3.
> Instanz nahezu schon zehn Jahre vergangen waren.
> Die Entscheidungen des BGH hatten beide Bau-
> vorhaben aus dem Jahr 1999 zum Gegenstand.
> In der Zeit zwischen 1999 und 2007 wurde somit
> nach der Rechtsprechung des BGH in seinen bei-
> den Grundsatzurteilen ohne jeglichen Restzweifel
> mangelhaft geplant und gebaut. Aus diesem Phä-
> nomen der schallschutztechnischen ‚Vergangen-
> heitsfehler' und der hieraus oft noch vertretenen
> logischen schallschutztechnischen ‚Folgefehler'
> kann jedenfalls keine a.R.d.T. [*eig. Anm.: anerkannte*
> *Regel der Technik*] hergeleitet werden. Dies ge-
> schieht jedoch weiterhin."
> (*Steffen Hettler, Technische Regelwerke zum*
> *Schallschutz – Rechtliche Einordnung, Beuth*
> *Verlag, 2018* – Seiten 21/22)

Und so führt denn Hettler noch ein bisschen detaillierter aus:

> „[…] die Vorgaben, die der BGH in seinen beiden
> oben erwähnten Grundsatzurteilen der Bau- und
> Planungspraxis mitgegeben hat, sagen im Ergeb-
> nis: Der geschuldete Schallschutz richtet sich nach
> dem vertraglich geschuldeten Leistungssoll. Dies
> galt schon immer und ist ggf. durch Auslegung zu

ermitteln. […] es gilt eben nicht pauschal und für
alle Bauwerke, unabhängig von deren Bauqualität,
DIN 4109 als anerkannte Regel der Technik.
Tatsächlich sind die Schallschutzanforderungen
aus DIN 4109 auch für die niedrigste Stufe des
einzuhaltenden allgemein üblichen Qualitäts- und
Komfortstandards keine anerkannte Regel der
Technik mehr."
(*ebenda*, Seite 22)

Es tut sich eine weitere und denkwürdige Parallele
auf zu den Hoheitskämpfen, die der DEGA e.V. resp.
der Fachausschuss um Rang und Geltung einer DIN
18041 führen, wenn Hettler sich galant einen Schluss
verkneift:

„Es wird hier ausdrücklich der Begriff der schall-
schutztechnischen Verunsicherung vermieden,
denn dieser folgt nur aus der zuvor existent gewe-
senen schallschutztechnischen Komfortzone der
Planer und Baupraxis."
(*Steffen Hettler, Technische Regelwerke zum
Schallschutz – Rechtliche Einordnung, Beuth
Verlag, 2018 – Seiten 23*)

Und wenn Hettler feststellt,

„ein pauschaler Hinweis auf die Schalldämmmaße
von DIN 4109 genügt nicht für eine transparente
Aufklärung" (*ebenda*),

dann wird umso verständlicher, dass es als bloße
Behauptung im Raum stehen bleibt, DIN 18041 sei
schon durch die Erwähnung in dem einen Gesetz oder
der anderen Verordnung so etwas wie ein verbindliches
und unausweichliches Regelwerk – das dann auch noch
vertrags- bzw. leistungsbeschreibend wirke.

# Auf dünnem Eis: DIN 18041

In den Abteilungen von Bauträgern sitzen durchaus solche, die einer DIN 18041 mit mindestens gehöriger Skepsis gegenübertreten.

Augenscheinlich jedoch bleibt die Wirkung auf Bauverantwortliche nicht aus, wenn im Vorwort zu DIN 18041 das Grundgesetz, das Behindertengleichstellungsgesetz und die UN-Konvention über die Rechte von Menschen mit Behinderungen bemüht werden.
Nicht umfänglich erläutert, findet man im „Kommentar zu DIN 18041" zumindest ein paar mehr Worte zu BGB und VOB, und zwar wegen der Gewährleistungspflichten. Gar das Strafgesetzbuch findet knappe Erwähnung (*Nocke, Chr. [Hrsg.]: Hörsamkeit in Räumen; Beuth 2018 – Seiten 3/4 und 13-15*).
Weshalb das die eine oder andere ausführlichere Kommentierung gut hätte vertragen können, das möchte ich hier beleuchten.

Denn all solche Gesetze und Vorschriften nur so knapp hingeworfen, wird DIN 18041 im Zusammenhang mit der bloßen Nennung entsprechender Paragrafen gleichsam zum Schreckensbild verzerrt:
Viel zu häufig bin ich einer Furcht vor rechtlichen Konsequenzen begegnet, hielte man die Nachhallzeiten der Norm nicht ein. Der Respekt vor deutschen Gerichten ersetzt die inhaltliche Auseinandersetzung mit den akustischen Erfordernissen. Und vielfach folgt man im Zweifel nothaft dem Nachhall, statt dem deklarierten Anliegen jener Norm.
Seine Wirkung also verfehlt es nicht, wenn beinahe eine gesamte Branche, und wenn in den Reihen auf-

traggebender Stellen wenigstens der überwiegende
Teil mindestens verunsichert auf eine DIN 18041 Acht
gibt – den Glauben nicht besitzt, aber selbst Zweifel
kaum aussprechen mag.

Gewiss wähnt sich niemand hinter Gittern, wo die
Raumakustik mangelhaft bleibt. So viel Naivität möchte
ebenso gewiss niemand Bauverantwortlichen unterstellen.

Ich möchte nicht missverstanden werden: Ich spiele
die Wichtigkeit „weicher" Arbeitsplatzfaktoren keineswegs herunter, wenn ich hervorhebe, dass sich solche
*Gefahr* für „Leib oder Leben eines anderen Menschen"
(§ 319 StGB) in der Raumakustik dann doch deutlich **zu**
„weich" dargestellt.

Was also mag es bedeuten, wenn im „Kommentar zu
DIN 18041" zu lesen ist:

> „Mit der Fassung DIN 18041:2016-03 erfolgte
> wiederum eine Überarbeitung, mit der die aktu-
> ellen Anforderungen und Entwicklung angepasst
> worden sind. Die Norm ist im Bauwesen seit Lan-
> gem als anerkannte Regel der Technik eingeführt.
> In Deutschland ist der Begriff der anerkannten
> Regel der Technik gesetzlich verankert."
> *(Nocke, Chr. [Hrsg.]: Hörsamkeit in Räumen –*
> *Kommentar zu DIN 18041; Beuth 2018 – Seite 15)*

Nun, zum einen: **Gesetzlich** verankert ist der Begriff
der „anerkannten Regel der Technik" eben **nicht**. Sondern eingeführt worden ist dieser Begriff durch Rechtsprechung – dereinst noch des Reichsgerichts (*Crei-
felds: Rechtswörterbuch, 18. Aufl. Beck 2004*).

Zum anderen: Was ist die Botschaft, wenn dort übergangslos wie folgt ausgeführt wird:

> „Es gilt grundsätzlich, wer bei der Planung, Lei-
> tung oder Ausführung eines Baues oder eines Bau-

werks gegen die anerkannten Regeln der Technik
verstößt und dadurch Leib oder Leben eines anderen Menschen gefährdet, wird mit Freiheitsstrafe
bis zu fünf Jahren oder mit Geldstrafe bestraft
(§ 319 StGB)."
(*ebenda – Seite 15*)

»eines Baues oder eines Bauwerks« lässt stolpern:
Unterscheidet der Gesetzgeber da? – Der Griff zum
Gesetz bleibt unumgänglich: „Wer bei der Planung,
Leitung oder Ausführung eines Baues oder **des Ab-
bruchs** eines Bauwerks…", so findet man § 319 StGB
– und somit durch versehentliche Auslassung inhaltlich
verwirrend wiedergegeben.

Eine subtile Verunsicherung verfehlt es nicht, die
„Freiheitsstrafe bis zu fünf Jahren" nur mal zu *erwähnen*. Schon allein zivilrechtliche Scherereien möchte
niemand haben – die mit bloßer Folgsamkeit von
vornherein umschifft werden können.

Und wer weiß schon, was unter den Augen eines
Richters, zumindest erstinstanzlich, als „allgemein anerkannte Regel der Technik" durchgehen könnte.

Im „Kommentar zu DIN 18041" weiß man es:

„DIN-Normen sind immer nur dann eine a. a. R.
d. T.*, wenn sie der obigen rechtlichen Definition
entsprechen. Gerade dies gilt aber für DIN
18041:2016-03."
(*Nocke, Chr. [Hrsg.]: Hörsamkeit in Räumen –
Kommentar zu DIN 18041; Beuth 2018 – Seite* 4)

* = allgemein anerkannte Regel der Technik

Dass DIN 18041 „allgemein anerkannte Regel der
Technik" sei, bleibt hier eine Feststellung von Personen, die DIN 18041 in 2. Novelle mit verfasst haben:

„Mit diesem Kommentar zu DIN 18041:2016-03
werden Anmerkungen und Gedanken einiger Mit-

glieder des Arbeitskreises zur und während der
Überarbeitung der Norm zusammengefasst und
dargestellt."
(*Nocke, Chr. [Hrsg.]: Hörsamkeit in Räumen –
Kommentar zu DIN 18041; Beuth 2018 – Seite 1,
Satz 1*)

Der guten Ordnung halber sei der Auszug ganz zitiert, damit zur „a. a. R. d. T." die „obige rechtliche Definition" mitgelesen werden kann:

„Im baurechtlichen Sinne übernehmen der Planer
und der Auftragnehmer nach BGB § 633 und
VOB/B § 13 die Gewähr dafür, dass das Werk zum
Zeitpunkt der Abnahme (1) die vertraglich zugesicherten Eigenschaften hat, (2) den anerkannten
Regeln der Technik (a. a. R. d. T.) entspricht und (3)
nicht mit Fehlern oder Mängeln behaftet ist, die
den Wert oder die Tauglichkeit zu dem gewöhnlichen oder nach dem Vertrag vorausgesetzten Gebrauch aufheben oder mindern. Nach Döbereiner[1]
ist maßgeblich dafür, welche Regel als allgemein
anerkannt anzusehen ist. Die »herrschende Auffassung unter den technsichen Praktikern« und
Voraussetzung einer a. a. R. d. T. ist nicht, dass
sie schriftlich niedergelegt ist – DIN-Normen sind
immer nur dann eine a. a. R. d. T., wenn sie der
obigen rechtlichen Definition entsprechen. Gerade
dies gilt aber für DIN 18041:2016-03."

---

„[1] Döbereiner, Walter: Die Haftung des Sachverständigen im Zusammenhang mit den anerkannten Regeln der
Technik, Aachener Bausachverständigentage 1982"
(*Nocke, Chr. [Hrsg.], Hörsamkeit in Räumen; Beuth
2018 – Seite 4*)

Die „obige rechtliche Definition" für „a. a. R. d. T."
habe ich dort nicht gefunden. Stattdessen die drei Kri-

terien zur Herleitung der baurechtlichen Haftung. Also habe ich noch einmal bis an den Anfang des Vorwortes zurückgelesen. – Schließlich zu finden ist die „obige rechtliche Definition" 11 Seiten *später*, im nächsten Text, am Ende des Kapitels „1 – Anwendungsbereich", auf Seite 15:

> „Als (allgemein) anerkannte Regel der Technik werden technische Regeln beziehungsweise Bauweisen verstanden, welche folgende Voraussetzungen erfüllen:
> – sie werden wissenschaftlich und theoretisch als richtig angesehen,
> – sie sind in der Praxis technischen Experten bekannt,
> – sie haben sich aufgrund praktischer Erfahrung allgemein bewährt."
> *(Nocke, Chr. [Hrsg.]: Hörsamkeit in Räumen – Kommentar zu DIN 18041; Beuth 2018 – Seite 15)*

Dass DIN 18041 den rechtlichen Erfordernissen genüge, um als „allgemein anerkannte Regel der Technik" gelten zu können, bleibt eine Feststellung aus den „Anmerkungen und Gedanken einiger Mitglieder des Arbeitskreises zur […] Überarbeitung der Norm" (*Nocke et al. 2018 – Seite 1, Satz1* – siehe Zitat: Seite 171/172). Die argumentative Herleitung fehlt.

Mehr noch: An zwei Stellen, wie bereits ausgeführt, findet man in der Norm selbst, dass eine wissenschaftlich fundierte Grundlage für die Norm fehle:

> „Eine vollständige wissenschaftlich begründbare Ableitung für genaue numerische Anforderungswerte ist hierfür zurzeit nicht bekannt."

und:

> „Modellrechnungen und Erfahrungen zeigen […]"
> *(DIN 18041:2016-03 – Seiten 5 und 27/28)*

Ich erlaube mir noch einmal einen kurzen Schwenk zu Hettler, den ich ja zu DIN 4109 bereits umfänglich in meine Erörterungen mit einbezogen hatte:

> „Dr. Hettler ist Fachanwalt für Bau- und Architektenrecht. Als promovierter Bauingenieur und Rechtsanwalt berät er Investoren, Bauherren und Auftragnehmer [...] Mit seinem Ingenieurstudium samt abgeschlossener Promotion im Bereich Schallschutz berät Dr. Hettler seit Beginn seiner beruflichen Tätigkeit zunehmend in der Schnittstelle zwischen Baurecht und Bautechnik [...]."
> *(Hettler, Technische Regelwerke zum Schallschutz, Beuth 2018; Seite V)*

*Der* ist durchaus einer, mit dem man sich mal gut und gern über Recht und Rechtsprechung unterhalten darf, wenn man sich unsicher ist, was es denn nun mit einer DIN 18041 so auf sich habe.

---

## zu DIN 18041: der Widerstand...

---

Ganz offenbar – und zumindest vorläufig, solange wissenschaftliche Begründungen fehlen – nehmen Gesetze oder Verordnungen Bezug auf die vorhandenen Orientierungshilfen:

> „Weil [...] DIN 18040 ‚Barrierefreies Bauen' in fast allen Bundesländern als technische Baubestimmung bauaufsichtlich eingeführt ist und weil dieses Normen-Paket bezüglich der schalltechnischen Anforderungen für Menschen mit Hörschädigung auf DIN 18041 verweist, gelten die Anforderungen dieser Norm für alle genehmigungspflichtigen Gebäude."
> *(Nocke, Chr. [Hrsg.]: Hörsamkeit in Räumen – Kommentar zu DIN 18041; Beuth 2018 – Seiten 13/14)*

Hettler nennt derlei für DIN 4109 sehr freundlich die „Komfortzone der Planer und Baupraxis" (siehe Ende meines vorhergehenden Kapitels).

Wie Bundesstellen dazu stehen, hatte ich einige Seiten früher zitathalber wiedergegeben, dort also in Worten bzw. Ausführungen des „Bundesinstituts für Bau, Stadt- und Raumforschung" (*siehe Seiten 162ff*).

Auf der ‚DAGA 2019' in Rostock hatte man noch Freude am Diskurs. Helmut V. Fuchs wurde öffentlich auf der Bühne verbissen. Zugleich ein Großteil der Besucher, die sich durch ihren beruflichen Alltag von DIN 18041 berührt sahen, wiesen diese als untragbar und praxisfremd zurück.

Im Rahmen der ‚DAGA 2022' zeichnete sich ab, was vereinzelt mit einiger Missbilligung – aber stets vage verschwurbelt und niemals zitierfähig – geraunt wurde:

---

… köchelt unter geschlossenem Deckel…

---

Es bedürfe wohl tieferer Einblicke in die Ausschüsse und Arbeitskreise, um die Einigkeit um DIN 18041 richtig verstehen und einordnen zu können.

Hier bitte ich, zu Sabine Hossenfelder zurückzublättern, die ja zumindest einmal darauf hingewiesen hatte, dass eine (zu) große Einigkeit unter Forschenden die Profession behindert: „… wenn viele Wissenschaftler sich gegenseitig versichern, dass sie das Richtige tun" (*Sabine Hossenfelder, Vortrag vom 29.04.2019*).

Jedenfalls bleibt die Wirkung zahlreicher Publikationen und sonstiger öffentlicher Äußerungen nicht aus, die jenen Tenor aufgreifen: Die – vorbehaltlich zumindest nicht beabsichtigte – Einschüchterungswirkung von DIN 18041 ist weitreichend und tiefgreifend.

Diesem strengen Fokus insbesondere bei Planenden auf DIN 18041 sollte man Beachtung schenken vor dem Hintergrund, dass Verträge – zumindest in Teilen – Unwirksamkeit erlangen *könnten*.

Formalrechtlich besitzen Institutionen sowie die meisten Unternehmen Vollkaufmannseigenschaft – und genießen im Sinne der Vertragsfreiheit einen geringen gesetzlichen Schutz. Aus diesem Grunde möchte ich hier nicht zu weit ausholen und reiße nur grob an, dass – so überhaupt eine Erfolgsaussicht bestünde – die (Teil-) Anfechtung von Verträgen zu akustischen Maßnahmen über § 119 BGB zu eröffnen wäre. Wenn die auftraggebende Seite bzgl. einer akustischen Sanierung davon ausgehen musste, dass gute Sprachverständlichkeit unzweifelhaft und mindestens konkludent Teil der Vertragsvereinbarung gewesen sei.

> „(1) Wer bei der Abgabe einer Willenserklärung über deren Inhalt im Irrtum war […], kann die Erklärung anfechten, wenn anzunehmen ist, dass er sie bei Kenntnis der Sachlage und bei verständiger Würdigung des Falles nicht abgegeben haben würde.
> (2) Als Irrtum über den Inhalt der Erklärung gilt auch der Irrtum über solche Eigenschaften […] der Sache, die im Verkehr als wesentlich angesehen werden."
> *(§ 119 BGB – in der Fassung. v. 02. Januar 2002, mit letzter Änderung v. 21.12.2021))*

Hier darf dem kundigen Leser unbedingt auffallen, dass § 119 BGB *nicht* geeignet ist, Mängelrügen zu behandeln – folglich an sich über § 633 BGB (Sach- und Rechtsmängel im Rahmen des Werkvertrages) vorzugehen wäre.

Hingegen gibt es die Schwierigkeit, dass eine Klage von vornherein ohne Erfolgsaussicht dastünde, wenn

DIN 18041 für die Vertragsformulierung (und verbundene Leistungsbeschreibung) herangezogen wurde:

Der Auftragnehmer wird – wie ich an anderen Stellen und auch hier aufzeige – in die Lage versetzt, über den Nachweis der Nachhallzeiten so etwas wie Mängelfreiheit für sich zu **beweisen**. Und zwar deshalb, weil DIN 18041 – einschließlich des Leistungsnachweises zur Nachhallzeit – auch Teil des Vertrages zwischen Auftrag erteilender und ausführender Partei wird. Von „Sprachverständlichkeit" ist dann im Streitfall nicht mehr die Rede – sondern nur noch davon, ob der Vertrag *nachweislich* verletzt wurde. Was aufgrund der tatsächlichen Nachhallzeiten zurückzuweisen wäre.

Einmal mehr vor dem Hintergrund dieser juristischen Fußangel: Nicht erst, wenn eine Norm als Vertragsbestandteil aufgenommen ist, profitiert der Erbringer der Leistung zunächst einmal von einer Beweislastumkehr.

„Werden sie [*eig. Anm.: DIN-Normen*] beachtet, ist […] zunächst von […] Fehlerfreiheit auszugehen, […]. Die Einhaltung von DIN-Normen führt daher quasi zu einer Umkehr der Darlegungs- und Beweislast, denn bei Nichtbeachtung [*eig. Anm.: der Norm*] spricht der Beweis des ersten Anscheins umgekehrt für eine fehlerhafte Bauleistung." (*Zöller/Boldt (Hrsg.), Anerkannte Regeln der Technik; Bundesanzeiger Verlag / Fraunhofer IRB Verlag, 2017 – Seite 62/63*)

Dieser Hinweis der Rechtsanwältin Prof. Dr. Antje Boldt zeigt auf, dass eine jede Mängelrüge, so sie auf § 633 BGB gestützt würde, schon im Antrag scheitert.

Schlimmer noch, bedeutet das, dass Bauausführende im guten Glauben auf die Norm erst einmal jeden Mangel erzeugen können, der irgendwie erdenklich ist. Die geschädigte Seite müsste nachweisen, dass Unternehmende **nicht** im guten Glauben und im Vertrauen auf die Norm gehandelt haben. Andernfalls bleibt die geschädigte Seite stets auf dem Mangel sitzen.

Folglich muss jeder Auftrag von Neubau oder Sanierung mindestens einen Verweis auf DIN 18041 **nicht** enthalten. Besser noch werden ASR A3.7 und – für Kommunikationsräume – bestimmte Ansprüche an die Sprachverständlichkeit ausdrücklich vereinbart.

DIN 18041 ist in seiner Gesamtheit geeignet, mindestens *eine* der Vertragsparteien über Art und Inhalt des Vertrages in wesentlichen Belangen der Erwartungen und Zusagen zu täuschen – und schützt in keinem Falle den Bezieher einer raumakustischen Leistung.

Zudem muss ich hier auf ein Zugeständnis hinweisen, das im „Kommentar zu DIN 18041" gemacht wird:

> „DIN 18041 ist kein Planungsinstrument zur Auslegung spezieller hochwertiger Raumqualitäten. Sie ist geprägt von dem Erfordernis, ein Mindestmaß an raumakustischer Qualität sicherzustellen, das ausschließlich dem Schutzgedanken dient."
> *(Nocke, Chr. [Hrsg.]: Hörsamkeit in Räumen – Kommentar zu DIN 18041; Beuth 2018 – Seite 12)*

Vor dem Hintergrund, dass – und wie hervorheblich – im Rahmen der Norm selbst die Sprachverständlichkeit als Leitlinie ausdrücklich hochgehalten wird, verstört eine so weitreichende Relativierung des Norm-Anspruchs:

Wie kann – mit dem Anspruch der guten **Sprachverständlichkeit** als Gegenstand schon des Vorwortes – für eine Norm Allgemeingültigkeit eingefordert werden, die eingestandenermaßen nicht *mehr* verteidigt, als den *minimalsten* **Lärmschutz**?

Erkennen einige Mitverfassende der DIN 18041 in 2. Novelle lieber vorauseilend an, dass die berechtigten

Erwartungen nicht erwartet werden können?

Das ist kaum eine Interessenvertretung im Sinne der Schutzbedürftigen – und bietet nicht der Nutzerseite Schutz, sondern der Akustikbranche.

Für eine „Arbeitsschutzregel A3.7 – Lärm" ist die herausgebende Behörde sicherlich im beschreibenden Teil mit einer vergleichbaren Vorsicht vorgegangen –

---

**ASR A3.7**: Neuausgabe März 2021 ist Feinschliff

---

kultiviert aber ausdrücklich die technologische Offenheit gegenüber anderen Lösungsansätzen:

„[3] Diese ASR A3.7 konkretisiert im Rahmen des Anwendungsbereiches die Anforderungen der Verordnung über Arbeitsstätten. [4] Bei Einhaltung dieser Technischen Regeln kann der Arbeitgeber davon ausgehen, dass die entsprechenden Anforderungen der Verordnung erfüllt sind. [5] Wählt der Arbeitgeber eine andere Lösung, muss er damit mindestens die gleiche Sicherheit und den gleichen Schutz der Gesundheit für die Beschäftigten erreichen."

*(ASR A3.7 – Lärm, Ausgabe März 2021 – Seite 1, Sätze 3 bis 5)*

Insbesondere Satz 4 ist in der ersten Überarbeitung bemerkenswert: Hatte man für die Erstausgabe vom Mai 2018 entdeckt, dass die Formulierung nicht eindeutig war insoweit, als die „Einhaltung *der* Technischen Regeln" auch auf DIN-Normen hin hatte ausgelegt werden können?

Auf die ASR A3.7 möchte ich in späteren Kapiteln detaillierter eingehen – und weise hier nur auf Satz 5 hin: Staatliche Organe zeigen sich ausdrücklich offen für Neuentwicklungen und etwaig den eigenen Irrtum.

Welche Botschaft spricht nun ein „Kommentar zu DIN 18041" aus, wenn dort – ob mit Verve oder versehentlicher Deutlichkeit nach dem Verweis auf „BGB § 633 und VOB/B § 13" – ganz explizit DIN 18041 als »allgemein anerkannte Regel der Technik« hervorgehoben wird? Oder wenn auf Seiten 13/14 eine gesetzliche Verbindlichkeit hergeleitet und endlich auf Seite 15 die Strafandrohung des StGB zumindest erwähnt wird?

*– Siehe Nocke et al. 2018, im „Kommentar zu DIN 18041" auf Seiten 1-15; außerdem meine vorangegangenen Zitate und Erörterungen. –*

---

**wettbewerbsverzerrend**: *Nachhallzeiten* als Vertragsbestandteil und Leistungskriterium

---

Nach allen Klagen, die ich von Nutzerseite ebenso wie von erfahrenen Akustikern über Räume zu hören bekommen habe, die nach DIN 18041 bedämpft worden sind, werden gute Hörsamkeit, eine gute Sprachverständlichkeit und ein angemessener Arbeitsschutz jedenfalls damit nicht verteidigt.

Ich muss aber unbedingt richtigstellen, dass durchaus *viele* Fachleute der Akustikbranche sich die Bedingungen der DIN 18041 nur äußerst ungern durch Ausschreibungen aufnötigen lassen.

Ein Grund mehr für ausschreibende Stellen, gerade *nicht* leistungsbeschreibend DIN 18041 einzubeziehen – unbedingt schon im Ausschreibungsverfahren.

Einmal abgesehen davon, dass ein Auftraggeber *mehr* Qualität gerade **ohne** DIN bekommen kann, stelle ich zur Diskussion: Eine Ausschreibung mindestens der öffentlichen Träger ist *gerade* **rechtswidrig,** wenn bindend nach DIN 18041 ausgeschrieben wird, weil mit der Konzentration auf die Nachweisverfahren gemäß DIN 18041 der Wettbewerb – den ASR A3.7 (wie zitiert: Seite 179) ausdrücklich offen lässt – durch die DIN-Norm mindestens erheblich eingeschränkt wird.

Unternehmen, die andere Konzepte präferieren, werden benachteiligt – wenn sie, gut begründet, als Aufgabenstellung zum Beispiel für einen Klassenraum oder einen Konferenzraum die Sprachverständlichkeit als Hauptvertragsbestandteil verstehen, nicht aber den Nachhall an sich.

Da wägen einige Unternehmer noch ab, ob es gelingt, ein aussichtsreiches Angebot auszusprechen, wenn man gute Sprachverständlichkeit erfüllt **und** die Nachhallzeiten gemäß DIN noch am oberen Rande einfängt. Oder man bemüht sich von vornherein gar nicht mehr darum, ein Angebot abzugeben – und überlässt anderen das Feld...

Bleibt also mindestens die Widmung an „Personen mit eingeschränktem Hörvermögen" (DIN 18041) ehrbar? Und bleibt dieses Gut-Meinen mittels DIN 18041 wenigstens achtbar? Geschickter kann man schließlich kaum fliehen vor jedem Vorwurf – durch die Hintertür, und im Nebel.

Solche Gedanken ließen sich trunken noch verdrängen – trunken vom guten Willen, wenn schon im Vorwort zu DIN 18041 alle Erwartungen an eine gute Raumakustik maximal heruntergefahren werden:

> „Die akustische Qualität eines Raumes im Sinne der Aufgabenstellung dieser Norm wird wesentlich von der Raumordnung im Gebäude, der Schalldämmung seiner Umfassungsbauteile, der Ge-

räuschentwicklung haustechnischer Anlagen sowie der Raumform und Raumgröße (Primärstruktur) und der Oberflächenbeschaffenheit der Raumbegrenzungsflächen und Einrichtungsgegenstände (Sekundärstruktur) bestimmt."
*(DIN 18041:2016-03, Vorwort, 3. Abs., Satz 1 – Seite 3)*

Das ist ja erst einmal nicht falsch.

Aber als ich diese recht weit ausholende Erklärung in DIN 18041 dereinst zum ersten Mal gelesen hatte, da stieg in mir der böse Zweifel auf, worum man sich denn überhaupt noch kümmern wollte.

Selbstverständlich kann die Raumakustik wenig retten, wenn schon die Fassade den Verkehrslärm vor dem Gebäude zu stark eindringen lässt. Die Raumakustik kann nicht herausreißen, was in der Bauphysik versäumt worden ist.

Aber umgekehrt kann man nicht die Bauphysik verantwortlich machen für eine schlechte Raumakustik.

Und: Man **kann** durchaus einen furchtbaren Raum in einen mindestens brauchbaren, mithin sogar sehr gut nutzbaren Raum verwandeln. *Wenn* man sich nicht allein darauf beschränkt, Störungen durch Absorption zu *bekämpfen* – sondern wenn man so etwas wie **Sprachdeutlichkeit** konstruktiv zu fördern bereit ist, **dann** können selbst in einer akustisch miserablen Umgebung relevante bis außerordentliche Verbesserungen der Sprachdeutlichkeit – und somit zugleich ein deutlicher Arbeitsschutz – erzielt werden!

# Sprachverständlichkeit passiv unterstützen
## – eine Empfehlung aus DIN 18041

Im „Kommentar zu DIN 18041" wird mit einer Skizze erläutert, wie es zu verstehen sei, wenn man die Erstreflexion an der Decke einsetzt, um die Sprachverständlichkeit zu verbessern.

Mir ist die hohe Wirksamkeit zugunsten und positive Unterstützung der Sprachverständlichkeit in Räumen bekannt und bewusst, die man allein schon durch diese Reflexion an schallharter Decke erreicht – wenn man mit der reinen Absorption des Kanteneffektes arbeitet. Es lohnt sich. Und es bleibt unverständlich, weshalb für Kommunikationsräume die Deckenreflexion im Rahmen der DIN 18041 erst empfohlen wird oberhalb von 8 m Abstand zwischen Sprech- und Hörort (*DIN 18041:2016-03 – Ordnungspunkt 5.2; Seiten 16/17*).

Ich bedauere das mangelnde Problembewusstsein, das damit schon für „Normalhörende" zum Ausdruck gebracht wird – einmal ganz zu schweigen von Personen, die bereits erste Beeinträchtigungen beim Hören in Kauf nehmen müssen oder sogar stark beeinträchtigt sind im Hörsinn.

Nur am Rande möchte ich einmal darauf hinweisen, dass im Jahre 2022 von fast 84 Millionen Menschen in der Bundesrepublik Deutschland über 21 Millionen im Alter von 50 bis 66 Jahren sind – denen 26 Millionen im Alter von 25 bis 49 Jahren gegenüberstehen.

Im Verlaufe des Buches wird deutlicher werden, was das mit Ohren, mit dem Hörsinn und mit schlechter Raumakustik zu hat…

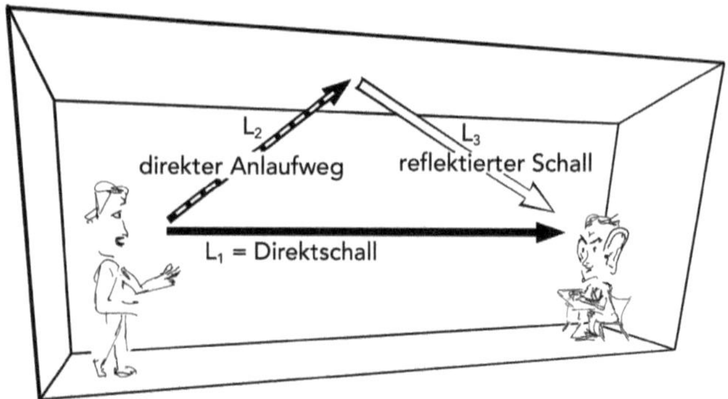


(in Anlehnung an ‚Bild 5.1' aus: *Nocke, Chr. [Hrsg.]: Hörsamkeit in Räumen – Kommentar zu DIN 18041; Beuth 2018 – Seite 73*)

Mit DIN 18041:2016-03 wird in Ordnungspunkt 5.3.2 explizit empfohlen:

> „Die Sekundärstruktur des Raumes […] ist in Abhängigkeit von der Raumgeometrie zur Schalllenkung und zur Schallstreuung auszulegen:
> – […]
> – Nützliche deutlichkeits- und klarheitserhöhende Anfangsreflexionen unter Beachtung des zulässigen Wegunterschiedes sind durch schallreflektierende mittlere Deckenbereiche zu realisieren, […]."

(*DIN 18041:2016-03 – Seite 18*)

Nur am Rande erlaube ich mir anzumerken: Die Beschreibung als „zulässigem" Wegunterschied ist ein suggestives Stilmittel der Norm – und für eine Norm oder Richtlinie eine schlicht sich selbst verbietende Wortwahl. Von einem „empfohlenen" Wegeunterschied zu sprechen, wäre ehrlich und als neutral dann einfach angemessen gewesen.

In DIN 18041 fehlt dazu eine weitergehende Erläuterung. Im „Kommentar zu DIN 18041" wird das gleichsam nachgeholt.

Mit nebenstehender Abbildung habe ich die Kernbotschaft der Illustration „Bild 5.1" aus „Hörsamkeit in Räumen – Kommentar zu DIN 18041" (Beuth 2018) aufgegriffen, im Übrigen aber selbst illustriert.

Zu Bild 5.1 wird mit der Bildunterschrift ausgeführt: „Darstellung der Schallpfade für den Direktschall und die 1. Reflexion an der Decke. Der Wegunterschied ergibt sich aus der Differenz der Pfadlänge des reflektierten Schalls ($L_2 + L_3$) und der Pfadlänge des Direktschalls ($L_1$): $\Delta L = (L_2 + L_3) - L_1$" (*Nocke, Chr. [Hrsg.]: Hörsamkeit in Räumen – Kommentar zu DIN 18041; Beuth 2018 – Seite 73*)

Die 1. Reflexion an der Decke, eine so genannte Direktreflexion, hat den Vorteil – am schallharten Material reflektiert – mit keinem relevanten Energieverlust und mit so geringer Zeitverzögerung beim Hörer einzutreffen, dass das so genannte Nutzsignal mit etwa der doppelten Schallenergie zur Verfügung steht.

---

### ReFlx-System *nutzt* Raumkante **positiv**

---

Mit meinen Reflektoren in den Raumkanten sorge ich nicht nur dafür, dass der Raumkanteneffekt als Störeinfluss entfällt, sondern werfe genau von dort gezielt solche Direktreflexionen **zusätzlich** in den Hörraum zurück, die sonst *gar nicht zur Verfügung stünden*.

Deutlich im Widerspruch zu solchen Empfehlungen beschreibt Nocke etwa in seinem Buch „Raumakustik im Alltag" (*in der 2. überarb. Auflage mit Copyright auf 2019 lautend*) ein Beispiel einer vollflächigen Decken-

bedämpfung in einem Klassenraum als „Optimierung "
(Bildunterschrift zu Abbildung 7.5 in: *Christian Nocke,
Raumakustik im Alltag, Fraunhofer IRB 2019 – Seite
249*). Auch im erläuternden Text ist die Rede von der
„Optimierung".

Die Schulleiterin einer Schule in Niedersachsen beklagte mir gegenüber nach ganz vergleichbaren Bedämpfungsmaßnahmen in ihren Klassenräumen (vollflächig absorbierende Decke) in vergleichbarem Umfeld
(Grundschule) die akustischen Resultate. In einem der
betroffenen Räume unterrichte seither eine ihrer (älteren) Kolleginnen, soweit sie auf die grüne Tafel verzichten könne, überwiegend quer zum Raum, um auf
die neue akustische Situation eingehen zu können und
ihre Stimme nicht zu überlasten.

Die „gute Bewährung" in der Praxis (*Nocke [Hrsg.],
„Hörsamkeit in Räumen", Beuth 2018 – Seite 15*) für
solche vollflächigen Bedämpfungen in Klassenräumen
möchte man volksmundlich vielleicht eher als „Ver-
schlimmbesserung"umschreiben: So sehr die Resultate
solcher Bedämpfungen regelmäßig spontan als „angenehm" und „ruhig" sogar ausdrücklich begrüßt werden, als so kontra-produktiv erweisen sie sich bereits
mittelfristig im Hinblick auf den Arbeitsschutz (z. B.
Lehrkräfte) und im Hinblick auf die pädagogische
Komponente (Lernchancen, Lernerfolge; Chancengleichheit).

Der Autor geht mit einem Beispiel zur inklusiven
Unterrichtung noch weiter, wenn er uns in derselben
Publikation ein weiteres Praxisbeispiel ausführlich vorstellt – und energetische Konzepte für einen Neubau
beeinträchtigt, um die Nachhallzeiten der Norm (DIN
18041:2016-03; Ordnungspunkt 4.2.3) überhaupt
einhalten zu können.

Argumentiert wird, die höheren Anforderungen für die inklusiv ausgerichtete Ausstattung des Raumes seien einzuhalten gewesen. Es geht um die noch kürzeren Nachhallzeiten der Nutzungsklassifizierung A4.

Ich werde aufzeigen, weshalb das in der Summe zu kurz greift.

> „Klassenräume – Neubauplanung [...]
> Im zweiten Beispiel wird ein Klassenraum betrachtet, der nach den Anforderungen der Nutzungsart A4 »Unterricht/Kommunikation inklusiv« der DIN 18041 (2016) geplant wird. Im Sinne des barrierefreien Bauens wären heutzutage alle Klassenräume nach diesen Anforderungen zu errichten. Die Planungspraxis sieht allerdings anders aus, da sich viele Bauherren entscheiden, nicht jeweils alle Räume eines Schulgebäudes auch auditiv inklusiv herzurichten."
> (*Nocke, C., Raumakustik im Alltag; Fraunhofer IRB, 2019 – Seite 246*)

---

*thermisch aktivierte Betondecke konterkariert*

---

Das dort auf Seite 247 dargestellte Datenblatt führt aus: „Decke (hart) – Beton – Kernaktiviert".

Entsprechend erläutert Nocke:

> „Aus Sicht der thermischen Bauphysik wurde zunächst der Wunsch geäußert, dass ungefähr die Hälfte der Deckenfläche, hier also gut 30 m², als Wärmespeichermasse aus Beton herzustellen sei. Im Rahmen der intensiven Abstimmung mit den Architekten konnte dieser nicht-schallabsorbierende Deckenanteil auf gut 20 % reduziert werden."
> (*ebenda – Seite 246*)

Effektiv bedeutet das, je nach der vom Akustikbüro Oldenburg vorgeschlagenen Variante 48 bzw. 50 von 61 Quadratmetern Deckenfläche vom thermischen Austausch auszuklammern, da vermeintlich die akustischen Anforderungen dieses abverlangten.

Vonseiten des Architekturbüros hatte man – augenscheinlich im Bewusstsein um die akustische Problematik der Raumkante – nach ganz alter Schule die Hälfte der Decke für Akustik vorgesehen: 1 Meter rundum, womit man bereits angemessen auf die Raumkanten eingehen kann. Bis dato galt als Faustformel zur Beruhigung der Raumkanten, pauschal ca. 1 Meter Randbereich der Decke und 1 Meter der Wand schallabsorbierend auszurüsten.

Für die Planung im konkreten Beispiel hätte das bedeutet, in der Mitte des Raumes knappe 34 Quadratmeter für die Raumklimatisierung nutzen zu können – *ohne* die Raumakustik außen vor zu lassen.

Jedoch hat sich (wie Nocke selbst beschreibt) der Akustiker durchgesetzt – und Deckenfläche für sich beansprucht in einem Ausmaß, das an heißen Tagen eine angemessene Raumklimatisierung zumindest in Frage stellt. – Das wiederum ist dann Bauphysik, die den betreffenden Architekten sehr wohl bewusst scheint.

Der Akustiker wird sich mit dem Argument durchgesetzt haben, die Architekten hätten die besonderen Erfordernisse des akustisch inklusiven Bauens nicht berücksichtigt. Die „inklusive" Bedämpfung eines Raumes *gemäß DIN 18041* bedarf in der Tat einer deutlich stärkeren *Absorption*, um die noch niedrigeren Nachhallzeiten überhaupt erreichen zu können.

*Weshalb die DIN-Vorgaben gerade für Hörgeräte tragende Personen* nicht *von Vorteil sind, führe ich an anderen Stellen genauer aus.*

Da nun gerade ein Fünftel der Deckenfläche, gegenüber geplant der Hälfte, als Kühlfläche verblieben ist, müsste man den Raum entsprechend stärker – mit größerem Temperaturunterschied – kühlen. Womit das Risiko einherginge, dass der Beton durch Kondenswasser feucht wird.

Ob überhaupt eine stärkere Kühlung eines einzelnen Raumes möglich ist, entzieht sich meiner technischen Kenntnis zu solchen Betonkernaktivierungen. Ist das nicht der Fall, wird man absehbar resigniert hinnehmen, dass das System wegen der (vermeintlich) notwendigen akustischen Ausrüstung eben nicht hinreichend kühlend wirken kann.

Nocke hat den Begriff der „Wärmespeichermasse" (*Nocke, Christian: Raumakustik im Alltag, Fraunhofer IRB 2019 – Seite 246*) gewählt. Das trifft so nicht zu: Die Betonkernaktivierung setzt auf den permanenten *Austausch* von Wärmeenergie über in den Beton eingegossene Kühlschleifen und einen an anderer Stelle installierten, zentralen Wärmetauscher.

Bei diesem Konzept der Raumklimatisierung ist es notwendigerweise relevant, wie viel Deckenfläche der so genannten aktivierten Betondecke schlussendlich für den Wärmetausch zur Verfügung steht.

Zu allem Überfluss hätte es gerade im konkreten Beispiel sogar eine positive Auswirkung für die Raumakustik – und insbesondere für Hörgeräte nutzende Personen – gehabt, wenn man durch *mehr* schallharte Decke auch *mehr* Reflexion des Nutzsignals auf die „Guthabenseite" hätte schreiben können. – Das wäre immer noch besser gewesen, auch wenn ich längst entschieden dafür plädiere, die Raumkanten zugleich über Reflektoren zu nutzen, um die Sprachverständlichkeit noch einmal deutlich zu unterstützen.

Wenigstens die Beruhigung der Raumkanten über die reine Absorption – die den planenden Architekten nach Nockes Ausführungen als bekannt beinahe unterstellt werden muss – hätte man hier umzusetzen erwarten dürfen. Das ist – raumakustisch betrachtet – bereits „ganz alte Schule".

Rücksichtsvoll erfahren wir nicht, welchem Architekturbüro er dieses aus akustischer Sicht folglich nicht erforderliche Zugeständnis abgerungen hat oder welcher Schulträger („11111 Beispielstadt" – *Nocke, C., Raumakustik im Alltag, Fraunhofer IRB, 2019 – Seite 247*) diese raumakustische Situation schlussendlich arbeitsrechtlich zu verantworten hat.

Der Akustiker wiederum zeigt sich zufrieden, wenn er die Zusammenfassung seiner Abschätzung wiedergibt und dort mit Diagramm aufzeigt, dass er gerade für die höheren Frequenzen, für 2.000 Hz und 4.000 Hz, im unteren Toleranzbereich der Norm einpendelt – das heißt, er „besser" ist, als die Norm es verlangt.

Das verwirrt, wenn man sich bewusst macht, wie viele der konsonantischen Ausdrücke gerade ab 2.000 Hz stattfinden – oder untergehen. Andererseits erliegt in diesen hohen Frequenzen auch etwaiger Störschall entsprechend schneller der Luftdämpfung – und bedarf gar keiner so außerordentlichen Bedämpfung.

In keinem Frequenzbereich ist – wie ich später zeigen werde, insbesondere wegen der Konsonantenverständlichkeit – die Absorption so essenziell kontraproduktiv für die Sprachverständlichkeit, wie im mittleren bis höheren Frequenzbereich.

Zugleich und in derselben Norm, DIN 18041, wird ein Ansatz unzweifelhaft ausformuliert, der bereits zu mehr Klarheit von Sprache und Musik führen könnte.

Dieser aber wiederum wird für (nach Norm) „kleine"
Räume, wie etwa Klassenräume, innerhalb der DIN
18041 als nicht nutzbringend zurückgewiesen, derweil
schlicht festgestellt wird, dass über Distanzen bis 8 m
für den sprachgestützten Austausch der Direktschall
vollkommen ausreichend sei.

# Von der Bedeutung technischer Regeln

In DIN 18041 sind einige zaghafte Ansätze enthalten, die deutlich in die richtige Richtung weisen. Und das so klar, dass ich mich wundere, weshalb schlussendlich doch dem bloßen Nachhall ein so hohes Gewicht eingeräumt wird.

Auch verschiedene Tipps und Hinweise, die in DIN 18041 für die akustische Beruhigung von Räumen gegeben werden, dürfen erstaunen. Denn wenngleich die Wissenschaft – keineswegs in Unkenntnis, aber in Fehleinschätzung einiger wesentlicher Parameter der Raumakustik – die Hauptaussage jener DIN-Norm zu stützen scheint, so ist der tatsächliche Stand der Wissenschaft jedoch in vieler Hinsicht schon weiter gewesen, ehe man überhaupt DIN 18041 im Jahre 1968 in erster Version herausgegeben hatte.

> „Technische Regeln werden [...] nicht durch demokratisch legitimierte Institutionen ausgearbeitet. Sie können und sollen auch nicht einen gesellschaftlichen Konsens wiedergeben, sondern technisch richtige Sachverhalte. [...] Sie müssen theoretisch richtig sein."
> *(Zöller/Boldt (Hrsg.), Anerkannte Regeln der Technik; Bundesanzeiger Verlag / Fraunhofer IRB Verlag, 2017 – Seite 54)*

Wie ich an anderen Stellen bereits verschiedentlich aufgezeigt habe, sind wesentliche Grundaussagen der DIN 18041 schon gar nicht „theoretisch richtig". Und das nicht nur, aber auch vor dem Hintergrund der wissenschaftlichen Erkenntnisentwicklung, obgleich diese für die Raumakustik in wesentlichen Details offenbar nicht hinreichend fortgeführt worden ist.

„Systemimmanent wird ein Regelwerk nicht vollständig […] in Anspruch nehmen können, anerkannte Regel der Technik zu sein. Das führt dazu, dass der Anwender jede in einem Regelwerk enthaltene Einzelfestlegung danach prüfen muss, ob im konkreten Anwendungsfall die Kriterien von anerkannten Regeln der Technik erfüllt sind."
(*ebenda*)

Eine DIN 18041 erhebt hingegen diesen Anspruch sogar ganzheitlich. Und wartet passend mit einem globalisierenden Konzept auf, das wiederum schon dem theoretischen Ansatz zufolge nur greift, wenn man eine über 100 Jahre alte Regel bemüht – die allerdings, zugegeben, bisher nicht mit der nötigen Deutlichkeit zurückgewiesen worden ist:

Die **Nachhallzeit** wird zu jenem Kriterium erhoben, das *die* Antwort schlechthin biete für die Raumakustik. Als stärkste Waffen gegen den Nachhall gelten Absorption und Resonanz. Und so wird die Absorption schlechthin zum bevorzugten Werkzeug in der Raumakustik. Diffusion und Schalllenkung genießen für so genannt „kleine Räume" bestenfalls Geringschätzung, eher Missachtung.

Die Autoren der DIN 18041, der DEGA e.V. oder andere Verfechter der DIN 18041 proben so den Durchmarsch zur „allgemein anerkannten Regel der Technik". – Zöller widerspricht einer Generalisierung deutlich:

„Jeder, der DIN-Normen oder andere Regelwerke anwendet, tut dies eigenverantwortlich. Jeder, der einen der Baubeteiligten an solchen Regelwerken misst, muss dies vor dem Hintergrund des Verständnisses der anerkannten Regeln der Technik im Bewertungsfall tun […].

Dabei kann kein Regelwerk im Ganzen die Vermutung haben, anerkannte Regel der Technik zu sein [...]".
(*Zöller/Boldt, Anerkannte Regeln der Technik, 2017 – Seite 61*)

Man kann nun – nachdem auf der Grundlage verschiedener inhaltlicher und juristischer Aspekte deutlich wird, dass DIN 18041 schwerlich als von der Fachbranche *allgemein anerkannt* gelten kann – staunen, was das „Bundesministerium des Innern, für Bau und Heimat" in seinem „*Leitfaden Barrierefreies Bauen*", in *Teil A – „Rechtliche Grundlagen"*, unter der Überschrift „Allgemein anerkannte Regeln der Technik" schreibt:

„Auf die nachfolgenden DIN-Normen und technischen Regelwerke möchte der Bund als allgemein anerkannte Regeln der Technik (a. a. R. d. T.) im Bereich des barrierefreien Bauens aufmerksam machen (Stand Februar 2016, bitte auf Aktualität prüfen): [...]"

Dort wird unter anderem „DIN 18041:2016-03 Hörsamkeit in kleinen und mittelgroßen Räumen" gelistet.
(*Leitfaden Barrierefreies Bauen, Seite 13*)

Hier nun ganz ohne Umschweife wird die von Boldt angeführte Beweislastumkehr zunächst greifen (siehe *Zöller/Boldt [Hrsg.], Anerkannte Regeln der Technik – Inhalt eines unbestimmten Rechtsbegriffs; Bundesanzeiger Verlag / Fraunhofer IRB Verlag, 2017 – Seite 62/63*).

Sollte man deshalb nun den Kopf lieber gleich unter den Arm nehmen? Oder den Kopf tief in den Sand stecken?

Mitnichten.

Man kann für einen solchen Leitfaden vielleicht sogar erwarten, dass der Vollständigkeit halber auf Normen und Richtlinien verwiesen wird, die zum Thema erschienen sind.

Konkret werden nicht weniger als 12 DIN-Normen, 6 VDI-Richtlinien und 1 DIN-Fachbericht gelistet. – Da hat gewiss ein Kreis von Bürokraten gewissenhaft und pflichttreu gearbeitet.

Dennoch besitzt der Leitfaden keinen verordnenden oder gesetzgeberischen Charakter. Außerdem noch geriete andernfalls dieser Leitfaden in unmittelbaren Konflikt mit Bundesgesetzgebung, namentlich etwa mit der „Arbeitschutzrichtlinie A3.7 – Lärm".

Vor allem aber – und damit zugleich – besitzt aus Sicht der entscheidenden Gerichte ein solcher Leitfaden höchstens ein Orientierung bietendes Gewicht.

Es ist und bleibt ein „Leitfaden".

Und so erlaube ich mir, zumindest in Frage zu stellen, ob man sich bei Verfassung des Leitfadens mit der juristischen Tragweite des Begriffs der „allgemein anerkannten Regel der Technik" hinreichend umfänglich auseinandergesetzt habe – und ob nicht die von Seite 13 des Leitfadens zitierte Formulierung insoweit versehentlich zustande gekommen sein könnte, als daraus irrtümlich geschlossen werden kann, die aufgeführten Normen hätten vollumfänglich *verbindlichen* Charakter.

Wie ja ein solcher Irrtum – augenscheinlich – auch einzelnen Mitgliedern des DIN-Ausschusses bei Verfassung der 2. Novelle der Norm oder bei Verfassung des „Kommentars zu DIN 18041" unterlaufen sein könnte.

# Teil IV

neue Wege

# das ReFlx-Konzept

In meiner kleinen Publikation „*PrimOrdium*" hatte ich bereits die Entwicklung des **ReFlx**-Systems und die begleitenden empirischen Versuche dargelegt, mit denen ich die Richtigkeit des Ansatzes unter verschiedenen Bedingungen belegen konnte, *bevor* ich überhaupt einen ersten Klassenraum nach meinem neuen Konzept ausgestattet habe.

In **Teil II** *dieses* Buches nun habe ich ausführlich die Anwendung des **ReFlx**-Systems vor dem Hintergrund von Messungen zu Nachhallzeiten und den Werten des Sprachverständlichkeitsindizes (STI) besprochen.

Mit diesem Kapitel steht das grundsätzliche Konzept des Systems im Fokus. Es ist gut, das im Hinterkopf zu haben, um meine weitere Kritik und meine weiteren Hinweise besser nachvollziehen zu können.

Also: Was *macht* das, was *kann* das **ReFlx**-System?

Erst einmal löscht es den negativen Einfluss der Raumkanten, und zwar potenziell über das gesamte Frequenzspektrum hinweg. Je tiefer die Frequenz, desto stärker ist die Wirksamkeit abhängig davon, wie viel Kantenvolumen durch Größe und Schräge der Reflektoren eingeschlossen wird.

Was man sich vor Augen führen muss: Ist die Rede vom negativen Störeinfluss der Raumkanten, dann geht es *nicht* allein um tiefe Frequenzen. Das ist der Grund, weshalb das System selbst dann ein *Gewinn* für die Klarheit des Raumklangs ist, falls die Ausführung der Frontreflektoren zu klein ausfiele, zum Beispiel weil die räumlichen Gegebenheiten nicht hinreichend Platz böten – und so nur eine Abschächung, aber keine Klärung der Störungen in den Bässen zu erlangen wäre.

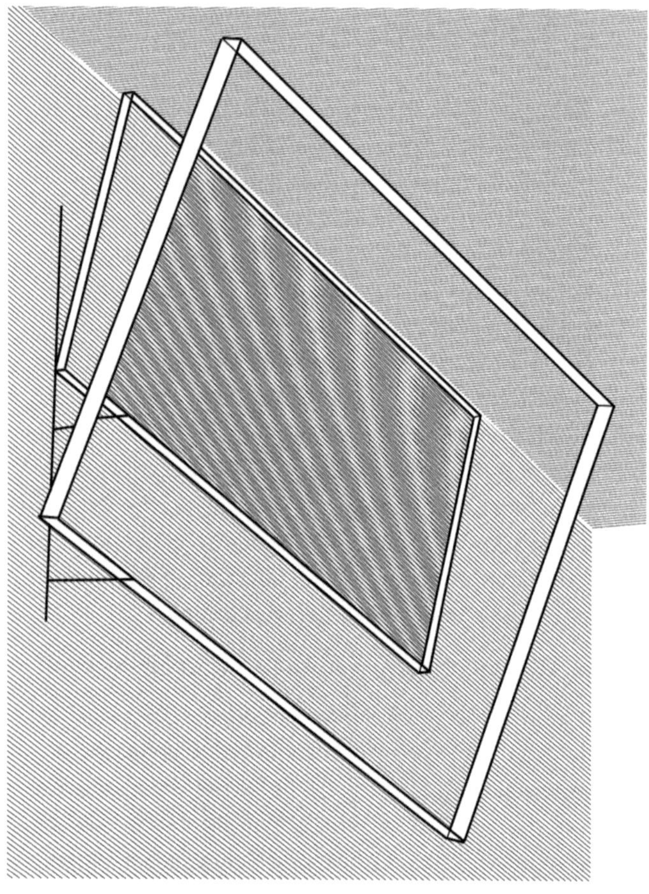

*Schematische Darstellung des **ReFlx**-Systems:*

*Zwei schallharte Schilde, in unterschiedlicher Anwinklung gegenüber der Wand, freischwebend vor der Wand und ohne Kontakt zur Decke: Die Spalten sind von zentraler Bedeutung.*

*Der innere Schild **kann** ersetzt werden durch Absorption auf der Rückseite des Frontreflektors oder – wiederum kontaktlos voneinander getrennt – durch Absorption am Trägersystem.*

Ganz wesentlich ist, dass die Abschwächung oder Auslöschung des Raumkanteneffektes keiner mehr oder minder porösen Materialien bedarf, um die Schallenergie zu absorbieren. Sondern das **ReFlx**-System kann rein schallhart aufgebaut werden. Das haben unterschiedliche Experimente klar und unmissverständlich gezeigt.

*Ich muss an dieser Stelle aber auch auf einen anderen Aspekt unbedingt hinweisen:*

*Sollten künftige Forschungen ergeben, dass der Effekt der Raumkanten im Sub-Bass (40 Hz – 80 Hz) mit zunehmender „Tiefe" untypischer würde, und sollten gar im Tiefbass (20 Hz – 40 Hz) die in der Raumkante aufgestauten Druckmaxima sich irregulär abbilden, dann wäre ich nicht verwundert. Das hätte aber wiederum nicht zu bedeuten, dass der Raumkanteneffekt am Ende doch nur eine „Fantasmorgana" sei.*

*Auch der Kanteneffekt muss, in Abhängigkeit von der Periodizität der Anregung, sozusagen in den Raum „hineinpassen".*

Das **ReFlx**-System ist *kein* Kantenabsorber. Weil es auch ohne Absorption – mit rein schallharten Reflektoren – umgesetzt werden kann.

Das **ReFlx**-System ist *kein* Helmholtz-Resonator. Weil keine begrenzte Luftmasse angeregt wird, die am – viel zu breiten – Spalt abgefedert werden könnte.

Das **ReFlx**-System entstört den Raum genau dort, wo die stärkste akustische Energie auftritt – die jedoch nie nutzbringend, sondern ihrer Natur nach nur als Störkulisse in den Raum zurückgelangen kann.

Das **ReFlx**-System greift zugleich **vor** diesem Ort der destruktiven Verstärkung von Energie den Direktschall-

anteil ab – und wirft ihn sinnvoll und nutzbringend in
den Raum zurück. Diese Reflexion kann in vergleichbar
nutzbringender Weise auch – weniger klar ausgerichtet
– der Diffusion von Schall dienen.

*In erster Linie* muss ein Raum **entstört** werden –
und zwar genau dort, wo die akustisch betrachtet
schlimmsten Störungen hervorgerufen werden:
In den Raumkanten.

Unbedingt aber sollten auch jene Frequenzen unterstützt werden, die für ein klares Klangerlebnis und
einen transparenten Raumklang sorgen, die aber ener-
getisch die Schwächsten sind: nämlich die mittleren bis
höheren Frequenzen.

---

die **Regel** für *alle* Räume lautet:
**Räume von der Kante aus denken**

---

Nun mit Gültigkeit für alle Anforderungen – also für
Kommunikationsräume ebenso wie für Großraumbüros
– sollten *immer* zu allererst und für alle Raumgrößen
die Raumkanten entstört werden.

Für Mehrpersonen- oder Großraumbüros heißt das
aber auf jeden Fall, die gründliche Schallabsorption in
den Raumkanten unbedingt mit einzubeziehen.

Wenn ich jedoch später einerseits aufzeigen werde,
dass die Bedeutsamkeit der Raumkante mit der Größe
des Raumes abnehme, weshalb gilt dann auch für die
größeren unter den mittelgroßen Räumen, dass der
Raum *von der Kante aus* zu denken sei, von der Kante
aus entstört werden müsse? Und auch von der Kante
aus  –im Hinblick auf die mittleren bis höheren Frequenzen – Reflexion geboten werden solle?

Weil es *immer* auch Personen gibt, die dort irgendwo weiter hinten im Saal und in der Nähe von solchen senkrecht verlaufenden Kanten stehen oder sitzen, sich vielleicht auf Emporen auch dicht unter den Kanten zwischen Wand und Decke aufhalten – oder in einem Großraumbüro ihren Arbeitsplatz unterhalb einer Raumkante haben.

Werden die Raumkanten nicht gesondert entstört, so wird man dort auch in großen Räumen vom Störeinfluss der Raumkanten dominiert. – Nur in Großraumbüros sollte man die entstörende Wirkung nutzen, aber auf die Reflexion verzichten.

Darüber hinaus liegt die besondere Chance darin, das Missverhältnis zwischen den tiefen Frequenzen einerseits, den mittleren bis höheren Frequenzen andererseits genau aus den Raumkanten heraus zu regulieren.

---

**Missverhältnis** zwischen den Frequenzen **ausgleichen**

---

Für klaren Raumklang sollte genau aus der (zugleich entstörten) Raumkante heraus für die Reflexion von Nutzsignalen gesorgt werden.

Die zusätzliche, mehr oder minder gerichtete Reflexion **vor** der Raumkante – die andernfalls ja gar nicht zur Verfügung stünde – bietet diesen bedeutsamen Ausgleich, damit zwischen tieferen Frequenzen einerseits, den mitteleren bis höheren Frequenzen andererseits eine natürliche Ausgewogen auch in Innenräumen herrschen kann.

# Turbulenz als Widersacher – und Freund

Natürlich geht Absorption immer. Absorption verschlingt Energie, ehe sie sich abermals im Raum entfaltet. – Dabei könnte man Hoffnung schöpfen in Zeiten, in denen der sorgsame Umgang mit Energie wichtig ist: Ein Absorber wandelt Schallenergie in Reibung um – und somit in *Wärme*.

Man muss hingegen ehrlicherweise anerkennen, dass nichts und niemand so laut sein kann, um Lärm ertragreich in Energie zu transformieren. Und es beruhigt zu wissen, dass selbst an heißen Sommertagen eine lärmende Schulklasse den Raum nicht zusätzlich aufheizt. Weder relevant, noch auch nur vage messbar.

Aber wenn Absorption bereits die letztgültige Antwort auf überschüssige Schallenergie wäre, dann hätte Prof. Fuchs, der Autor Helmut V. Fuchs nicht so sehr darauf gedrungen, dass die Spalten zwischen Wand bzw. Decke und dem Absorber so wichtig seien.

Dann hätte die Absorption an sich schon gereicht, die er zum Beispiel durch seine einst und nicht nur in KiTas und Schulen, sondern auch in Wohnungen verbauten Kantenabsorber aus Gipsfaserplatten (mit Mineralwollvlies gedämmt) hatte einbauen lassen, vollkommen gereicht.

Fuchs war sehr wohl bewusst – und nicht erst, seit solche Spalten auch Teil seiner Weiterentwicklung, der so genannten BAT (Bass Absorber Trap) sind – dass der Spalt eine besondere Wirkung hat.

Und so wurde mir eines Abends klar:

## Auf die *Spalten* kommt es an

### – *nicht* auf die *Absorption*.

Das möchte die Aufmerksamkeit auf andere Zusammenhänge lenken. Dennoch und unbedingt muss ich betonen, dass mir sehr wohl bewusst ist:

**Schall kennt keine Strömung**.

Strömung ist der reale Transport von Teilchen von A nach B. Schall hingegen ist kein Materietransfer.

Dennoch – und ich möchte es gern etwas salopp formulieren: Dort, wo sich der geradlinigen Ausbreitung der Druckenergie unüberwindbare Hindernisse in den Weg stellen, da weicht der Druck „irregulär" aus. Die Energie verschwindet nicht einfach, wenn Durchgang oder Reflexion scheitern.

Genau an diesem Punkt könnten Reflektoren und Spalten durch Turbulenzen eine eigene – und bisher wissenschaftlich nicht beleuchtete – Wirkung entfalten.

...............................

*Abwägungen zu vor-*
*läufigen Berechnungen des **ReFlx**-Systems*
*als Kantenabsorber:*

*Komplett schallharte Ausführungen mit zwei*
*Reflektorschilden lassen sich als Kantenabsorber*
*unterstellen: Extrem kurzgetaktete Reflexionen –*
*mathematisch gegen ∞ an der Zahl – bieten*
*bei jedem Oberflächenkontakt auch Teilabsorption.*
*Durch die Unterstellung ∞ vieler Teilabsorptionen*
*könnte mathematisch eine 100-%ige Absorption*
*angenommen werden.*
*Für eine solche – vereinfachte – Betrachtung müsste*
*dennoch berücksichtigt werden, dass sich die unter-*
*schiedlich große **Abschirmung** des Kantenvolumens*
*in den Frequenzen unterschiedlich auf das Abklingen*
*der Schallenergie – den sog. Nachhall – auswirkt.*

Und nun möchte ich von Turbulenzen sprechen.

Zugleich erlaube ich mir, den Aspekt der Strömung erst einmal bewusst auszublenden.

Voraussetzung für die Betrachtungen ist, dass zwischen Gasen und Flüssigkeiten nicht unterschieden wird, sondern beides elastische Medien sind, die sich allein in ihrer Viskosität unterscheiden:

> „Eine turbulente Strömung besteht aus Kleinwirbeln, sogenannten Eddies. In diesen Bereichen weicht das Fluid, wie man zusammenfassend für Flüssigkeiten und Gase sagt, in seiner Bewegung zufällig – häufig im Zickzack oder rotierend – von der allgemeinen Strömungsrichtung der Umgebung ab."
>
> (*Spektrum der Wissenschaft 12/1997*)

Und nun konkreter zur Turbulenz:

> „Der Luftfahrtingenieur José Cardesa von der Polytechnischen Universität Madrid und seine Kollegen behaupten, sie hätten erstmals vollständig simuliert, wie Turbulenz die Bewegungsenergie auf kleinere Wirbel umverteilt. [...]
>
> Die Ergebnisse des Teams bestätigen eine Theorie, die der russische mathematische Physiker Andrei Kolmogorow schon in den 1940er Jahren formulierte. Zu den Konsequenzen dieser Theorie zählt, dass Turbulenz in Kaskaden auftritt: Große Wirbel zerfallen in kleinere, die wiederum in noch kleinere zerfallen, und so weiter in fraktaler Art und Weise. Im von Kolmogorov entworfenen Bild wird die Energie von großen Wirbeln lokal auf kleinere übertragen und nicht über größere Strecken hinweg transferiert. [...]
>
> Die Forscher glauben, dass diese »Turbulenz-Kas-

kade« erklären kann, wie sogar Fluide geringer
Viskosität – wie etwa Gase – schnell ihre Bewe-
gungsenergie in Wärme umwandeln [...] können.
Turbulenz verteilt die Energie auf immer kleinere
Wirbel, die auf kleinster Skala die lokale Viskosität
erhöhen."
*(Davide Castelvecchi in »Nature«; übersetzt und
publiziert in deutscher Sprache von SPEKTRUM,
21.11.2017)*

Es *kann* sein, dass diese Mechanismen tatsächlich
*nur* und allein auf Strömung zutreffen.

Jedoch...

... nun zum einen:

Einiges spricht dafür, dass durch Schallenergie angeregte Teilchenbewegung „irregulär" ausweicht, wenn
weitere Teilchenbewegungen aus anderen Richtungen
– als vertikal oder genau entgegengesetzter – ent-
gegenstreben.

Man sollte zumindest in Betracht ziehen, dass Be-
grenzungen von Körpern oder Flächen, also Außen-
oder Abrisskanten, Turbulenzen auch dann auslösen,
wenn eine strömungsfreie Bewegungsrichtung in der
Teilchenanregung vorgegeben ist.

> *Ich möchte ausdrücklich – damit kein Missver-
> ständnis entsteht – darauf hinweisen, dass man
> nicht von „Schallteilchen" sprechen kann, nur weil
> ein Impuls durch Teilchenanregung bzw. Teilchen-
> bewegung eine klar definierbare Richtung besitzt.
> Solche „Schallteilchen" kommen begrifflich auch
> in der Fachliteratur vor – sind aber wiederum nur
> ein Modell resp. eine „Vorstellung" (Kuttruff).
> Solche Modelle und Begriffe muss ich im Sinne
> von Forschung und Lehre unbedingt als kontra-
> indiziert zurückweisen.*

Zum anderen:

Die Tatsache, dass das Aufeinandertreffen zweier schallharter Flächen (eine Innenkante) im Kantenvolumen Druckmaxima ausbildet, darf dazu veranlassen, in Betracht zu ziehen, dass die Schallenergie über die Fläche in die Kante quasi „hineinrollen" *kann*.

Das sage ich mit aller Vorsicht: Im Wasser hat die sichtbare Welle nur scheinbar eine Bewegungsrichtung. Der Energieimpuls besitzt eine Verlaufsrichtung.

Unbedingt, um zu sensibilisieren und Denkhorizonte zu erweitern, ziehe ich also meine Experimente im Wasser und auch den Blicke auf Seebeben und Tsunamis vorläufig als Hinweise und Ähnlichkeiten *unter allem Vorbehalt* heran. Blicke und Betrachtungen, die aufschlussreich sein könnten.

*Unmittelbare* Schlüsse ziehe ich daraus nicht!

---

der Blick zum Wasser stimmt nachdenklich

---

Ich gehe an anderer Stelle genauer auf meine Versuche im Wasser und auf das Phänomen des Tsunamis ein. Hier nur so viel: Wenn mir erklärt wird, dass eine solche Stoßwelle in großer Tiefe schneller sei als an der Wasseroberfläche, dann werden hier möglicherweise zwei unterschiedliche Sachverhalte in einen Topf geraten. Denn für die sichtbare Welle muss man beachten, dass sie in Abhängigkeit von ihrer Frequenz unterschiedlich schnell *erscheint*.

Natürlich frage ich mich, ob der Blick in die große Tiefe und auf Seebeben für nicht mehr als Analogien taugt, weil eine unmittelbare Vergleichbarkeit nicht gegeben ist.

Aber zur Trägheit der Massen noch so viel – wo sich bloße Masse der Bewegung widersetzt: Hätte ich mein Modell nicht auch noch im Maßstab 1:3 in der Wanne, sondern im Maßstab 100:1 zum Beispiel an der südfranzösischen Atlantikküste ins Meer gestellt, so könnte man die trägen Gewalten mit bloßem Auge beobachten. So aber musste ich die Videomitschnitte in Zeitlupe betrachten, um überhaupt irgendetwas erkennen zu können.

Oder: Als man um 1980 für die Verfilmung von Lothar-Günther Buchheims „Das Boot" für Aufnahmen vom ganzen U-Boot ein Modell im Maßstab 1:10 durch den Bodensee hatte fahren lassen, da konnte man sehr wohl sehen, dass das Wasser mangels Masse eher verspielt um den Rumpf herumspritzte und diesen hektisch umspülte, statt weit zu umströmen.

Zu jenen langsamen Wellen eines Tsunamis, die an der Wasseroberfläche anrollen, kann ich nur mit aller Ernüchterung feststellen: Es sind andere Naturgewalten, derer es bedarf, um solche Massen, wie sie da bewegt werden, schnell bis schlagartig zu bewegen…

Und so möchte ich mir hier abschließend noch einen anderen Verweis erlauben, der ganz allgemein Um-, Auf- und Durchbrüche in der Wissenschaft betrifft:

Noch im 20. Jahrhundert war man zwanglos von wellenförmigen Temperaturverläufen der Klimaphasen ausgegangen, entsprechend von einem allmählichen Abtauen der letzten eiszeitlichen Eiskappe. Erst zum Ende des Jahrhunderts stieß man auf Hinweise für disharmonische Temperaturschwankungen und ein radikeles Abschmelzen des Eises.

Heute nennt etwa Graham Hancock jene Wissenschaftler die „Gleichförmigkeitsdogmatiker" (*Hancock*,

*Graham: Die Magier der Götter; Kopp Verlag 2018),*
die einen gewaltigen Kometeneinschlag circa 12.800
Jahre vor unserer Zeit noch immer zurückweisen als
Ursache für ein katastrophisches Abschmelzen der Ver-
eisungen auf der nördlichen Halbkugel. Andererseits
gibt es aber auch erst seit etwas mehr als zehn Jahren
eine – inzwischen hingegen beinahe erdrückende –
Vielzahl an Hinweisen für ein solches Ereignis.

Ich möchte hier sogleich Hoffnungen oder Befürch-
tungen dämpfen: Ich hole jetzt nicht auch noch zur
Archäologie und Erdgeschichte aus. Ich erwähne das,
weil man zum Beispiel dort, bei Hancock, ein reelles
Bild von katastrophischen Ereignissen und von den
wahren Naturgewalten gewinnen kann.

*Man erkennt leicht, dass etwa ein viertel Jahrhundert
ein zumindest nicht unangemessener Zeitraum ist,
um das eigene Wissen und Weltbild – obgleich es
einst als ‚state of the art' gegolten haben mochte – so
grundlegend in Frage zu stellen, dass es in einigen
Details radikal jede Gültigkeit verliert...
... um dann aber auch wiederum zu Antworten gelangen zu können, die viele bisherige Ungereimtheiten
endlich schlüssig reimen.*

# Sabine'sche Formel
## – kein „Goodbye"…

Die Grundlage für den mathematischen Umgang mit dem Nachhall ist eine fast unscheinbare, aber verhängnisvolle Vereinfachung…

… die schon dem Urheber dieser Vereinfachung selbst, W. C. Sabine, als mangelhaft aufgefallen war.

Die Berechnungen für raumakustische Planungen beruhen auf der so genannten „Sabine'schen Formel" – dem „Sabine'schen Gesetz".

Ich hatte verschiedentlich bereits aufgezeigt, dass und warum ich mit diesem Ansatz, Räumen Klarheit abzuringen, nicht zufrieden bin.

Die Sabine'sche Regel setzt nicht nur einen ideal-typischen Kubus voraus, lässt dabei aber die besondere Problematik der Raumkanten außen vor. Sondern für die tieferen Frequenzen ist die Sabine'-sche Formel von vornherein gar nicht tauglich:

> „[…] bleibt stets das Problem, dass weder ein Hall- noch ein beliebiger anderer Raum bei tiefen Frequenzen […] ein diffuses Schallfeld ausbilden, das für eine Prognose nach Sabine eigentlich vorausgesetzt wird."
> (*Fuchs/Alexander/Weinzierl, „Breitband-Schallabsorber für Räume mit besonderen Akustik-Anforderungen", Aufsatz in ‚Bauphysik 42' (2020), Heft 4*)

Und so muss auch nicht mehr verwundern, dass – je tiefer die Frequenzen – zwischen einzelnen Messungen umso größere Spreizungen auffallen. Man benötigt also auch umso mehr Messergebnisse, um zuverlässiger mitteln zu können.

Bereits in den 1930er Jahren, und damit ein gutes Jahrzehnt nach Sabine's Tod, wurde die Richtigkeit von Sabine's Formel *mathematisch* bestätigt. Und tatsächlich ist dieser Ansatz nicht *falsch*… sondern schlicht *unvollständig*. Insbesondere auch ist dieser Ansatz gar nicht für alle Frequenzen nutzbar.

Aber Wallace C. Sabine selbst hatte bereits auf das spezifische Problem der Absorption in der Hinsicht hingewiesen, dass ein sehr ungünstiges Missverhältnis unterschiedlicher Instrumente untereinander herrscht – oder auch, für ein und dasselbe Instrument, zwischen dem Grundton des Instruments und seinen ihm eigenen Obertönen. Je mehr Absorption, desto ungünstiger für die mittleren und höheren Frequenzen.

Was allerdings auch Sabine unbeachtet gelassen hatte, sind die **Raumkanten** – mit ihrem besonderen akustischen Störpotenzial. Insgesamt in seiner Pionierarbeit auf recht einfache Mittel angewiesen, war es Sabine nicht gelungen, einzelne Störeinflüsse klar zu trennen und zu lokalisieren:

> "Man muss beachten, dass sich der Nachhall im allgmeinen aus einer Vielzahl von Klängen ergibt, die den gesamten Raum erfüllen und für eine Analyse nach den unterschiedlichen Reflexionen nicht taugen. Sie sind folglich im Einzelnen umso schwerer zu erkennen und unmöglich zu lokalisieren."
>
> (*W. C. Sabine, Collected Papers on Acoustics, 1922 – Seite 220;* in eigener Übersetzung)

Eigentlich ist – seit erstmals Absorption genau in den Kanten genutzt worden war – klar, *dass* und *welche Art von* Störung die Raumkanten verursachen. Und dass man diese gezielt angehen muss. Und *kann*.

Seitdem nämlich ist bekannt, dass in erster Linie *nicht* der Nachhall an sich über so etwas wie klaren Raumklang entscheidet – sondern die **Raumkante**.

Solche Kenntnisse und Herangehensweisen sind weder neu, noch bahnbrechend. Aber obwohl die Raumkante als besondere Störzone seit Jahrzehnten bekannt ist, hat davon bis heute *nichts* Beachtung erlangt in der Normierung… und wird insgesamt noch immer überwiegend ignoriert.

Wer da nicht die Stirn kraust und in Falten wirft, stellt auch keine Fragen mehr – wo sich mindestens Irritation geradezu *aufdrängt*.

Wo gestandene Akustiker eher gelangweilt und wie einen alten Kalauer durchwinken, dass niedrige Nachhallzeiten noch lange kein Garant für gute Sprachverständlichkeit seien, da ist denselben bewusst, dass niedrige Nachhallzeiten kein Garant sind für einen sauberen Raumklang – nun ganz im Sinne einer schönen und klaren Wiedergabe musikalischer Klänge.

Ich wähle diese Unterscheidung – zwischen Sprache und Musik – nicht gern… habe es hier aber getan, um hervorzuheben, was in der Raumakustik noch immer Usus ist: Nämlich, zu unterscheiden zwischen der akustischen Ausstattung eines Raumes für sprachliche Kommunikation **oder** musikalische Darbietungen und Wiedergaben.

Tatsächlich kann man zwanglos Räume akustisch so ausstatten, dass sie gut sind für sprachliche Kommunikation **und** Musik.

Wo in der Fachliteratur Uneinigkeit und Verwirrung herrschen, da muss man in der Tat darum ringen, den klaren Blick nicht zu verlieren. Aber man kann sich gut und gern vom „Raumkanten-Fuchs" die Einsicht noch einmal bestätigen lassen, um zu verstehen, dass man *nicht* „auf dem falschen Dampfer" ist, wenn man Sprache und Musik gerade *nicht* auseinander halten möchte.

Sich von in der Branche anerkannten Größen die getrennte Betrachtung für sprachliche Nutzung von Räumen einerseits, Musikprobe und Musikdarbietung anererseits bestätigen zu lassen, hüllt die Branche noch immer und umfassend in ein trügerisches „Verständnis" von Raum und Akustik.

Aber wie lange versucht Helmut V. Fuchs noch, uns aufzurütteln? Zumal er vielen auf die Nerven zu gehen scheint – mit „seinen" tiefen Frequenzen. Die aber sind eben *nicht* das „Ur"-Problem in der Raumakustik – auch wenn Fuchs' Argumentationen schon einmal leicht dahingehend fehlinterpretiert werden können.

Herrscht ein klarer Raumklang, dann spreche ich gern von *„akustischer Transparenz"*. Von einer solchen profitieren Sprache ebenso wie Musik.

Für kubische und auch für unregelmäßige Räume liegt der Lösungsansatz darin, anzuerkennen, dass man sich wegen der zu starken Vereinfachung des akustischen Raummodells geirrt hatte, als man beschloss, sich vorbehaltlos auf das „Sabine'sche Gesetz" zu stürzen.

*Sabine* war mit den besten Absichten unterwegs: *Er* war einfach nicht fertig geworden.

Was wir brauchen, sind Denk- und Modellansätze und ganz neue Berechnungen, die das Sabine'sche Gesetz zwar einbeziehen – wegen der Reflexion von Schall an den Flächen. – Aber!

Die Raumkante übernimmt, je kleiner der Raum, sowohl umso mehr die Herrschaft über den gesamten Raum – als auch bleibt sie, den Hörort in unmittelbarer

Nähe zu einer Raumkante unterstellt, *immer* dominant, unabhängig von der Raumgröße.

Darüber hinaus ist auch längst bekannt: Nach Bereinigung der Raumkanten ist ein etwas kürzerer Nachhall *messbar* – ein deutlich längerer Nachhall zugleich *tolerierbar*. Allein das Ausblenden des Raumkanteneffektes sorgt für Abhilfe. – *Das **ReFlx**-System unterstützt darüber hinaus die mittleren bis höheren Frequenzen gegenüber den tieferen – harmonisiert also den Schall.*

Es gibt die Aussage, es sei gleichgültig, **wo** man Absorption in einen Raum einbringe – Hauptsache, es sei **genügend** Absorption.

Vermutlich ist mein Einwand absehbar – oder längst bekannt: Es ist eben **nicht** gleichgültig, **wo** Absorption stattfindet.

*Diesbezüglich hatte **Wallace C. Sabine** immerhin Hinweise in seinen ‚Collected Papers on Acoustics‘ ausführlich dargelegt – und entsprechendes Problembewusstsein bewiesen.*

*(eigenhändige Bleistiftzeichnung nach einer Fotografie von Wallace C. Sabine, veröffentlicht vom ‚American Institute of Physics‘)*

Bringt man viel absorbierende Flächen oder Masse in die Mitte eines Raumes ein oder versammelt dort praktisch beliebig viele Personen, so hat das *keinen* Einfluss auf die Störungen, die durch die Raumkanten verursacht werden. Aber es reduziert den Nachhall – und vernichtet die Mitten und Höhen.

---

## das **Sabine'sche Gesetz** wird zum **Junior-Partner**

Ein geradezu mustergültiges Beispiel für vollkommen missverstandene Raumakustik:

Das Foyer einer Schule war für die gleichzeitige Nutzung als Aula ausgelegt worden, indem man in einem Halbkreis mehrere Stufen weit um eine Bühne herum angelegt hatte. Eine stark absorbierende Decke bewältigte den Nachhall normgerecht. Die abgehängte Decke – die man zugleich für eine unbestreitbar sehr schöne, indirekte Beleuchtung genutzt hatte, endete etwa 75 cm vor den schallharten Wänden.

Ich muss hier kaum noch hervorheben, dass die akustischen Verhältnisse in dieser Eingangshalle miserabel sind – und insbesondere wegen der mangelhaften Sprachverständlichkeit der doppelten Nutzung als Versammlungshalle überhaupt nicht gerecht werden.

Für die Raumkanten muss man beachten, dass das Verhältnis von Raumkanten zu Wandflächen eine kleine Aussagekraft besitzt – das Verhältnis der Raum*kanten* zum Raum*volumen* hingegen *gar nicht*: Das Raumvolumen zur Beschreibung des akustischen Charakters eines Raumes heranzuziehen, basiert auf einer gröblichen Vereinfachung von Raum an sich.

Am eindrücklichsten zeigen das Flure.

Flure haben ein (*verglichen mit Büros, Besprechungs- oder auch Klassenräumen*) kleines Raumvolumen, aber enorm viel Kantenstrecke. Außerdem liegen sich Großteile der Flächen auf kurze Distanz parallel gegenüber. – In mustergültiger Weise sind insbesondere Flure akustische Katastrophen!

Man benötigt zwingend über die Kantenvolumina hinaus auch einen Ausdruck für die Raumproportionen, wenn man raumakustische Qualität mathematisch kodieren möchte.

In das Sabine'sche Gesetz fließt maßgeblich das Volumen ein – für Räume, in denen die Raumkanten insgesamt eine häufig eher untergeordnete Rolle gespielt haben. Und das aus unterschiedlichen Gründen – so

---

*Nicht der* **Nachhall**
*möchte gezähmt werden…*

---

etwa die absolute Raumgröße: für das Sanders Theatre 9.300 Kubikmeter, für das Auditorium des Fogg Art Museums 2.740 Kubikmeter (beide Angaben: *Wallace C. Sabine, Collected Papers on Acoustics, 1922*). Oder: Im Sanders Theatre hängen Balkone in zweiter Ebene als Zuschauerränge rundum und fehlen folgerichtig nur auf der Bühnenseite.

Da ich Sabine's ,*Collected Papers*' nicht lückenlos gelesen habe, kann ich für meinen Teil nur darauf verweisen, dass schon Sabine sich deutlich und detailreich mit Problemen bezüglich einer angemessenen Gewichtung der unterschiedlichen Frequenzen auseinandergesetzt hatte. Außerdem hatte er eine Gesetzmäßigkeit formuliert, mit der sich der **Nachhall** recht gut

ausdrücken lässt – was aber nichts über die akustische
**Qualität** in einem Raum aussagt, sondern lediglich
*einen* Parameter berechenbar macht.

Das größte Manko der Sabine'sche Formel ist, dass
der akustische Effekt, der in Raumkanten auftritt, *gar
nicht* berücksichtigt ist – und Charakter und Qualität
der Akustik in einem bestimmten Raum allein beschrieben werden über den *allgemeinen Nachhall*.

---

## ...sondern *gezähmt werden möchte* die **Raumkante**.

---

Was zu beachten ist: Entstört man die Raumkanten,
dann sinken auch die Nachhallzeiten. Jedoch nicht
so stark, wie man das durch großflächige Absorption
erreichen kann. Andererseits aber entzieht man dem
Raum über die Raumkanten den tatsächlich störenden
Anteil am Nachhall. In der Folge ist Nachhall an sich
weniger unangenehm und weniger beeinträchtigend.

Die Probleme in den Raumkanten – man weiß es an
sich längst – haben etwas mit Druck zu tun. Diese als
Druck„*wellen*" noch immer verwirrend umschriebenen
Verhältnisse wollen sich einfach den bisherigen
Modellen nicht unterwerfen.

Deshalb bedarf es einer grundlegend neuen Be-
trachtung und Modellvorstellung für die Raumakustik.
Und es bedarf einer neuen mathematischen
Bewältigung.

*Die Antworten, die man bisher mit Absorption oder Resonanz auf Fragen der Raumakustik gibt, lassen ebenso sehr zu wünschen übrig, wie schon die Analyse. Anlass genug, sich von bisherigen Ansätzen zu befreien und Raumakustik neu zu denken.*

# Wonach wir suchen

Ich ahne, dass Wallace C. Sabine sich dereinst mit berechtigter Neugier und (zu?) viel Euphorie auf die Absorption gestürzt hat. Offenbar hatten mehrere Veröffentlichungen in amerikanischen Architekturzeitschriften Sabine auf die Absorption aufmerksam gemacht.

Gewiss hat Sabine sehr gute akustische Resultate erzielt. Jedoch fehlen mir, um in gängige Lobeshymnen einzustimmen, Detailinformationen:

Hatte Sabine tatsächlich streng gemäß der nach ihm benannten Formel gearbeitet?

Oder hatte Sabine sich von seinen umfangreichen Analysen und Erfahrungen leiten lassen, die ihn schließlich zu einem problembewussten und sensiblen Umgang mit der Absorption geführt haben?

Wallace C. Sabine – im Alter von nur 50 Jahren verstorben – war vor allem viel zu früh aus dem Leben gerissen worden: Er war schlicht nicht fertig geworden.

Ich kann mich des Eindrucks nicht erwehren, die Nachwelt habe seine vereinfachende Formel dankbar angenommen – und seiner umfangreichen Pionierarbeit nur noch geringe Aufmerksamkeit gewidmet.

Je intensiver ich mich mit Sabine auseinandergesetzt habe, desto mehr drängte sich mir die Frage auf, weshalb Sabine den negativen Einfluss der Raumkanten übersehen haben mag.

Und so dachte ich anfangs noch, es mochte damit zusammenhängen, dass Sabine sich mehr für größere Säle interessiert habe.

Inzwischen ziehe ich in Erwägung, dass es ganz einfach an der Art seiner akustischen Anregung liegen könnte: Er nutzte Orgelpfeifen – und hebt hervor, dass ein Ton von gewisser Dauer den Raum anregen müsse, bis die Raumantwort auf ihr Maximum einschwinge.

*Genauso wenig ist die Rauschanregung für moderne Nachhallmessungen geeignet, den besonderen Effekt der Raumkanten zu identifizieren.*

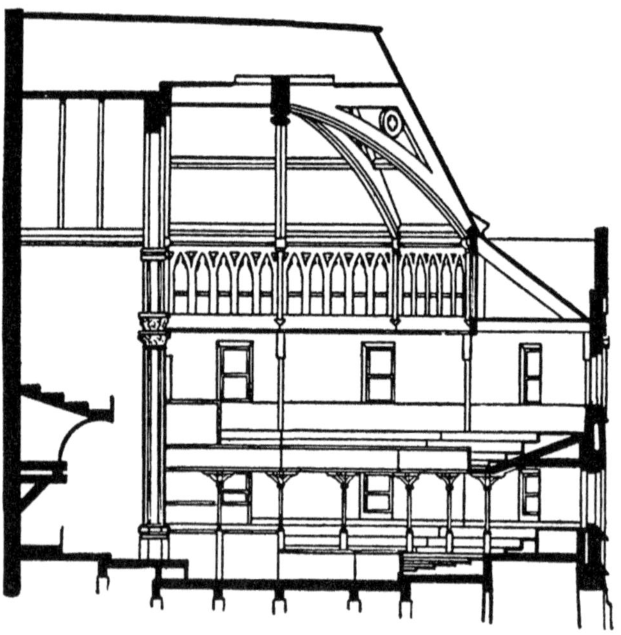

FIG. 16.  Sanders Theatre.

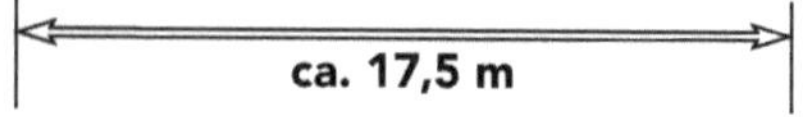


*(oben + nebenstehend entnommen: W. C. Sabine, Collected Papers on Acoustics; Forgotten Books 2012 – Seite 31 u. 19)*

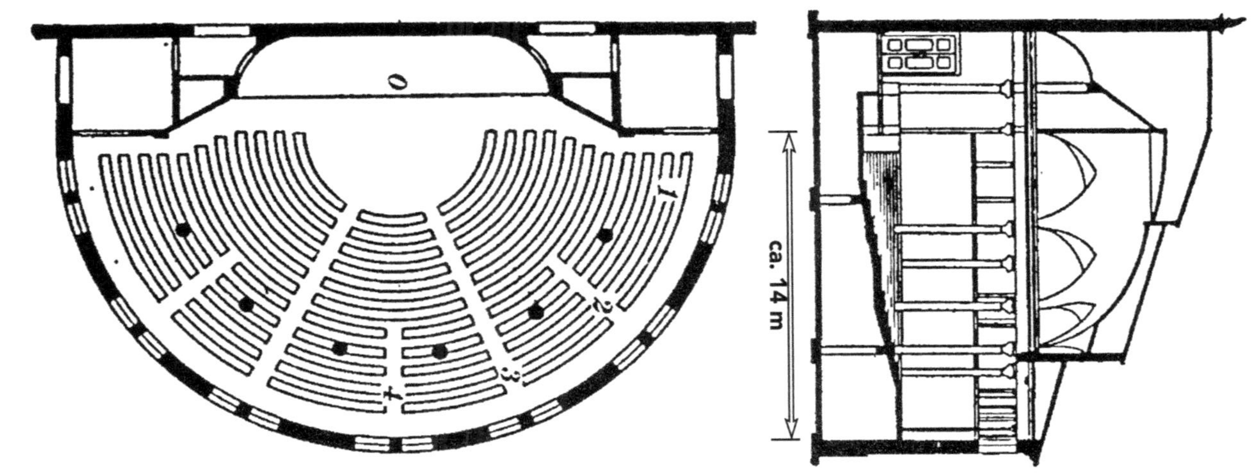



oben: *Hörsaal des Fogg Art Museum, Grundriss und Querschnitt; gegenüberliegende Seite: Sanders Theatre, Querschnitt – beide: Wallace C. Sabine, Collected Papers on Acoustics,* unverändert; jedoch Meter-Angaben ergänzt durch den Autor

Begonnen hatte Wallace C. Sabine mit der akustischen Sanierung des Hörsaals des Fogg Art Museum in Boston, nachdem er von der Harvard University damit beauftragt worden war. Das Haus war 1895 erst gerade eröffnet worden – und man hatte ernüchtert feststellen müssen, dass der Hörsaal völlig unbrauchbar war.

Es war naheliegend, den jungen Physiker Sabine mit der akustischen Sanierung des Saales zu beauftragen. *Wallace C. Sabine* hatte mit 18 Jahren seinen Bachelor an der Ohio State University abgelegt – und wechselte zur Harvard University in Cambridge, wo er 1888 mit dem Master of Arts abschloss. Er wechselte übergangslos in die Forschung und Lehre.

Besondere Kenntnisse in der Akustik besaß Sabine keine, nahm sich des neuen Themas aber mit der ihm eigenen Neugier und Gründlichkeit als Forscher an.

So begann Sabine damit, den Hörsaal des Fogg Art Museum mit dem nur wenige Fußminuten entfernten Sanders Theatre zu vergleichen – das eine hervorragende Akustik vorzuweisen hatte.

Kaum damit fertig, sollte die Boston Music Hall in absehbarer Zeit erbaut werden – sodass Sabine, ihm selbst sehr willkommen, seine akustischen Untersuchungen weiter fortsetzen konnte…

Aus meiner Sicht waren die Startbedingungen für Sabine nicht die besten. Das Sanders Theatre bietet eine Halle von 9.300 m$^3$, der Hörsaal des Fogg Art Museum misst „nur" 2.740 m$^3$. Auf den Vorseiten habe ich Zeichnungen von Sabine wiedergegeben, die ich nur insoweit verändert, nämlich ergänzt habe, als ich jeweils ungefähre Größenangaben hinzugefügt habe. Allein mithilfe des Grundrisses und der Querschnitte konnte ich auf die Volumina rückschließen, um letztlich eine Zirka-Angabe zur Größe der Säle zu gewinnen.

Kurzum: Der größte Unterschied zwischen den beiden Hallen ist – außer des komplett im halbrunden Saal umlaufenden Balkons, der für den Hörsaal fehlt – dass das Sanders Theatre sein mehr als dreimal so großes Volumen wesentlich mit der Höhe der Halle gewinnt. Dabei spielt ein 3 ½ bis 4 Meter hoher Sockel zwischen dem Publikumssaal und der Kuppel keine unerhebliche Rolle – und steuert so ein grobes Siebtel des Volumens bei. In *einem* Streich hatte  man auf diese Weise – ob bewusst oder aufgrund einer architektonischen Finesse – dafür gesorgt, dass die Kuppel ihren Brennpunkt hinreichend oberhalb des Hörraums hat und somit keinen negativen Einfluss einbringt, sondern sozusagen ‚open space' ist. Zumal bei einer größten Höhe der Kuppel von über 20 Metern.

Vergleichbare, kubisch regelmäßige Räume wären zum Beispiel bei Proportionen des Hörsaals des Jefferson Physical Laboratory (eines Teils der Harvard University) von laut Sabine ca. 2 zu 3 zu 6: 12,5 x 25 m bei 8,5 m Raumhöhe. Oder als Vergleich für das deutlich größere Sanders Theatre: 25 x 31 m im Grundriss, mit 12 m Höhe (= 9.300 m$^3$).

Jedoch besitzen beide Säle eben **keine** kubischen, sondern sehr abwechslungsreiche Geometrien. Und so hatte ich zunächst vermutet, die großen Säle an sich hätten für Sabine den Einfluss der Raumkante verschleiert. Doch Sabine hatte sich keineswegs auf den Vergleich jener Hallen beschränkt, sondern hatte umfänglich Nachhallmessungen auch in Nebenräumen, wie einem Hausmeisterbüro, einem Buchhaltungsbüro und sogar einem kleinen Gewächshaus durchgeführt.

Sabine hatte für alle unterschiedlich großen Räume letztlich einen logarithmisch regelmäßigen Zusammenhang zwischen der Absorption und dem Nachhall auf-

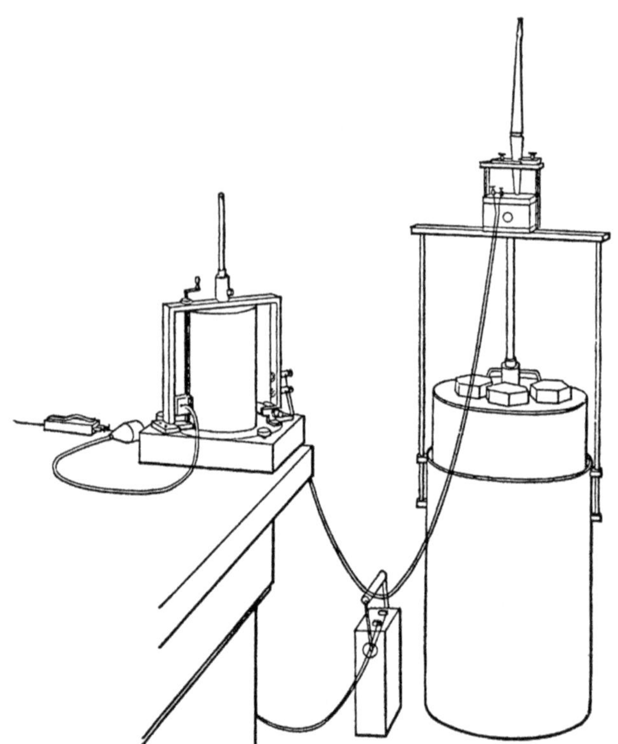



Fig. 1.  Chronograph, battery, and air reservoir, the latter surmounted
by the electro-pneumatic valve and organ pipe.

(entnommen: *W. C. Sabine, Collected Papers on Acoustics;
Forgotten Books 2012 – Seite 15*)

gedeckt – und in die vereinfachte Formel $(\alpha + x) \cdot t = k$
gegossen. – Sabine beschreibt mit „$\alpha$" die Absorption
des Raumes selbst, je nach Beschaffenheit von Wänden, Boden und Decke; „x" umschrieb die unterschiedliche Menge an Vorhangstoff, die Sabine für seine experimentellen Messungen in einen Raum eingebracht
hat. $t$ steht für ‚time', also die Nachhallzeit.

So stellt Sabine aber schließlich zwischen dem logarithmischen Parameter *k* und dem Volumen eines Raumes einen *linearen* Bezug her, und zwar sowohl für unterschiedlich große, als auch nach ihrer Gesamtgestalt sehr unterschiedliche Räume – womit er vielleicht auch sich selbst die Sicht eher versperrt hat:

$k = 0{,}171 \times V.$

Insbesondere, nachdem ich bei Sabine beschrieben fand, wie es sich mit der Raumanregung verhält – und weshalb Sabine in der Konsequenz die Töne immer lange anspielte – verstand ich, dass er die Raumkanten als *explizite Störquelle* nicht entdecken **konnte**! Und zwar erstens **wegen** dieser *langen Bespielung*, und zweitens wegen der **Orgelpfeifen**.

Siehe nebenstehend (Abbildung von Sabine selbst, womit er zeigt, wie seine Analysen begonnen hatten).

In meiner Publikation „PrimOrdium" zeige ich eine Abbildung von Sabine, mit der er zeichnerisch seine Weiterentwicklung vorstellt: Später testete Sabine präzise über sieben Oktaven, von 64 Hz bis 4.096 Hz.

„Präzise" heißt aber noch immer: Allein auf den *allgemeinen Nachhall* bezogen, den ein Raum als **Gesamtschallereignis** nach intensiver Beschallung, also nach hinreichend langer Anregung annimmt.

Das Problem dabei ist, dass durch die lange energetische Anregung, noch dazu durch die gleichmäßige Bespielung der besondere Effekt der Raumkanten und -ecken untergeht – im Gesamtschallereignis. In diesem Geamt-Lärm ist nichts mehr wiederzuerkennen – wie Sabine ja schon in seiner Einleitung bekräftigt:

> „Es muss angemerkt werden, dass sich im Allgemeinen der Nachhall aus einer Vielzahl von Geräuschen zusammensetzt und ungeeignet ist für die Analyse nach seinen einzelnen Reflexionen."

*(W.C. Sabine, Collected Papers on Acoustics;*
*Forgotten Books, 2012 – Seite 9; in eigener*
*Übersetzung – spätere Bezeichnung: i. e. Ü.)*
Es könnte böse klingen und missverstanden werden,
wenn ich so etwas als Kapitulationserklärung auslegte.

Schlussendlich ist es aber so: Das mangelhafte
Analyse**verfahren** hat den Keim geboten für eine
mangelhafte **Analyse** an sich.

Sabine hatte auch kleine Räume betrachtet und gemessen. So etwa einen Raum von nur 65 m$^3$, der etwa
3,7 x 4,4 m gemessen haben könnte, bei 4 m Höhe.
Oder 3,8 x 5 m, bei 3,4 m Raumhöhe. Sabine gibt für
einen solchen kleinen Besprechungsraum eine durchschnittliche Nachhallzeit von 2,82 sec. an. – Das Verhältnis der Raumkantenlänge zur Summe der Raum-
flächen betrüge knapp 0,50.

Oder ein Sekretariat der Harvard University mit
221 m$^3$ und durchschnittlich 4,1 sec. Nachhallzeit. Ein
solcher Raum könnte 6 x 9,2 m messen, bei 4 m Höhe
– oder 7 x 9,3 m, bei 3,4 m Höhe. Das Verhältnis der
Kanten zu Flächen betrüge ca. 0,33.

Oder: Ein Fakultätsraum der Universität, den Sabine
mit 1.480 m$^3$ angibt. Auch hier Verhältniszahlen von
etwa 2 zu 3 zu 6 angenommen, könnte der Raum
knappe 10,5 x 20 m gemessen haben, bei ca. 7 m
Raumhöhe. Das ergäbe ein Verhältnis der Kanten zur
Flächensumme von 0,176.

Eine (zu ?) starke energetische Anregung verschleiert
im Gesamtschallereignis die Details.

Der sich in Innenkanten oder Innenecken von Räumen spezifisch aufbauende akustische Störeffekt ist ein
solches – und ganz wichtiges – Detail.

Solange keine technischen Verfahren zur Verfügung
stehen, die eine objektive, also stets gleiche und vergleichbare Beschallung einerseits, präzise, nämlich se-
lektive Messung des akustischen Resultats andererseits
zulassen, muss man sich auf den menschlichen Körper
verlassen. ... bei aller unterstellten Subjektivität.

-----

die *Raumkante bloßstellen* durch kurze **Impulse**

Die <u>Analyse</u>:
Die menschlichen Ohren sind hochsensible Appara-
te. Im Zusammenhang mit der Lernleistung des Gehirns
steht dem Menschen mit seinem Hörsinn ein faszinierend präzises Analysewerkzeug zur Verfügung.

... vorausgesetzt, man ist nicht von starken bis
durchschlagenden Hörbeeinträchtigungen betroffen.

Bei nur leichten, und sogar bis hin zu mäßigen Hörbeeinträchtigungen – was immer nun „mäßig" sei –
springt wiederum das Gehirn mit seiner enormen Lern-
und Anpassungsfähigkeit hilfreich bei und kompensiert
beachtlich bis weitreichend, wo der Hörapparat an sich
nicht hinreichend Leistung erbringt.

*Mehr zum* **Hörsinn***:*
_______________ *in diesem Buch, in anderen Kapiteln.*

Die <u>Anregung</u>:
Allein, unterschiedlich zu klatschen, ermöglicht zwei
unterschiedliche Raumanregungen:
Schlägt man seine beiden gewölbten Handflächen
ineinander, ist das Klatschen lauter, etwas tieferfre-
quent und volumiger. Schlagen die vier Finger der
einen in die Handfläche der anderen Hand, so fällt
das Klatschen höher aus, leiser und kurz.

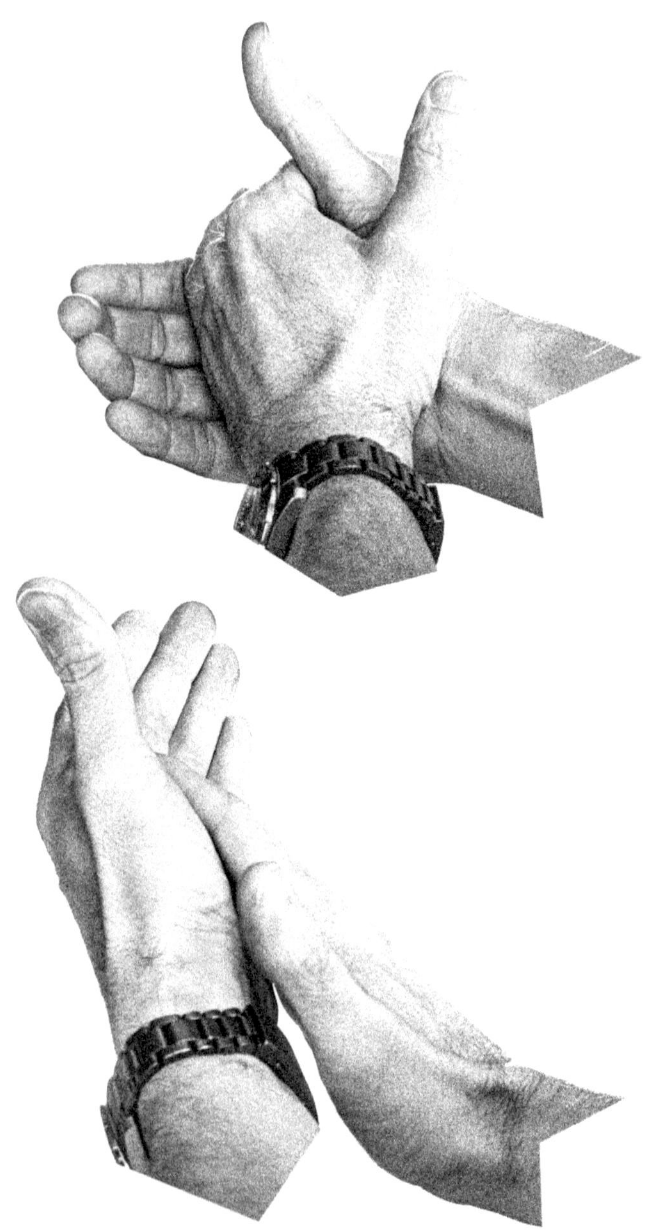

Mit letzterem, höherem Klatschen – obgleich auch gern mal belächelt – kann man vor Ort leicht Impulsanregungen umsetzen, indem man schnell hintereinander mehrfach anschlägt. Es wird gut hörbar, wie die Anregung der Raumkanten anschwillt.

Mit beiden Arten des Klatschens lässt sich in unterschiedlicher Weise und recht präzise verfolgen und heraushören, was die Raumkanten bewirken und wie sie antworten.

Durch die höherfrequente und impulsartige Anregung lässt sich auch das Prasseln der Störung deutlich und klar hervorrufen – das in einer langandauernden und gleichförmigen Anregung, etwa durch eine lang angeblasene Orgelpfeife oder durch mehrere Sekunden währendes Norm-Rauschen untergehen **muss**.

Schon Sabine hatte sich beklagt – wie ich bereits zitiert hatte – man könne die zahlreichen unterschiedlichen Störungen im Raum nicht klar identifizieren.

Zwar hatte Sabine richtig analysiert, dass der Raum Anregung brauche, um das volle Störpotenzial zu entfalten. Darauf aber war Sabine methodisch so eingegangen, dass er Details nicht mehr heraushören konnte: Die gleichförmige, langanhaltende Anregung mit Orgelpfeifen.

Nichts liegt mir ferner, als Wallace C. Sabine übel nachzureden. Ganz im Gegenteil. Denn Sabine hat engagiert in einer Phase des Umbruchs geforscht.

So war ich etwa schon in einem schnellen, zweiten Durchblättern durch die „*Collected Papers on Acoustics*" auf Sabine's Kapitel „Abweichungen im Nachhall bei Variation der Tonhöhen" gestoßen…

Dort weist Sabine mit einiger Ausführlichkeit und sehr aufschlussreich auf Probleme mit den mittleren bis höheren Frequenzen bereits hin.

„Vor sechs Jahren", schreibt Sabine dort…
„Vor sechs Jahren war im ‚Engineering Record'
und im ‚American Architect' eine Serie von Publikationen erschienen zum Thema der Raumakustik
– davon geleitet, einen Anfang in dieser grundsätz-
lichen Thematik zu machen."
(*Wallace C. Sabine: Collected Papers on Acoustics,
1922; wieder aufgelegt durch Forgotten Books,
2012 – Seite 78*; in eigener Übersetzung)
Laut Inhaltsverzeichnis im Jahre 1906 publiziert, ging
es also um Veröffentlichungen etwa um 1900 herum.

Sabine stieg also in ein Thema ein, das kaum mehr
als in den Kinderschuhen steckte. Aber diskutiert und
festgestellt wurde dort bereits vehement:
„Dort wurde gezeigt, dass [*die Raumakustik*] von
zwei Faktoren abhängt – dem Raumvolumen und
den absorbierenden Eigenschaften der Wände
und der Materialien, die in einen solchen Raum
eingebracht werden."
(*ebenda* – in eigener Übersetzung)
Es deutet sich nur an, dass Sabine bei einer bereits
so klaren Zielvorgabe vielleicht einen Anflug von
Skepsis leichtfertig übersehen haben könnte.

Andererseits durften ihn die von ihm entdeckten Ungereimtheiten irritieren. Und so durfte er erst einmal
beobachten und Nachhallzeiten unter verschiedenen
Bedingungen zusammentragen.

Denn von welchem Dämon – zum Beispiel – berichtet ein Pastor einer Kirche in der Nähe von Boston?
„Der amtierende Pastor, die akustischen Mängel
[*seiner Kirche*] beschreibend, berichtete, dass verschiedene Sprecher mit ganz unterschiedlichen
Schwierigkeiten zu kämpfen hatten, sich verständlich zu machen; *er habe keine Probleme, mit sei-*

ner höheren Stimmlage; die Anstellung des ihm vorausgegangenen Kandidaten sei daran ge scheitert, dass der – mit lauterer, aber tieferer Stimme – nicht in der Lage gewesen sei, sich verständlich zu machen."
(*W. C. Sabine, Collected Papers*; Seite 79 – i. e. Ü.)
Nichts im Text deutet auf eine böse und zynische Anspielung hin, jener Kandidat habe verschwurbelt und abgehoben gepredigt. Ungebügelter, aber näher übersetzt heißt es dort nämlich: „[…] nicht in der Lage, sich selbst hörbar zu machen."

---

*„[…] Bedingungen […], die **für Musik und für Sprache** erstrebenswert sind."*   (**W. C. Sabine**)

---

„Die praktischen Erfahrungen mit Unterschieden im Nachhall bei verschiedenen Tonhöhen sind nicht ungewöhnlich, aber die zuvor beschriebenen Fälle sind schon sehr auffällig. Entsprechende Effekte werden in Hallen für Musik nicht selten beobachtet. Deren Betrachtung kennzeichnet jedoch einen ziemlich komplizierten generellen Effekt. Die umfassende Diskussion dieses Sachverhaltes gehört in eine andere Serie von Veröffentlichungen, im Rahmen derer akustische Effekte oder Bedingungen besprochen werden, die für Musik und für Sprache erstrebenswert sind."
(*W. C. Sabine, Collected Papers*; Seite 79 – i. e. Ü.)
Aber im selben Kapitel, nur zwei Seiten weiter, bietet Sabine sehr konkrete Hinweise, was er meint – und was alle Freunde der Absorption wenigstens stutzig machen sollte:
„Um die obigen Beispiele einmal zu verbildlichen: Wenn draußen im Freifeld ein Kontrabass und eine

Violine dieselbe Lautstärke erzeugen, dann würden
beide in einem geschlossenen und schallharten
Raum in gleicher Weise verstärkt. Die weichen
Kissen in einen solchen Raum zu bringen, würde
diese Verstärkung deutlich vermindern. Für die
Violine hingegen würde sich dieser Effekt stärker
ausprägen, als für den Kontrabass. Tatsächlich
wäre das Gleichgewicht so beeinträchtigt, dass es
zweier Violinen bedarf, um wiederum das gleiche
Klangvolumen wie das eines einzigen Kontrabasses
zu erzielen. Und wenn nun das Publikum im Raum
ist, dann braucht es sogar drei Violinen, um dieselbe Balance wiederherzustellen, wie ursprünglich.
Beide oben skizzierten Fälle sind natürlich nur
grob verbildlichend zu verstehen. Eine Tatsache
ist hingegen, dass die Auswirkungen des Raumes
selbst und die des Publikums im Raum an den
beiden Enden der Register für die Violine und für
den Kontrabass jeweils deutlich unterschiedlich
sind.“

(*W. C. Sabine, Collected Papers*; Seite 81 – i. e. Ü.)

Dem Kanteneffekt war Sabine damit nicht auf die
Schliche gekommen – aber einem bemerkenswerten
Phänomen, das der ungezielten Verteilung von Absorbern im Raum zuzuschreiben ist. Und das unter – vor
über 100 Jahren – recht abenteuerlichen Umständen.
Allein das Reisen, zudem mit all seinen Apparaten, war
ein aufwändiges und langwieriges Unterfangen.

Hätte nicht seiner Nachwelt jener Hinweis genügen
sollen, um die ähnliche Problematik für sprachliche
Klarheit hier, Klangreinheit zugunsten von instrumen-
talem Ausdruck dort zu entdecken? Um wenigstens
skeptisch aufzuhorchen?

Oder, welch außerordentliche Skepsis im Hinblick
auf die Absorption äußerte Sabine da – die auch für die
Akustik in Klassenräumen eine klare Botschaft enthält.

So beschreibt Sabine weiter:

> „Es gibt aber noch einen dritten Effekt, der beach-
> tet werden muss [...] Die musikalische Qualität
> eines Klanges hängt von der relativen Deutlichkeit
> seiner Obertöne ab. [...] Während die Quelle die
> relative Stärke der ursprünglichen Klänge definiert,
> ist deren tatsächliche Stärke zwar nicht nur, aber in
> einem überraschenden Maße deutlich vom Raum
> abhängig. Angenommen, man bläst eine Acht-
> Fuß-Orgelpfeife in einem leeren Raum an, wie
> weiter oben beschrieben, dann würden die Ober-
> töne sehr klar erscheinen. Wenn man exakt die-
> selbe Pfeife mit exakt demselben Druck anbläst
> – nun mit Polstern auf der Bestuhlung – dann ver-
> lieren der erste und der zweite Oberton gegen-
> über dem Fundament, dem Grundton, um 40 % an
> Intensität, der dritte Oberton mehr als 50 %, der
> vierte Oberton um etwa 60 %. [...]"

(eigene Bildmontage mit Textauszug: *W. C. Sabine, Collected
Papers on Acoustics; Forgotten Books 2012* – Seite 80)

(*W. C. Sabine, Collected Papers*; Seite 81/82 – i. e. Ü.)
Und nur einige Zeilen weiter dann auch mit Publikum
(von ca. 180 Personen im Saal):
„In den tiefen Tönen ist der Einfluss des Publikums
deutlicher. Zum Beispiel, wieder ein $C_1$ 64 gewählt,
verringert der Einfluss des Publikums den ersten
Oberton um rund 60 % in Relation zum Grundton,
den zweiten Oberton um mehr als 75 %."
(*W. C. Sabine, Collected Papers*; Seite 82 – i. e. Ü.)

*Zu dem erwähnten „$C_1$ 64" möchte ich orientierungs-
halber erläutern: Sabine beschreibt damit die von ihm ver-
wendeten Orgelpfeifen, indem er sie über Ton, Oktave
und Frequenz benennt. So ist $C_4$ 512 der Ton „C", exakt 3
Oktaven höher als jener $C_1$ 64.*

---

**Wenn man bedenkt, dass ein Unterschied von 5 % im
Nachhall über Glanz oder Scheitern eines feinsinnigen
Musikers entscheidet, dann ist die Wichtigkeit offensicht-
lich, solche Einflüsse zu berücksichtigen.**

*– Wallace C. Sabine*
(*Collected Papers on Acoustics, Forgotten Books 2012*
–Seite 80; i. e. Ü.)

---

Vor dem Hintergrund solcher Zweifel, die selbst Sabine durch seine eigenen Beobachtungen an der Heil-
samkeit der bloßen Absorption hegt, erlaube ich mir
auch infrage zu stellen, ob Sabine denn ein so tiefes
Vertrauen in den positiven Nutzen der von ihm selbst
entdeckten Gesetzmäßigkeit besaß.
Dieses **nicht** im Hinblick auf die bloße *Wirksamkeit*
der Absorption – die Sabine durch empirische Testrei-
hen belegt hatte. Diesen unmittelbaren Zusammen-

hang zwischen Absorption und Raumvolumen gibt es ja, der sich in der bloßen Nachhallzeit abbildet.

Sondern im Hinblick auf die Gültigkeit der Absorption als *gültigem* Korrektiv für mangelhafte Raumakustik.

Offenbar haben Sabine's Abwägen fortan nicht mehr viel Interesse geweckt. Und mit seiner Formel hatte Sabine für Klarheit gesorgt.

*So bliebe aber von Sabine nicht mehr, als ein hitzköpfiger Entdeckergeist? Der darüber hinaus nicht bereit gewesen sei, sich jener Verantwortung zu stellen, die damit einhergeht, dass er für mindestens ein Jahrhundert einen am Ende beherrschenden Regelsatz in die Welt setzte!?*

Weder könnte man das **Wallace C. Sabine** anlasten, noch ist das richtig.

Sondern:

Auf Sabine möge sich niemand auch nur versehentlich berufen. Wallace C. Sabine war es schicksalhaft und früh verwehrt geblieben, mit seinen Forschungen angemessen fortzuschreiten. Zugleich aber hatte er früh und ausführlich seine Bedenken mit aller Klarheit ausgeführt.

Der laut Fuchs bereits in den 1930er Jahren aufgekommene – und gut begründete – Widerspruch ist bei aller miserablen Raumakustik, die sich verbreitet hat, vermutlich „accidentally" unerhört geblieben.

Dennoch wird es längst und sehr verbreitet als unerhört zurückgewiesen, Kritik am Fundament etwa einer DIN 18041 zu üben. Einmal mehr, da inzwischen auch eine VDI 2569 auf den Nachhall eingeschwenkt ist?

Für Großraumbüros, für eine VDI 2569 macht es gerade **Sinn**, vom Nachhall zu sprechen.

Aber für VDI 2569 ist die Situation eine andere: In Großraumbüros möchte man gerade *keine* Kommunikation fördern – sondern möchte dafür sorgen, dass Individualkommunikation (Telefonate oder Zweier-Gespräche) nebenliegende Arbeitsplätze möglichst wenig stört.

Für so genannte Kommunikationsräume (DIN 18041) macht das aber **keinen** Sinn: Wer sich etwa Sprachverständlichkeit auf seine Fahnen schreibt, *kann* nicht in erster Linie auf den Nachhall schauen, *kann* sich bei Distanzen von mehr als drei oder vier Metern zwischen Mund und Ohr nicht mehr auf den Direktschall allein stützen – und *kann* nicht am Ende mit dem Hohelied auf den „Sprach-Gesamtstörschalldruckpegel-Abstand" (*O-Ton DIN 18041*) schönreden, was die Absorption schlicht zunichte gemacht hat.

Nicht der ***Nachhall*** ist der Feind. **Die** <u>nackte Raumkante</u> **ist der Feind der Kommunikation**.
Und ist der Feind eines klaren Raumklangs.

Dabei macht die Raumkante vor keiner Frequenz halt: Ob hoher Gesang, ob begeisterte Kinderstimmen, ob eine bassige Erzählerstimme oder eine speckige E-Bass-Gittare… Die Raumkante sammelt alles, zerknüllt es – und wirft es barsch in den Raum zurück.


Bisher ist es nicht gelungen, der Raumkante analytisch auf die Schliche zu kommen – will sagen: explizit die Raumkante **mess**technisch abzubilden und die Raumkante mathematisch angemessen einzubinden.
Aber darf man denn, nur weil man bisher an ihr gescheitert ist, die Raumkante ignorieren und als akustisch eigenständiges Phänomen schlicht ausblenden?

Also noch einmal gefragt:

## Wonach suchen wir?

Nach einem ganz andersartigen Modell.
Nach einem mathematischen Ausdruck, der den
Schall in seiner raumgreifenden Präsenz dreidimensional umschreiben kann.

Nach einer Formel, in der die Sabine'sche „Gesetzmäßigkeit" nur einen *Teil* beschreibt. Einen Teil, der in
Abhängigkeit von der Gesamtlänge der Raumkanten
zur Gesamtoberfläche des Raumentwurfs eine variable
und erst mit wachsender Raumgröße zunehmende
Relevanz beansprucht.

Insbesondere in meiner Publikation „*PrimOrdium*"
hatte ich zu jenem Verhältnis zwischen Raumkanten und
dem Flächengesamt eines Raumes weiter ausgeholt.

Es soll hier also reichen, nur knapp anzureißen, dass
eine solche Verhältniszahl für eine Sporthalle um 0,09
beträgt, für einen durchschnittlichen Klassenraum gern
um 0,333 herum, für ein kleines Lesezimmer in einer
KiTa (das aber als „Vorlesezimmer" gerade schlecht
geeignet war) gar mehr als 0,625.

In diesem Lesezimmer etwa, obwohl die Distanz zwischen Vorlesenden und den zuhörenden Kindern kurz
genug ist – der Direktschall also hätte reichen können
– boten die Störungen eine enorme Belastung und
auch Ablenkung. Trotz des ausreichenden Direktschalls
war hier eine Klärung der Raumakustik unbedingt
wünschenswert.

Es *kann* und **darf** – von mir aus solchen meinen
eigenen Ausführungen zum Trotz – nicht dabei bleiben,
sich nun wiederum allein auf das Verhältnis von Raumkanten zu Rauminnenflächen zu begnügen!

Grundsätzlich besitzt das Verhältnis der Kanten zum Volumen eine nur etwas größere Aussagekraft, als das Verhältnis der absorbierenden Flächen zum absoluten Volumen eines Raumes.

Vor dem Hintergrund, dass das Verhältnis der Kanten zu Flächen den Einfluss der *Proportionen* eines Raumes auch nicht ausdrücken kann, ist diese Zahl wenigstens deshalb – vordergründig – aussagekräftiger, weil sie den Kanten in Relation zum Volumen ein deutlich größeres Gewicht verleiht.

Unter Zuhilfenahme des extremen Beispiels von Fluren hatte ich darauf hingewiesen, dass die Proportionen eines Raumes einen bedeutsamen Einfluss auf die Raumakustik beanspruchen – und auch für den besonderen Störeinfluss der Raumkanten besonders beachtet werden sollten.

*Schlussendlich darf man – auch wenn ich ausdrücklich anerkenne, dass der Einfluss der Raumkante auf das Gesamtschallereignis mit der Größe des Raumes abnimmt – die besondere Problematik der Raumkante generell nicht aus den Augen verlieren:*

*Auch in mittelgroßen und großen Räumen bleibt die Störsamkeit der Raumkante **dominant**, wo ein Hörort nahe einer Raumkante gelegen ist.*

*Dies ist so und bleibt stets so, auch wenn Elektroakustik einbezogen wird, um einen akustisch ausgewogenen Hörraum zu gestalten – weil das Missverhältnis zwischen der Verstärkung des Schalldrucks (im Kantenvolumen) und dem übrigen Schallereignis herrscht, solange die Raumkante nicht explizit beruhigt wird.*

# Dämonen und Projektionen

Es ist notwendig, Räume von den **Raumkanten** aus zu denken.

Und es ist notwendig, Schall als das aufzufassen, was er ist: schlicht Druckenergie.

Diesen Druck darf man wiederum nicht in einen Topf werfen mit einer „Druckwelle", wie sie etwa von Explosionen ausgeht.

Und spricht man vom Schalldruck, hat aber „Schallstrahlen" vor Augen, so scheint das selbst Fachleute zu verzerrten Schlussfolgerungen zu führen. Es scheint beinahe, als habe sich die Fachwelt einen Mikrokosmos mit Modellen und Projektionen geschaffen, die zum Teil zweckdienlich sind, um mathematische Berechnungsmodelle anschaulicher zu machen – zum Teil aber eben auch schlicht irreführend.

---

**„Schallstrahlen"**
gibt es definitiv *nicht* – und
sollte man noch **nicht einmal *denken***

---

So leichtfertig der Begriff vom Schallstrahl in Fachpublikationen auftaucht und in Fachvorträgen fällt, so sehr erläutern wenige, aber mit Nachdruck, dass der Schallstrahl nur ein hilfsweises Modell sei – derweil jeder **weiß**, dass es den „Schallstrahl" nicht gibt.

Dennoch spuckt – so scheint es – der Schallstrahl tief in den Köpfen umher und treibt sein Unwesen.

Man darf die subtile Kraft der bloßen „Vorstellung", ja nur eines *Wortes* nicht unterschätzen – selbst wenn man **weiß**, dass es nur so etwas wie ein Bild sei.

Deshalb plädiere ich so vehement dafür, den Begriff des „Schallstrahls" ebenso wie den der „Schallwelle" gar nicht mehr zu verwenden und geflissentlich den Geschichtsbüchern zu überlassen.

Der Schallstrahl stellt ein Hilfskonstrukt für mathematische Anwendungen dar und bietet dort eine rein repräsentative Verbildlichung (siehe *H. Kuttruff, Akustik – Eine Einführung, Hirzel Verlag, 2004*).

Dieses mathematische, dieses Strahlenmodell kann man nicht als Gehilfen bei der Suche nach Verständnis betrachten – sondern höchstens als Gehhilfe bei bestimmten Veranschaulichungen.

---

einst hilfreiche Denkmodelle – **längst Dämonen**:

der **„Schallstrahl"** und die **„Schallwelle"**

---

Der Schallstrahl an sich ist ein wenig hilfreiches Modell.

In meinem Kapitel „… es sind eben nur Modelle" hatte ich bereits ausgeführt, dass Kuttruff sehr anschaulich und mit Fug und Recht zum so genannten „Schallstrahl" erläutert, dieser stünde „repräsentativ" für eine „Wellennormale".

Das heißt: *Nicht einmal stellvertretend, sondern nur als Platzhalter für einen auf die bloße Linie reduzierten Ausdruck eines mathematisch als wirksam unterstellbaren Durchschnitts eines fest definierten Ausschnitts aus einem Schallereignis.*

Nicht weniger. Aber auch nicht *mehr* als das.

Vielleicht hat Kuttruff es auch allzu lapidar in seinen Text mit einfließen lassen – und benutzt später allzu eifrig selbst den Begriff des Schallstrahls.

Ein anderer Begriff, der wegen der allgemeinen Reflexionen in Räumen bisher keine so große Rolle spielt, jedoch in stark bedämpften Räumen (zum Beispiel in Großraumbüros) mit partiellen Abschirmungen sehr wohl an Bedeutung gewinnt, muss hier erwähnt werden:

die Schallbeugung.

Auch die Schallbeugung stellt im besten Falle ein mathematisches Hilfskonstrukt dar. Dieses ist jedoch tatsächlich wenig hilfreich, weil es zu den abstrusesten Erfindungen führt, die ihrerseits falsch begründet und auch in ihren Wirkungen falsch verstanden werden.

## „Schallbeugung" ist nur ein Wort

Auf der nächsten Seite gebe ich Abbildungen zur Schallbeugung wieder (aus: *Ulf-J. Werner, Handbuch Schallschutz und Raumakustik; Beuth 2015*).

Die „Schallbeugung" beruht letztlich auf dem Modell von den „Schallstrahlen". Die vermeintliche „Beugung" soll an Kanten von Abschirmungen, Gegenständen oder Gebäuden stattfinden.

Die Wissenschaft scheint sich einig, dass die Schallbeugung nicht das ist, wonach sie klingt – während man aber stoisch mit Begriffen wie Beugung oder Streuung recht munter jongliert:

„Vielfach unterscheidet man von der Beugung die sog. Streuung. Man spricht eher von Beugung, wenn das Hindernis einen ausgeprägten Schatten wirft, der durch gebeugte Schallanteile mehr oder weniger ‚aufgehellt' wird. Unter der Streuung versteht man dagegen oft die vergleichsweise geringe Modifikation des Schallfelds durch ein kleines Hindernis. In diesem Kapitel werden wir beide Be-

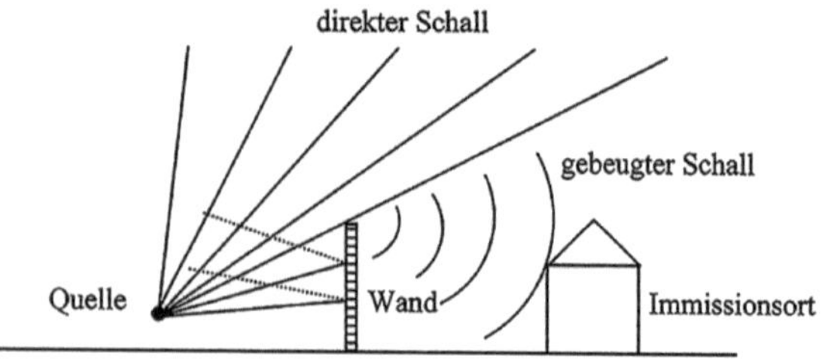


Abb. 5.5: Schallschatten hinter einer Wand und gebeugte Schallwellen

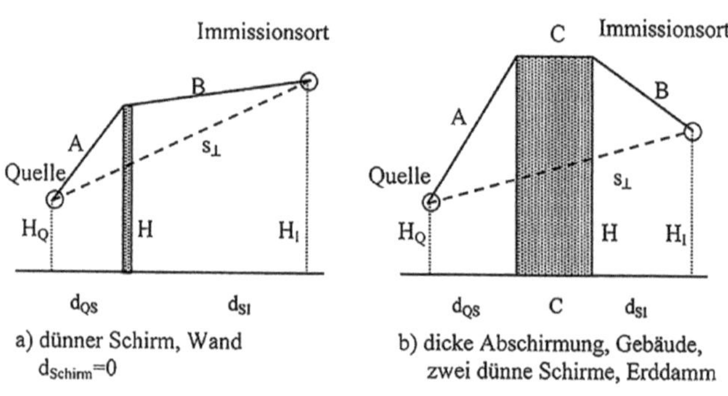


Abb. 5.7: Zur Berechnung des Schirmwertes z für Schirme mit a) einer oder
b) mehreren Beugungskanten, nach [23]
$H_Q$=0,5 m, Schirmhöhe H, Höhe Immissionsort $H_I$,
horizontale Abstände d

*(entnommen: Ulf-J. Werner, Handbuch Schallschutz und Raum-
akustik; Beuth 2015 – Seite 173)*

griffe verwenden, ohne eine scharfe Trennung
zwischen beiden Erscheinungen vorzunehmen ein-
gedenk der Tatsache, dass beiden der gleiche
physikalische Vorgang zugrunde liegt.
Beugungserscheinungen treten bei allen Wellen-
arten auf. Sie sind umso ausgeprägter, je kleiner

das Hindernis, das sich einer Welle in den Weg
stellt oder auch eine Öffung in einer sonst undurchlässigen Fläche im Vergleich zur Wellenlänge
ist."
(*Kuttruff, Heinrich: Akustik – Eine Einführung;*
*Hirzel 2004 – Seite 114*)
Abermals Kuttruff. Der mich mit solchen Ausführungen durchaus enttäuscht.

Ehe ich weiter darauf eingehe, erinnere ich hier eindringlich:

# Schall *ist* keine **Welle**.

Aufgrund der Einflüsse in den Schallschatten hinein
ist bei – im Vergleich zur „Wellenlänge" – größeren
Hindernissen der Schatten „dunkler", will sagen leiser,
und letztlich nur sehr knapp am Rande nur wenig gegen Schalleinflüsse abgeschirmt. Ein – im Vergleich zur
Wellenlänge – kleines Hindernis bleibt mithin ohne
jeden Einfluss auf das Schallereignis.

Das ist soweit gut nachvollziehbar, bleibt aber nicht
nur unbefriedigend in der recht wahllosen Verwendung
des Begriffs mal der Beugung, mal der Streuung,
sondern auch in der Erklärung des Phänomens:
„Für eine qualitative Erklärung der Beugung kann
man von dem Huyghensschen Prinzip ausgehen."
(*Kuttruff, Heinrich: Akustik – Eine Einführung;*
*Hirzel 2004 – Seite 114*)
Auf dieses Huygens'sche Prinzip muss ich also näher
eingehen. Gleich eingangs hier Kuttruff's Darstellung
zur Beugung in den Schallschatten hinein:
„Ihm [*eig. Anm.: Huygens*] zufolge wird jeder von
einer Schallwelle getroffene Punkt zum Ausgangspunkt einer neuen Kugelwelle. In Fig. 7.2 (oberer

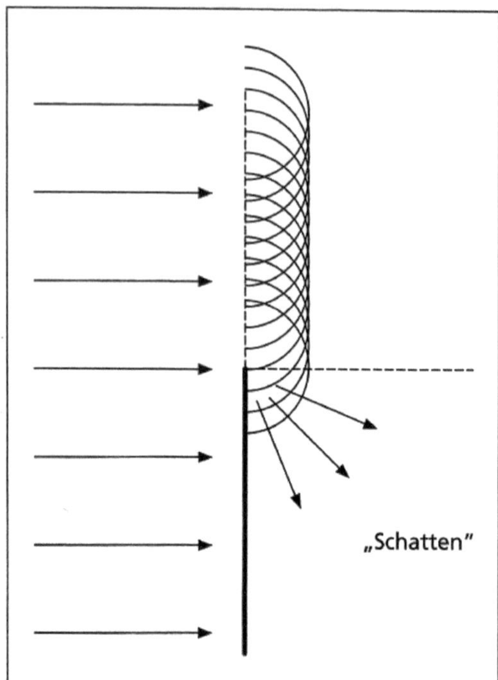



**Fig. 7.2** Zur Beugung an der Kante einer undurchlässigen Wand

(entnommen und Beschriftung zitiert: *Kuttruff, Heinrich: Akustik – Eine Einführung; Hirzel 2004 – Seite 115*)

Teil) sind solche Elementarwellen für eine ebene Primärwelle als Halbkreise gekennzeichnet. Ihre Einhüllende bildet die neue Wellenfläche der nunmehr etwas weitergerückten ebenen Welle; die seitlich abgestrahlten Wellenanteile heben sich gegenseitig auf. Im unteren Teil der Figur ist die Bildung elementarer Sekundärwellen durch eine schallundurchlässige Wand unterbrochen. Insbesondere ist die Auslöschung nahe der Wandkante nur unvollständig; es gelangt daher Schall

auch in den geometrischen Schattenraum. Dieser scheint in Form einer ‚Beugungswelle' von der oberen Kante der Wand auszugehen und es ist leicht vorstellbar, dass diese nicht nur den Schatten hinter der Wand aufhellt, sondern sich auch dem übrigen Schallfeld überlagert und dieses modifiziert."
*(Kuttruff, H.: Akustik – Eine Einführung, S. Hirzel Verlag, 2004 – Seite 114/115)*

Wegen jener Formulierung – „leicht vorstellbar, dass…" – darf ich Kuttruff kaum Zweifel am Modell unterstellen. Jedoch läse sich eine sichere Vermittlung des als korrekt und annehmbar anerkannten Modells wohl konkreter.

Auf mich wirkt Kuttruff unglücklich mit der Aufgabe, den Schall erklären zu müssen. Und *eindeutig* erscheint mir nur, dass am Ende niemand so recht weiß, wie der Schall sich denn nun wirklich ausbreitet.

Unbedingt muss ich an dieser Stelle betonen, dass Kuttruff erst später mit Begriff und Modell vom so genannten Schallstrahl großzügig und dankbar umgeht – zunächst aber eher zurückhaltend und vorsichtig, bis gar zaudernd verfährt – und diesen ausdrücklich als reine Repräsentation hervorhebt.

„[…] die primäre Welle […] wird hier der Übersichtlichkeit halber nur durch eine Wellennormale, gewissermaßen durch einen ‚Schallstrahl' repräsentiert."
*(Kuttruff, Heinrich: Akustik – Eine Einführung; Hirzel 2004 – Seite 90)*

In meinem Kapitel „… es sind eben nur Modelle" war ich bereits darauf eingegangen: Sehr zufrieden bin ich mit der Klarstellung, es handele sich nur um eine **Repräsentation** des Schallereignisses.

Wenig zufrieden hingegen bin ich mit seinem ganz selbstverständlichen Umgang mit dem Begriff bzw. dem Bild als „Welle". Allein bei Klang- oder Geräuschereignissen von einer gewissen Dauer kann man zumindest im übertragenen Sinne in der Wiederholung von Druckänderungen – der Periodizität – ein wellen*artiges*, nicht wellen**förmiges** Muster wiedererkennen.

Ich gehe später ausführlicher darauf ein. An dieser Stelle möchte ich nur feststellen, dass der Ausbreitungscharakter mindestens im gasförmigen Medium diesen Begriff nicht verdient.

Darüber hinaus geht Kuttruff später ganz ungeniert mit den Begriffen „Schallstrahl", „Schallwelle" und „Schallbeugung" um, derweil er sich mehr für die Mathematik interessiert, um so etwas wie Schall zu berechnen – als dafür, was Schall denn nun wirklich sei und wie man auf Schall sinnvoll eingehen könne.


Der Begriff der *Schallwelle* ist schon deshalb unzulänglich, weil die Lichtausbreitung als wellenförmige **Teilchen**bewegung angesehen wird – der Schall aber bekanntlich als Schwankung der Teilchen**dichte** – also als schockartige Veränderung des lokalen Luftdrucks übertragen wird.

Schall ist **keine** „Welle"! – Sondern auf ein und demselben Punkt werden sowohl Frequenz als auch Energiegehalt übertragen. Erst eine Oberfläche dekodiert diese Druckunterschiede zu einer mechanischen Auswirkung, die als „Welle" sichtbar wird.

Der Schall ist an sich sogar ein vollständig stummer Energietransfer. Vielleicht eher vergleichbar dem elekrischen „Strom" – einer Energie also, deren Transfer ebenfalls durch Teilchenanregung fortgetragen wird. Aber Achtung: Auch dieses ist nur ein *Vergleich*. Am

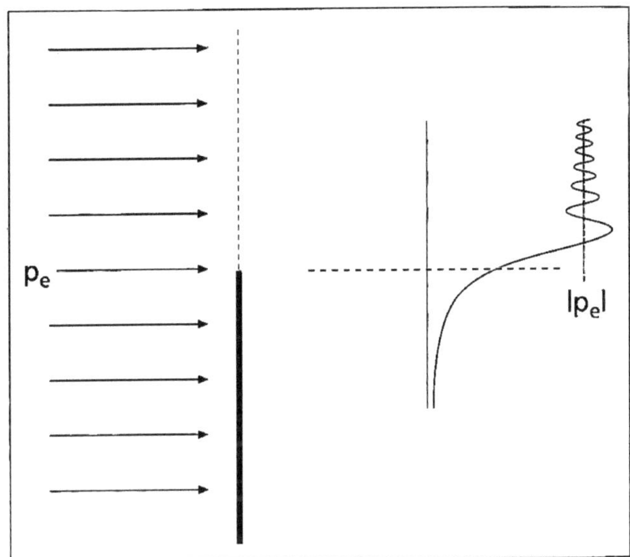



**Fig. 7.9** Beugung an einer schallundurchlässigen Halbebene, Verlauf des Schalldruckpegelbetrags an der Schattengrenze (entnommen und Beschriftung zitiert: *Kuttruff, Heinrich: Akustik – Eine Einführung; Hirzel 2004 – Seite 126*)

Ende wird beim Strom tatsächlich Ladung übertragen. Nur ist der elektrische Strom immer auch erst „sichtbar" am Ende der Kette: An irgendwelchen anderen Medien – oder tatsächlich oft auch mit Lästigkeit hörbar an unerwünschten Energieverlusten.

Dieses „andere Medium", das den Schall zwar noch nicht hörbar macht, aber für übertragende Teile unseres Hörapparates informell interpretierbar, ist das Trommelfell – eine schnöde, aber hoch sensible Membran.

Ich möchte jedoch noch einmal zurückkommen zur Beugungswelle, die an Kanten entstehen soll, also am Übergang vom freien Durchgang zum harten Ojekt.

Aus meiner Sicht passt das überhaupt nicht zum „Huygens'-schen Prinzip", das Kuttruff als Lösung anbietet.

Auch bleibt mir das Huygens'sche Prinzip einen Erklärungsansatz für den Raumkanteneffekt schuldig – ähnlich wie das Modell von den Spiegelschallquellen.

Zumindest in vager Andeutung möchte die vorangehend zitierte Fig. 7.9 von Kuttruff einen Hinweis bieten.

Was dort vermutlich ausgedrückt wird, ist ein verändertes Energiepotenzial des Schalldrucks, der ja grundsätzlich so etwas wie „Strömung" nicht kennt. Ich hatte an anderen Stellen schon angedeutet, dass ich es als notwendig erachte, in Betracht zu ziehen, dass der Schall aber „untypische" Formen der Ausbreitung dort anzunehmen vermag, wo harter Widerstand ihm das quasi aufzwingt.

Ich spreche vor allem von *Turbulenzen* – die die Physik für so etwas wie Schall nicht zulassen möchte.

Ich spreche davon, dass die komprimierte Luft erst im Widerstreit mit anderen Hindernissen andere Muster der Ausbreitung annimmt. Gegen solche Veränderungen von Ausbreitungsart und „Wellenmuster" wehrt sich die Physik nicht grundsätzlich – wenn auch augenscheinlich für den Schall bisher mit Engagement. Das wiederum **könnte** – *so kann ich wirklich nur mutmaßen* – damit zusammenhängen, dass man fälschlich Schall als ein physikalisch eigenständiges Klangereignis betrachtet.

Ich hebe also hervor – und hoffe, richtig verstanden zu werden:

Schall als Klangereignis **gibt** es gar nicht!

… so eigentlich.

<blockquote>
Genau genommen ist Schall ein durch Hörorgane als Information dekodierter Energieverlust, der bei andersartigen Ereignissen zustande kommt und sich im umgebenden, unterschiedlich elastischen Medium überträgt.
</blockquote>

Ich möchte ausdrücklich hervorheben:

Mit einer solchen Darstellung hege ich *nicht* die Absicht, eine Definition für Schall zu präsentieren.

Sondern ich möchte nur die Sicht auf den Schall ernüchtern und neutralisieren. Denn die Allgegenwart von akustischen Belästigungen bis hin zu Lärm in einer Massengesellschaft drückt dem Schall zugleich auch sehr leicht eine negative Konnotation auf.

Ich möchte also nur darauf aufmerksam machen, dass man **Schall** streng physikalisch und ganz schlicht als einen Energietransfer betrachten sollte.

Für Kuttruff „ist leicht vorstellbar, dass diese [Beugungswelle] nicht nur den Schatten hinter der Wand aufhellt, sondern sich auch dem übrigen Schallfeld überlagert" (*Kuttruff, H.: Akustik – Eine Einführung, Hirzel 2004 – Seite 115*).

Man erhofft hier eine Antwort auf die Frage, weshalb jener „Wellenberg" *vor* dem Schattenhindernis entsteht, der sich für den Schalldruckpegel an der Schattengrenze offenbar ganz real einstellt.

Ich sehe hier einen blassen, aber ersten Hinweis auf ein verändertes Wellenmuster – und etwaig *Turbulenz*, die das übrige Schallfeld eben *nicht* „überlagert", sondern in dieses hineinwirkt.

Mit dem Huygens'schen Prinzip jedenfalls lässt sich der höhere Schalldruckbetrag nicht erklären, den Kuttruff in seiner Fig. 7.9 zeigt. Kuttruff erklärt uns – nach Huygens – dass „jeder von einer Schallwelle getroffene

Punkt [eig. Anm.: *das meint, jedes getroffene schwingungsfähige Teilchen*] zum Ausgangspunkt einer neuen Kugelwelle" werde (*Kuttruff* in „*Akusitk – Eine Einführung*",
Hirzel 2004 – Seite 114).

Das ist ein interessanter Erklärungsversuch, der aber
schon bei Kuttruff nicht ohne Widersprüche bleibt.
Huygens kann man das nicht anlasten, der von 1629
bis 1695 gelebt und mit bescheidenen Möglichkeiten
der Analyse zu leben und zu arbeiten hatte.

Ich muss mich auch anderen Ungereimtheiten zuwenden, die ich gern als „Unschärfen" umschreibe –
obgleich ich dann selbst im Bild des sichtbaren Lichtes
bin, mit dem ich nicht vergleichen *möchte* und dessen
gedanklich Nähe ich schon wenig förderlich finde.

> „Betrachten wir etwa […] eine schallharte Kugel.
> Ist ihr Durchmesser sehr groß gegenüber der
> Wellenlänge der einfallenden Welle, dann kann
> man auf jeden Schallstrahl das Reflexionsgesetz
> […] anwenden. Hinter der Kugel entsteht ein
> deutlicher Schattenraum, in welchen kein Schall
> gelangt."
> (*Kuttruff, H.: Akusitk – Eine Einführung; Hirzel 2004
> – Seite 113*)

„Kein Schall" ist eine forsche Feststellung – die in
dieser streng geometrischen Betrachtung erst einmal
plausibel erscheint.

Weiter heißt es:

> „Ganz anders, wenn die Kugelabmessungen mit
> der Wellenlänge vergleichbar sind. […] verliert hier
> der Begriff des Schallstrahls seinen Sinn."
> (*ebenda*)

Das geht gut damit einher, dass Kuttruff das Modell
vom Schallstrahl ohnehin nur für hohe Frequenzen als

tauglich ansieht. (*siehe mein Kapitel „... es sind eben nur Modelle"*) Das verträgt sich wiederum nicht gut damit, dass Kuttruff offen ist für ein großzügiges Aufweichen der Bedingungen, wenn das mathematische Lösungswege eröffnet oder vereinfacht.

Ich spräche also für die Außenkante eher erst einmal von „Unschärfen", und die Anwendung des Begriffs der „Beugung" erscheint mir auch dann nicht einleuchtender, wenn Kuttruff uns den Schallpegelverlauf zu einer Beugungskante grafisch verdeutlicht.

Die dazu von mir wiedergegebene Reproduktion spricht eher *gegen* die vereinfachte Vorstellung vom Schallverlauf an Kanten – ob man nun Huygens' Prinzip bemüht oder das Spiegelschallquellenmodell…

Und die folgende Ausführung Kuttruff's wäre auch über Streuung erklärbar. Dieses „Phänomen" bedarf kaum komplexer Erklärungen oder der gesonderten Betrachtung als „Beugung":

> „Bei kleineren Objekten kann der Schatten ganz
> verschwinden. Der Schall wird gewissermaßen um
> das Objekt herumgebogen, weshalb man diese
> Erscheinung als ‚Beugung' bezeichnet."
> (*Kuttruff: Akustik – Eine Einführung; Hirzel 2004 –
> Seite 114*)

---

*Ein – von mir selbst als eher unpassend hervorgehobener – Vergleich mit dem Licht, mag recht gut veranschaulichen, was in der Akustik  mit der „Beugung" gemeint sei:*
*Die Sonne hat den ca. 109-fachen Durchmesser der Erde – dass heißt, die Sonne „umstrahlt" die Erde de facto. Die Sonne ist wiederum um das nicht ganz 108-fache ihres eigenen Durchmessers von der Erde entfernt und entwirft allein aufgrund der großen Distanz*

*einen bescheidenen Halbschatten. Dieselbe Unschärfe
ist der Grund, weshalb auch das „harte" Sonnenlicht
keine wirklich harten Schatten von Gegenständen
zeichnet.*

*Anders das Mondlicht: Der Mond weist nur etwas
mehr als ein Viertel des Erddurchmessers, nur ein 400-
stel des Sonnendurchmessers auf – und ist zugleich
wiederum um das ca. 110-fache seines eigenen Durchmessers von der Erde entfernt. Mondlicht entwirft
weitestgehend harte Schatten von einzelnen
Gegenständen.*

---

Was für Hindernisse und den Schattenwurf, das gilt
laut Kuttruff dann auch umgekehrt für die Reflexion:
„Wir wenden uns nun einer anderen Erscheinungs-
form der Schallstreuung an vielen Streuzentren zu,
[…]: der Streuung an Unregelmäßigkeiten einer
sonst ebenen Wand. […] Wie eine Schallwelle von
ihr zurückgeworfen wird, hängt entscheidend vom
Verhältnis der Schallwellenlänge zur Größe der einzelnen Strukturelemente ab. […] Im dazwischen-
liegenden Wellenlängenbereich geht dagegen von
jedem Wandelement eine Beugungswelle aus, die
den Schall mehr oder weniger über den ganzen
Richtungsbereich zerstreut."
*(Kuttruff: Akustik – Eine Einführung; Hirzel 2004 –
Seite 130)*

(hierzu auch: die von mir modifizierte Darstellung in
strenger Anlehnung an Kuttruff's **„Fig. 7.13"**, von mir
bereits ganz am Anfang eingebunden im Kapitel „… es
sind eben nur Modelle")

Obgleich sich über Huygens die Abschirmung der
Raumkanten durch meine Reflektoren, und obgleich
mit Teilabsorptionen die Auflösung der Schallenergie
hinter den Reflektoren erklärt werden könnte, so ist

aber weder mit einem Spiegelquellenmodell noch unter Bemühung des Huygens'schen Prinzips der Raumkanteneffekt plausibel erklärt.

## die Raumkante ist kein Mysterium

Nicht nur – wie ich bereits in meinem Kapitel „Ein Gaukler mit der Schnarre" geschrieben hatte – halte ich es für möglich, mit vereinfachten Berechnungsmodellen den Raumkanteneffekt zumindest in einer lohnenswerten *Annäherung* einfließen zu lassen. Sondern ich gehe sogar davon aus, dass man versuchen wird, zunächst Berechnungsmodelle auf der Grundlage bekannter Formeln und Vorstellungen zu entwerfen.

Das wird dann – auch das hatte ich bereits erwähnt – immer noch besser sein, als die Raumkanten weiter allein im vereinfachten Schema jenes Verhältnisses zwischen Raumvolumen und absorbierenden Oberflächen einfach zu übergehen.

Allein…

… sinnvoll ist das *nicht* – und wird auch *nicht* ausreichen, um der Raumkante das angemessene und nötige Gewicht in der Raumakustik zu verleihen.

Ein Akustiker zeigte sich mir gegenüber sicher, es sei gerade leichter, die Wirkung der rein schallharten Reflektoren zu berechnen, weil sich Reflexion einfacher berechnen lasse, als Absorption.

Jedoch bin ich nicht ganz so euphorisch, dass sich ein Rechenweg vergleichsweise „einfach" finden lasse. <u>Denn</u>

> – die Größe der Reflektoren wirkt sich in Abhängigkeit von den Frequenzen unterschiedlich stark auf den Raumkanteneffekt aus;

– das Material, d. h. die Schallhärte der Reflektoren wirkt sich unterschiedlich in den Frequenzen aus;
– es macht einen – nicht genauer bestimmten –
Unterschied, ob zwei schallharte Reflektoren
genutzt werden oder der innenliegende Reflektor durch Absorption ersetzt wird.

… um nur drei Gründe zu nennen, weshalb es *keine leichte* Aufgabe wird, das **ReFlx**-System zu berechnen.

Ein vierter Grund ist, dass man den durch das **ReFlx**-System ausgeschalteten Schallanteil als in ∞ vielen Teilabsorptionen **sofort** absorbiert unterstellen müsste – um wenigstens eine Annäherung zu erzielen.

Dieses „sofort" ließe zu, ein komplett abgeschirmtes Volumen zu unterstellen – und so die Berechnung der Absorption zu umgehen. Dieses Volumen ist hingegen in der praktischen Auswirkung je nach Frequenz unterschiedlich groß.

Dennoch darf man und *sollte* man auch weiterhin auf die Absorption schauen:

**Absorption** ist kein Heilmittel, sondern
ein **Gestaltungsmittel** .

Absorption bleibt ein „legitimes", gar notwendiges Mittel, um quasi in der Endabmischung für ein komfortables Raumgefühl oder eine individuell abgestimmte Höratmosphäre zu sorgen.

Auch hilft mir die Absorption zum Beispiel, mit höherwertigem Holz so sparsam wie möglich umzugehen und im nicht sichtbaren Bereich den innenliegenden Schild durch geringwertigere Holzwerkstoffe und eine vereinfachte Trägerkonstruktion zu ersetzen, um dennoch für das System an sich die volle Wirksamkeit zu erzielen.

Der vordere Reflektor aber bleibt in unterschiedlich schallharter Ausführung die maßgebliche Komponente des **ReFlx**-Systems. In diesem Sinne bleibt aus meiner Sicht eine wesentliche Fragestellung, inwieweit Turbulenzen bei der Bewältigung des Raumkanteneffektes eine mindestens abschwächende Rolle spielen.

*Reflektoren beruhigen die Raumkanten*
in erster Linie durch
## Abschirmung von Kantenvolumen

Nicht zuletzt hier liegt das „Risiko" verborgen, dass die Mathematik eine für die Praxis zumindest taugliche Annäherung liefern könnte: Die empirische Physik könnte leicht das Interesse verlieren, der wahren Natur des Schalls auf den Grund zu gehen.

Allein um Hinweise zu finden und Aufmerksamkeit zu üben, möchte ich genauer auf den **Golfball** schauen:

Die kleinen Dellen auf der Oberfläche des Golfballs sorgen für makroskopisch kleine Verwirbelungen – die wiederum dafür sorgen, dass der Wirbelschweif *hinter* dem Golfball *deutlich* verkürzt **und** die Zone der Turbulenzen diekt um den Golfball herum kleiner wird, also enger an den Golfball herangezogen wird.

Mit der weiteren Folge:

Der stabile Luftstrom rückt näher an den Golfball heran und die bremsende Unterdruckzone mit ihren destabilisierenden und chaotischen Turbulenzen wird extrem verkleinert. Der Golfball fliegt schneller und weiter – und seine Flugbahn ist stabiler.

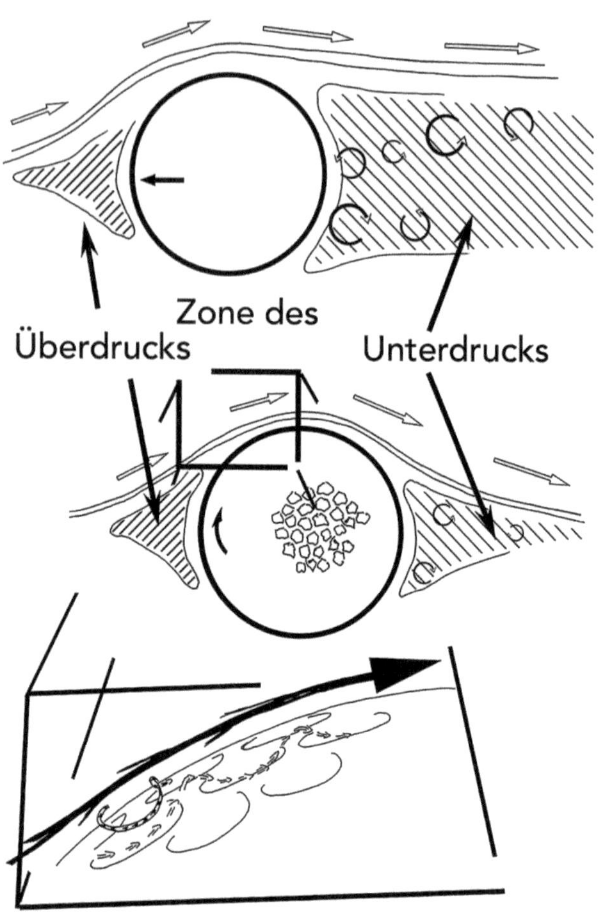



Je schneller der Golfball fliegt, desto stärker prägt sich darüber hinaus ein Drehimpuls aus – der wiederum die Mikroturbulenzen verstärkt. Durch den Drehimpuls gewinnt der Golfball nicht nur an Stabilität auf seiner Flugbahn, sondern gewinnt sogar Auftrieb – das heißt, seine Flugbahn zieht höher und weiter, als es für einen glatten Ball der Fall wäre.

Diese Entdeckung mit den Dellen übrigens – diese Abschweifung sei noch erlaubt – war allein ein erfolgreiches ‚*learning by doing*‘:

Die routinierten Golfspieler erkannten schon bald, dass ihre alten Golfbälle eine spürbar gezieltere Führung zuließen – und ahnten schließlich, dass das mit den immer zahlreicheren Dellen zusammenhing, die nicht mit dem Alter, sondern schlicht durch häufigen Gebrauch zustande kamen. Für die Golfbälle galt damals noch: jeder Hieb eine neue Delle…

## vom Golfball lernen?

Aber was haben Turbulenzen mit dem Schall zu tun? Denn derweil der Schall keine Strömung kennt, kann er auch keine Turbulenzen entwickeln?

In meinem Kapitel „*Turbulenz als Widersacher – und Freund*“ hatte ich bereits darauf hingewiesen, dass ich später auf Tsunamis umfassender eingehen möchte. Ich belasse es an dieser Stelle bei dem Hinweis, dass die Schwerkraftwellen, die ein Seebeben auslöst, auch erst dort Wellen und Wirbel ausbilden, wo sich ein Schelf mehr oder minder abrupt in den Weg stellt und wo auf dem Schelf die Wassertiefe kontinuierlich abnimmt. – Das Meerwasser ist, das muss man berücksichtigen, ein fluides Medium, wie dieses auch für die Luft als gasförmigem Medium gilt.

Die „Longitudinalwelle" der Schallausbreitung ist der Schwerkraftwelle zumindest so ähnlich, dass man einen möglichen Erkenntnisgewinn nicht kategorisch zurückweisen sollte.

Auch die Akustik betrachtet Wasser und Luft vergleichbar: Die gasförmige ebenso wie die flüssige Umgebung bieten ein fluides Medium, das sich im Wesentlichen in seiner Viskosität unterscheidet. In beiden Umgebungen wird die Schallenergie als Anregungen elastischer Teilchen longitudinal „weitergereicht" (wie ich das einmal salopp nennen möchte).

Andererseits bereits Flüssigkeiten weisen eine zu hohe Dichte auf, um den erforderlichen Masseausgleich zwischen den Teilchen im vorhandenen Volumen umsetzen zu können – wie das im gasförmig gefüllten Volumen sehr wohl vonstatten geht. So bilden sich etwa an der Wasseroberfläche eines Aquariums konkret Wellen aus, die man durch Musik anregen kann. Solche sichtbaren Wellen sind letztlich ebenso „Schwerewellen", wie die eines Tsunamis.

Und also frage ich:

Gibt es einen so bedeutenden Unterschied – außer in seiner bloßen Dimension – zwischen dem Reiben und Rütteln der einen auf einer anderen Kontinentalplatte und den Schwingungen, den mechanischen „Sprüngen" einer Schall abgebenden Membran?

Gibt es überhaupt einen Unterschied, ob ein unterseeisches Beben den ozeanischen Grund erzittern lässt – oder ob man eine Gitarrensaite anzupft? Außer den allein der Gewalten – oder der Zaghaftigkeit.


*Wenn und falls überhaupt – wissenschaftlich konsequent beobachtet und erklärt – irgendjemand hier einen Unterschied behauptet.*

*Aber an dieser Stelle lasse ich es hiermit bewenden und gehe erst in späteren Kapiteln darauf abermals und ausführlicher ein.*

*Auf jeden Fall lohnt es sich, Tsunamis keine kleine Aufmerksamkeit zu schenken, wenn man Schall besser verstehen möchte.*

Aus einem Seebeben – wenn es nur gewaltig genug wütet – wird nach Hunderten und gar Tausenden von Kilometern ein verheerendes Wellenmuster, das mit Wellen und Turbulenzen alles durcharbeitet, was nur entstanden ist, weil den Stoß- bzw. Dichtewellen mit ihren noch immer urgewaltigen Energien am Widerstand eines allmählich ansteigenden Strandes oder eines steil aufragenden felsigen Fjordes neue Regeln aufgezwungen wurden.

*kleines geschichtliches Intermezzo:*

# Turbulenzen in der Zeit

Ich komme später noch einmal darauf zu schreiben, dass Luther der Epoche der Aufklärung nicht zugerechnet wird – obgleich er ein wichtiger Aufklärer war.

Andere nannten ihn Aufrührer – und hätten sich seiner lieber ganz entledigt.

Kopernikus war auch so ein aufrüherischer Geist.

Kopernikus hatte das seltsame Glück, bereits kurz nach der Publikation seines Buches und im Alter von 70 Jahren durchaus betagt zu sterben – ohne das jemand nach seinem Leben trachtete. Und das, obgleich er in zahlreichen Briefen an durchaus bis sehr prominente Empfänger sein Gedankengut ausgebreitet hatte.

So manchen machte man mundtot, etwa nur wenig später Galileo Galilei, nachdem er mit einiger Finesse den Kopf aus der Schlinge bekommen und nach einem galligen Bekenntnis mit Hausarrest und Maulkorb davongekommen war.

Unzählige fraß mit dem Feuer des Scheiterhaufens auch das Vergessen auf.


Für die Betreffenden irgendwo von kaum noch zu ertragen bis qualvoll und tödlich, hat jedoch all das – zum Glück – langfristig der Erkenntnis nie geschadet.

Bushido titelte – keck mit einer alten Spruchweisheit spielend – 2010 seinen Film: „Zeiten ändern Dich".

Natürlich hat er recht: Die Zeit an sich schreitet nur voran – und will nichts davon wissen, wie man sie bemisst oder wie man sie benennt… oder auch vergeblich zu bremsen sucht.

Zeiten… ändern sich eben nicht.

Und auch – es enttäuscht, es ernüchtert, es erschrickt – der Mensch an sich ändert sich nicht…

... so ganz und gar nicht. Und nicht in Jahrtausen-
den.

Liest man etwa den alten Platon, so fehlen dort
nur Motorkutschen und Telefone. Er schreibt so
gegenwärtig, so aktuell.

Weil der Mensch eben Mensch ist.


Und doch: Menschen ändern sich. **In** der Zeit. Und
**mit** der Zeit.


So wurde auch mit der Zeit denklich, was etwa
Kopernikus angestoßen, was Galilei – den Scheiter-
haufen vor Augen – nothaft und mit einigem Geschick
widerrufen, aber immerhin bereits in die Welt gesetzt
und womit er bereits viele Köpfe in Bewegung, gar in
Aufruhr versetzt hatte.

Allmählich und in anderen Zeiten gelang es, sich
nicht nur der Fesseln der „deozentrischen" Macht
zu erwehren, sondern auch das geozentrische Er-
kenntnisbild des antiken Ptolemäus vom Thron zu
stoßen.


Und so belegt der Lauf der Zeit – nun spiele ich
meinerseits (und in seiner Verkehrung sehr frei) mit
einer anderen Weisheit, die es von Goethe's Faust bis
in den Volkmund geschafft hat:
Was nicht sein **kann**, das nicht sein **darf**.


**Daran** nämlich hat sich die Welt am Ende
noch stets gehalten – und noch jedes Wissen den
Geschichtsbüchern locker überlassen, wo die Zweifel
neue Gewissheiten einforderten.

# Nach Hall eine halbe Stunde zu Fuß

Legenden sind dem Menschen beinahe wie das Salz der Erde.

„Anno Domini 1275", so soll ein Graf von Bandis überliefert haben, habe ein Waidmann das Wild und das Vieh dabei beobachtet, wie es sich bevorzugt an einem bestimmten Felsen versammlte, um dort das salzige Feucht aufzulecken. Daraufhin habe man den Berg aufgeschlagen… und reichhaltige Salzvorkommen entdeckt.

Weshalb auch immer diese Jahreszahl und wem auch immer dienlich gewesen sein mag: Etwas stimmt daran nicht…

Denn bereits um 1244 muss – nachweislich – der Handel mit dem Haller Salz so prächtig geblüht haben, dass den Arbeitern in der Saline der Sonntag längst nicht mehr heilig war. So erfährt man auf der Website des Toursimusverbandes Region Hall-Wattens, ein Bischof Egno zu Brixen habe dem Probst zu Wilten Vollmacht erteilt, die Arbeitsruhe an Sonn- und Feiertagen nötigenfalls mithilfe drakonischer Kirchenstrafen gegen die Arbeiter in der Saline durchzusetzen.

Offenbar ebenfalls in dem einen oder anderen Detail unklar erscheint das Leben eines wahrhaft legendären Geigenbauers.

Hans Stainer, der Vater dieses Geigenbauers, hatte seine Familie mit der harten Arbeit im Salzbergbau in Absam ernährt, einer Gemeinde nördlich nahe Hall in Tirol. Die dortige Saline soll laut einer Schrift der „Koordinationsstelle Alpenpark Karwendel" bereits um die Mitte des 13. Jahrhunderts nach Hall an den Inn verlegt worden sein, nachdem der Energiehunger der Saline schnell vor Ort einen Mangel an Brennholz herbeigeführt hatte.

**Jakob Stainer** – bei einem Spielraum von vier Jahren zwischen den Quellen – ist wohl am wahrscheinlichsten 1619 geboren. Schon als Kind im Gesang reichlich engagiert, dann zunächst zum Tischler ausgebildet, soll er um 1640 nach Cremona in Italien gezogen sein. Wie der Tourismusverband beschreibt. Der Deutschlandfunk berichtet, die Art seiner Geigenbaukunst verrate, dass er in Venedig bei einem aus dem bayrischen Füssen stammenden Geigenbauer gelernt habe.

So oder so ist der Tischler Stainer beim Holz geblieben… und kehrt als ein Meister seiner neuen Kunst zurück in die Heimat.

Die Violine ist ein Saiteninstrument. Aber der Klang einer Violine wird weniger von den Saiten bestimmt – sondern zum Leben erweckt durch den Resonanzkörper, auf den die Saiten gespannt sind.

Der Anblick einer Geige verrät allein, was sie vorgibt zu sein. Und nicht einmal der Blick ins Innere einer Violine vermag wahrhaftig zu offenbaren, welche Kunst und welchen Wert sie birgt.

Jakob Stainer hatte seine Kunst des Geigenbaus so brillant beherrscht, dass er durch Fürsten- und Königshäuser beauftragt wurde. Und „eine Stainer-Geige war im 18. Jahrhundert zehnmal teurer als eine Stradi-

*vari"*, lässt uns der ORF wissen – anlässlich der Versteigerung einer Stainer-Geige aus dem Jahre 1659 bei Sotherby's im März 2011.*

Da  man bereits bei Wallace C. Sabine entdecken konnte, dass Violinen viel mit Akustik zu tun haben, schließt sich hier der Kreis: … eine halbe Stunde

zu Fuß von Absam *nach Hall.*

Ich möchte noch ein wenig über *Nachhall* schreiben.

## ***Nachhall* ist *das* Leitthema der Raumakustik – und Leidthema.**

Da das „Sabine'sche Gesetz" oder die „Sabine'sche Formel" in der Branche ein so geflügeltes Wort ist, hatte Wallace C. Sabine selbstverständlich meine Neugier geweckt.

Ich wollte mir unbedingt zumindest einen groben Eindruck davon verschaffen, was Sabine da angestoßen hatte. Ganz offensichtlich geht ja die zentrale Rolle des Nachhalls auf W. C. Sabine zurück. Und alles, was Dritte über ihn schreiben, lässt daran auch kaum zweifeln.

Auch Nocke lässt uns in „Raumakustik im Alltag" an seiner Begeisterung teilhaben:

> „Die Arbeiten Sabines sind als »Collected Papers on Acoustics« auch heute noch spannend zu lesen."
>
> *(Nocke, Christian: Raumakustik im Alltag; Fraunhofer IRB 2019 – Seite 49)*

Ausdrücklich widerrufen hatte Sabine seine „Formel" wohl nicht. Ich kann nur mutmaßen, dass Sabine seiner eigenen „Formel" kein gar so großes Gewicht mehr eingeräumt hatte. Denn im Laufe der Zeit hatte Sabine eine hohe Sensibilität für den Schall entwickelt.

*Auf Details gehe ich an anderen Stellen und mehr-
fach ein. Deshalb möchte ich an dieser Stelle Sabine
nur – und knapp – quasi „geschichtlich" entlasten.*

In Kapitel 1, „*Nachhall*" [*The American Architect,* **1900**],
beschreibt Wallace C. Sabine umfangreich – und offenbar verhängnisvoll – den Bezug zwischen dem Nachhall, genauer der Nachhall*zeit*, und der Absorption.
Das konstante Verhältnis zwischen dem Raumvolumen
und der im Raum wirksamen Absorption untermauert
er mit mathematischen Herleitungen.

Schon in Kapitel 2, „*Die Genauigkeit musikalischer
Proben unter Berücksichtigung der Bauakustik. Unterschiede im Nachhall bei unterschiedlichen Tonhöhen*"
[Proceedings of the American Academy of Arts and Sciences,
Vol. XLII, No. 2, June, **1906**], geht Sabine auf Probleme
ein, die in den mittleren und höheren Frequenzen in
unterschiedlicher Weise auftreten.

Sabine's feines Gespür…

In Kapitel 8, „*Baumaterialien und musikalische Ton-
lagen*" [The Brickbuilder, Vol. XXIII, No. 1, January, **1914**]
geht Sabine unter anderem sehr genau auf das Missverhältnis ein, das mit zunehmender Absorption zwischen verschiedenen Instrumenten entsteht.

Und schließlich in Kapitel 9, „*Bauakustik*" [Journal
of the Franklin Institute, January, **1915**] geht Sabine sehr
detailliert auf die Problematik der Obertöne ein – und
dass mit zunehmender Absorption Fülle und Charakter
auch der tieffrequenten Instrumente oder Bespielungen
(Orgel) verloren gehen, weil die Absorption, je höher
die Frequenzen, umso mehr der Obertöne verschlingt.

*Die Angaben in eckigen Klammer sind dem Inhaltsverzeichnis der ‚Collected Papers on Acoustics' entnommen, die mit Jahresangaben die Publikation in Fachzeitschriften und die Chronologie aufzeigen; Titel der Beiträge eigenübersetzt.*

Wer möchte da noch – wenn allein die Benennung des „Sabine'schen Gesetzes" die Gesichtszüge in Begeisterung aufhellt – ja, wer *könnte* da noch von sich sagen, ahnungslos zu sein!? Und Sabine sinngemäß zu folgen, wenn etwa „im Zweifelsfall [...] in Räumen zur Sprach-Information und -Kommunikation eher kürzere als längere Nachhallzeiten realisiert werden"?
(Zitat: DIN 18041:2016-03, Seite 12)

## ...für die hohen Frequenzen

Abgesehen von Hallen und Räumen, in denen Maschinen oder Montagen einen unwillkommenen bis zerstörerischen Lärm erzeugen, waren es erst Großraumbüros, die einer schier schrankenlosen Absorption Recht und Berechtigung gaben.

In Mehrpersonen- oder Großraumbüros will man *keinen* Raumklang. Oder, mit anderen Worten: Dort strebt man möglichst geringe gegenseitige Einflüsse an, um den Einzelnen ein ungestörtes Arbeiten zu ermöglichen. Dort kann man also von Absorption kaum genug bekommen.

Aber wo immer sich Mensch einer Vielzahl von Menschen mitteilen möchte – ob mit Worten, mit Gesang oder vermittels Musikinstrumenten – und wo immer der Mensch sich dazu in geschlossenen Räumen einfindet, da gibt es seit jeher den Anspruch, dass eine jede im Raum anwesende Person in gleicher Weise Empfänger der gleichen Botschaft würde sein können.

... womit ich bei Kommunikationsräumen bin.

Für Klassenräume – einem Musterfall für Kommunikationsräume – mag Gruppenunterricht den Glauben an die Absorption bestärken. Vielmehr jedoch müssen in so genannten Kommunikationsräumen Sprach- und andere Nutzsignale zusätzlich *unterstützt* werden.

Damit meine ich ausdrücklich **nicht** den Einsatz von Elektroakustik. Denn die ist abhängig von Stromversorgung, von Wartung und Reparatur – kurzum: Sie ist nicht bedingungslos verfügbar.

Die akustische Bereinigung von Räumen erfordert es, Raumakustik künftig grundsätzlich neu und andersherum zu denken.

Was ich meine…

Wenn man Räumen über die Raumkanten die wesentlichste Störungquelle entzieht, dann lässt sich Raum umgekehrt denken,

nämlich nicht vom *Störsignal*, sondern vom **Nutzsignal** aus.

---

**Nachhall** ist ein **Symptom** – keine **Krankheit**

---

Absorption an sich, durch Flächen und Gegenstände, aber auch durch Personen ist weitreichend nicht beeinflussbar und variabel (*!*) vorgegeben.

Absorption an sich – über solche hinzunehmenden Absorber hinaus – ist jedoch auch ein ergänzendes und willkommenes Werkzeug, um Raumakustik gezielt zu gestalten.

Absorption darf hingegen nicht – und **kann** gar nicht – das **primäre** Mittel sein, um so etwas wie reinen Raumklang anzustreben.

Stets und immer gilt: Die Raumkante muss in Betracht gezogen werden – um den Raum erst einmal grundsätzlich zu **entstören**.

Absorption ist dabei ein unterstützendes Mittel, wo man durch Abschirmung, durch Brechung und durch Lenkung des Schalls nicht weit genug gelangen kann.

Aber *immer* gilt – und auch für die *Raumkante* gilt: **Absorption** ist eine **Option**, eine *Möglichkeit* – aber nicht das erste und niemals das vordringliche Mittel der Problemlösung.

*Grundsätzlich* muss man Räume akustisch erst **von der Raumkante aus denken**.

Und Raumkante an sich muss man neu denken!

Zunächst einmal ist Raum nichts anderes als ein Kantengerippe – die „Urform" des geometrischen Entwurfs eines kubischen Volumens:

Selbstverständlich ist auch *das* – oder *gerade* das – eine an sich unzulässige Vereinfachung. Denn selbstverständlich steht nur in der zeichnerischen Umsetzung die Kante *vor* der Fläche.

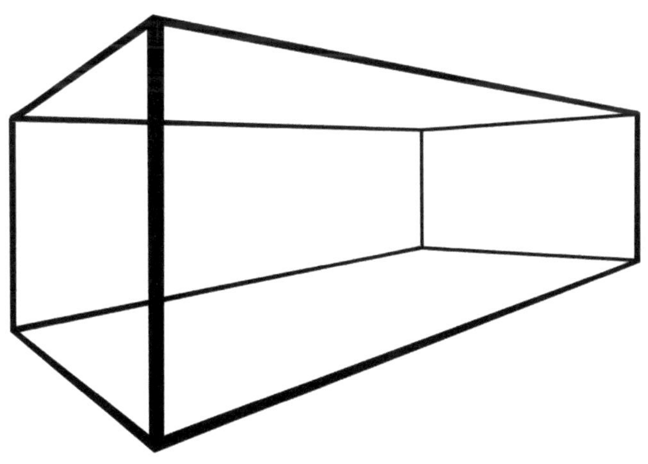

Tatsächlich könnte **Kante** gar nicht sein, wo nicht zwei **Flächen** aufeinanderstoßen. ***Das*** ist das eigentliche und *energetische* Problem: Dass zwei Flächen aneinanderstoßen – und damit ein zu einer Seite hin geschlossenes Volumen beschreiben.

Der Fokus auf die Nachhallzeit suggeriert aber, Schall sei ein Raumereignis: Ein zumindest näherungsweise ebenmäßiges Phänomen, das dementsprechend pauschal betrachtet und „behandelt" werden könne.

## Nachhall ist kein Feind

Nicht zuletzt, wenn man verschiedentlich lesen kann, es sei gleichgültig, wo Absorber angebracht würden – sie reduzierten auf jeden Fall zuverlässig den Nachhall – dann sieht man sich in einer solchen, pauschalen Betrachtung von Raum und Akustik bestätigt.

Und DIN 18041 hilft auch nicht gerade, sich eine differenzierte Sicht auf den Nachhall zu erarbeiten, wenn es dort ausdrücklich heißt:

> „Im Zweifelsfall sollten in Räumen zur Sprach-Information und -Kommunikation eher kürzere als längere Nachhallzeiten realisiert werden."
> *(DIN 18041:2016-03, Ordnungspunkt „4.2.3 – Anforderungen an die Nachhallzeit" – Seite 12)*

Ganz nüchtern betrachtet sind auch die Reflexionen der Raumkanten so etwas wie „Mehrfachreflexionen". Jedoch ist es weder sinnvoll, noch sachlich korrekt, die akustischen Auswirkungen der Raumkanten einfach den übrigen „Mehrfachreflexionen" zuzurechnen.

In das Gesamtschallereignis, das als „Nachhall" erfasst wird, wirkt bisher undifferenziert auch der Störeffekt der Raumkanten hinein. Die Nachhallzeit entwirft ein somit stark verzerrtes – bei kleinen Räumen gar faktisch unbrauchbares – Bild von den tatsächlichen akustischen Verhältnissen in einem Raum.

Jener Effekt, der in den Raumkanten entsteht, unterscheidet sich *grundsätzlich* von den Mehrfachreflexionen, die den so genannten Nachhall darstellen.

Deshalb kann – rein physikalisch betrachtet – nur ein fehlerhaftes Abbild von der Realität entstehen, wenn die Abklingphase der gesamten Schallenergie in einem Raum pauschal als „Nachhallzeit" aufgefasst wird.

## Abklingphase ≠ Nachhall

*Man muss sich, wenn man jene Druckmaxima, die in den Raumkanten entstehen, sinnvoll bewältigen möchte, von dem* **Nachhall** *als* **Leitlinie** *für gute Raumakustik verabschieden.*

*Nachhall ist eine Nebenwirkung von geschlossenem Raum, die aber zugleich Großzügigkeit und Weite desselben suggeriert – und damit grundsätzlich erst einmal das Gegenteil von dem aussagt, was tatsächlich gegeben ist: Eingeschlossenheit – und damit potenziell auch Bedrängnis.*

*Die Halligkeit eines Raumes transportiert für das Unterbewusstsein eine positive Botschaft.*

# Der Schallbeugung auf den Zahn gefühlt

Ich möchte mit einer weiteren Betrachtung auf die Modellvorstellung von der Schallbeugung eingehen.

Freundlicherweise war ich von einem Dozenten im Polizeiwesen auf einen Artikel aufmerksam gemacht worden, bei dem es um so genannte Schirmkronen geht. Diese sollen in besonderer Weise die Schallbeugung relevant abschwächen – so das zunächst vorauseilende Versprechen des  Anbieters.

Solche Schirmkronen sollen nicht dadurch wirken, dass sie Schutzwände erhöhen – und somit einfach für *mehr* Abschirmung sorgen – sondern durch Formgebung und Material dafür sorgen, dass deutlich weniger Lärmbelastung hinter solchen Schallschutzwänden herrscht. Angeblich wird der Effekt der *Schallbeugung* deutlich vermindert, im besten Falle aufgehoben.

Ich erlaube mir zu zitieren, denn in der betreffenden Publikation ist schon angemessen komprimiert worden:

> „Im Auftrag des BASt bestimmte die Gesellschaft für Akustikforschung Dresden mbH die akustische Wirksamkeit einer Schirmkrone, die auf die bestehenden Lärmschutzwände einer Talbrücke installiert wurde. Mit dem messtechnischen Nachweis an einer realen Verkehrsschallquelle sollten Vorhersagen des maßgeblichen Immissionsschalldruckpegels unter Einsatz von Schirmkronen ermöglicht werden.
> [...]
> [...] Nach [...] Berücksichtigung der zu den jeweiligen Messungen vorliegenden Verkehrs- und Wetterbedingungen sank die akustische Wirksamkeit der Schirmkrone auf 0,4 bis 1,7 Dezibel. Gleichzei-

Quelle: „Akustische Wirksamkeit von Lärmschutzwandaufsätzen, Bergisch Gladbach, Bundesanstalt für Straßenwesen, 2020 (Berichte für Straßenwesen, Unterreihe ‚Verkehrstechnik', Heft V 334)
original Bilduntertitel: „Lärmmindernder Aufsatz aus Flüsterschaum auf einer Lärmschutzwand (Bild: Andre Jaborek, Hessen Mobil)"

tig reduzierte sich die Standardabweichung des
gemessenen Immissionsschalldruckpegels auf etwa
1 Dezibel. Des Weiteren war zu berücksichtigen,
dass die Installation der Schirmkrone mit einer Erhöhung […] des Abschirmmaßes verbunden ist.
Eine simulierte Erhöhung der bestehenden Lärmschutzwände um einen halben Meter führte […] zu
vergleichbaren Werten […].
[…] Eine über die reine Erhöhung der Beugungskante hinausgehende akustische Wirksamkeit der
untersuchten Lärmschutzwandaufsätze konnte […]
nicht nachgewiesen werden."

*(Akustische Wirksamkeit von Lärmschutzwandauf-
sätzen, Bergisch-Gladbach, Bundesanstalt für
Straßenwesen, 2020 [Berichte der Bundesanstalt
für Straßenwesen, Unterreihe ‚Verkehrstechnik',
Heft V 334] – im Einzelfall publiziert in der
Kurzschrift „Forschung kompakt 16/20)*

Dass im Artikel die Rede von der „Beugungskante"
ist, kann man gern in Kauf nehmen: Was innerhalb der
Fachwelt gang und gäbe, kann man der Berichterstattung nicht ankreiden. Erst recht kann man nicht
erwarten, dass in jener Publikation auch noch der
Sprachmodus umgestoßen wird, derweil man dort
schon die „Schirmkrone" entzaubert hat.


Ich möchte nicht missverstanden werden:
Für mich stehen nicht Schallschutzmaßnahmen an
sich in Frage, nur weil sie – berechtigte – Erwartungen
von Anwohnern nicht erfüllen (können?).
Sondern mangelhafte Schallschutzmaßnahmen sind
geeignet, Modellvorstellungen zum Schall an sich und
auch Lösungsansätze im Lärmschutz in Frage zu stellen.

Werner zum Beispiel bemüht sich in seinem „Handbuch Schallschutz und Raumakustik" redlich, uns den Stand der Kenntnisse zu unterbreiten. Mit Skizzen und tabellarischen Gegenüberstellungen hellt er die Geheimnisse um mehr oder minder zahlreiche oder komplexe Berechnungen ein wenig auf.

So erfahren wir von ihm etwa auch, dass eine Abschirmung mit mehreren „Beugungskanten" wirkungsvoller sei als eine dünne Schallschutzwand. Und, dass praktisch beliebige Schallschutzmaßnahmen ihre sehr deutlichen Grenzen haben:

> „Durch Abschirmeinrichtungen wie Wälle oder Wände an Straßen kann die Immission höchstens um 15 dB vermindert werden, nur eine Abschirmung durch lange und hohe Gebäude übertrifft diesen Zahlenwert. Lärmschutzwälle oder -wände mit einer Höhe von weniger als 2 m sind nicht sinnvoll."
>
> *(Werner, Ulf-J.: Handbuch Schallschutz und Raumakustik, 2. Aufl., Beuth 2015 – Seite 173/174* und sein Verweis auf seine Quelle: Richtlinie für den Lärmschutz, Bundesministerium für Verkehr; Verkehrsblatt, Nr. 7, 1990, lfd. Nr. 79)

# Wir fah'n, fah'n, fah'n auf der Autobahn

*Ich unterstelle eine vierspurige Autobahn in Tallage. Von der Fahrbahn aus ist üppige Bewaldung zu sehen.*

Der „Wald" täuscht ein wenig, denn in einer darüber steil aufragenden Hanglage halten sich schon bald nur noch Gräser oder Flechten und Gesträuch am Fels.

Dennoch oder gerade deshalb muss der Wald erhalten bleiben: Er sorgt nicht nur für Absorption, sondern auch schlicht für Abschirmung. Ich kann nicht sagen, wie sehr sich dieser Waldstreifen rein mathematisch betrachtet marginalisieren ließe, damit er bedenkenlos weggehackt werden könnte.

Tatsächlich käme ohne den Waldstreifen deutlich mehr Schallenergie schon am Hang an. An der Kuppe spült diese Energie stärker über den gerundeten Kopf. Ein scharfer Felsabriss wäre da zumindest willkommener, weil der eine etwas stärkere Lenkung des Schalls bewirken könnte.

Das Hauptproblem für die kleine Ansiedlung hinter der Kuppe ebenso wie für den noch einmal 3 oder 4 km weiter gelegenen Ort hingegen ist das Wetter…

Am Ende nämlich gibt es einfache Erklärungen.

Ulf-J. Werner lässt sich einige Seiten lang darüber aus, spricht über den Einfluss unterschiedlicher Luftschichtungen auf die Schallübertragung, zeigt auf, wie Inversionswetterlagen gleichsam wie eine Gewölbedecke wirken, während normale Wetterlagen den Verlust von Schall nach oben hin, in den freien Himmel hinein, noch begünstigen.

> „Inversionswetterlagen treten häufig in der kalten Jahreszeit auf, in der der Erdboden gefroren oder mit Eis und Schnee bedeckt ist."

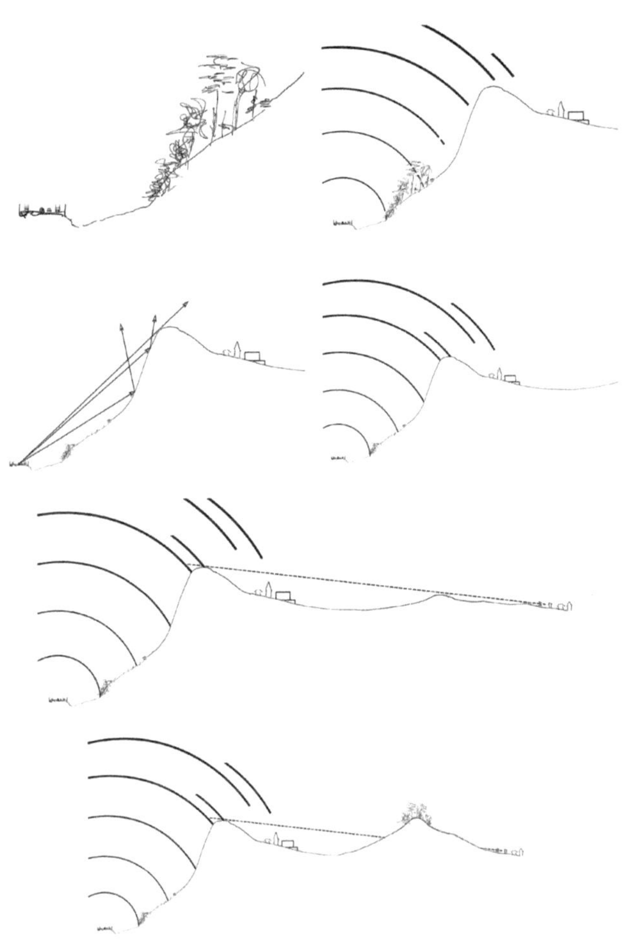

oder

> „Auch nasser Boden wirkt schallhart, da die ober-
> flächennahen Poren mit Wasser gefüllt sind und
> eine gute Reflexionsebene bilden."
> (Werner, Ulf-J.: Handbuch Schallschutz und
> Raumakustik, Beuth 2015 – Seite 132)

Mit anderen Worten: Eine regennasse Fahrbahn büßt Porosität ein und verstärkt nicht nur wegen des an den Reifen aufspritzenden Wassers den Lärm der Straße, sondern wesentlich auch wegen der stärkeren Reflexion von Abroll- und unmittelbaren Kraftfahrzeuggeräuschen. – Die trockene Fahrbahn ist schlicht der bessere Absorber.

Der andere und entscheidende Faktor ist die Reflexion von Schallenergie an Luftschichten. Jedoch hört man in der großen Ferne immer nur das tieffrequente Grundrauschen einer Autobahn – oder das Schlagen – dieses typische „Pa-Dang" – wenn die einzelnen Fahrzeugachsen auf Brückennähte klopfen. Höhere Frequenzen verlieren sich schnell über die Distanz.


Werner gibt uns dazu ein interessantes historisches Beispiel und beruft sich auf ‚F. Trendelenburg: Akustik; Springer Verlag 1950'. Das Ereignis liegt lang zurück, so dass auch die „historische" Quellenlage gut durchgeht:

> „Bei einer Explosion im Mai 1920 in Moskau wurde das Explosionsgeräusch in einem von Wind und Wetter mehr oder weniger deformierten Umkreis von 60 km wahrgenommen, wenn auch mit schwankender Intensität. In einem sich anschließenden Gebiet zwischen 60 und etwa 180 km wurde das Geräusch nicht registriert, […]. Aber in einem Umkreis von 180 km bis ca. 250 km wurde das Geräusch wieder wahrgenommen, die Totalreflexion brachte die Schallwellen zur Erde zurück. Die Totalreflexion fand dabei in Höhen von 40 km bis 50 km statt."
> (Werner, Ulf-J.: Handbuch Schallschutz und Raumakustik, 2. Aufl.; Beuth 2015 – Seite 131/132)

*Auf den ersten Blick mutet das anekdotisch an. Aber wenn man einmal rechnerisch grob überschlägt, wenn man einen Anfangsschalldruck von „nur" 150 dB unterstellte, dann könnten – ohne jegliche andere dämpfende Einflüsse – runde 40 dB oder mehr in 250 km Entfernung angekommen sein.*

*Für eine Schulklasse gibt man einen Grundgeräuschpegel von runden 45 dB an – wenn keines der Kinder tuschelt oder stört. Die bloße Anwesenheit von 25 bis 30 atmenden Menschen in einem geschlossenen Raum und das eine oder andere Schreibgeräusch bewirken bereits diese Grundgeräuschkulisse.*

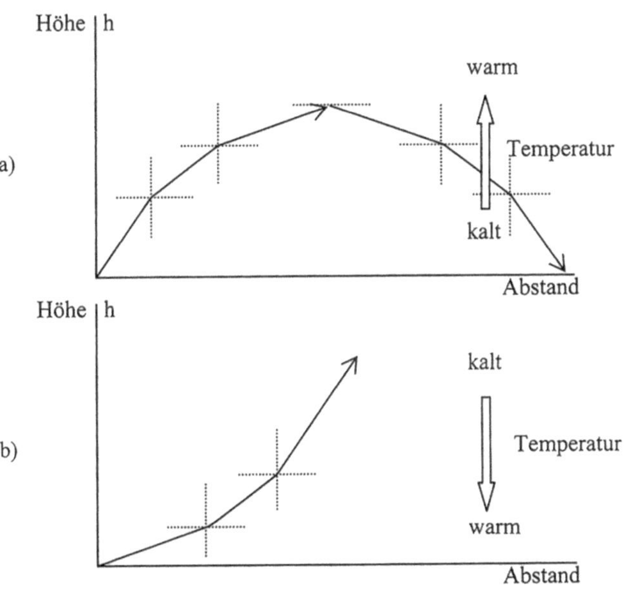


Abb. 3.38: Schallwellen in Luftschichten unterschiedlicher Temperatur
a) Inversionswetterlage
b) normale Wetterlage

*(entnommen: Werner, Ulf-J.: Handbuch Schallschutz und Raumakustik, 2. überarb. Aufl.; Beuth 2015 – Seite 132)*

# Eine Aufforderung zum Tanz

Ich meine, dass man sehr wohl alle Formen der Wellenausbreitungen und Strömungen beobachten sollte. Man sollte Druckwellen von Explosionen beobachten, sollte Wellen ozeanischer Beben betrachten, Überschwemmungen nach Tsunamis oder nach Dammbrüchen. Schließlich nicht zu vergessen: Luftströmungen.

Gewiss muss man sich dessen bewusst sein: Der Blick auf ähnlich erscheinende Durckausbreitungen kann auch stets in die Irre führen. So zum Beispiel: Die Druckwelle einer Explosion ist die Ausbreitung der heißen Gasteilchen einer chemischen Reaktion – der der Knall erst zeitverzögert folgt.

Andererseits erschienen mir Ausführungen zu den Ursachen des Absturzes einer *Ju 52* in den schweizerischen Alpen sehr bemerkenswert, dem ich ein eigenes Kapitel widme. – Dieser Absturz allerdings ist weniger bemerkenswert  im Hinblick auf den Strömungsabriss, als vielmehr im Hinblick darauf, wie dort „Wissen" und „Erfahrung" einen verhängnisvollen Ereignisablauf initiiert haben.

Oder: Die Lichtbeugung – an die man vage anlehnt, wenn von „Schallbeugung" die Rede ist – ist die Streuung von Lichtstrahlen an Grenzdimensionen, zum Beispiel am Rande der Blendenlamellen im Kameraobjektiv. „Streuung" bedeutet: in alle Richtungen.

Objektivhersteller, die ihr Handwerk verstehen, reduzieren die Sekundäreffekte der Streuung so hervorragend, dass sie nur bei ganz kleinen Blendenöffnungen überhaupt noch eine Rolle spielen. Je schlechter das Glas, je schlechter die Oberflächenvergütung der Linsen, je schlechter die Absorption von Restlicht innerhalb des Objektivs, desto störender fällt die Lichtbeugung ins Gewicht. – Alles Faktoren, die unmittelbar mit der „Lichtbeugung" nichts zu tun haben – sondern die Nebeneffekte minimieren!

Nicht allein wegen diverser Widersprüche, sondern auch mit der Kenntnis um Licht und Bildfehler im Hinterkopf kann ich mich mit dem Modell von den „Schallstrahlen" und der Vorstellung von der „Schallbeugung" nicht einverstanden erklären.

Wenn ich beobachte, wenn ich höre, was ich in den Raumkanten mit welchen Maßnahmen bewirke, dann ahne ich, dass ich mit der Betrachtung von Wellen im Wasser möglichen Ursachen und Erklärungen zumindest näher kommen kann, als das mit dem Modell von „Schallstrahlen" oder „Schallteilchen" möglich ist – die die Fachliteratur geradezu toxisch durchziehen.

## mehr vom Meer lernen

Nicht zuletzt, weil Gase und Flüssigkeiten physikalisch als fluide Medien gleichgestellt werden können, lässt sich am Wasser mehr ablesen, als am Licht – das einen völlig abwegigen Vergleich bietet. Dennoch kann, Analogien zu betrachten, stets und leicht zu Fehlschlüssen führen.

Zu welcher Modellbetrachtung man auch immer findet – es bleibt unbedingt die Anforderung bestehen, Analyseverfahren zu entwickeln, mithilfe derer man explizit die Raumkante abbilden kann.

Ich bin dennoch optimistisch, dass man sich auch mit den bisherigen Mitteln dem von mir so bezeichneten „Detail" der Raumkante bedeutend und mit einiger Präzision zumindest annähern kann.

Aber erst einmal: der Blick aufs Meer…

Wenn sich eine durch ein Seebeben angeregte Wellenbewegung mit rund 950 km pro Stunde ausbreitet, dann liegt das beinahe um den Faktor 6 deutlich unterhalb der Schallgeschwindigkeit im Meerwasser. Das ist Hinweis genug, dass Schallausbreitung anders vonstatten geht, als die Ausbreitung der Schwerewelle.

Auch der Vergleich mit solchen Wellen kann also nur zum Nachdenken anregen. Das wird nicht zuletzt deutlich, wenn Sven Titz für „Welt der Physik" im Internet schreibt: „Tsunamis sind keine Druckwellen."

Wenn man dort erfährt, dass die Wellen des Seebebens so genannte „Schwerewellen" seien, weil es sich dabei um einen durch die Schwerkraft rückgestellten Ausgleich von Masseungleichgewichten handele, dann muss ich aber einmal fragen, welcher Unterschied zwischen der Schallanregung durch eine tönende Membran einerseits, der Anregung der See durch ein Beben andererseits herrsche. Womöglich am Ende nur der, dass man es beim Seebeben mit anderen Größenordnungen und anderen Massen, in der Folge dann auch mit enormen Masse*trägheiten* zu tun hat?

*Ich gebe hier* keine Antworten. *Ich verleihe nur meinen Zweifeln Ausdruck.*

Schnell wird ersichtlich, was es mit den „Schwerewellen" auf sich hat. Nebenbei wird auch erkennbar, dass ein „Seebeben" tatsächlich ein solches ist – und nicht bloß ein anderes Wort für „Erdbeben", bloß weil es jetzt mal „unter See" gekracht hat:

Wenn der Seeboden durch ein (nicht zu) tiefes Beben um mehrere Dezimeter oder gar Meter gehoben oder gesenkt wird, dann werden diese Hebungen und Senkungen auch in die darüber liegende Wassersäule übertragen – die ihrerseits mit Trägheit reagiert.

„Im Ausgleich bilden sich Wellen, die man Schwerewellen nennt, denn die Schwerkraft ist die Rückstellkraft dieser Schwingung."
(*Sven Titz, „Tsunamis – die Gefahr durch Seebeben", 07.11.2005 in „Welt der Physik"*)

Diese „Rückstellkraft" meint die Schwingung der Welle um das Ideal der Ruhelage herum: Wirft man einen Stein ins Wasser, dann verdrängt dieser Wasser. Der versunkene Stein wiederum hinterlässt ein klaffendes „Loch" – in das Wasser hineindrängt. Das Wasser schießt so schnell in dieses „Loch", dass es aufspritzt. Die Schwankung um die Null-Linie herum pendelt sich aus, bis das Energieungleichgewicht „verbraucht" ist.

---

### die Wasserwelle als vertikales Pendel

---

Zur Vereinfachung allein auf das Wasser fokussiert, könnte man sagen: Wenn sich die Wellenbewegung nicht an Reibungsverlusten in das umgebende Wasser hinein verlöre, dann hielte die Schwerkraft die Wellenbewegung bzw. die Pendelbewegung um die Null-Linie herum für eine Dauer gegen Unendlich in Bewegung.

Nun zurück zum Tsunami, laufen die Wellen an der Wasseroberfläche in Abhängigkeit von ihrer Amplitude unterschiedlich schnell. Das heißt, hier sind sie der so genannten Dispersion ausgesetzt, also einer Zerstreuung oder Spreizung – in Abhängigkeit von der Wellenlänge und Amplitude der Welle.

Wieder also nimmt – in Abhängigkeit von den Umgebungsbedingungen – der Transfer von Energie unterschiedliche Formen an.

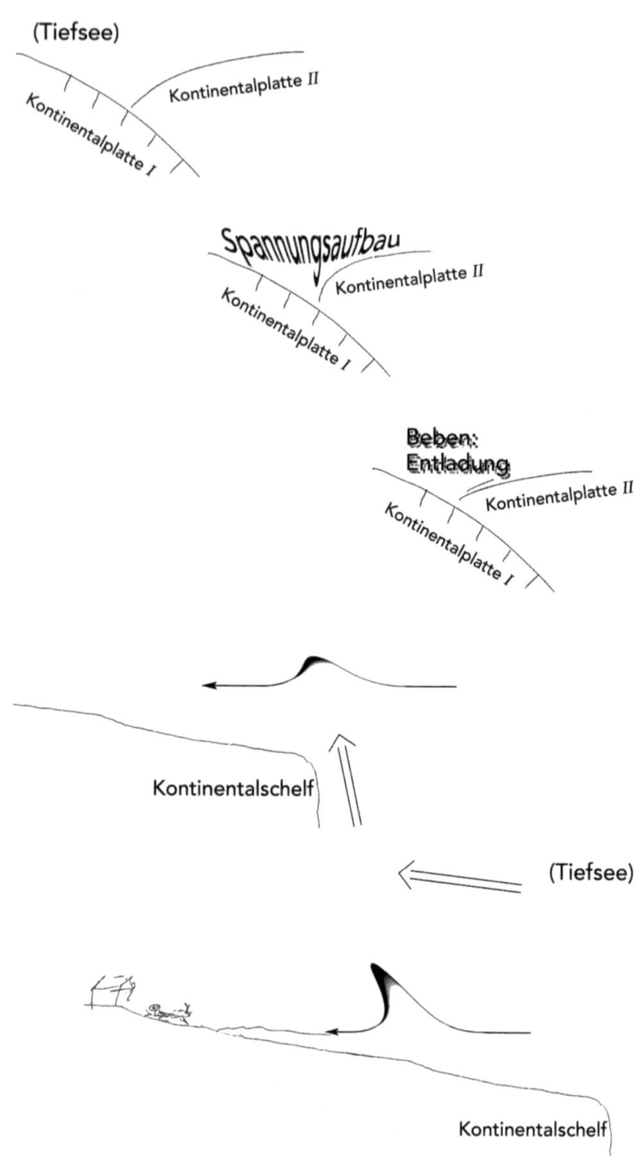
(Tiefsee)
Kontinentalplatte II
Kontinentalplatte I
Spannungsaufbau
Kontinentalplatte II
Kontinentalplatte I
Beben:
Entladung
Kontinentalplatte II
Kontinentalplatte I
Kontinentalschelf
(Tiefsee)
Kontinentalschelf

Weshalb ist man sich für den Luftschall so sicher, dass solche Wechsel nicht stattfänden? Und das, obwohl die Physik für die Schallausbreitung in Gasen und in Wasser dieselben Grundlagen annimmt? – Gewiss:

Weil ich gerade von einem Seebeben schreibe, nicht von Schall. Und weil ich im Zweifel nicht genug davon verstehe…

Je größer die Wassertiefe, desto kleiner sei die Amplitude der Welle. Aber auch: desto *schneller* laufe die Welle, so Sven Titz in seinem Beitrag. Hier geht es also um Trägheitsdifferenzen.

Man ahnt schon: Je größer die Wassertiefe, je höher der Wasserdruck, desto mehr Energie verbirgt sich allein in der Kompression. Ohne den Begriff der Amplitude und vereinfacht ausgedrückt:

tatsächliche Stoßhöhe (des Bebens)
x Wasserdruck (in Abhängigkeit von der Wassertiefe)
= tatsächliche Energie.

Diese Energie wird dort, wo nur noch 1 bar Luftdruck entgegensteht und sozusagen „nur" noch die Masse (des Wassers) selbst gestemmt werden muss, zu einem Monster von 20 oder 30 Metern. Sven Titz berichtet gar, dass in felsigen, eng gefassten Fjorden Tsunamis von über 100 m Höhe beobachtet worden seien. – Wenn also kein allmählich ansteigender Strand die Monsterwelle galant bis tief ins Land hineinführt, sondern wenn eine hohe und zerklüftete Felsenküste im Wege steht, dann entlädt sich die unscheinbar durch Longitudinalwellen weitergeleitete Energie in immer höheren Wellenbergen und chaotischen Turbulenzen.

Bei der Schallübertragung im gasförmigen Medium – in der Luft – findet schlicht eine Verdichtung der Gasteilchen statt:

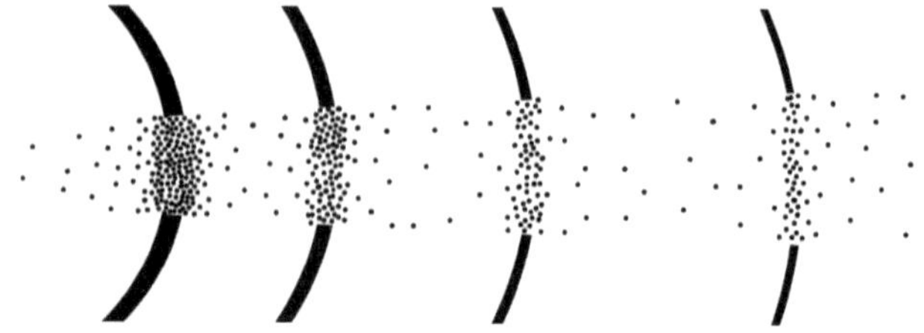

Werner beschreibt das wie folgt:
„Bei den Längs- oder Longitudinalwellen stimmen Schwingungsrichtung und Ausbreitungsrichtung überein, die Bewegung erfolgt parallel bzw. antiparallel zur Ausbreitungsrichtung, [...]. Solche Wellenformen bilden sich vor allem als Schallwellen in Flüssigkeiten und Gasen aus, treten aber auch in Festkörpern auf. Bei dieser Wellenform handelt es sich um Dichtewellen, wobei sich die einzelnen Moleküle in Ausbreitungsrichtung hin und her bewegen."
(*Werner, Ulf-J.: Handbuch Schallschutz und Raumakustik für Theorie und Praxis; 2. überarbeitete Auflage; Beuth 2015 – Seite 52*)
Ich frage nun also – und gern prokativ:
Aus welchem physikalischen Grunde sollte nicht auch die Ausbreitung der Druckenergie im gasförmigen Medium andere als die üblichen Ausbreitungsmuster annehmen können? Und zwar dann, wenn sich ein in energetischer Hinsicht schwer oder gar nicht überwindbarer Widerstand in den Weg stellt?
Die Vorstellung, dass dem nicht so sei, erscheint mir deshalb nicht hinreichend plausibel, weil die

Übertragung der (Schall-) Energie an die Anregung von Teilchen, und damit an rein mechanische Kopplungen gebunden ist. Und weil es einen Unterschied macht, ob ich dem Schall in der Raumkante allein mit Absorption begegne – oder aber mit schallhartem Material, das aber relativ breite Spalten aufweist, um dem Kanteneffekt den Garaus machen zu können.

Also darf man mindestens in Erwägung ziehen – und der Überprüfung unterziehen – welche Kräfte zwischen den beiden Polen, zwischen Absorption und Reflexion für Schall außerdem noch möglich sind.


Ich bin, so scheint es, gern und leicht missverstanden worden, wenn ich in andere Sachgebiete schaue, um gegenwärtige Vorstellungen vom Schall in Frage zu stellen.

Ich möchte nicht von der einen auf die andere wellenförmige Erscheinung schließen oder ein fremdes auf ein anderes Phänomen anwenden. Ich möchte auf Ähnlichkeiten hinweisen – und auf Unschlüssigkeiten in vorhandenen Modellen. Und das unbedingt mit dem Ziel, so etwas wie Schall „sichtbar" zu machen: Irgendwann zu einer Auffassung von Schall zu gelangen, die all diese Lücken und Ungereimtheiten plausibel erklären kann.

## Ähnlichkeiten als Denkanstöße aufnehmen

Ich möchte aber noch einmal aufs Meer blicken, wenn es darunter bebt.

Die „große Welle" findet draußen auf dem Meer nicht statt. Und findet so auch in der Tiefe nicht statt, wie ich bereits angedeutet hatte. Nichts anderes auch sagt es, wenn die Physik uns wissen lässt, dass die

„Amplitude" der Ursprungswelle in großer Wassertiefe kleiner sei.

Die kleinere Amplitude – um im Vokabular zu verbleiben – in der Größenordnung von Dezimetern oder Metern, die etwa den Versatz der einen gegenüber einer anderen Kontinentalplatte nachzeichnet, bündelt unter dem enormen Druck der Tiefe jene Energie, die es braucht, um die Wellen über das Schelf hinweg schließlich 25 Meter hoch aufzutürmen.

Die anfängliche Amplitude ist ein realer Höhenunterschied, den das Wasser quasi „nachzeichnet" – unabhängig von der Wassertiefe, und das heißt auch, unabhängig von den Druckverhältnissen.

Derselbe Riss oder tektonische Sprung auf dem Schelf, somit in geringer Wassertiefe und in unmittelbarer Nähe zur Küste, mag in der Plattentektonik mit vergleichbaren Energien wüten – überträgt ins Wasser hinein aber entschieden weniger Energie.

Hier muss ich mir selbst Widerworte geben: Weise ich einerseits auf eine mögliche Ähnlichkeit zu den Schwerewellen hin, weil am Ende das Wasser durch hohe Wellenbildung dem Energieimpuls entflieht, so ist es aber doch auch so, dass der Schall im dichteren Medium schneller und weiter trägt. Und hier meine ich nun nicht die spezifische Dichte.

So soll die Schallgeschwindigkeit sowohl in Stahl als auch im Holz der Rotbuche 5.100 m/s (Meter pro Sekunde) betragen. Die Rotbuche wiegt aber nur 0,78 g/ccm (Gramm pro Kubikzentimeter) – Stahl hingegen rund 7,9 g/ccm. Und während Wasser den Schall mit 1.485 m/s (in Meerwasser 1.560 m/s) überträgt, bringt der Schall es in Eis auf 3.200 m/s. Gleichgültig, ob durch eine kristalline oder eine organische Struktur gestützt, stellt eine feste Struktur dem Schall weniger

Elastizitätsverluste in den Wege – nicht aber notwendigerweise ein „fester Stoff": Gummi etwa lässt sich mit nur 54 m/s mehr Zeit für die Schallweiterleitung als irgendeine Flüssigkeit oder irgendein Gas.
(Quelle: *www.schweizer-fn.de; dort tabellarisch: „Schallgeschwindigkeit verschiedener Stoffe" – Anton Schweizer, Friedrichshafen*)

Wenn also das vom Schall angeregte Wasser in Wellenbewegung gerät, dann ist das eine „Ausweichbewegung", ein Masseausgleich, der im dichteren, aber – da es sich um eine Flüsssigkeit handelt – noch immer hochelastischen Medium möglich ist.

Bei aller Verschiedenheit, und so sehr man dem Phänomen des Tsunamis den Rücken kehren möchte, um so mehr lädt die Raumkante geradezu nothaft ein, auch dem wütenden Tsunami eine kleine Aufmerksamkeit zu schenken: Jenes Phänomen der Ozeane, das an den Küsten nicht einmal seinen Zorn, aber doch seine schaurige Energie entlädt...
... hat uns auch für die Raumkanten etwas zu sagen: Um Aufschluss über die Raumakustik zu gewinnen, lohnt der Blick aufs Meer doch sehr!

# Deklarierte Ahnungslosigkeit

„Besonders in kleinen Räumen können störende Dröhneffekte bei tiefen Frequenzen auftreten. Diesem kann man mit schallabsorbierenden Maßnahmen, bzw. der Wahl geeigneter Raumproportionen entgegenwirken."
(*DIN 18041:2016-03, Ordnungspunkt 5.3.3 –*
*„Kleine Räume mit Volumina bis etwa 250 m³" –*
*Seite 19*)

Hier werden auffallend allein die tiefen Frequenzen angesprochen, was sich auch noch einmal in dem Begriff des „Dröhnens" wiederspiegelt.

Dass die Erwähnung eines Störpotenzials bei tiefen Frequenzen innerhalb der DIN 18041 hier doch auftaucht, steht selbstverständlich nicht im Widerspruch zur „Gemeinsamen Stellungnahme des DIN-Arbeitskreises zur Überarbeitung der DIN 18041 […] zur Thematik tiefer Frequenzen in der Akustik kleiner bis mittelgroßer Räume" – die zurückgeht auf eine „Sitzung des Fachausschusses im September 2012 in Aachen" (wie es dort heißt). Denn dort wird wörtlich festgestellt:

„Recherchen und Befragungen des Arbeitskreises […] sowie eine ausführliche Diskussion im Rahmen der Sitzung […] zur Bedeutung der tiefen Frequenzen im Hinblick auf die Sprachkommunikation ergaben keine belastbaren Ergebnisse, die eine entsprechende Erwähnung des normativ gefassten Frequenzbereichs der DIN 18041 rechtfertigen würden."

Ich war in eigenem Kapitel bereits näher darauf eingegangen.

An dieser Stelle genügt es also, darauf hinzuweisen, dass hier allein die Rede davon ist, man sei sich einig gewesen, keine tragfähigen Hinweise vorliegen zu haben, dass tiefe Frequenzen einen *nachteiligen Einfluss auf Sprachkommunikation* haben könnten.

Die Tatsache, dass ganz neutral von „Dröhneffekten" die Rede ist, deutet auf tiefe Frequenzen hin. Es ist aber nicht die Rede explizit von deren Störpotenzial im Hinblick auf Sprachverständlichkeit. Und der Umstand, dass die „Raumkanten" nur einmal und nur knapp erwähnt werden, lässt zumindest erahnen, dass die Raumkante als Störzone nicht (an-) erkannt wird.

Diese fast beiläufige und nur einmalige Erwähnung – zudem ohne jede weitergehende Erläuterung – mutet eher an, als habe man nicht versäumen wollen, die Raumkanten zumindest formal anzusprechen.

Konkret:

> „Schallabsorber mit bevorzugter Wirksamkeit im tieffrequenten Bereich sind in Schallquellennähe, in Raumecken oder -kanten besonders wirksam."
> *(DIN 18041:2016-03, Ordnungspunkt „5.4 – Positionierung akustisch wirksamer Flächen" –*
> Seite 19)

Bisher *könnte* man das vielleicht noch als den Stand der Kenntnis zugutehalten.

Die Fachliteratur spiegelt das im Großen und Ganzen so wider. Leider ähnlich auch Helmut V. Fuchs, der zwar vehement für die Beruhigung ausdrücklich der Raumkanten eintritt, jedoch auf die Bedeutsamkeit der Raumkanten konkret für die mittleren bis höheren Frequenzen leider zumindest nicht *deutlich* eingeht.

Zur Klarheit von Raumklang klärt Fuchs wiederum richtig und mit einem Problembewusstsein, das durch eine DIN 18041 nicht durchscheint, eindeutig auf:

„[…] erst wenn <u>alles Gesprochene im ganzen Raum deutlich verstanden werden kann</u>, hat der Einzelne die Möglichkeit, seine Stimme dem jeweiligen Zweck […] ganz bewusst verantwortungsvoll anzupassen. Nur die größtmögliche <u>Durchhörbarkeit</u> des Raumes schafft auch die Voraussetzung, mit der eigenen Stimme die nötige Dynamik zu entfalten, die eine differenzierte Kommunikation überhaupt ermöglicht. Erst wenn der oft körperlich spürbare Zwang zum Lautwerden entfällt, bekommt auch Vertraulichkeit in der Gruppe eine Chance."

*(Helmut V. Fuchs, Raum-Akustik und Lärm-Minderung; 4. Auflage, Springer Vieweg 2017 – Seite 350/351)*

– Unterstreichungen: quellenfremde Hervorhebungen, nicht originär von Fuchs –

Bemerkenswert bei Fuchs, dass er eben **nicht** für kleine Kommunikationsräume, wie Klassenräume, Absorption auf Teufel komm' raus verschreibt, sondern von Klarheit und Transparenz spricht. In der zitierten Textpassage nennt er es „Durchhörbarkeit".

---

Fuchs' Umschreibung für akustische Transparenz:

**Durchhörbarkeit**

---

Damit knüpft Fuchs inhaltlich an die frühen Erkenntnisse und Zweifel Sabine's an, ohne diesen explizit hervorzuheben. Auch stimmt das überein mit Äußerungen Betroffener – und deren Zähneknirschen bis Klagen.

Das Credo der DIN 18041 auf die bloße Absorption lässt davon nichts erkennen.

Und wenngleich Fuchs in seinem Beharren auf die Bedeutsamkeit tiefer Frequenzen häufig schwer nachvollziehbar erscheint, so bleibt er aber konsequent in seiner Obacht für die Raumkanten.

Ich hatte bereits aufgezeigt, dass für kleine Räume – also für Besprechungs- und Seminarräume, für Klassenräume oder für Betreuungsräume in KiTas – die Hervorhebung der tiefen Frequenzen schon mal für Verwirrung sorgen kann. Andererseits entstört Fuchs' Herangehen an solche Räume vornehmlich über die Raumkanten aber passend – und schafft auf diese Weise gute akustische Konditionen.

Dennoch bringe ich über die Reflektoren des **ReFlx**-Systems eine zusätzliche Verstärkung für die mittleren bis höheren Frequenzen ein – um insbesondere die für eine außerordentliche Sprachdeutlichkeit nötigen Akzente zu setzen.

Der andere Aspekt, der da in DIN 18041 (siehe Zitat kapiteleingangs, Ordnungspunkt 5.3.3 – *„Kleine Räume mit Volumina bis etwa 250 m³"*) angerissen wurde, sind die Raumproportionen. In der Tat bestimmen die Proportionen auch die Eigenmoden eines Raumes.

Allein: Praxisrelevant ist das weniger.

Der Rahmen, innerhalb dessen man über die Raumdimensionen so etwas wie Raumantwort steuern kann, sind aus verschiedenen Gründen eng gesteckt – insbesondere für kleine Räume, da die Raumantwort dort grundsätzlich nicht verhindert werden kann. Zum anderen für Kommunikationsräume herrscht die Anforderung, an praktisch *allen potenziellen Hörorten gleich gute Bedingungen* zu schaffen. Nicht umsonst klammert DIN 18041 „die Hörsamkeit in Räumen mit speziellen Anforderungen", so etwa ausdrücklich Studios oder Regieräume explizit aus (*DIN 18041:2016-03, Ordnungspunkt „1 – Anwendungsbereich" – Seite 5*).

Besonders aber sind die Bedingungen des Alltags andere: Die Dimensionen von Räumen werden nicht durch die akustischen Anforderungen bestimmt, sondern durch bauliche Vorgaben. In Sanierungsprojekten ist das überwiegend die vorhandene Substanz. Aber auch für Neubauprojekte sind es etwa die Mindestanforderungen an Quadratmeter/Kopfzahl oder Kubikmeter/Kopfzahl, die am Ende im Zusammenspiel mit einem Kostenrahmen mit stets recht ähnlichen Grundbedingungen konfrontieren.

Es ist eine unumgängliche Tatsache, dass man in der Raumakustik mit vorhandenen Bedingungen konfrontiert ist – aber am Ende klaren Raumklang und optimale Sprachdeutlichkeit gewährleisten soll.

---

**Raumakustik bedeutet** nicht,
Problemen im Vorfeld aus dem Wege zu gehen…

---

Der negative Einfluss der Raumkanten wird dabei umso dominanter, je kleiner ein Raum oder je stärker man vom idealen Kubus, also vom Würfel abweicht und verschiedene Proportionen (etwa in einem deutlich länglichen Besprechungsraum) verzerrt.

Sollte mit „Proportionen" auch angesprochen sein, etwaig Wände schräg auszulegen, gar einen ganzen Raum windschief zu gestalten, so können zwar bestimmte Effekte bewältigt werden, jedoch macht auch Fuchs darauf aufmerksam, dass in irregulären Raumgeometrien ebenfalls Raummoden entstehen: von den Raumdimensionen abhängige, starre Frequenzzonen (*Fuchs, Raum-Akustik und Lärmminderung, Springer 2017 – Seiten 11/12*).

Für die Praxis wohl kaum bedeutsam ist, ob etwaig spitzere Winkel den Raumkanteneffekt verstärken, offenere Winkel den Effekt schwächen könnten. Grundsätzlich bleibt das Problem bestehen, dass die Raumkante ein zu einer Seite hin geschlossenes Volumen abbildet, in dem  Schalldruck ganz reale Energiespitzen resp. Druckmaxima aufbaut.

Aber zurück zur DIN 18041, um noch auf das eine oder andere Missverständnis hinzuweisen:
> „Aufgrund der Raumabmessungen ist eine Überdämpfung des Raumes durch schallabsorbierende Maßnahmen in der Regel nicht zu befürchten."
> (*DIN 18041:2016-03, Ordnungspunkt 5.3.3*
> *– Seite 19*)
> … so gilt es – laut DIN 18041 – für kleine Räume.

---

## … sondern, **Herausforderungen anzunehmen**

---

Die Raumabmessungen so genannt „kleiner" Räume sind der Regelfall in Schulen oder Unternehmen:
Ein Klassenraum aus den 1960er Jahren mit 6,32 x 9,44 m, knappe 60 m$^2$, mit einer Raumhöhe von 3,38 m knappe 202 m$^3$. Ein Besprechungsraum in einem Gebäude aus den 1910er Jahren – durch Zusammmmenlegung zweier Räume mit 5,9 x 11,2 m sehr „länglich" – mit 66 m$^2$; durch abgehängte Decke nur noch 3 m Raumhöhe, somit ein Volumen von 198 m$^3$.
Zugleich geht die Feststellung aus Ordnungspunkt 5.3.3 einher mit dem klaren Bekenntnis zum reinen Direktschall für kleine Räume:
> „Um eine der Raumnutzung angepasste Nachhallzeit *T* erzielen zu können […] können umfangreiche schallabsorbierende Maßnahmen erforderlich werden. Dadurch wird der Schalldruckpegel am Hörort reduziert. Dies ist in größeren Räumen mit Entfer-

nungen zwischen Sprecher und Hörer von über
8 m von Nachteil [...]."
*(DIN 18041:2016-03, Ordnungspunkt 5.2*
*– Seite 16/17)*

Ich hatte an anderen Stellen bereits darauf hingewiesen, dass gemäß Raumgruppierung A4 der DIN 18041 bedämpfte Räume (also speziell für die Inklusion von Hörgeräte tragenden Schülerinnen oder Schülern) verbreitet als „tot" beschrieben und als dumpf empfunden werden – das heißt: überdämpft sind.

Aber auch gemäß A3 „normal" bedämpfte Räume erscheinen dumpf. Das heißt, sie sind im Bereich der mittleren und höheren Frequenzen stärker bedämpft, als es für eine gute Sprachverständlichkeit förderlich ist – und, als es eine gewohnte Hörempfindung bedient. Klagen darüber sind zwar seltener, da viele Lehrkräfte unwillkürlich – und damit auch von ihnen selbst eher unbemerkt, durch lauteres Sprechen entgegenwirken. Aber auf das Grundproblem aufmerksam gemacht, werden gelegentlich Probleme mit der Stimme eingeräumt – und regelmäßig vor allem Probleme, Schülerfragen oder Schülerbeiträge zu verstehen.

„Hat der betrachtete Raum einen rechtwinkligen Grundriss und sind die Wände eben und nicht durch Möbel, Regale, Fensterrücksprünge oder z. B. großflächige Tafeln und Pinnwände gegliedert, so besteht bei einer vollflächig schallabsorbierend bekleideten Decke die Gefahr, dass Flatterechos auftreten. Diese Gefahr kann vermieden werden, indem ein mittleres Deckenfeld schallreflektierend ausgeführt wird [...]."
*(DIN 18041:2016-03, Ordnungspunkt 5.4*
*– Seite 19)*

Richtig müsste es heißen:

Dieser Effekt kann *gemindert* werden, indem...

Wie bereits erwähnt, treten Raumkanteneffekte klarer in Erscheinung, wenn etwa über mindestens *eine* absorbierende Fläche andere Störeffekte abgemildert und der Nachhall insgesamt stark reduziert wurde (etwa durch vollflächig absorbierende Decke).

Verständniserschwerend kommt hinzu, dass die Fachwelt uneins über den Begriff der „Flatterechos" ist. DIN 18041 (in Ordnungspunkt 3 – Begriffe) enthält sich einer Definition.

Vor allem bleibt unverständlich, dass – wenn es augenscheinlich keine Probleme mit Flatterechos gibt, weil die Ausstattung des Raumes bereits für hinreichend Diffusion und anderweitige Absorption sorgt (ideal: offene Regale; unterbrochene bzw. verschiedenartige Schränke) – man auf wenigstens die Direktreflexion der Decke lieber verzichten möchte, die für die Sprachverständlichkeit zumindest nicht von Nachteil und quasi „gratis" zu haben wäre.

## schallharte Decke als Geschenk annehmen

Das erschließt sich erst, wenn man erkennt, dass die deutlich kurzen Nachhallzeiten – die DIN 18041 fordert – ein so großes Ausmaß an Absorption abverlangen, dass man dem am besten und am liebsten nachkommt, indem man „einfach" die – offenbar (?) – ungenutzte Decke dafür beansprucht.

Wenn nun in Erwartung zunehmend heißer Sommer die Betonkernaktivierung an Attraktivität gewinnt, dann natürlich entsteht ein erheblicher Interessenkonflikt, wenn Planende diese wertvolle Deckenfläche für die Raumklimatisierung einfordern.

Aber noch einmal zurück – und weiter in Ordnungspunkt 5.4, dort die Empfehlung, ein mittleres Deckenfeld schallhart zu belassen:

> „Als Ausgleich müssen jedoch die Wände teilweise schallabsorbierend gestaltet werden."
> (ebenda)

Dieser „Ausgleich" ist nur erforderlich, weil eine DIN 18041 sich auf das Kriterium des niedrigen Nachhalls eingeschossen hat. Und im Widerspruch dazu wird übergangslos im nächsten Satz empfohlen:

> „Da bei Räumen mit einem Volumen bis ca. 250 m$^3$ keine Gefahr zur akustischen Überdämpfung besteht, kann hier eine vollflächig schallabsorbierende Decke in Kombination mit einer ebenfalls schallabsorbierenden Rückwand eingesetzt werden […]."
> (ebenda)

Hier muss man sich die Empfehlungen der DIN 18041 einmal genauer anschauen.

In Ordnungspunkt 5.4 der DIN 18041 werden Formen bzw. Arten der Bedämpfung knapp angedeutet und durch Skizzen erläutert. (siehe auch: Seite 463)

Schon die dortige Beschreibung im ersten Absatz, Satz 1, stellt auf die Reduzierung allein des Nachhalls ab:

> „Grundsätzlich ist es wünschenswert, die absorbierenden Flächen und Elemente gleichmäßig auf die Raumoberflächen bzw. im Raum zu verteilen."
> *(DIN 18041:2016-03; Ordnungspunkt 5.4)*

Dazu wiederum im Widerspruch wird die Bedämpfung allein der Rückwand faktisch für alle Klassenräume nahegelegt:

> „In Räumen mit einer Länge von mehr als etwa 9 m können von der Rückwand direkt oder über

Winkelspiegelreflexionen langzeitverzögert Schallanteile in den vorderen Raumbereich gelenkt werden, die zu einer Minderung der Sprachverständlichkeit führen ."
(*DIN 18041:2016-03; Ordnungspunkt 5.4 – S. 20*)
(*siehe auch: Skizzen im Sinne von Bild 4, DIN 18041:-
2016-03; auf Seite 459*)

Die Feststellung, über die Rückwand könnten lang-
zeitverzögerte Reflexionen die Sprachverständlichkeit
in der ersten Reihe beeinträchtigen, ist ein reines Denkmodell – derweil man die wahren Ursachen der Ge-
samtstörung im Raum, die Raumkanten, nicht **erkennt**,
nicht **anerkennt** oder *nicht wahrhaben möchte*.

In Wahrheit bietet die Rückwand wertvolle Reflexionen an, gleichwertig jenen von schallharter Decke.

Man spricht damit auf eine Verzögerung der Reflexion von 50 ms und mehr an, die die Sprachverständlichkeit beeinträchtigen sollen. Wenn Carsten Ruhe,
selbst von Hörbeeinträchtigung stark betroffen, feststellt, dass gut Hörende von Signalüberlappungen bis
35 ms profitieren könnten (*siehe Zitat Seite 481/482*)
– im Umkehrschluss Hörbeeinträchtigte auch schon
bei kürzerer Signalüberlappung zusätzlich gestört
würden –  dann finde ich in solcher Uneinigkeit eher
einen Hinweis darauf, dass die Ursachen schlechter
Sprachverständlichkeit bisher nach den Ansichten der
allgemeinen Physik nicht entschlüsselt worden sind.


Unbedingt fehlt in DIN 18041:2016-03 jeder Hinweis
auf die akustische Ausstattung der Raumkanten und
auch auf den nachteiligen Einfluss der unbehandelten
Raumkanten auf die Raumakustik.

# Der Raumkante freundlich begegnen

Allen lästigen Effekten im Raum bloß mit Absorption zu begegnen bedeutet auch, günstige Offerten des Raumes ungeöffnet und ohne Dank zurückzuweisen.

Oder: Mit grober Hand und blinder Kraft reißt man mit all dem Grün des Frühlings auch schnell und voreilig die nützlichen Sprösslinge mit heraus.

Bereits eingangs berichtet Fuchs sowohl über den starken Einfluss der Raumkanten und -ecken, als auch über die Auswirkungen etwa insbesondere der Luft-dämpfung, wenn er in „Raum-Akustik und Lärm-Minde-rung" dort gleich im 2. Kapitel ausführt:

„Wenn eine in alle Richtungen gleichförmig ab-strahlend angenommene Quelle nicht frei ($v = 1$), sondern über einer vollständig reflektierenden Fläche ($v = 2$), von einer Kante aus ($v = 4$) oder aus einer Ecke heraus ($v = 8$) abstrahlt, kann man dies näherungsweise frequenzunabhängig mit $10 \cdot \lg \cdot v$ berücksichtigen."
(*Helmut V. Fuchs, Raum-Akustik und Lärm-Minde-rung, 4. Aufl.; Springer Vieweg 2017 – Seite 8*)

Aber zur Frequenzabhängigkeit von Dämpfungs-effekten liest man sogleich im nächsten Absatz:

„Das immer stark in die Abschätzung eingehende Abstandsmaß $20 \cdot \lg \cdot s$, im Freien z. B. mit 6 dB Abnahme pro Verdopplung der Entfernung $s$, ist natürlich frequenzunabhängig. Dagegen sind die meisten Dämpfungs- und Abschirmungseffekte $D_i(f)$ auf dem Ausbreitungsweg bei hohen Fre-quenzen weitaus stärker als bei tiefen. Auch eine mögliche Dämmung durch leichte Bauteile, z. B. Fenster, wächst zwar mit ihrer Masse $m$ etwa wie

10 $\cdot$ lg $\cdot$ *m* an, fällt aber wie 20 $\cdot$ lg $\cdot$ *f* mit der
Frequenz *f* ebenso stark ab."
(*ebenda*)

Zur druckverstärkenden Wirksamkeit der Raumkanten und insbesondere der Raumecken hatte ich bereits ausgeführt; auch auf die ungünstige Verschiebung des Gesamtklangbildes in Innenräumen war ich schon eingegangen. – Die stärkere Dämpfung der höheren Frequenzen werde ich an anderer Stelle noch ausführlicher erörtern.

Auf jeden Fall möchte ich hier auf einen Widerspruch hinweisen, den die Behauptung beinhaltet – und das ist keine Feststellung, die originär von Fuchs stammt, sondern allgemeine Lehrmeinung – die Abnahme von Schalldruck könne *frequenzunabhängig betrachtet* werden… wenn andererseits bekannt ist, das sich, je höher die Frequenz ist, Dämpfungseffekte umso stärker auswirken (siehe auch mein Kapitel „… hohe Frequenzen sterben einen schnellen Tod").

Dass die Abschätzung des Abstandsmaßes frequenz-*unabhängig* sei, ist ein Dilemma der mathematischen Bewältigung – wie ja auch Fuchs sogleich auf den Einfluss der Dämpfung durch Masse als stark frequenzabhängig hinweist.

Da nun aber offenbar die Luftdämpfung als in der Theorie schwach anzunehmen ist, ergibt sich in der Konsequenz eine verzerrte Sicht auf „kleine" Räume. Denn so kommt es manifestiv in DIN 18041 zu der – bereits mehrfach erwähnten – 8-m-Faustregel: Für durchschnittliche Klassen- oder Besprechungsräume reiche der Direktschall vollkommen aus.

Selbst wenn nun in der mathematischen Betrachtung das Dämpfungsmaß eines Mediums gesondert in Abhängigkeit von der Frequenz abgeschätzt wird, so verursacht aber offenbar allein der Denkansatz (der distanzabhängige Energieverlust fände „*frequenzunabhängig*" statt) Verwirrung über die Grundannahmen:

Die Übertragung von Schall ist **ursächlich** abhängig vom Vorhandensein eines teilelastischen Mediums. Und in diesem Medium spielt die Frequenz der Energieausbreitung in *allen* Medien **die** entscheidende Rolle – wenn es um Reichweite geht.

*Was an mittleren und
hohen Frequenzen verloren ist…*

Im Gespräch mit der Hörakustikmeisterin Ursula Schreier aus Langenberg (Ursula Schreier e. Kfr. Ganz fürs Ohr, Velbert-Langenberg) durfte ich von ihrer langen Erfahrung und ihrem intensiven Umgang mit Hörgeräte nutzenden Personen profitieren. Sie fasste bezüglich bedämpfender Decken zusammen:

*„Was an mittleren und hohen Frequenzen durch
Absorption verloren ist, das kann auch das
teuerste Hörgerät nicht wieder zurückholen."*

Was nicht weniger bedeutet, als dass man auch für Hörgeräte die nützlichen und sprachrelevanten Frequenzen nicht durch Absorption schwächen darf.

*… kann auch das teuerste Hörgerät
nicht zurückholen!*

Frau Schreier ist durch ihren Beruf sehr bewusst, wie wichtig eine gute Sprachverständlichkeit in Räumen ist – beinahe möchte ich sagen – „obwohl" man den Menschen mithilfe von Hörgeräten ein recht hohes Maß an „Normalität" für den Alltag zurückgibt und ihnen zur Teilnahme an Sprachkommunikation verhilft.

Mit technischen Hilfsmitteln erschließt man Menschen, Umwelt zu hören und im gesprochenen Wort zu kommunizieren. Handelt es sich um eine teilweise Beeinträchtigung, klassisch einen allmählichen Verlust, so gibt man das Hören „zurück". Andernfalls eröffnet man Menschen überhaupt erst das Hören.

Auch darüber möchte ich ausführlicher schreiben. An anderen Stelle in diesem Buch: *insbesondere die Kapitel „Sprache – hier nicht: als Kulturgut", „Hörgeräte – und wie sie funktionieren" und „Das Ohr"*.

Frau Schreier betont, dass auch das beste Hörgerät ein gesundes Ohr nicht ersetzen könne. Womit sie unterstreichen möchte, dass gerade für Personen, die Hörgeräte nutzen, eine gute Raumakustik wichtig ist.

In diesem Sinne gibt Frau Schreier auch ganz offen zu: „Das Erste, was ich hier verkaufe, ist Enttäuschung." Denn die Erwartungen, mit denen die Hilfesuchenden zu ihr kämen, so Frau Schreier, seien – vor allem aufgrund herstellerseitiger Werbeversprechen – regelmäßig viel zu hoch.

Natürlich hat Frau Schreier auch Positives anzubieten: „Ich habe mich selbstständig gemacht, damit ich unabhängig bin von einzelnen Herstellern." Nur so könne sie für jede individuelle Hörbeeinträchtigung die wirklich beste Hörhilfe auswählen.

Da jeder Hersteller auf der Grundlage seiner technologischen Entwicklungen spezifische Produkte anbietet, kann auch nicht jeder Hersteller die optimale Lösung für jede Art von Hörbeeinträchtigung bieten.

Ich werde an anderen Stellen auf den Hörsinn und auch auf Hörgeräte genauer eingehen. Hier möchte ich nun erst einmal zurückkommen zum Thema der Raumkanten.

Ich hatte mich gefragt, wie man mit möglichst wenig Absorption den Raum selbst – nicht nur im Sinne der Sprachverständlichkeit – nutzen könne, um eine optimale Klangreinheit zu erlangen.

Wenn in DIN 18041 Reflektoren empfohlen werden, um Sprachverständlichkeit zu verbessern, dann unterscheiden sich diese Empfehlungen grundlegend von dem Prinzip des **ReFlx**-Systems.

Und auch muss ich hervorheben, dass die Empfehlung in DIN 18041:2016-03, Kapitel 5.4 („Positionierung akustisch wirksamer Flächen"), Wandflächen schräg auszurichten, sich grundsätzlich unterscheidet vom **ReFlx**-System. In DIN 18041 stellt man auf die so genannten Raummoden ab, wenn es dort heißt:

> „Bei zueinander parallelen Flächen [...] sollte zumindest eine der gegenüberliegenden Flächen gegliedert oder schallabsorbierend gestaltet werden. [...] Auch eine Schrägstellung der Flächen um mindestens 5° ist günstig."
> (DIN 18041:2016-03, Seite 21)

„Gegliedert" zielt ebenso auf Diffusion ab, wie die „Schrägstellung der Flächen um mindestens 5°". Wie viel das frequenzabhängig bewirkt, hängt auch von der Größe der schräggestellten Flächen ab.

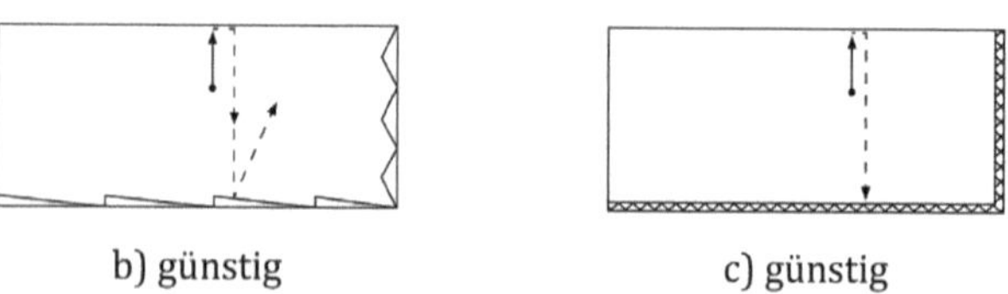

b) günstig        c) günstig

**Bild 6 — Parallele Wände** *(nur auszugsweise:* Bild 6b und 6c) (entnommen: *DIN 18041:2016-03* – Seite 21) [Bild c, Kreuzschraffur = Absorber]

Ich möchte nur randläufig auf Raummoden und „stehende Wellen" hinweisen. Interferenzen, Raummoden und stehende Wellen sind Begriffe und Phänomene – offenbar mit hohem Potenzial, missverstanden zu werden.

So erklärte man mir etwa – kein Einzelfall (!) – was ich als den „Raumkanteneffekt" bezeichnete, sei ohnehin nur auf die Raumkanten beschränkt: ohne Einfluss auf das Gesamtschallereignis – Thema „Raummoden".

So bin ich einerseits erleichtert, dass Fuchs (eingangs in diesem Kapitel) solche Effekte wie selbstverständlich wenigstens erwähnt. Andererseits irritiert mich insbesondere für kleine Räume, dass in der Analyse solche Effekte bisher gänzlich unberücksichtigt bleiben und man sich bisher darauf beschränkt, einen Raum sozusagen als kantenloses Volumen hinzunehmen.

Die Empfehlung aus DIN 18041, Teile einer Wand zumindest auf einer Seite eines Raumes um mindestens 5° schräg zu stellen, zielt ohnehin eher auf „mittelgroße Räume" ab, nicht aber auf kleine Kommunikationsräume – regelmäßig ohne entsprechende Möglichkeit, solche Entwürfe überhaupt umzusetzen.

Mit einem Aufbrechen der glatten Wände wird die Schallstreuung gefördert.
Durch die gern in Teilstücken verlaufende Schrägstellung auf einer Seite wird die Stetigkeit bestimmter Frequenzen unterbunden:

Schalldruck kann sich nicht zwischen zwei parallelen Flächen konstant aufrechthalten, sondern wird an der einen der beiden sich gegenüberliegenden Wände in einen Richtungswechsel gezwungen – und somit effektiv in die Streuung genötigt.

Ein hohes Maß an Reflexion in einem Raum bietet dem Raum akustisch einen hohen Grad an Lebhaftigkeit – der theoretisch berechenbar ist.

Der Raumkanteneffekt und die gezielte Beruhigung der Raumkante sind bisher **weder** berechenbar **noch** detektierbar.

Etwaige Versuche, den Raumkanteneffekt nothaft als „äquivalente Absorptionsfläche" auszudrücken, um diesen in bekannte Formeln einbinden zu können, *müssen* zwangsläufig zu einem Zerrbild führen:

Der Störeffekt, den die Raumkanten auslösen, fließt zwar – rein akustisch betrachtet – in das Gesamtschallereignis eines Raumes mit ein, wird aber bereits dem Nachhall nur fehlerhaft allgemein mit zugeordnet…

… und ist schon rein grundsätzlich überhaupt nicht Teil des Sabine'schen Gesetzes.


Das Verständnis von Nachhallzeit, Absorption und Raumvolumen kann in dem bisherigen Verständnis nicht aufrechterhalten werden.

Und wenn Sabine bereits früh eine griffige Formel für ein leicht überschaubares Verhältnis zwischen der Absorption und dem Raumvolumen gefunden hatte, so hat er aber auch bald seine Kritik daran nachgereicht.

# Von Wellenbrechern und Schutzschilden

Ein Reflektor **vor** der Kante – wegen der offenen Spalten – wirkt (auch) als „Wellenbrecher".

*Diese Aussage ist etwaig fahrlässig vereinfachend, beansprucht noch keinen „Modellcharakter" – und ist insoweit hier als Parabel und Denkanstoß zu verstehen.*

Ich spiele damit an auf meine Modellversuche in der Badewanne: Die wellenförmigen Ausbreitungen, die an der Wand entlanglaufen, werden aufgebrochen und abgeschwächt. – Und hier *meine* ich: Welle.

Genau hier wird denkbar – und sollte versucht werden, in irgendeiner Weise sichtbar zu machen – ob die Ausbreitung der Druckenergie andere als die bisher erwarteten Muster annehmen kann. Nämlich dann, wenn die Druckenergie auf Widerstand stößt.

Zum einen kann die Ausbreitung durch Ablenkungen, die an der Kante eines Reflektors (oder „Wellenbrechers") entstehen, in ihrer Gerichtetheit gestört, können Verlaufsrichtungen gar umgelenkt werden. Zum anderen wird die absolute Energie, die überhaupt in die Raumkante gelangen kann, erheblich gemindert. Hier wird das Thema der Turbulenzen relevant.

Ich möchte nicht ins Detail gehen über das Mögliche oder Denkbare – derweil nichts erwiesen ist, und insbesondere, da alle bisherigen Ansichten und Erkenntnisse zur Schallausbreitung solche Vorstellungen gar nicht zulassen.

Andererseits, wenn zu „beobachten", wenn zu *hören* ist, dass durch **einen** schallharten Reflektor der störende Effekt der Raumkanten **gemildert**, durch *Hinzufügen des innenliegenden, ebenfalls schallharten*

*Schildes* der Effekt ganz ausgeschaltet werden kann, wenn die außerdem *gezielt* relativ breiten Spalten *keine* Anregung des Volumens selbst zulassen, dann wird deutlich, dass man hier auch andere Faktoren als Absorption oder Resonanz als ausschlaggebend in Betracht ziehen sollte.

Es war Professor Fuchs, der wenn auch einmalig, so aber doch eindringlich gesagt hatte:

„Die Spalten sind wichtig."

Diese Spalten stehen auch bei Fuchs nur scheinbar in einem anderen Kontext – weil Fuchs noch ganz auf die Absorption in den Kanten setzt.

Aber die *Absorption* ist eben *nicht* das ausschlaggebende Moment, sondern nur Mittel zum Zweck – und eine *Möglichkeit*, den störenden Effekt der Raumkanten zu löschen.


Ich möchte bereits hier eingehen auf Experimente, die ich im Wasser durchgeführt habe.

Ich räume unbedingt und wiederholend ein:

Es geht mir erst einmal ausschließlich um die Beobachtung von Wellen, Wirbeln, Turbulenzen. Und da die Schallausbreitung an sich keine Strömung – und also auch keine Turbulenz – „kennt", ist diese Herangehensweise mindestens umstritten, vielleicht nicht einmal zielführend.

Außerdem stelle ich selbst entschieden die Legitimität in Frage, von anderen Sachverhalten Rückschlüsse zu ziehen auf den Schall.

Andererseits drängt die Auswirkung der Schilde und Spalten es schon beinahe auf, bisherige Denkmuster zur Schallausbreitung einmal ganz außen vor zu lassen, um etwaig neue und widerspruchsfreie Antworten finden zu können.

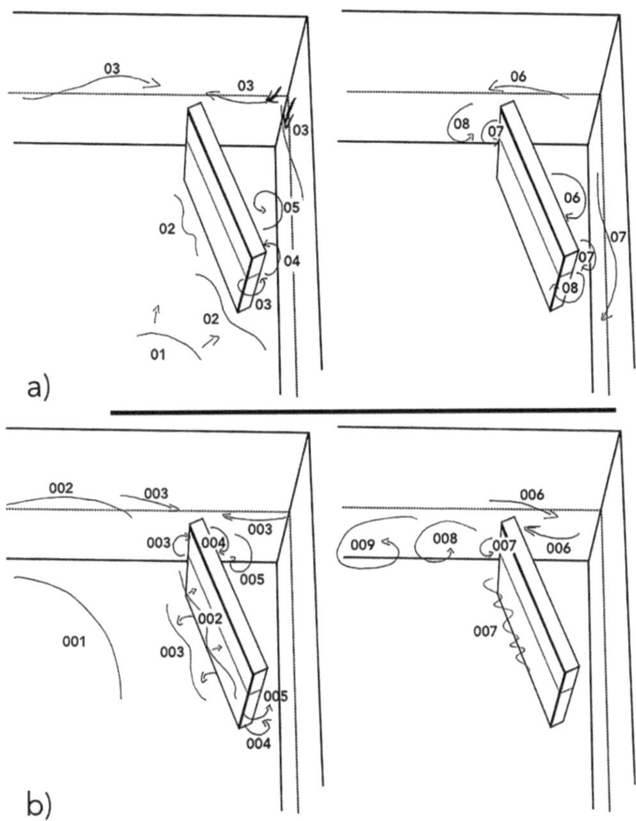


*Vereinfachter Versuchsaufbau und Resultate in Welle und Turbulenz, obig schematisch dargestellt.*

*Die zwei- bzw. dreistelligen Zahlen in den Zeichnungen symbolisieren zeitliche Abläufe. Das heißt, eine gleiche Zahl steht für die Gleichzeitigkeit eines Ablaufereignisses.*

*In den Raum hineingedacht stehen 01 bis 08 in Abb. a) für den Verlauf einer Wellenanregung (Nr. 01) eher von unten schräg gegen den vor der Innenkante positionierten Schild; 001 bis 009 in Abb. b) stehen für eine so nahe an der oberen Begrenzungsfläche angesiedelte Anregung (Nr. 001), dass die Welle etwa vertikal auf den Schild trifft.*

Wie auf vorhergehender Seite zu erkennen ist, habe ich einen Versuchsaufbau gewählt, der an das **ReFlx**-System insoweit nur anlehnt, als ich lediglich *einen* Schild genutzt habe. Auf den zweiten innenliegenden Schild hatte ich vorläufig verzichtet.

Man muss zumindest bedenken, dass auch die Wasserwelle keine Bewegungsrichtung besitzt, sehr wohl aber eine Verlaufsrichtung:

Ein Gegenstand auf der Wasseroberfläche bewegt sich nicht mit der Welle fort, sondern tanzt an Ort und Stelle auf und nieder.

Eine Welle hat keine Strömung.


Auch wenn eine Analogiefähigkeit zwischen der Wasserwelle und der Schallausbreitung vorläufig gerade *nicht* begründet erscheint, so besteht aber Grund, das Wasser zu beobachten, um etwaig mehr Aufschluss über den Schall zu gewinnen.

---

### die **unzerstörte Sinus-Welle** als **Grundmodell?**

---

Und so schaue ich auf die blanke Raumkante – wiederum im Wassermodell. Was man dort an der Entwicklung der Wasserwellen beobachten kann, deckt sich ein wenig mit der Hörerfahrung im realen Raum. Man kann – vorläufig mit mäßiger Aussagekraft – „beobachten", also hören, wie sich Impulse bei unterschiedlichen Winkeln zur Kante auch unterschiedlich (stark) auswirken.

Zunächst die asymmetrische Anregung. Einen Gegenstand deutlich nahe zu einer der Wände hin ins Wasser zu werfen zieht eine eher moderate Wellenentwicklung nach sich und führt schnell zu einem Ausebben der Wellen, ohne dass sich überschüssige Ener-

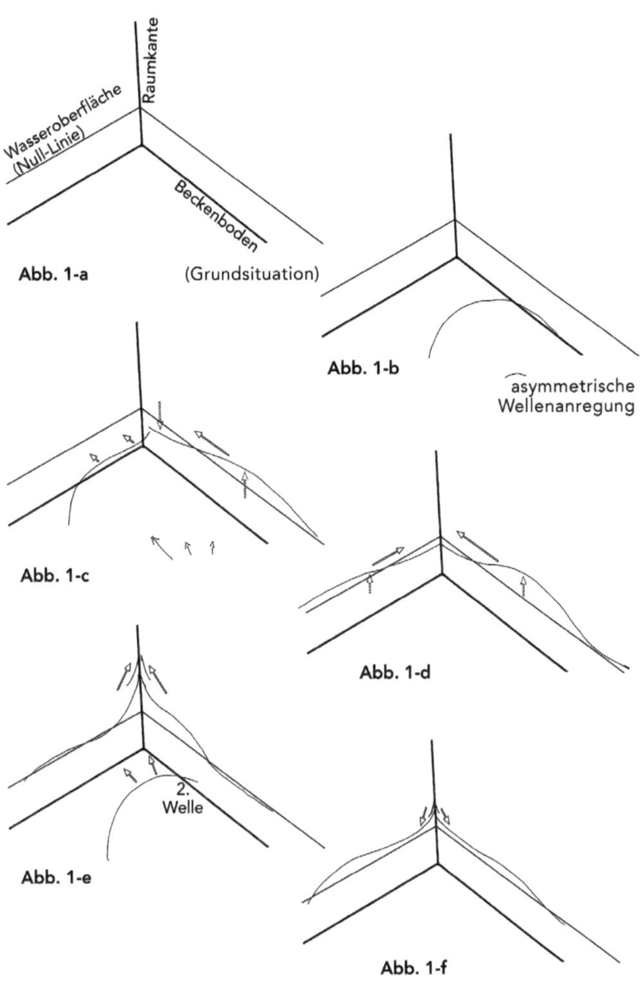



Mit Handskizzen habe ich Ablaufschemata festgehalten, die sich als kontinuierlich wiederholbar andeuten. Exakte, im Detail verlässliche Versuchsbedingungen könnten sicherlich mehr Aufschluss und Klarheit bieten.

*Auf dieser Seite*: Asymmetrische Anregung durch Einwurf eines Gegenstandes deutlich stärker zu einer Seite hin.

*Nächste Seite*: Symmetrische Anregung.

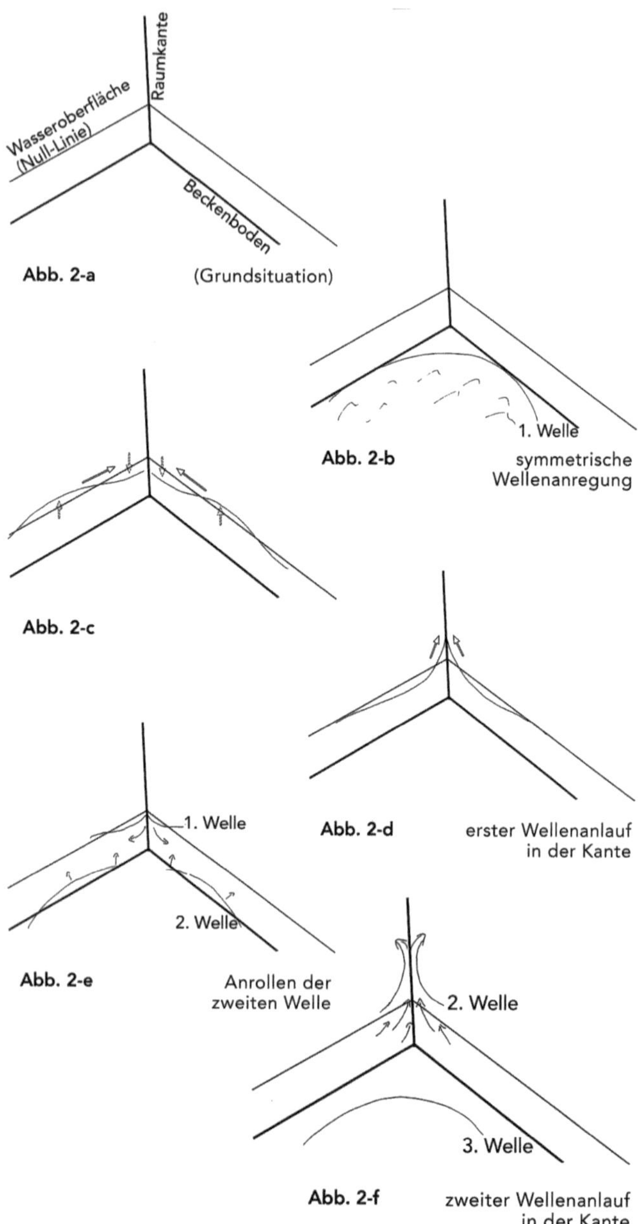

Raumkante
Wasseroberfläche (Null-Linie)
Beckenboden
Abb. 2-a    (Grundsituation)
Abb. 2-b    symmetrische Wellenanregung
1. Welle
Abb. 2-c
Abb. 2-d    erster Wellenanlauf in der Kante
1. Welle
2. Welle
Abb. 2-e    Anrollen der zweiten Welle
2. Welle
3. Welle
Abb. 2-f    zweiter Wellenanlauf in der Kante

gie durch aufspritzendes Wasser außerordentlich entlädt.

Etwaig aufschlussreich, mindestens aber (Gedanken)
anregend wird das Modell also erst im Vergleich mit
einer symmetrische Anregung. Hier zeigte sich, dass
das Anrollen der ersten Welle in die Kante hinein noch
recht moderat verläuft. Recht bescheiden spitzt sich die
Welle in der Kante auf – aber spritzt nicht. Dann sackt
sie ab und möchte sich verlieren.

Die zweite Welle rückt nach und stellt sich gleichsam
in den Weg: Wenn diese zweite Welle nur stark genug
ausfällt, dann potenziert sich deren Kraft durch die fallende und rücklaufende erste Welle noch zusätzlich.

Nun addieren sich die Wellen: In der Kante bäumt
sich das Wasser höher auf – um sich mithin nur noch
im chaotischen Spritzen ihrer überschüssigen Kraft zu
entledigen, wenn es am höchsten Punkt überkippt.

*Man darf bei alldem zumindest einmal*
*im Hinterkopf bewahren, dass Schalldruck*
*mit Teilchenverdichtung einhergeht.*

Mit der schnell hintereinander getakteten impuls-
artigen Anregung eines Raumes, und die akustischen
Antworten der Raumkanten auf ein solches Stakkato
berücksichtigend, lässt mich das zumindest aufhorchen.

Ob diese Schau auf Wasserwellen für jenen Kanteneffekt aufschlussreiche Hinweise zu bieten vermag, darf
und muss in Frage gestellt werden. Auf keinen Fall aber
bietet das so genannte Strahlenmodell Erklärungen an
– und bleibt bisher jede Plausibilität schuldig.

# Neue Wege in der Raumgestaltung

Verdeckte Kante ist die neue klare Kante.

Damit einher gehen neue Freiheiten für die Entwurfsarbeit. Denn man ist nicht mehr gebunden an absorbierende Materialien oder Oberflächen. Schallhart ist kein Gespenst mehr.

Und apropos „klare Kante":

Mit dem **ReFlx**-System sind interessante Entwürfe in Glas auf Edelstahlträgern möglich – mit denen man noch immer Kante zeigt. Dennoch macht man sich alle akustischen Vorteile des Systems zunutze.

*„Eigentlich"* meine ich natürlich mit „klarer Kante" die akustisch geklärte Kante: Den Störeffekt eliminieren, der ursächlich in der Raumkante entsteht – *und* zugleich eine hohe akustische Transparenz schaffen.

Durch die maßgebliche zusätzliche Unterstützung der mittleren bis höheren Frequenzen durch Reflexion aus den Raumkanten heraus wird ein akustisches Potenzial genutzt, das mit klassischen Kantenabsorbern erst gar nicht vorhanden ist.

Bei musikalischer Nutzung eines Raumes entsteht durch jegliche Absorption erst einmal ein disharmonisches Verhältnis zwischen den verschiedenen Frequenzen. Das heißt, dass einem im Grundton tieffrequenten Instrument die Obertöne genommen bzw. diese mindestens bedeutsam geschwächt werden. Im Vergleich wiederum unterschiedlicher Instrumente untereinander entsteht durch jegliche Absorption im Raum eine zu schwache Präsenz der höherfrequenten Instrumente gegenüber den vorwiegend bassgetragenen.

Im Hinblick auf die sprachkommunikative Nutzung eines Raumes bedeutet Absorption, dem Raum Klar-

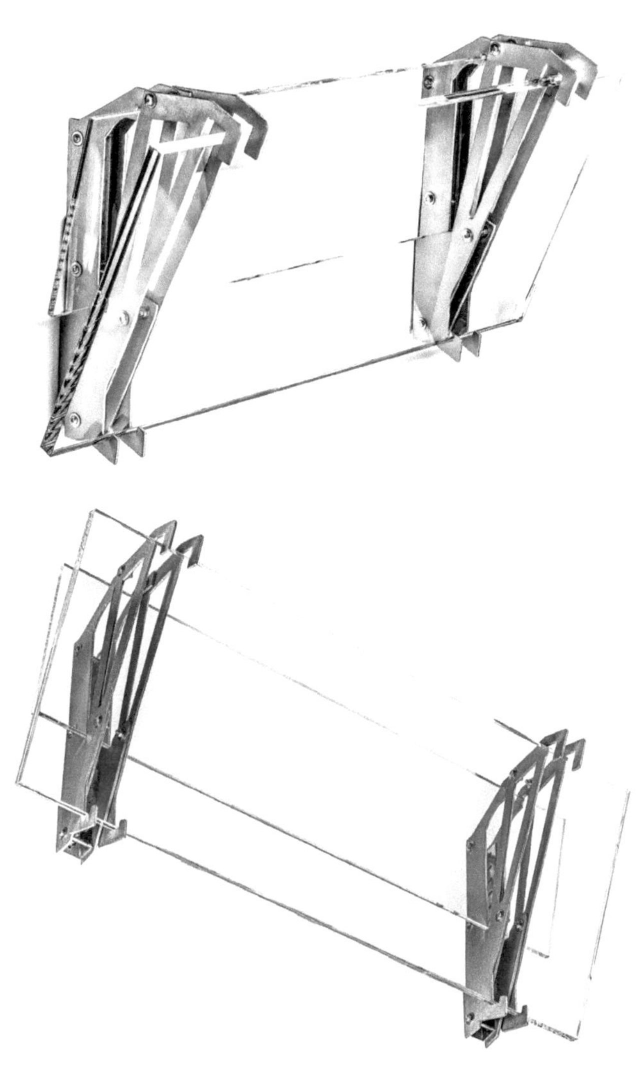

Das **ReFlx**-System
in Glas auf Edelstahlträgern

heit und Sprachdeutlichkeit zu entziehen, da sich insbesondere die Konsonanten – wichtig für ein klares Silbenbild – durch jegliche Absorption im Raum umso weniger klar und deutlich absetzen.

Nicht so mit dem **ReFlx**-System.

---

**verdeckte Kante** ist die neue
„**klare Kante**"

---

In Fluren, Foyers oder multifunktional genutzten kleineren Hallen, aber sogar in Kommuniktionsräumen werden oftmals die mittleren Deckenbereiche abgehängt, gerade die Raumkanten aber offen und schallhart belassen. Das ist praktisch für die Klima- und Lüftungstechnik, weil sich die wesentlichen Anlagenteile gut verbergen lassen. Das ist mithin mehr als nur praktisch, weil sich so sehr schöne Beleuchtungskonzepte mit weicher und indirekter Grundbeleuchtung umsetzen lassen.

Das ist regelmäßig *katastrophal* für die Akustik. Weil zwar einerseits den Richtlinien und Normen entsprochen wird – im Hinblick auf die Nachhallzeiten. Sowohl jedoch sind solche Räume mehr oder minder dumpf, als auch kann sich der Störeffekt der Raumkanten voll und ganz entfalten, sobald es etwas lauter wird. – Und es *wird* lauter: Wegen der starken Absorption wird Störverhalten leichtfertiger und gleichgültiger geübt, zugleich aber auch stoischer hingenommen. Und auch wird überwiegend deutlich lauter gesprochen, um sich verständlich zu machen – was die Lärmentwicklung in den Raumkanten *gerade verstärkt*.

Es ist ein Missverständnis, Töne, Klänge und Geräusche fügten sich stets zu Lärm – und müssten im besten Fall durch Absorption gebändigt werden.

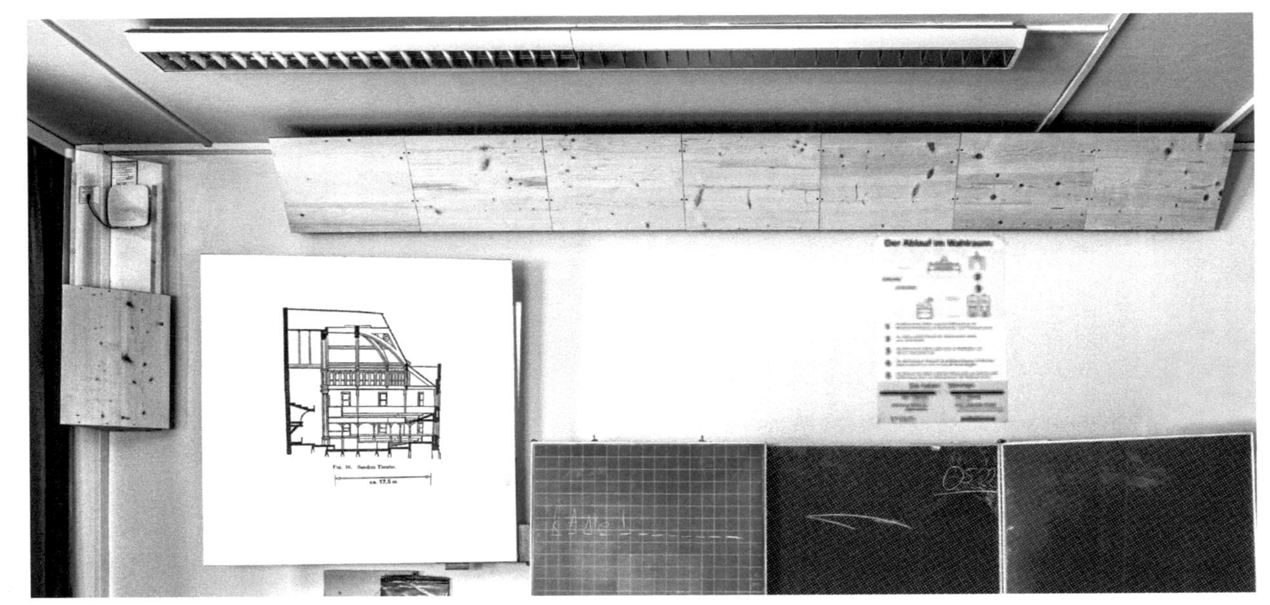

Raum 122 der Städt. Realschule Waltrop, mit **ReFlx**-System in Fichte-Dreischicht; Ansicht Tafelseite

Und so ist es ein nur konsequentes Missverständnis, dass – zumindest für „Räume zur Sprach-Informartion und -Kommunikation" – durch das Einbringen von Absorbern „im Zweifelsfall [...] eher kürzere als längere Nachhallzeiten realisiert werden" sollten (*DIN 18041:2016-03; Ordnungs-punkt „4.2.3 – Anforderungen an die Nachhallzeit"*).

---

### es sind die Raumkanten, die **Lärm** erzeugen

---

Die Raumakustik von vornherein in architektonische Entwürfe mit einzubeziehen bedeutet nun also nicht nur, eine bisher ungewohnte und unerreichte Klarheit von Raumklang zu erlangen, sondern auch, Raumgestaltung grundlegend neu angehen zu können.

Von nun an kann jeder Entwurf von Anfang an akustisch entschärft werden – völlig unabhängig davon, ob Neubau oder Sanierung. Und völlig unabhängig davon, welche Materialien vom Kunden gewünscht oder gestalterisch vorgeschlagen werden:

Selbst Sichtbeton, Feinsteinzeuge bis zur Decke, Vollverglasungen… nichts ist tabu und nichts muss mehr erschrecken.

Für klassische Kommunikationsräume – etwa Besprechungsräume in Verwaltungen oder Unternehmen, Vereinsräume, Klassenräume, Betreuungsräume in KiTa oder OGS – ist es naheliegend, Holz und unbelastete Holzwerkstoffe zu verarbeiten. Das heißt, ich kann auch auf die (längst minder, aber noch immer gering) belastete Spanplatte verzichten. Diese Art der akustischen und ästhetischen Raumgestaltung ist also auch für Kindertagesstätten völlig bedenkenlos geeignet.

In Fluren, Foyers und Hallen bieten Träger aus Stahl eine angemessene Feuerbeständigkeit. Die Reflektoren

*Bildmontage:*
*Planungsentwurf für die Entstörung eines Treppenflures*
*mit **ReFlx**-System in Feinsteinzeugen auf Edelstahlträgern*
*(handelsübliches Feinsteinzeug, für die Außenreflektoren in*
*600 x 1.200 x 20 mm); indirekte Beleuchtung, außer an der*
*Kopfseite, wird durch die Reflektoren verdeckt.*


*nächste Seite:*
*oben: **ReFlx**-Systems in der OGS der Lindgren-Schule in*
*Waltrop; Mitte: Detail von der angepassten Lösung an Heiz-*
*körpern, um Unfallgefahren am unteren Ende der Dach-*
*schrägen für die Kinder auszuschließen*

untere Abb.: **ReFlx**-System in Raum 1002 der Gesamtschule in Waltrop, Jahrgangshaus I – mit Sonderreflektor vor der WLAN-Sendeanlage (obere Hälfte: transparent durch Plexi®)

selbst wählt man unkomplizert  aus handelsüblichen Feinsteinzeugen – oder bei Bedarf auch aus Glas. Das bietet atemberaubende und nahezu unbegrenzte Gestaltungsspielräume.

Sogar im Schwimmbadbereich kann der Raum nun von der Kante aus beruhigt und andere aufwändige Maßnahmen können deutlich reduziert werden: Träger aus Stählen der Qualitätsstufe V4A können bedenkenlos den Chlor-Dämpfen ausgesetzt werden.

Und dasselbe gilt auch dort, wo durch den Einsatz von mehr oder minder aggressiven Chemikalien die Reinheit und Asepsis von Räumen garantiert werden muss: in Operationssälen von Kliniken und Krankenhäusern und in industriellen oder pharmazeutischen Reinräumen.

---

## „schallhart" verliert seinen Schrecken

---

Nicht zuletzt aber: Die harte Kante, Stoß auf Stoß, kann jeder – und ist Standard, seit der Stuckateur zum einsamen Exoten wurde.

Die Reflektoren verdecken die Raumkante (partiell), haben aber mit dem klassischen Stuck nichts gemein. Die Reflektoren sind ein neues und eigenständiges Gestaltungselement.

Hier liegt auch das große Potenzial verborgen, sich für die Gestaltung von Innenräumen an eine ganz neue Ästhetik heranzuwagen.

Ein besonders spannendes Gestaltungsmoment liegt – wie schon eingangs erwähnt – in der Möglichkeit, die Raumkanten gerade **nicht** zu verdecken: in Glas.

Ob es nun ein Entwurf in Stahl und Glas ist, bei dem die Transparenz den Raumentwurf mitträgt, oder man

aus anderen Gründen die Raumkanten mit Reflektoren
zum Beispiel aus Feinsteinzeug verdecken möchte –
mit Reflektoren aus Glas geht das ebenfalls: Bei Verwendung etwa von Milchglas lassen sich spannende
Beleuchtungskonzepte inszenieren.

Schlussendlich bin ich nicht nur einmal gefragt
worden – und möchte es deshalb hier ganz besonders
hervorheben, obgleich ich es schon geschrieben
hatte – ob man denn mein Konzept auch bereits bei
Neubauten einsetzen könne.

Ja, kann man. – Und: *Gerade* das kann man. Das
**ReFlx**-System bietet nicht nur die Chance, bereits vorhandene Räume akustisch zu „reparieren".

Sondern schon bei der Planung von Neubauten oder
umfassenden Sanierungen kann man mit dem **ReFlx**-
System konzeptionell sinnvoll Räume von den Raumkanten aus denken und entwerfen. Ob in kleineren
Foyers oder in größeren Eingangshallen, ob in Foren,
in Treppengängen oder Fluren, nicht zuletzt aber in
Büros, Klassen- oder Seminarräumen: Überall erschließt
die akustische Planung der Räumlichkeiten – von den
Raumkanten aus gedacht – eine neue Lebensqualität
und ganz neue Erlebniswelten.

Es ist ein anderes und andersartiges Raumerlebnis,
das man eröffnet, wenn die akustische Bereinigung
und Klärung von Räumen von dem eigentlichen, vom
Grundproblem ausgeht – nämlich von der Raumkante.

Und: Der architektonischen Entwurfsarbeit sind
*keine* Grenzen mehr gesetzt.

Raum 122 der Städtischen Realschule Waltrop, ausgestattet mit 20,4 m des ReFlx-Systems; das sind hier 34 Elemente **ReFlx-420|600|35°mx**

# Teil V

Grundlagen und
kritische Betrachtungen

# (k)ein Dilemma für Planende

Das Dilemma für planende Stellen, inwieweit nun
etwa eine DIN 18041 hilfreich sein könne oder nicht,
hatte ich bereits umfangreich diskutiert. Auslassen darf
ich nicht, einer Arbeitsschutzrichtlinie für Lärm am Arbeitsplatz, der ASR „A3.7 – Lärm", einige Aufmerksamkeit und Worte zu widmen.

Zwar werden in der ASR A3.7 vergleichbare Formeln
und Richtwerte angeführt, wie wir sie etwa aus einer
DIN 18041 für Kommunikationsräume kennen. Das
kann jedoch auch kaum anders sein, derweil die Physik
ihre Vorgehensweisen und Berechnungsmethoden hat,
die bisher als richtig angesehen sind.

*Ein* besonderer Unterschied ist, dass die ASR A3.7
„empfiehlt": Sie lässt Spielraum, den Arbeits- und Gesundheitsschutz anders zu realisieren, als in ASR A3.7
beschrieben.

Nun gehen die Meinungen über eine ASR A3.7 zwar
auseinander. Aber das muss kaum wundern, wenn man
die Zielsetzung der Arbeitsschutzrichtlinie genau
abwägt:

„[3] Diese ASR A3.7 konkretisiert im Rahmen ihres
Anwendungsbereichs Anforderungen der
Verordnung über Arbeitsstätten. [4] Bei Einhaltung dieser Technischen Regeln kann der Arbeitgeber davon ausgehen, dass die entsprechenden
Anforderungen der Verordnung erfüllt sind.
[5] Wählt der Arbeitgeber eine andere Lösung,
muss er damit mindestens die gleiche Sicherheit
und den gleichen Gesundheitsschutz für die Beschäftigten erreichen."
(*ASR A3.7, Ausgabe März 2021 – Seite 1*)

Mit der Ausgabe vom März 2021 hat man mit „diesen technischen Regeln" präzisiert, nachdem in der Erstausgabe der A3.7 vom Mai 2018 die „Einhaltung der technischen Regeln" möglicherweise verschiedentlich missverstanden worden ist: Gemeint sind nicht *irgendwelche* technischen Regeln.

Während die Arbeitsschutzrichtlinien gesetzlich und bundeseinheitlich übergeordnete Mindeststandards für den *Arbeitsschutz* festlegen, zugleich aber als gesetzliche Vorgaben offen bleiben sollen für technische Fortentwicklungen, verstehen von der Wirtschaft selbst organisierte Verbände ihre eigenen Richtlinien (DIN, VDI) gern als verbindlich – und lassen ein Interesse durchscheinen, dass solche Richtlinien als unverbrüchlich auch langfristig unangefochten bleiben.

Je nachdem, mit wem man sich austauscht – und wenn man dies in vertraulichem Rahmen tut – muss man noch darauf achten, nicht als naiv abgestempelt zu werden: Bei aller Vorsicht und Vorbehaltlosigkeit erscheinen allzu große Zweifel und allzu viel Ratlosigkeit über Kriterien und Zielsetzungen einer DIN 18041 eher unangebracht. Die einen verärgert, andere mit Amüsement in den Mundwinkeln, zeigen sich bewusst und gewiss, dass Normen von Verbänden oder Vereinen stets im Sinne industrieller Interessen zu verstehen seien.


Das eigentliche Problem für die Raumakustik bleibt, dass bisher die akustischen Verhältnisse in Räumen gar nicht reell beschrieben werden **können**. Die Akustik hat hierfür **keine** Lösungen.
*Ich verweise hier auf verschiedene meiner vorangegangenen – und noch folgenden – Betrachtungen und Abwägungen.*

Dennoch besteht das Bedürfnis, Definitionen und Regeln zu vereinheitlichen. Klarheit ist erwünscht, um Handlungsbedarf „objektiv" beschreiben zu können. Auch wünscht man vorhersehbare Tauschgeschäfte: Man möchte vorher *genau* wissen, was man bekommen wird, wenn man sich an einen Auftragnehmer bindet. Und abschließend soll die Leistung „objektiv" beurteilbar sein.

*Einen* Weg der Objektivierung schlägt die ASR *„A3.7 – Lärm"* vor – der langwieriger ist, aber vorzugsweise beschrieben wird. – Der Weg über Messungen, die „Ermittlung raumakustischer Kennwerte", wird als „alternativ" aufgeführt, aber nicht präferiert:

„7 – Beurteilung von Gefährdungen durch Lärm beim Betreiben von Arbeitsstätten

(1) Beim Betreiben einer Arbeitsstätte können Halligkeit, schlechte Sprachverständlichkeit, störende Sprachgeräusche, [...] sowie Beschwerden von Beschäftigten über Lärm am Arbeitsplatz Hinweise auf unzureichende raumakustische Bedingungen, [...] sein, [...].

(2) Für die Beurteilung der Gefährdung durch Lärm sind typische und längerfristig stabile Betriebsabläufe [...] zu betrachten. [...]

(3) Die Beurteilung der akustischen Situation während des Betreibens der Arbeitsstätte kann mit einem vereinfachten Verfahren durch lärmbezogene Arbeitsplatzbegehung erfolgen (Punkt 7.1).

(4) Alternativ können auch weitergehende Ermittlungsverfahren zur differenzierten Beurteilung von Raumakustik, Lärmpegeln und tieffrequentem Schall angewendet werden (Punkte 7.2 bis 7.6):

– [...],

– Ermittlung der raumakustischen Kennwerte durch
Messung (Punkt 7.3),
[…].“
(*Arbeitsschutzrichtlinie A3.7 – Lärm, Seiten 11/12*)


Zunächst fällt auf, dass die „raumakustischen Kennwerte“ an dieser Stelle nicht konkretisiert werden als
Daten zum Nachhall. Es bleibt offen, ob nicht etwaig
im Sinne von Satz 5 der Einleitung zur ASR A3.7 andere
Kriterien resp. Kennwerte aussagekräftiger seien.

Zur Bewertung von tieffrequentem Schall, dem sich
eine ASR A3.7 mit Ordnungspunkt 7.6 widmet, muss
ich anmerken, dass das Hauptaugenmerk für die ASR
im Hinblick auf tieffrequenten Schall vornehmlich auf
Prozess- bzw. Maschinengeräusche abzielt.

---

### „objektive“ Analyse von Raumakustik von Grund auf **mangelhaft**

---

Der Objektivierung der akustischen Beruhigung
von Räumen durch *Messungen stehen* vor allem zwei
Probleme – und seit eh und je – ungelöst im Wege.
*Erstens*:
Es gibt aktuell *nicht ein einziges* (Rechen-) Modell,
das den Raumkanteneffekt beschreiben kann. Weder
reell, noch als Denkmodell wenigstens glaubwürdig.
(*Wäre es anders, so wäre ich zielsicher oder deppert an
entsprechender Fachliteratur vorbeigeschrammt.*)
Das heißt aber auch: Die spezifische Ursache für die
Entfaltung bloßen Lärms, für diese „Verschmierung“
der *tiefen mittleren* und bis **tiefen** Frequenzen, und
diese „Verklirrung“ (wie ich es einmal umschreiben
möchte) der höheren Frequenzen *kann* bisher gar nicht
angemessen erfasst werden.

Einhergehend fehlt es an mathematischen Methoden und Herangehensweisen, um den Raumkanteneffekt zu berücksichtigen. Das heißt aber auch, dass alles, was bisher in der Raumakustik gemessen und analysiert wird, kaum eine Annäherung bietet, geschweige denn eine taugliche Abbildung der (akustischen) Realität.

***Zweitens***:

Der Klangcharakter eines Raumes wird bedeutsam unterschiedlich abgebildet, ob man über die Raumkanten mit reiner Absorption, ob man unter Einbeziehung von Resonanz vorgeht, ob man resonanzfrei reflektiert und zugleich zur Raumkante hin absorbiert oder ob man schlussendlich gänzlich schallhart vorgeht.

Nicht allein also bleibt der Raum – klärt man die Akustik ausschließlich über die Raumkanten – deutlich halliger, als man das von Bedämpfungsmaßnahmen bisher kennt und gewohnt ist (oder von Normen gar regulativ vorgegeben bekommt), sondern auch ist der *Klangcharakter* eines Raumes über die Raumkanten beeinflussbar.


Nun erhofft – durchaus verständlich und mit Recht – wer größere Summen auszugeben gedenkt, auch im Vorhinein einigermaßen genau absehen zu können, was man fürs Geld am Ende bekommen werde. Das aber lässt sich recht genau nur im Hinblick auf Nachhallzeiten vorherberechnen.

Sensiblen Fachleuten – wenn man sich umhört und austauscht, auch seit Jahrzehnten so bekannt – deuten *niedrige Nachhallzeiten* eher hin auf einen *dumpfen Klangcharakter* und *schlechte Sprachverständlichkeit*. Auffallend kurze Nachhallzeiten sind ihnen Indikatoren für (zu) viel Absorption gerade in den

höheren Frequenzen.

Ihre berufliche Erfahrung bestätigt ihnen das.

... und zeigt ihnen auf, dass an der Lehre zur Raumakustik etwas nicht stimmt.

Das „Dilemmma" auftraggebender Stellen lässt sich leicht beschreiben:

Man kann für ausschreibende Stellen beinahe pauschal unterstellen, dass die tatsächlichen, die praktischen Konsequenzen für die Beauftragung zum Beispiel „gemäß" DIN 18041 überwiegend vollumfänflich nicht überschaubar sind. Es sind ja verbreitet sogar Fachleute der Akustikbranche, die bzgl. der Reichweite von DIN 18041 verunsichert sind – und sich „im Zweifel" lieber streng an Nachhallzeiten orientieren.

Andererseits stehen Generalplaner – Auftraggebende, insbesondere aber auf auftragnehmender Seite zum Beispiel Architektur- oder Ingenieurbüros – in der Gesamtverantwortung für ein Projekt. Da ist es oftmals schwer, im Detail zweifelsfrei herauszufinden, ob man in einzelnen Fachbereichen auch die wirklich angemessene Beratung und Drittbedienung bekommt. Für die Raumakustik vereitelt DIN 18041 über die Nachweisführung via Nachhallzeiten die qualitative Beurteilung der Leistung.

Aber für die Raumakustik lässt sich recht leicht gewährleisten, im Nachgang noch handlungsfähig zu bleiben:

Eine Ausschreibung unter Hinweis auf eine Arbeitsschutzrichtlinie A3.7 wäre fachlich vollkommen ausreichend – und rechtlich für Kostenträger deutlich attraktiver.

# von einer Stellungnahme zur ASR A3.7

„Aus fachlicher Sicht gibt DIN 18041 die anerkannten Regeln der Technik im Bereich der Raumakustik für die in der Norm angeführten Räume wieder. Dies gilt vollumfänglich für Räume der Gruppe A, die Arbeitsräume mit Sprachkommunikation im Sinne der ASR A3.7 wie auch die weiteren Räume der Gruppe B."

So lautet es in „*2. – Zusammenfassung und Fazit*" (Seite 1) einer Publikation des „Fachausschusses Bau- und Raumakustik" des „Deutsche Gesellschaft für Akustik e. V." vom November 2021.

Die Publikation titelt als „Memorandum zur ASR A3.7 ‚Lärm' und den anerkannten Regeln der Technik in der Raumakustik" – was eine „Denkschrift", und folglich eine subjektive Meinungsäußerung ist.

Implizit spiegelt das „Memorandum" nicht notwendigerweise eine fachlich objektive Abwägung wider.


Dieses Memorandum gibt heraus und verantwortet der DEGA e. V. und publiziert es über seine Website.

Nun gibt es aber – mindestens wegen personeller Überschneidungen – auch Schnittmengen zwischen dem DEGA e. V. einerseits, dem DIN e. V. und dem VDI e. V. andererseits.

In diesem Falle fällt darüber hinaus am Ende die Personalunion des Vorsitzenden des „Fachausschusses Bau- und Raumakustik", der im November 2021 das betreffende Memorandum in dieser Funktion für den Fachausschuss zeichnet, und dem Vorsitzenden des Unterausschusses des „DIN/VDI-Normenausschusses Akustik, Lärmminderung und Schwingungstechnik (NALS)", konkret des „Unterausschusses NA 001-02-

03-03 UA ‚Hörsamkeit in kleinen und mittelgroßen Räumen – DIN 18041‘, der die 2. Nollierung der Norm erarbeitet hatte, auf.

Eine solche Überschneidung ist – für eine Meinungsäußerung oder Denkschrift – prinzipiell nicht weiter „bedenklich“. Aber man darf diesen Umstand zumindest einmal kurz bedenken.

---

VDI 2569 und DIN 18041:

---

In der „Begründung und Erläuterung“ des Memorandums heißt es:

> „Sowohl für den baulichen Schallschutz als auch die akustische Gestaltung von Büros wurde die Richtlinie VDI 2569 ‚Schallschutz und akustische Gestaltung von Büros‘ mit der Ausgabe von Oktober 2019 grundlegend neu gefasst. Beim Schallschutz wurden die maßgeblichen Kenngrößen auf nachhallbezogene Kennwerte umgestellt.“
> (*„Memorandum zur ASR A3.7 ‚Lärm‘ und den anerkannten Regeln der Technik in der Raumakustik“*, DEGA BR 0107, November 2021 – Seite 3)

Und wenn es dort nur zwei Sätze weiter lautet:

> „Ein wichtiger Unterschied des Ansatzes der Richtlinie VDI 2569 im Vergleich zu DIN 18041, die generell auf das Erreichen einer möglichst guten Hörsamkeit in den verschiedenen Räumen abzielt, besteht darin, dass in der VDI 2569 im Sinne der Hörsamkeit ([…]) ein anderes Vorgehen notwendig ist, z. B. Maßnahmen zur Minderung der Sprachverständlichkeit sowie zur Senkung von Störgeräuschen angeführt werden“,

dann darf zumindest erstaunen, wenn nach VDI 2569 kurze Nachhallzeiten die „Hörsamkeit“ und *gegen-*

*seitige Störungen minimieren* – nach DIN 18041 kurze Nachhallzeiten eine *gute Hörsamkeit* gerade herbeiführen.

Bedenklich ist dabei nicht, dass zwei unterschiedliche Richtlinien zwei sehr unterschiedlichen Erwartungskomplexen bzw. Nutzungsarten gewidmet sind.

Bedenklich erscheint, dass man der Analyse dasselbe Kriterium anbietet und in der Bekämpfung potenzieller Störungen dieselben Mittel „verschreibt":

**geringen Nachhall** durch *viel Absorption*.

---

ein und dieselbe „Medizin"…

---

So kümmert man sich mit Richtlinie VDI 2569 ausdrücklich um Mehrpersonenbüros:

> „Die zentrale akustische Aufgabe der Büroplanung ist deshalb die Minimierung des störenden Sprachschalls von Mitarbeitern in nicht kommunikativen Situationen sowie die Herstellung eines akustischen Komfortempfindens in Büroräumen durch ausreichende Dämmung, Absorption, Schirmung und gegebenenfalls Maskierung."
> (*VDI 2569* – Seite 2)

Das Mehrpersonenbüro. Jene Optimierung teurer Bürofläche, die sicherlich auch als arbeitsoptimierend in Zeiten der Teamwork vorteilhaft genutzt werden kann. Zugleich bringt der regulative Bedarf im Hinblick auf gegenseitige (akustische) Störungen zum Ausdruck, dass die potenzielle Störsamkeit eines jeden Einzelnen hinlänglich bekannt und anerkannt ist.

Das Mehrpersonenbüro. Ein Raum, in dem man eben genau Raum und Umgebung *nicht* (akustisch) erleben möchte und gute Hörsamkeit genau *das Gegenteil* von dem ist, was man als gutes Arbeitsumfeld benötigt –

sich jedoch mit einer DIN 18041 gerade auf die Fahnen geschrieben hat.

Auf der anderen Seite steht nun also der so genannte Kommunikationsraum.

Die häufigste Nutzungart für Kommunikationsräume ist – da es ums Hören geht – der möglichst unbeeinträchtigte sprachliche Austausch.

Einhergehend sind damit auch Videovorführungen angesprochen, unterrichts- oder seminarbegleitend oder für Arbeits- oder Projektpräsentationen. Das kann zu Überschneidungen führen: Brisant ohnehin die Vorfilterung und die Wiedergabe über Lautsprecher, kommt nun auch Musik ins Spiel, mit der Textpassagen untermalt und zugleich maskiert werden.

---

… für grundverschiedene Zielsetzungen.

---

Und schließlich auch Musikräume – ob als Übungs- oder als Darbietungsräume – sind so genannte Kommunikationsräume. Für Musikräume werden gemäß DIN 18041 unbedingt andere Empfehlungen ausgesprochen, als es betreffs Sprachkommunikation gilt.

Um einen Vergleich in der Herangehensweise zu verdeutlichen, möchte ich auf ein Beispiel eingehen, nämlich den inklusiven Leitgedanken der DIN 18041.

DIN 18041 fordert, für Räume mit erhöhtem Bedarf an die Sprachverständlichkeit pauschal noch einmal um runde 20 % geringere Nachhallzeiten zu realisieren.

In ASR A3.7 wird ergebnisoffen darauf hingewiesen, „bei erhöhten Anforderungen an die Sprachverständlichkeit, z. B. bei Personen mit Hörminderung oder Fremdsprachenunterricht, kann es erforderlich sein, die Nachhallzeit weiter zu verringern." (dort Seite 8)

Mir fällt es schwer, darin nicht anheimgestellt zu finden, dass auch andere Mittel als **noch mehr** Absorption die Sprachverständlichkeit fördern könnten.

Im betreffenden Memorandum wird dazu angemerkt, „Themen wie Inklusion, Teilhabe bzw. Barrierefreiheit werden in der ASR A3.7 durch einen Hinweis aufgegriffen." Und fließend weiter: „Eine entsprechende Technische Regel für Arbeitsstätten ist bislang nicht erschienen."

Es fällt schwer, darin keine mindestens tendenzielle Herabsetzung der ASR A3.7 zu lesen – besonders, da im übernächsten Absatz erwogen wird:

„Aus fachlicher Sicht wird wie folgt Stellung genommen:

Für Räume in Bildungseinrichtungen wird bei Anwendung der Anforderungen von DIN 18041 eine mindestens gleichwertige oder bessere raumakustische Situation als durch die Anforderungen der ASR A3.7 erreicht.

Die anerkannten Regeln der Technik in der Raumakustik zur Planung von Räumen in Bildungsstätten werden durch die Anforderungen, speziell der der Nutzungsarten A3 und A4, von DIN 18041 beschrieben."

(„*Memorandum zur ASR A3.7 ‚Lärm' und den anerkannten Regeln der Technik in der Raumakustik*", *DEGA BR 0107, November 2021 – Seite 6*)

Das mutet beinahe wie ein Schema an, wenn man sich an eine andere Publikation erinnert – und nicht zuletzt die Hervorhebung des Schlüsselbegriffs der „anerkannten Regeln der Technik" wiederfindet: Auch die Autor*innen des „Kommentars zu DIN 18041" (der Untertitel zu: *Chr. Nocke [Hrsg.], Hörsamkeit in Räumen; Beuth 2018*) führen aus, unterstreichen, stellen fest – aber können nicht *belegen*, dass viel Absorption reell für gute Sprachverständlichkeit sorgt.

Ganz besonders fällt an einer ASR A3.7 auf, dass sie mit DIN 18041 oder VDI 2569 *nicht* **vergleichbar** ist.

Mit Ordnungspunkt „8 – Maßnahmen zum Lärmschutz" nämlich wird sehr deutlich, dass mit diesen „Technischen Regeln für Arbeitsstätten" gar nicht der Anspruch erhoben wird, in dem strengen Sinne der Konstruktion oder des Mechanismus zu regulieren.

Mit Unterordnungspunkt „8.1 – Technische Schutzmaßnahmen" wird unmissverständlich deutlich, dass man an Raumakustik ebenso wie Bauakustik adressiert.

Etwa der Unterordnungspunkt „8.1.4 – Schutzmaßnahmen gegen tieffrequenten Lärm" geht sowohl auf die Ausstattung als auch auf die Bauphysik ein:

„(1) Die Entkopplung tieffrequenter Schallquellen (z. B. haustechnische Anlagen und Geräte) [...].
(2) Zur Schalldämmung von tieffrequentem Lärm sind in der Regel massive Wände und spezielle Schallschutzfenster erforderlich. [...]"

Darüber hinaus geht man recht konkret auf die Einrichtung und technische Ausstattung ein, nimmt also etwa Bezug auf Lüftungs- oder Filteranlagen:

„8.1.1 Lärmminderung an der Quelle (primäre Schutzmaßnahmen)
(1) [...]
(2) Möglichkeiten zur Lärmminderung an der Quelle innerhalb der Arbeitsstätte bestehen
z. B. an folgenden Schallquellen:
1. Gebäudeeinrichtungen und -ausstattungen
a) Lüftungs/Klimaanlagen
b) Transformatoren
c) Heizungs- und Sanitäranlagen
[...]"

Und schlussendlich mit Ordnungspunkt „8.2 – Organisatorische Maßnahmen" wird deutlich, dass man mit erheblicher Gewichtung auch auf organisatorische und Verhaltenstechniken eingeht. Hier wird sogar in Absatz 3, in der Unterordnung „3. Bildungsbereich", die Führungs- und Leitungsfunktion von Lehrkräften angesprochen.

Das macht besser verständlich, dass in ASR A3.7 mit Tätigkeitskategorien vorgegangen wird, nicht mit Raumkategorien – was aus Sicht des Arbeitsschutzes und der Arbeitsmedizin jedoch viel und vielleicht *mehr* Sinn macht.

Ich zitiere:

> „ 3.16    **Tätigkeitskategorie** ist die Einteilung der Tätigkeit nach dem Maß der für die Erfüllung der Arbeitsaufgabe erforderlichen Konzentration oder Sprachverständlichkeit:
>
> **Tätigkeitskategorie I – hohe Konzentration oder hohe Sprachverständlichkeit**:
>
> Tätigkeiten, die eine andauernd hohe Konzentration erfordern, weil für die Erbringung der Arbeitsleistung z. B. schöpferisches Denken, eine kreative Entfaltung von Gedankenabläufen, exaktes sprachliches Formulieren, das Verstehen von komplexen Texten mit komplizierten Satzkonstruktionen, eine starke Zuwendung zu einem Arbeitsgegenstand oder -ablauf verbunden mit hohem Entscheidungsdruck, das Treffen von Entscheidungen mit großer Tragweite oder eine hohe Sprachverständlichkeit kennzeichnend sind."

*(ASR A3.7; ‚3 – Begriffsbestimmungen' – Seite 4)*

Aus den dort im direkten Anschluss aufgeführten Beispielen gebe ich an dieser Stelle nur auszugsweise wieder:

„([…] – allgemein überwiegend geistige Tätig-
keiten, die eine hohe Konzentration verlangen:
Besprechungen und Verhandlungen in Konferenz-
räumen; Arbeiten in Bibliothekslesesälen; Wissens-
vermittlung durch Vorlesung oder Seminar sowie
Prüfungen im akademischen oder schulischen
Bereich; […] Treffen von Entscheidungen mit hoher
Tragweite gegebenenfalls unter Zeitdruck; […].)"
(ASR A3.7 – Seite 4)

Für den letzten Punkt fällt auf, dass in hohem Maße
psychische Begleitumstände der Arbeit angeführt
werden, wenn es um die Bedeutsamkeit akustischer
Einflüsse oder gar von Lärm im Arbeitsumfeld geht.

Der Vollständigkeit und des allgemeinen Verständnisses halber möchte ich folgend die beiden weiteren
Kategorien im sehr knappen Abriss aufführen:

**„Tätigkeitskategorie II – mittlere Konzentration
oder mittlere Sprachverständlichkeit**:
Tätigkeiten, die eine mittlere bzw. nicht andauernd
hohe Konzentration oder gutes Verstehen gespro-
chener Sprache bedingen, […]
([…] – allgemeine Bürotätigkeiten und vergleichbare Tätigkeiten in der Produktion und Überwachung
[…].)"

und

**„Tätigkeitskategorie III – geringere Konzentra-
tion oder geringere Sprachverständlichkeit**:
Tätigkeiten, die eine geringe Konzentration infolge
überwiegend vorgegebener Arbeitsabläufe mit
hohen Routineanteilen erfordern sowie geringere Anforderungen an die Sprachverständlichkeit
stellen.
([…] allgemein industrielle und gewerbliche Tätigkeiten […].)"

(beide vorangegangenen Zitate: *ASR A3.7 –
Seiten 4 und 5)*

Bei ASR A3.7 handelt es sich um eine übergeordnete
Betrachtung und Regulation zum Thema „Lärm" – wie
auch die Worttitelung neben der Nummerierung das
schon besagt.

Es ist weder als boshaft, noch als herabsetzend zu
verstehen, wenn man feststellen muss, dass sich DIN-
Normen oder VDI-Richtlinien innerhalb deren (selbst)
definierten Anwendungsrahmen um die Umsetzung der
komplexen Schutzanfroderungen einer ASR A3.7 kümmern *dürfen.* – Es stellt sich aber gar nicht einmal die
Frage, ob „DIN 18041 eine mindestens gleichwertige
oder bessere raumakustische Situation als durch Anforderungen der ASR A3.7 erreicht"(Zitat: „*Memorandum
zur ASR A3.7…*" des DEGA e. V.): Weniger wäre ohnehin nicht zulässig im Sinne der Gesetzgebung.

Sondern die Frage darf lauten, ob ewa DIN 18041 im
Sinne einer ASR A3.7 hinreichend zweckdienlich ist, um
den Bedarf zum Beispiel an Sprachverständlichkeit in
Bildungseinrichtungen angemessen zu decken.

Vor dem Hintergrund, dass Fachleute seit Jahrzehnten einen niedrigen Nachhall nicht zwangsläufig mit
guter Sprachverständlichkeit gleichsetzen, muss die
Herangehensweise von DIN 18041, muss der starke
Fokus von DIN 18041 auf den Nachhall entschieden in
Frage gestellt werden. Für VDI 2569 hingegen gilt das
wegen der grundlegend anders ausgerichteten Raum-
nutzungen nicht.

Damit aber steht das Memorandum an sich aufgrund
der gebotenen Herangehensweise in Frage.

# **Sprache** – hier nicht: als Kulturgut

In unterschiedlichen Buchpublikationen ebenso wie im Internet findet man sehr unterschiedliche Angaben zur Sprache. Die leiseste kommunikative Äußerung – deutlich unterhalb der Hörschwelle – ist dabei das Stirnrunzeln, das unwillkürlich aufkommt.

*Eine* Publikation, die sich vordergründig geradezu aufdrängt, wenn man in der einen oder anderen Weise mit Räumen zu tun hat, ist „Raumakustik im Alltag" von Christian Nocke. Der Titel verspricht praxisnahes Informationsmaterial. Wenn man Nocke dann auch noch als promovierten Physiker mit eigenem Akustikbüro in Oldenburg findet, erwartet man selbstverständlich hohe Alltagsrelevanz.

Einmal mehr darf man *erwarten*, hier gut informiert zu werden, wenn man weiß, dass der Autor Vorsitzender des „Fachausschusses Bau- und Raumakustik" des DEGA e. V. (Stand: Juli 2022) ist und an der 2. Novellierung der DIN 18041 maßgeblich beteiligt war.

Bei der Lektüre von „Raumakustik im Alltag" (Fraunhofer IRB Verlag, 2019) fällt im Kapitel 7 des Buches, „Beispiele aus der Beratungspraxis", eine gewisse verbale Beharrlichkeit auf: Formulierungen wie „im für Sprache wichtigen Frequenzbereich zwischen 250 Hz und 2.000 Hz", „Zielwert $T_{Soll}$ zwischen 250 Hz und 2.000 Hz" und „im Sprachfrequenzbereich zwischen 250 Hz und 2.000 Hz" tauchen auffallend häufig auf.

Was Nocke in Fachbeiträgen zur VDI-Richtlinie 2569 und zur ASR A3.7 noch negativ aufgestoßen war – dieser enge Fokus auf Frequenzen zwischen 250 Hz bis 2.000 Hz – scheint in seiner Publikation aus dem Jahre 2019 als Leitlinie durch.

Mag der Autor damit anders gewichtete Betrachtungen nun als ausreichend anerkennen… Man stutzt zumindest.

Das irritiert aber auch inhaltlich. Denn Sprache *kann* bedeuten, mit einem Grundwortschatz von rund 400 Wörtern den Alltagsbedarf zu decken. Sprache **muss** hingegen in Kommunikationsräumen in nach oben offener Vielzahl und Vielfalt an Worten und Silben verständlich sein. Da geht es (fast) nur noch um Konsonanten.

Wenn man jedoch bedenkt, wie viele Konsonanten im Frequenzbereich oberhalb von 2.000 Hz mindestens noch relevant mitgetragen, teilweise dort gar alleinig abgebildet werden, dann ist „Sprache" schon allein deshalb mit Frequenzen **bis** 2.000 Hz mangelhaft beschrieben.

Mit der Grafik unten zeige ich die Sprachlaute im Hörfeld. Auf der nächsten Seite vergleiche ich die Einordnung dieser Laute innerhalb der so genannten „Sprachbanane" mit den durchschnittlichen Sprechlautstärken der menschlichen Stimmen.

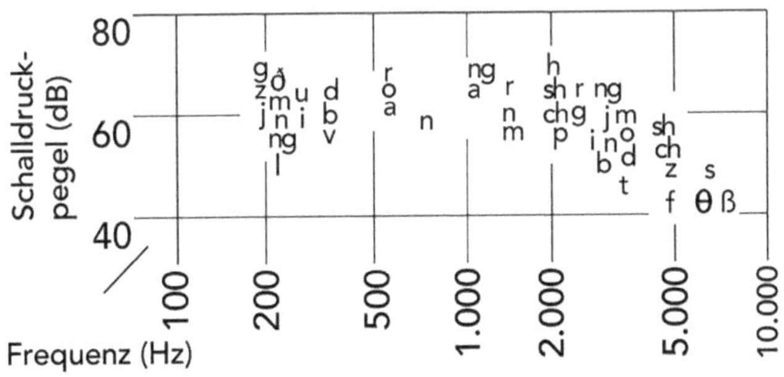


ð = weiches "th" **the atrium** [ði ˈeɪtriəm]
θ = scharfes "th" **thea·tre** [ˈθɪətəʳ]

*Sprachlaute im Hörfeld*

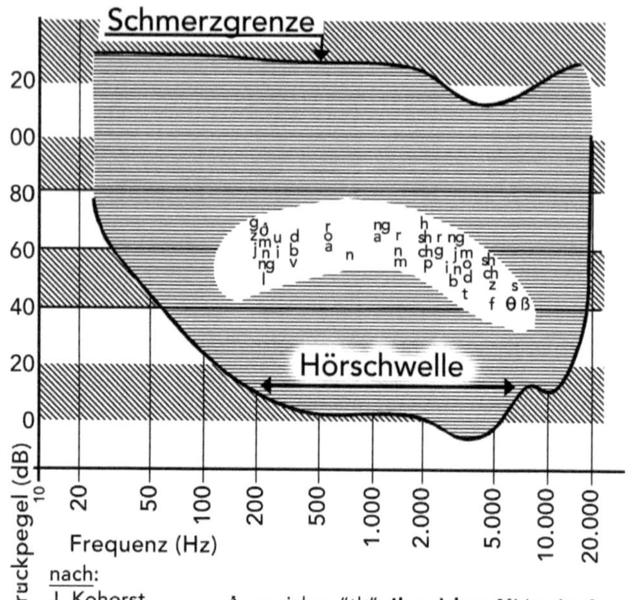


nach:
J. Kohorst,
U.-J. Werner,
Phonak
und anderen

ð = weiches "th" **the atrium** [ði ˈeɪtriəm]
θ = scharfes "th" **thea·tre** [ˈθɪətəʳ]

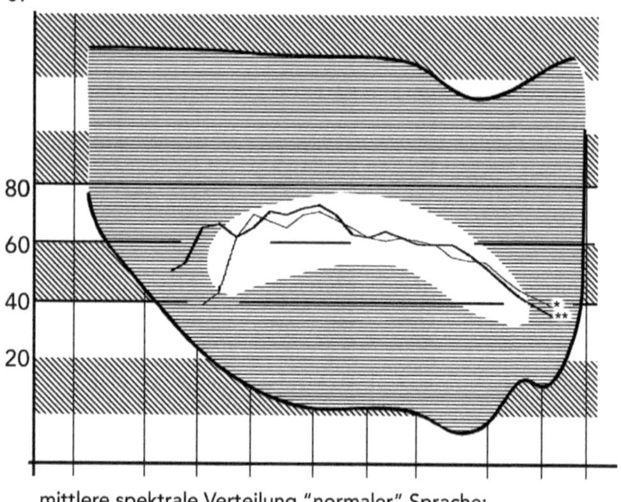

mittlere spektrale Verteilung "normaler" Sprache;
*   weiblich (dünne Linie
** männlich (fette Linie)

nach:
Renz Solutions

Die tieferen Frequenzen unterhalb von 250 Hz sind bisher schwerer zu beruhigen. Andererseits leidet – strittig und keineswegs allgemein anerkannt – sowohl die Sprachverständlichkeit, als auch stellen Geräuschkulissen im unteren Frequenzbereich eine besondere psychische Belastung dar.



Den Frequenzen oberhalb von 2.000 Hz kommt für die Sprachverständlichkeit eine ganz besondere Bedeutung zu. Im Widerspruch dazu werden gerade diese Frequenzen jedoch mit allen Maßnahmen der gängigen „Bedämpfung" massiv abgeschwächt.

Schwierig einzuordnen bleibt auch die folgende Beschreibung bei Nocke:

„Zwischen 250 Hz und 2.000 Hz in Oktavbandbreite, dem Frequenzbereich der menschlichen Sprache, ist das menschliche Gehör besonders

empfindlich. […] Bei hohen und tiefen Frequenzen
nimmt die Hörfähigkeit ab."
*(Christian Nocke, Raumakustik im Alltag – Hören,
Planen, Verstehen, 2. überarbeitete und erweiterte
Auflage; Fraunhofer IRB Verlag, 2019 – Seite 31)*
Tatsächlich gibt es eine besondere Empfindlichkeit
des Ohres zirka zwischen 500 Hz und 6.000 Hz. Die eng
begrenzte und hervorstechende Empfindlichkeit des
gesunden Ohres um 4.000 Hz ist darin enthalten.

Nocke jedoch vermittelt eher den Eindruck, jene
größte Empfindlichkeit des Ohres liege zwischen 250
Hz und 2.000 Hz. – Dem ist **nicht** so:

Gegenüber einem „Plateau" der etwa gleichblei-
benden Hörschwelle zwischen ca. 500 Hz und 1.600 Hz
steigt die Hörempfindlichkeit noch einmal deutlich an,
auf das Maximum bei etwa 3.500 bis 4.000 Hz – mit
noch einmal um 8 bis 10 dB größerer Empfindlichkeit.

Bei Werner heißt es dazu:

„bei einer Frequenz von 4.000 Hz (größte Empfindlichkeit […])",
*(Werner, U.-J.: Handbuch Schallschutz und Raum-
akustik, 2. Aufl.; Beuth 2015 – Seite 147/148)*
Pétursson/Neppert beschreiben:

„Die Isophonen erreichen zwischen 3.500 und
4.000 Hz den niedrigsten Stand."
*(Pétursson, M., Neppert, J. M. H.: Elementarbuch
der Phonetik; Buske 2002 – Seite 127)*


Zumindest mit einer Grafik (*Nocke, Chr.: Raumakustik im Alltag; Fraunhofer IRB 2019 – Seite 32*) zeigt
auch Nocke das Hörvermögen des menschlichen Ohres
bei unterschiedlichen Frequenzen auf, in der in einer
üblichen Weise die Isophonen in 10-dB-Stufen
anschaulich gezeigt werden.

Vergleicht man (wie zuvor bereits aus „Raumakustik im Alltag" zitiert) die Beschreibung, „das menschliche Gehör [*sei*] besonders empfindlich" zwischen 250 Hz und 2.000 Hz, mit dem Verlauf der Isophonen in jenem Grafen, so ist kaum Übereinstimmung zu finden.

Dieselbe Grafik wiederum verstört in sich, wenn man den Sprachbereich dort repräsentiert findet für Frequenzen zwischen 160 Hz und unter 4.000 Hz. Für die Lautstärke lässt sich das dort eingezeichnete Sprachfeld beschreiben mit den lautesten Äußerungen um ca. 65 dB bei etwa 630 bis 800 Hz, mit den leisesten Äußerungen einmal bei 30 dB im Bereich von ca. 200 Hz und wiederum mit ca. 30 dB bei grob 2.800 Hz.

Im Text erläutert Nocke dazu:

> „[…] die klassische Darstellung der Hörfläche nach Zwicker/ Feldtkeller [207] eingetragen. Sprache umfasst demnach einen Frequenzbereich von ca. 170 Hz bis 3.000 Hz, in Oktaven von 250 Hz bis 2.000 Hz und einen Dynamikbereich von ca. 40 dB bis 70 dB."
> (*Nocke, Chr.: Raumakustik im Alltag, Fraunhofer IRB 2019 – Seite 32*)

Der guten Ordnung halber ziehe ich den Quellenverweis, die benannte Quelle „207" im Literaturverzeichnis hinzu:

> „Zwicker, E.; Feldtkeller, R.: Das Ohr als Nachrichtenempfänger. Stuttgart: S. Hirzel Verlag, 2. neubearb. Aufl., 1967".
> (*Nocke, Chr., Raumakustik im Alltag, Fraunhofer IRB 2019 • Ordnungspunkt 8.2, Seiten 323 – 337*)

*Wer nicht anders kann, möge mir entgegenhalten, ich zöge engagiert und umfangreich die sogar über 100 Jahre alten Texte von Wallace C. Sabine hinzu…*

Im Text setzt Nocke einen noch einmal etwas andaren Schwerpunkt, wenn es heißt:

> „Sprache kann aus schalltechnischer Sicht als zeitlich stark fluktuierendes und damit nicht-stationäres Schallsignal mit variabler Frequenzzusammensetzung aufgefasst werden. Zusammenfassend lässt sich feststellen, dass das Maximum gesprochener Sprache, gemessen in Terzbandbreite, bei 300 Hz bis 500 Hz liegt."
> (*Nocke, Chr.: Raumakustik im Alltag, Fraunhofer IRB 2019 – Seite 30*)

Falls damit gemeint ist, was dort steht – nämlich, dass menschliche Sprache zwischen 300 Hz und 500 Hz am lautesten artikuliert werde – dann geht das glatt durch (*siehe die untere Grafik, vier Seiten zuvor*).

Aber dann doch einmal mehr – wenn man die Bedeutsamkeit einzelner Frequenzen berücksichtigt – ist es erforderlich, sich jede erdenkliche Unterstützung von Sprache zunutze zu machen. Und also auch die laut DIN 18041 „kleinen" Räume (ganz gewöhnliche Klassenräume oder durchschnittliche Besprechungsräume) nicht „auf Teufel komm raus" zu bedämpfen. Also auch für „kleine" Räume: **Nicht** mit Fokus auf den Nachhall mit Absorption *maximal großzügig* zu verfahren.

Wenn man bei Maue gar liest, dass „sich die Sprache mit Zischlauten […] in dem Frequenzbereich zwischen 100 Hz und 8.000 Hz abspielt", dann scheint hier ja beinahe die Rede von einer anderen Welt zu sein.
(*Maue, Jürgen H.: 0 Dezibel + 0 Dezibel = 3 Dezibel, Erich Schmidt Verlag, 2009 – Seite 93*)

---

*Ich erlaube mir dennoch, rein interessehalber, Maue dort weiter zu folgen:*

„Für die Sprachverständigung und meist auch zur Identifikation eines Sprechers genügt aber ein Frequenzumfang, wie er durch das Telefon übertragen wird: von ca. 300 Hz bis 3.000 oder 4.000 Hz."
(Maue, Jürgen H.: 0 Dezibel + 0 Dezibel = 3 Dezibel, Erich Schmidt Verlag, 2009 – Seite 93)
,Identifikation eines Sprechers' meint nichts anderes als Wiedererkennung durch Stimm- und Sprechmuster. Dazu sind weder tieffrequente Stimmanteile, noch höherfrequente Zisch- oder Rauschlaute nötig. – Nichtsdestotrotz bevorzugt man das Vier-Augen-Gespräch, wenn es um schwierige Sachverhalte geht. Und das gewiss nicht nur, weil man die Denkpausen seines Gegenüber dann auch „sehen" kann – statt sie stumm und ungewiss ertragen zu müssen – sondern auch, weil die Sprachübertragung via Telefon eher mäßig ist.

---

Wenn man nun im „Kommentar zu DIN 18041" liest:
„In der Darstellung der ,Normalkurven gleicher Lautstärkepegel' nach DIN ISO 226 [...] ist deutlich zu erkennen, dass – bezogen auf die gleiche Lautstärke-Empfindung – die relativ größte Gehör-Empfindlichkeit zwischen etwa 2.000 Hz und 5.000 Hz vorliegt. Traumatische Gehörschädigungen wirken sich vorrangig in diesem Frequenzbereich aus [...]"
(Nocke, Chr. [Hrsg.]: Hörsamkeit in Räumen; Beuth 2018 – Seite 119)
dann darf man mindestens staunen, wenn *gerade* Personen mit Hörschädigungen *gerade* von stark absorbierenden Maßnahmen in diesem Frequenzbereich – oberhalb von 2.000 Hz – besonders profitieren können.

Laut „Raumakustik im Alltag" liegt der für Sprache relevante Frequenzbereich bei 250 Hz bis 2.000 Hz! Und füglich erfahren wir in „Hörsamkeit in Räumen", traumatische Hörschädigungen wirkten sich vorrangig im Frequenzbereich von 2.000 Hz bis 5.000 Hz aus.

Nocke et al. präzisieren eine Seite weiter in „Hörsamkeit in Räumen – Kommentar zu DIN 18041":

> „Eine bleibende Hörminderung ist eine Verschiebung der Hörschwelle, die sich nicht wieder zurückbildet. Schallempfindlichkeitsschwerhörigkeit des Innenohres bildet sich vorrangig im Frequenzbereich von 1.000 Hz und höher aus."
> *(Nocke, Chr. [Hrsg.]: Hörsamkeit in Räumen; Beuth 2018 – Seite 120)*

Der Austausch mit der Hörakustik-Meisterin Ursula Schreier (Ganz fürs Ohr Ursula Schreier e. Kfr., Velbert-Langenberg) ist spannend und aufschlussreich.

Frau Schreier spricht davon, dass hörbeeinträchtigte Menschen durch Hörgeräte auch sozialen Austausch wiedererlangen. Sie spricht entschieden *nicht* davon, dass mit Hörgeräten wieder alles gut, gar wie zuvor sei. Sondern sie sagt, dass sie allen unter Hörbeeinträchtigungen Leidenden zuerst Enttäuschung verkaufe – weil noch immer auch die beste Technik das gesunde Ohr nicht wirklich ersetzen könne.

Dabei hebt sie aber auch die höheren Frequenzen als essentiell für Sprachkommunikation hervor und sagt – etwa im Hinblick auf inklusiv, also stark bedämpfte Räume: „Was einmal von den mittleren und höheren Frequenzen absorbiert ist, das kann auch das teuerste Hörgerät nicht zurückholen."

Womit ich zu Hörgeräten und deren Funktionsweise gelangen möchte.

Moderne Hörgeräte machen nicht mehr nur einfach lauter, was sich in der Umgebung abspielt, sondern können gezielt nur bestimmte Frequenzbereiche verstärken – oder nutzen gar die so genannte Frequenzmodulation: Ein kompletter Frequenzbereich wird so „verschoben", dass er in den noch verfügbaren Hörbereich gelangt – diesen aber auch überlagert!

Das erschließt dankenswerterweise beeinträchtigten Personen zwar wieder den gesamten Hörbereich. Aber das macht auch noch stärker abhängig gerade davon, dass die mittleren und höheren Frequenzen mit hoher Transparenz klar hervorstechen.

Kurz gefasst: Hörgeräte nutzende Personen sind auf genau das Gegenteil von Absorption angewiesen.

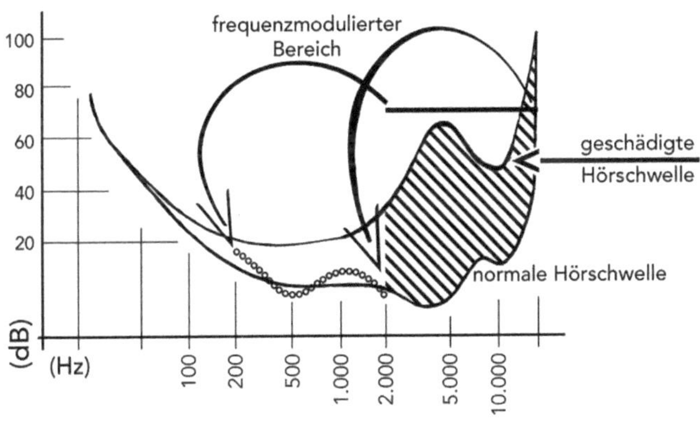


schematische Darstellung zur Frequenzmodulation

# **Hörgeräte** – und wie sie funktionieren

*Für genauere Informationen zu Funktionsweisen bestimmter Hörgeräte kann ich nur dazu aufrufen, bei den unterschiedlichen Anbietern nach detaillierten Informationen zu suchen. Denn auch von Anbieter zu Anbieter gibt es im Rahmen der technisch vergleichbaren Vorgehensweisen große Unterschiede.*

*Ich möchte an dieser Stelle nur ein paar wenige grundsätzliche Aspekte anreißen.*


Hörgeräte sind kein Ersatz für ein gesundes Gehör. Sie sind ein Hilfsmittel, um Hörvermögen zu unterstützen – oder überhaupt erst wiederherzustellen.

Oder, wie Frau Schreier sagt: „Das erste, was wir hier verkaufen, ist Enttäuschung."

Ursula Schreier ist als Hörakustik-Meisterin mit ihrem eigenen und unabhängigen Hörgeräte-Studio „**Ganz fürs Ohr**" seit bereits mehr als einem Jahrzehnt in Velbert-Langenberg erfolgreich. Als Teil ihres Erfolges sieht sie zurecht ihren Anspruch, Menschen auf das vorzubereiten, was sie erwartet… derweil ihr Gehör nicht mehr erbringt, was es *sollte*: „Es ist faszinierend, was heutige Hörgerätetechnik leistet…"

Aber technisch muss immer ein „Umweg" gewählt werden, um dem Ohr dort entgegenzukommen, wo es noch (gut) arbeitet.

Die ersten Hörgeräte haben das klassische Hörrohr elektroakustisch ersetzt – und somit alles verstärkt, was auf das Mikrofon des Gerätes als Schall einwirkte.

Die Erfindung des Transistors hat den entscheidenden Schub nach vorn gebracht: Geräte wurden kleiner – und längst auch kann Schall nach seinen Frequenzen unterschieden und gezielt verstärkt werden.

Nun also kann der Schall konkret in jenen Bereichen, und abgestimmt auf ganz individuelle Hörschwächen, nachverstärkt werden, um das Hörerlebnis *dem* wenigstens *anzugleichen*, was das gesunde Ohr einmal lieferte. Oder für jene, die zuvor gar nicht (mehr) hören konnten: Das Hörerlebnis *dem* mehr oder minder anzunähern, was ein intaktes Gehör bieten *könnte*.

Damit komme ich nun auch zur modernen Frequenzmodulation – die ich zwei Seiten zuvor bereits mit einer schematischen Darstellung beispielhaft verdeutlicht habe.

Wenn ab bestimmten Frequenzen der komplette Ausfall der Reizsensibilität festgestellt wird, so kann man heute jene Frequenzen modulieren – das heißt, sie in einen Frequenzbereich „verschieben", in denen Betroffene (noch) hörfähig sind. Das besondere Problem und die besondere Schwierigkeit für Betroffene besteht darin, dass nun das gesamte Spektrum des Hörerlebnisses letztlich im verbliebenen und recht engen Hörbereich – von zum Beispiel bis zu 1.000 Hz oder bis zu 2.000 Hz – entschlüsselt werden muss. Man fasst gleichsam – nehmen wir eine Hörfähigkeit bis 2.000 Hz an – jene Frequenzen von zum Beispiel 2.001 Hz bis 8.000 Hz zusammen, komprimiert und moduliert diesen Bereich, so dass er quasi als ein „andersfarbiges Bild" im Bereich bis 2.000 Hz erscheint. So wird das dortige Klangfeld zwar überdeckt… aber man erschließt Betroffenen wenigstens wieder diesen insbesondere für Kommunikation so wichtigen Bereich der höheren Frequenzen.

Hier genau wird nun interessant, was die Hörakustik-Meisterin Ursula Schreier hervorhebt:

„Was einmal von den mittleren und höheren Frequenzen absorbiert ist, das kann auch das teuerste

Hörgerät nicht zurückholen", sagt Frau Schreier – und ist sich des Problems bewusst, dass Personen in stark bedämpften Räumen auch mit der besten verfügbaren Technik nicht zu einer **guten** Sprachverständlichkeit gelangen können.

Sehr interessant, sehr aufschlussreich – und auch ein bisschen bestätigend – ist nun einmal mehr der Austausch mit Frau Schreier.

„Deshalb bin ich selbstständig", sagt sie – und hebt hervor, dass sie nur auf diese Weise für eine jede Hörschädigung das am besten passende Hörgerät wählen könne. Denn ein jeder Hersteller habe seine Schwerpunkte – je nach Können oder je nach „Dürfen": Je nach den vom Hersteller entwickelten Lösungen und je nach dem, was die Rechte anderer Unternehmen nicht verletzt.

Genau wegen dieser technischen Festlegungen einzelner Hersteller kann ein jeder Hersteller für bestimmte Hörprobleme sehr gute Lösungen bieten. – Aber niemals für alle.

Selbst, wenn Frau Schreier – seit vielen Jahren und gut etabliert – in ihrem unabhängigen Hörgeräte-Studio aus der gesamten Palette der technischen Lösungen schöpfen kann, so sagt sie dennoch: „Das erste, was wir hier verkaufen, ist Enttäuschung."

Dazu erklärte Frau Schreier auf meine Verwirrung hin: „Die Erwartungen, die die Hersteller von Hörgeräten in ihrer Werbung wecken, sind viel zu hoch. Es ist faszinierend, was heutige Hörgerätetechnik leistet – aber das gesunde Ohr ist unerreichbar."

Es sind allerdings leider nicht nur die werblichen Versprechungen von Herstellern, die zu hohe Erwartungen an die Wiederherstellung des Hörvermögens durch den

Einsatz technischer Geräte schüren. So heißt es etwa in einer Publikation eines Selbsthilfeverbandes:

„Da ein Hörverlust in der Regel nicht für alle Tonhöhen gleichmäßig ist, können Hörgeräte ihre Verstärkung in Abhängigkeit [von] der Tonhöhe verändern. Bei dem sehr häufigen Hochtonverlust zum Beispiel nimmt das Ohr die für das Sprachverständnis wichtigen Zisch- und Explosivlaute (s, sch, f, t, d usw.) nur noch sehr leise oder gar nicht mehr wahr. Durch eine passende Anhebung der Verstärkung bei den hohen Tönen gleicht ein richtig eingestelltes Hörgerät diesen Mangel aus und führt wieder zu einem klaren Silben- und Sprachverständnis." (Ratgeber 8 – Das Cochlea-Implantat, 8. Neuauflage 2018; Herausgeber: Deutscher Schwerhörigenbund e.V. – Seiten 11/12)

---

*Dieser Korrekturhinweis sei mir erlaubt – denn es schmerzt, im Zitat auch Fehler wiedergeben, und somit verbreiten zu müssen: Dass der „Explosivlaut" im Wörterbuch zu finden ist, ist die Kapitulation des Nachschlagewerks vor dem faktischen Sprachgebrauch.*

Der „**Plosiv**" ist der Verschlusslaut [WAHRIG – Deutsches Wörterbuch; wissenmedia in der inmedia ONE] GmbH, Gütersloh/München, 2011]: *„zu lat. plausus, Part. Perf. von plaudare ,klatschen'"*.

Der **Plosiv**, der *Plop-Laut*, ist nicht abgeleitet von „Explosion". Manchmal liest man auch vom „**Plosivlaut**".

---

Es sind solche Darstellungen, die schwer beschreibliche und (zu) hohe Erwartungen an die Möglichkeiten von Hörgeräten wecken. Dennoch muss ich – bei aller Kritik – hervorheben, dass in jener Broschüre versucht wird, ausgewogen die Vor- und Nachteile insbesondere von Cochlea-Implantaten darzulegen.

Ich zitiere aus diesem vorbenannten Text weiter:
„Ein zweiter Effekt vor allem bei der Innenohr-
schwerhörigkeit ist die Beschränkung des Laut-
stärken-Umfangs, den das Ohr verarbeiten kann
(Dynamik). […] Hörgeräte können den Bereich
der ‚tatsächlichen Lautstärkeschwankungen‘ auf
diesen Bereich der verbliebenen Restdynamik
‚komprimieren‘.“

Ich bin nun verleitet, einen inhaltlichen Einschub zu
bieten. Denn alles Weitere, das dort zu lesen ist, erlaubt eine Vermutung, weshalb Räume, und insbesondere solche für die Inklusion, nach Empfehlungen der
Deutschen Industrien dann schlussendlich so genannt
„überdämpft“ werden.

Ich spreche hier also allgemein nach Verständnis von
DIN 18041 von Räumen der Gruppe A4.

Dazu heißt es in DIN 18041:2016-03:

„Von Personen mit Hörschäden wird die raumakustische Situation für Sprachkommunikation umso
günstiger empfunden, je kürzer die Nachhallzeit
ist. Dasselbe gilt auch für die Kommunikation mit
Personen in einer Sprache, die nicht als  Muttersprache gelernt wurde […]. Im Zweifelsfall sollten
in Räumen zur Sprach-Information und -Kommuni-
kation eher kürzere als längere Nachhallzeiten
realisiert werden.“
*(DIN 18041:2016-03; Ordnungspunkt „4.2.3 –
Anforderungen an die Nachhallzeit“ – Seite 12)*
Nein! – Nicht *„im Zweifelsfall“* sollten kürzere Nachhallzeiten angestrebt werden! Denn die Nachhallzeit –
so pauschaliert – ist **nicht** das *eigentliche* Problem!

Das eigentliche Problem sind die Raumkanten: „Im
Zweifel“ muss am Nachhall gar nichts mehr gemacht
werden, wenn die Raumkanten erst „sauber“ sind. „Im

Zweifel" auch dann nicht, wenn man in einem Klassenraum steht und sich wegen des verbliebenen Nachhalls daran erinnert wähnt, in einem Kirchenschiff zu stehen.

Gerade, die Nachhallzeit „im Zweifel", also „auf Teufel komm raus" zu senken, verstärkt andere Probleme – und bereitet auch Normalhörenden Probleme, die sie zudem zuvor gar nicht gekannt hatten.

Hier gibt es *keinen Interpretationsspielraum* mehr: Es **kann** nicht im Sinne eines gesetzlich verankerten Gleichbehandlungsgrundsatzes sein, *neue* Probleme für *mehr* Menschen zu schaffen, quasi, um einen Härteausgleich für benachteiligte Personen zu erfüllen.


Damit möchte ich zurückkehren zum Ratgeber 8 des „Deutschen Schwerhörigenbundes", zu Cochlea-Implantaten.

Über die Frequenzmodulation heißt es dort:

> „Die Sprachverständlichkeit, vor allem im Störgeräusch, leidet zwar darunter. Trotzdem ist diese Komprimierung die Voraussetzung, ab einer mittelgradigen Hörschädigung Sprache überhaupt noch verstehen zu können."
> *(Ratgeber 8 – Das Cochlea-Implantat, 8. Neuauflage 2018; Herausgeber: Deutscher Schwerhörigenbund e.V. – Seite 12)*

Ich möchte noch ein paar Zeilen länger bei dieser Broschüre bleiben, da man nun einen recht guten Einblick gewinnen kann, was es bedeutet, im Speziellen mit einem Cochlea-Implantat leben zu müssen.

> „Ein Cochlea-Implantat beruht [...] nicht auf der Verstärkung der Schallwellen. Zentraler Bestandteil eines CI ist ein direkt in die Hörschnecke eingeführter ‚Elektrodenträger'. Unter Umgehung des mechanischen Apparates des Ohres (Trommelfell,

Hammer, Amboss, Steigbügel) reizen diese 12 bis 22 Elektroden die Hörnerven im Innenohr direkt mit elektrischen Impulsen. Das tun sie der ganzen Länge der Hörschnecke nach. Auf diese Weise werden wieder alle Tönhöhen, die für das Sprachverständnis und auch für ‚normale‘ Musik notwendig sind, hörbar.“
*(Ratgeber 8 – Das Cochlea-Implantat, 8. Neuauflage 2018; Herausgeber: Deutscher Schwerhörigenbund e.V. – Seiten 13/14)*

Wenn ich nun auf ein Problem hinweisen möchte, das also mit Cochlea-Implantaten einhergeht, dann spreche ich damit **nicht** gegen die Entscheidung, sich selbst oder seinem Kind ein CI einsetzen zu lassen.

Je nach Hersteller liegt die Anzahl der Elektroden, über die die Nerven angeregt werden – wie soeben gelesen – zwischen 12 und 22. Man kann mit einem CI also in einigen harten Schritten ein „Raster“ hören. Fließende Übergänge versuchen neuere Geräte durch eine digitale Modulation zu erschließen: Zwischen zwei Elektroden werden fließende Übergänge *simuliert*, so dass man einem „natürlichen“ Hörerlebnis wieder ein lohnenswertes Stückchen näher kommt.

Vielleicht kann man sich das so vorstellen, als würde ein Bild nur aus dem Malkasten mit 12 Farben gemalt: Schema „Malen nach Zahlen“. Verschiedene Hersteller erschließen sich nun also auch allmählich farbige Übergänge. Das schafft noch immer kein reales Abbild der Umwelt, kommt Erleben von Farbe und Umwelt aber zumindest noch einmal einen Schritt entgegen.

Obgleich in jener Broschüre angesprochen wird, dass für Hörgerätetragende die Sprachverständlichkeit insbesondere im Störgeräusch leidet – das heißt,

schwerer differenzierbar wird als für Normalhörende –
ist es ein Irrtum, zu glauben, dass man deshalb einen
Raum „im Zweifel" nur einfach stark bedämpfen müsse.

Das erstickt nämlich gerade und erst recht die so
wichtigen mittleren und höheren Frequenzen – und
entzieht dem Hörgerät relevante Details. Insbesondere
für Nutzer von CIs gilt hier, dass es *besonders* wichtig
ist, die für Sprache relevanten Schallsignale *klarer* zu
modulieren – statt sie im Sinne einer Trennung von
Stör- und Nutzsignal „im Zweifel" mit der maximalen
Absorption zu bedämpfen. Diese Trennung von Stör-
und Nutzsignal macht Sinn, wenn Sprecher und Hörer
nah genug beieinander sind – also in Räumen von
maximal 6 Metern Raumtiefe.


Personen, die mit Ausschreibungen befasst sind,
sollten also – und ganz im Sinne der späteren Nutzer
einer Immobilie – dringend daran interessiert sein,
gerade diese DIN 18041 **nicht** als maßgeblich anzuerkennen, weil sie mindestens auf wackligen Füßen steht.
Eigentlich, um dem selbst gesteckten Ziel der Norm
wirklich gerecht werden zu können, bedarf es eines
deutlich tiefergehenderen Verständnisses von Schall
und Raumakustik, als dieses durch DIN 18041 repräsentiert wird. Oder den Willen, mehr zu verbriefen, als
„ein Mindestmaß an raumakustischer Qualität [...], das
ausschließlich dem Schutzgedanken dient" (*Nocke,
Chr. [Hrsg.]: Hörsamkeit in Räumen – Kommentar zu
DIN 18041; Beuth 2018* – Seite 12). Denn dieser
„Schutzgedanke" erreicht am Ende nur (bedingt) Lärm-
belastungen, bedient aber eben gerade nicht:
gute Hörsamkeit.

# Das Ohr

Fuchs geht – fruchtbar und wertvoll – auf das menschliche Ohr etwas genauer ein.

„Man kann diese Verdeckung hoher durch tiefere Frequenzen physiologisch dadurch erklären, dass die hohen die menschliche Basilarmembran nur unmittelbar am Schneckeneingang anregen, die tiefen dagegen Wanderwellen [...] auslösen, die sich erst zur Schneckenspitze hin aufsteilen und die Haarzellen anregen, aber auf ihrem Weg dorthin die gesamte Membran verformen und so für höhere Frequenzen konditionierte Bereiche in ihrer Funktion hemmen können (s. Abb. 11.23)*. Nach Hellbrück et al. (2004, dort Kap. 3) fällt die Auslenkungsamplitude unmittelbar nach dem Erreichen ihres Maximums mit 100 dB pro Oktave steil ab:

‚Tieffrequente Schalle mit einem hohen Schallpegel*2 können demnach das Erkennen einer höheren Schallfrequenz niedrigeren Pegels beeinträchtigen. Umgekehrt können jedoch höhere Schallfrequenzen, auch wenn sie einen hohen Pegel aufweisen, angrenzende tiefere Frequenzbereiche wenig beeinflussen.'"

*(Helmut V. Fuchs, Raum-Akustik und Lärm-Minderung, 4. Auflage; Springer Vieweg, 2017 – Seite 204)*

*   nächste Seite
*2 eig. Anm.: gemeint ist ‚Schalldruckpegel'

Die in Abbildung 11.23 (siehe nächste Seite) schematisch „über 33 mm gestreckt dargestellte" (Fuchs) Basilarmembran ist in Wahrheit Teil der Hörschnecke,

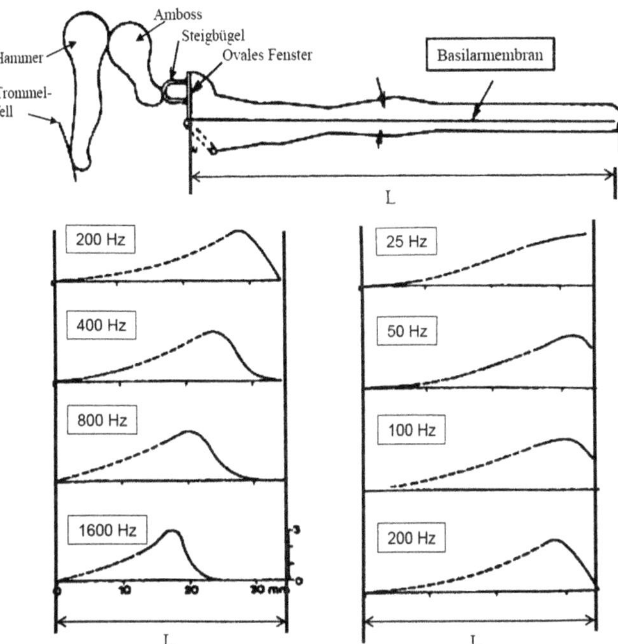


**Abb. 11.23** Auslenkung durch Wanderwellen der (hier über 33 mm gestreckt dargestellten) Basilarmembran bei Anregung durch verschiedene Frequenzen (Nach Klötzsch 2010, Abb. 12.14 und 12.23, aus Nobel-Lecture von v. Békésy, 1961)

entnommen: Helmut V. Fuchs: Raum-Akustik und Lärm-Minderung, 4. Aufl.; Springer Vieweg, 2017 – Seite 205)

der Cochlea – also in einer Schneckenwindung zulaufend geformt. Damit das besser verständlich wird, biete ich weitere Abbildungen an (nächste Seite und drei Seiten weiter: eigene Strichzeichnungen, farbigen Illustrationen von THIEME angelehnt).

Dieses von Fuchs dargestellte „Mithören" von Klängen oder Frequenzen, die gar nicht physisch im Raum vorhanden sind, darf nicht verwechselt werden mit der

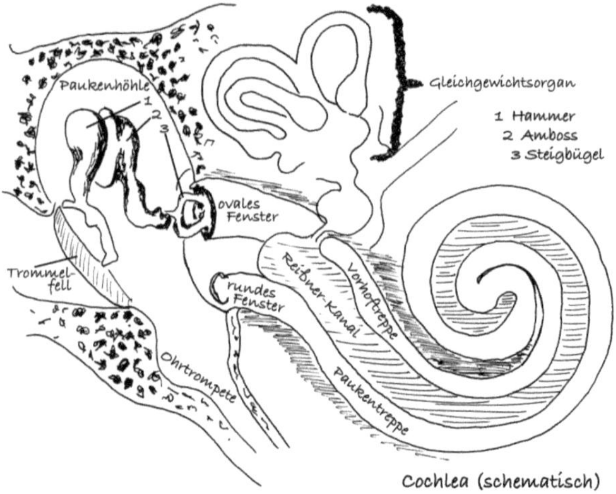

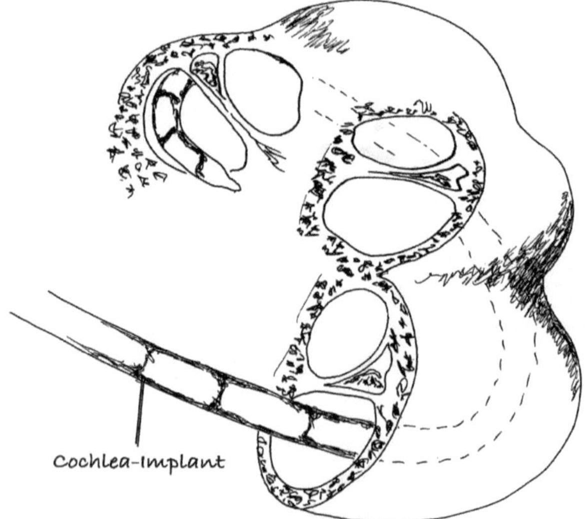


Mittelohr und Cochlea (oben); Cochlea mit Implantat (unten): Das Cochleaimplantat wird durch das sog. runde Fenster hin-durch in die Paukentreppe hineingeführt.
(eigene Strichzeichnungen in Anlehnung an Farbillustration aus: Duale Reihe – Anatomie, 2. überarb. Aufl., Georg Thieme Verlag, 2010)

tatsächlich in der Raumkante stattfindenden Frequenzmodulation – die aber voraussichtlich eine deutlich untergeordnete Rolle spielt – und darf auch nicht verwechselt werden mit der (von der Modulation zu unter-
scheidenden!) „Rauung" des einfallenden Schalls
(meint: Rauigkeit des Klanges).

Die frequenzverändernden Einflüsse der Raumkante
dürfen nicht als Resonanz aufgefasst werden, weil die
Raumkante selbst gar nicht resonanzfähig *ist*: „Resonanz" bedarf eines eigenschwingenden Körpers oder
Volumens. Ich zitiere, möchte aber zuvor darauf hinweisen, dass „Körper" auch eine Membran oder eine Saite
sein kann – also im weitesten Sinne jede anregbare
Masse:

> „Jeder schwingungsfähige Körper besitzt eine
> oder mehrere Eigenfrequenzen. […] in der er auch
> bei beliebiger Anregung mit der größtmöglichen
> Amplitude um seine potenzielle Ruhelage
> schwingt. Wenn nun auf einen solchen schwin-
> gungsfähigen Körper […] indifferent eingewirkt
> wird (Anschlagen, Anzupfen, Knallerzeugung
> usw.), wird er in seiner Eigenfrequenz […] mit- und
> eine gewisse Zeit weiterschwingen […], während
> andere Frequenzen […] gedämpft werden."
> (*Pétursson, Magnús / Neppert, Joachim M. H.,
> Elementarbuch der Phonetik, 3., durchgesehene
> und bearbeitete Auflage 2002* – Seite 132)

*Am Raumkanteneffekt selbst und der Möglichkeit, den
Effekt durch Abschirmung, Störung der Druckverläufe und
(Teil-) Absorptionen deutlich zu reduzieren bis hin zu
komplett auszuschalten, ist nicht mehr zu rütteln.
Der Nachweis durch praktische Versuche und
Anwendungen belegt dies. Allein...*

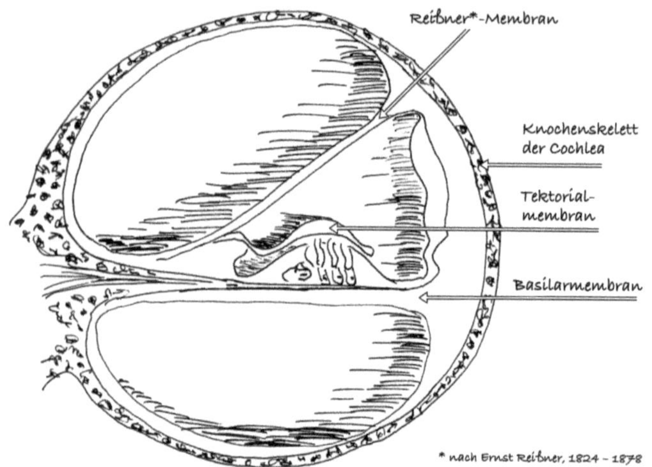


*Schnitt durch die Cochlea (Schneckenwindung des Innen-ohres); hierbei:*

|  |  |  |
|---|---|---|
| *obere Wendel:* | *Vorhoftreppe* | |
| *mittlere Wendel:* | *Schneckenkanal* | |
| | *(auch: Reißner-Kanal)* | |
| *untere Wendel:* | *Paukentreppe* | |

*(eigene Strichzeichnung in enger Anlehnung an Farb-illustration aus: Duale Reihe – Anatomie, 2. überarb. Aufl., Georg Thieme Verlag, 2010)*

*… die physikalische und umfängliche Begründung des Wirkprinzips und weiter die umfassende messtechnische Analyse stehen noch aus.*

*Jedoch ein erstes Gutachten zu einem realen Klassen-raum (siehe mein Kapitel „Raumklang zwischen Maß & Nutzen") belegt bereits jetzt, dass das Konzept nicht von Subjektivität oder freundlichem Zuspruch profitiert.*

Dem Phänomen der gehörten, jedoch nicht physika-lisch vorhandenen Kombinationstöne genauer nachzu-spüren, mag von Interesse sein, eröffnet jedoch keinen Lösungsansatz für die praktische Bewältigung von Pro-blemen mit schlechter Raumakustik oder mit Lärm.

Solche Störeffekte des Hörapparates hatte ich mal als potenziell lösungsrelevant eingestuft. Inzwischen messe ich dem Thema keinerlei Wichtigkeit mehr bei.

Kurzum: *Eine* – und je nach Raumgröße *die* relevante – Lösung fürs Ohr liegt in der **Raumkante**.

Dennoch darf man bedenken, dass das mehr oder minder erkrankte oder beeinträchtigte Gehör auf jegliche Störeinflüsse empfindlicher reagieren kann – und deshalb Betroffene unter besonderen und außerordentlichen Beeinträchtigungen leiden können.

Damit gilt aber auch: Schaltet man den Kanteneffekt physikalisch schon im Raum aus, so *profitieren im Hören beeinträchtigte Personen* **besonders**!

*Und so möchte ich – nur um des Verständnisses Willen – noch für einige Seiten beim Ohr verbleiben. Ich habe nämlich feststellen müssen, dass die Quellenlage dahingehend viele Wünsche offen lässt.*

Mit der schematischen Darstellung der Schneckengänge (*angelehnt an Thieme; drei Seiten zuvor*) ist mir, die Verbreiterung der Innengänge der Schnecke zur „Spitze" hin anzudeuten, wohl auch nicht hinreichend deutlich gelungen. Tatsächlich mutet das auch etwas paradox an, so dass offenbar die Autoren aller Quellen bevorzugt nebulös ausweichen, ehe etwas fehlerhaft dargestellt sein könnte:

*Die* **Basilarmembran** *wird in ihrem Verlauf weiter, tiefer, höher in die Schnecke hinein* **breiter**.

Wo dieser Sachverhalt nicht explizit hervorgehoben wird, da bleibt rätselhaft, dass gerade die *tiefen* Frequenzen gerade in der Tiefe der Schnecke wahrgenommen werden. Denn schwer nachvollziehbar bliebe, weshalb gerade in der Zuspitzung der Schnecke die tiefen Frequenzen noch Anregung platzieren können.

Vereinfachend verglichen mit einer dünneren Gitarrensaite, ist eine solche auch nie tief anregbar, weil die dünne Saite die „weite" und „lange" Anregung gar nicht annehmen kann.

Wo tiefe Frequenzen die Basilarmembran in Schwingung versetzen, da bedarf diese Membran auch einer gewissen Breite, um bis zum Ende durchschwingen zu können. Der Schneckengang der Cochlea erfährt zu seiner „Zuspitzung" hin eine *Abplattung*, in die hinein dann auch die breiter werdende Membran passt.

Pétursson und Neppert bieten mehr Einzelheiten zum Ohr, obgleich deren Thema ja nicht das Aufnehmen, das Hören von Sprache ist, sondern die *Bildung* von Sprache, nämlich die *Phonetik*.

Schließlich wird der Sachverhalt unter Zuhilfenahme von Thieme's „*Anatomie*" klar und verständlich.

Die unterschiedlichen Angaben zur Dimension der Basilarmembran lasse ich aus Gründen der Transparenz, aber unter Vorbehalt, nebeneinander stehen: Bei Pétursson/Neppert sind es 0,04 mm an der Basis, also am ovalen Fenster, 0,5 mm am Ende der Schnecke (*Pétursson/Neppert, Elementarbuch der Phonetik; Buske 2002* – Seite 175). Das sind also 40 bis 500 µm.

Laut Thieme ist die Basilarmembran „an der Basis der Cochlea ca. 200 µm, an der Kuppel ca. 360 µm breit" (*Duale Reihe – Anatomie, 2. Auflage; Thieme 2010* – Seite 989).

Die Ursache für eine so deutliche Diskrepanz könnte – zum Teil – in der bloßen Beobachtung zu finden sein.

So weiß man etwa – da decken sich die Quellen – dass das Trommelfell insgesamt größer, aber als schwingende Membran wiederum kleiner ist:

„Die Fläche des Trommelfells beträgt im Mittelwert 0,85 cm² (wovon 0,55 cm² in der Vibration aktiv

sind), die des ovalen Fensters hingegen nur 0,03 cm$^2$. Die Übertragung des Schalls von einer Fläche von 0,55 cm$^2$ auf 0,03 cm$^2$ bewirkt eine Schalldruckverstärkung von etwa 25 dB."
(Pétursson/Neppert, Elementarbuch der Phonetik; Buske Verlag 2002 – Seite 173)

Ich kann nur vermuten, dass der schwingungsfähige Bereich der Basilarmembran dort, wo das ovale Fenster ansetzt, ebenfalls deutlich enger ist als die physiologisch vorhandene Breite der Membran.

Andernfalls blieben die so klaren Abweichungen beider Quellen zur Breite der Basilarmembran unerklärlich.

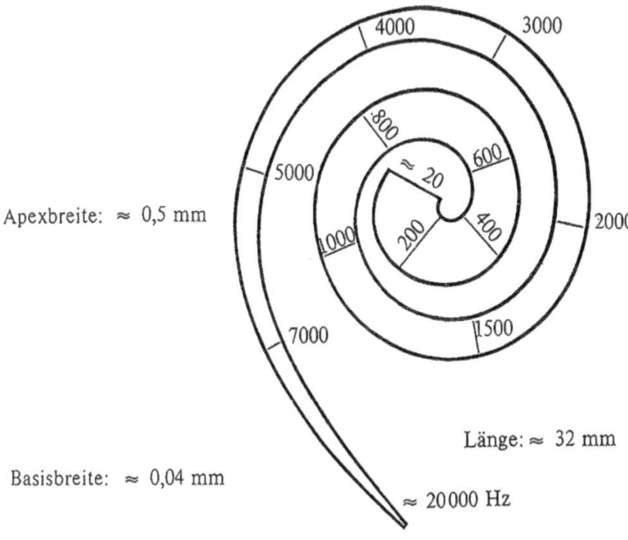


„Abb. 62: Schematische Darstellung, welche die relative Breite der Basilarmembran zeigt. Für einige Frequenzen ist der Ort angegeben, bei dem die zugehörige Wanderwelle ihr Maximum erreicht."
(Pétursson/Neppert: Elementarbuch der Phhonetik; 3. Aufl., Helmut Buske Verlag, 2002 – Seite 175)

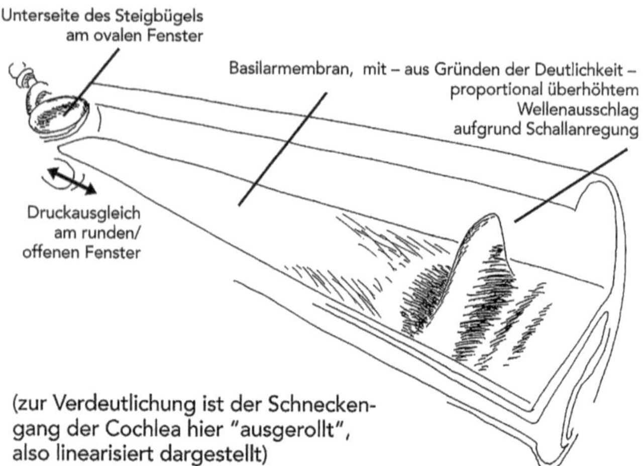


(zur Verdeutlichung ist der Schneckengang der Cochlea hier "ausgerollt",
also linearisiert dargestellt)

(in Anlehnung an: *Duale Reihe – Anatomie, 2. überarb.*
*Aufl.; Georg Thieme Verlag, 2010 – Seite 993, Abb. M6.14 a)*

Lassen Sie mich noch ein wenig und mit Neugier beim Ohr verharren:

„Das Mittelohr hat im Schallübertragungsprozeß
drei Funktionen [...]:
1) Die Funktion der Schallübertragung [...].
2) Die Funktion der Abschwächung von Schallen,
die zu große Intensität haben: Dies wird durch
die Aktivität der kleinen Muskeln bewirkt. Bei
Schallpegeln von 85 bis 90 dB wird schon der
Reflex des Musculus stapedius ausgelöst. [...]"
(*Pétursson/Neppert, Elementarbuch der Phonetik;*
*Buske Verlag 2002 – Seite 173)*
Tatsächlich gibt es solcher Muskeln sogar zwei:
Der eine (erwähnte) schwächt bei extremen Lärmbe-
lastungen die Stoßkräfte des Steigbügels, die andernfalls ungehemmt auf das ovale Fenster einwirkten – mit
dem bereits aufgezeigten Verstärkungseffekt.

Ein weiterer Muskel schwächt bereits die Kräfte des Hammers, wenn dieser eine zu starke Anregung unmittelbar vom Trommelfell erfährt:

"Zusammen dienen die beiden Mittelohrmuskeln *Musculus tensor tympani* und *Musculus stapedius* […] einer Reduktion hoher Schallintensitäten, einer dynamischen Anpassung des Lautstärkebereichs und einer Abschwächung der Übertragung der eigenen Stimme."
(*Duale Reihe – Anatomie, 2. Auflage; Thieme Verlag 2010 – Seite 983*)

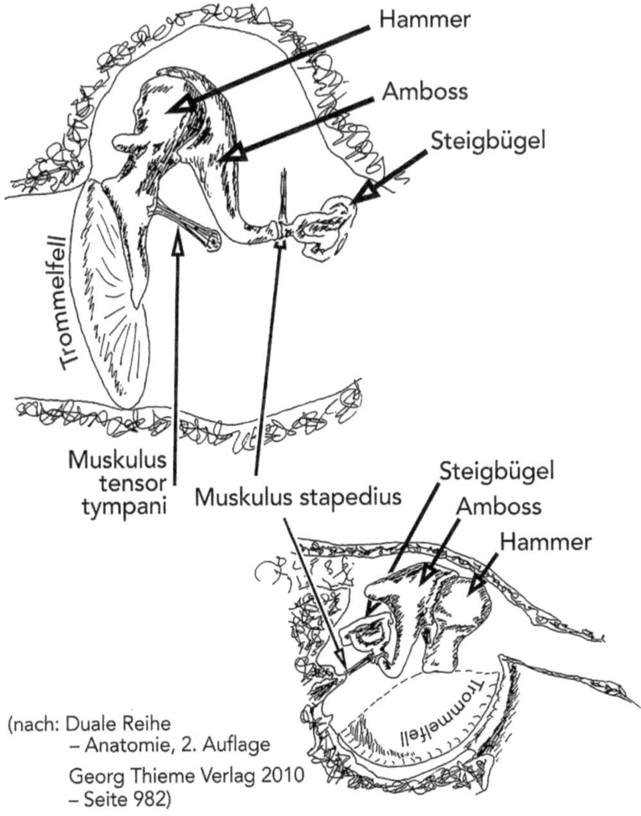


(nach: Duale Reihe
    – Anatomie, 2. Auflage
  Georg Thieme Verlag 2010
    – Seite 982)

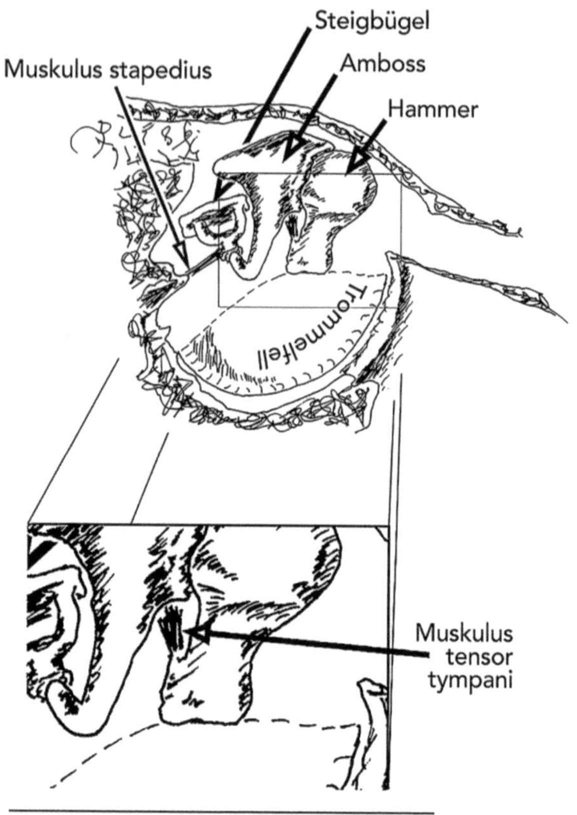


(nach: Duale Reihe – Anatomie, 2. Auflage
Georg Thieme Verlag 2010
– Seite 982)

Falls nun, so möchte ich hier einmal abschließend zur
Diskussion stellen, diese kleinen Muskeln mit fortschrei-
tendem Alter an Elastizität, schneller Ansprechbarkeit
und Ausdauer verlören, so wäre leicht eine mit dem
Alter zunehmende Lärmempfindlichkeit verständlich...

# Von tiefen Frequenzen

Ehe ich meine Ausführungen fortführe, muss ich einmal den Kreis der bekannteren und gern herangezogenen Autoren verlassen: Ein paar Seiten zuvor hatte ich Dr. Jürgen H. Maue bereits mit knappem Zitat bemüht.

Bereits 1975 hatten Herren Hoffmann und von Lüpke (mittlerweile beide verstorben) ihren Titel „0 Dezibel + 0 Dezibel = 3 Dezibel" vorgelegt. Immer wieder überarbeitet, zeichnet für die 9. Auflage (Erich Schmidt Verlag, 2009) Jürgen H. Maue als Autor.

Dort etwa liest man:

> „Der gesamte Frequenzbereich bis ca. 16.000 Hz ist allerdings allenfalls beim Hören von Musik von Bedeutung, da sich die Sprache mit Zischlauten nur in dem Frequenzbereich zwischen 100 Hz und 8.000 Hz abspielt."
> *(Maue, Jürgen H., „0 Dezibel + 0 Dezibel = 3 Dezibel – Einführung in die Grundbegriffe und die quantitative Erfassung des Lärms", Erich Schmidt Verlag, 2009 – Seite 93)*

Viele Quellen ordnen dem menschlichen Ohr eine Empfindlichkeit zwischen 20 Hz und 20.000 Hz zu – wobei hier gleich das Zugeständnis gemacht wird, die höchste Empfindlichkeit verliere sich regelmäßig schnell in jungen Jahren.

Maue wird genauer:

> „Der vom Menschen wahrgenommene Frequenzbereich ist nicht scharf begrenzt. Ein gesundes Ohr kann Schallsignale in einem Frequenzbereich von ca. 16 Hz bis 16.000 Hz hören. Junge Menschen nehmen vielfach auch deutlich höhere Frequenzen bis in den Bereich von 20.000 Hz und mehr noch

wahr, wenn das Signal einen hohen Schalldruckpegel aufweist."
(*ebenda* - Seite 93)
Damit ist das obere Ende beschrieben. Aber was hat
es mit den tiefen Frequenzen auf sich?

Man findet in der Regel, ein Flügel spiele mit seiner
tiefsten Note A0 eine Frequenz von 27,5 Hz. Aber ein
Flügel ist „da unten" noch nicht am untersten Ende
angelangt: So gibt es die „extended version", den
Bösendorfer 290 Imperial.

Weshalb es einen solchen Flügel gibt, wird auf der
Website von Bösendorfer erklärt:

> „Wien, 1900. Leidenschaftlich arbeitet der italieni-
> sche Komponist, Dirigent und Pianist Perruccio
> Busoni an einer Transkription von Bachs Orgelwer-
> ken. Er erkennt schnell, dass es weiterer Basstöne
> bedarf um Bachs meisterhaften Klangvorstellungen
> und dem imposanten Klang von 16 und 32 Fuß
> Oktavbässen einer Orgel gerecht zu werden.
> Ludwig Bösendorfer nimmt die Herausforderung
> an und baut einen Konzertflügel, der erstmals über
> einen Tonumfang von vollen 8 Oktaven verfügt.
> Nicht nur Busoni weiß die Vorzüge des Imperials zu
> nutzen: Bartók, Debussy und Ravel komponieren
> weitere Klavierwerke, um die gewaltige Klangfülle
> dieses Instruments auszuschöpfen. Diese Werke
> können nur auf einem Bösendorfer 290 Imperial
> original werkgetreu interpretiert werden."
> (*Website der L. Bösendorfer Klavierfabrik GmbH*)

Nur interessehalber und nicht schleichwerbend
schweife ich mal kurz ab: Bösendorfer erläutert, für die
tieferen Töne fänden keine reinen Stahlseile, sondern

solche mit – je nach Tonlage – ein- oder zweifädiger Beiflechtung von Kupfer Verwendung. Das sorge für einen angenehmeren, tendenziell wärmeren Ton.

Fuchs beschreibt:
„Bei 16 Hz liegt der normalerweise tiefste notierte Ton, das Subkontra-C der längsten (und seltenen) Orgel-Bombarden."
(*Fuchs, H. V., Raum-Akustik und Lärm-Minderung, Springer Vieweg 2017 - Seite 194*)

Spannender liest es sich dann aber bei Fuchs weiter. Denn was wir dort erfahren, lässt erahnen, dass man auch den tiefen Frequenzen auf keinen Fall wahllos mit Absorption nachstellen sollte.

Die von Fuchs angesprochenen Anregungen sind tendenziell energiearm. Solche noch tieferen Frequenzen tragen das (Musik-) Gebäude, das tatsächlich auf dem Notenblatt steht, wie ein solides Fundament – das der Vertonung durch genau das jeweilige Instrument seinen Gehalt und Charakter verleiht.

„Von den anderen Musikinstrumenten reichen nur Kontrabass, Kontrafagott, Basstuba, Harfe, Flügel und große Trommel mit ihren unterschiedlich starken Grundtönen bis in die Kontraoktave hinunter. Weniger bekannt und beachtet ist jedoch, dass alle Blas- und Streichinstrumente, auch die Zupf- und Schlaginstrumente wie Harfe, Klavier, Trommeln, Pauken, Tumba, Bongo, Gong, Xylophon, Marimbaphon, Vibraphon nicht nur ihre musikalisch definierten Töne aussenden, sondern daneben beim Anschlagen, Anblasen und Anstreichen sowie bei Lagenwechseln, Strichumkehr, Vibrato etc. auch aperiodische, u. U. ausgesprochen breitbandige Schallereignisse aussenden. Nicht selten reicht das

Spektrum dieser zwar schwachen, aber für das typische Kolorit der jeweiligen Schallquelle und den Eindruck ihrer körperhaften Gewichtigkeit sehr wesentlichen Anteile sogar bis in den Infraschallbereich hinunter."
*(Fuchs: Raum-Akustik und Lärm-Minderung, Springer 2017 – Seiten 194/195)*

Dieses Fundament – diese „Fundamentklänge" – brauchen ebenfalls den Raum und dessen Fähigkeit, diese authentisch mitzutragen. Sie dürfen einerseits nicht versumpfen, verbreien, dürfen andererseits aber auch nicht durch zu viel Absorption einfach weggeschmirgelt werden.

Auch hier ist die **Raumkante** der Schlüssel: Der Raumkante muss die Möglichkeit genommen werden, aus nicht oder nur schwach hörbaren Schwingungen ein Unbehagen zu generieren. Auch diese Schwingungen dürfen nicht verschwinden oder geschwächt werden, sondern müssen ihre saubere, klare, reine Präsenz im Raum bewahren können.

… außer, sie gehören gar nicht zur Kommunikation, sind also weder musikalischer, noch sprachlicher Ausdruck. Tieffrequente Störgeräusche, etwa von maschinellen Prozessen – wie bereits korrekt in ASR A3.7 zu lesen ist – sollten unmittelbar an der Quelle (an Maschine, Pumpe, Transformator…) absorbiert werden. Wenn dann aber trotz Abschirmung am Gerät oder an einer Durchleitung Störgeräusche verbleiben, dann ist wiederum zuvorderst die Raumkante angesprochen – und die Klärung der Raumkante gefordert.

# Die Verdeckung höherer durch tiefe Frequenzen

Einerseits korrigiert die dB-A-Bewertung zwischen einwirkendem und empfundenem Schalldruck. – Also beruhigt es und relativiert (scheinbar) den Handlungsbedarf, wenn der Mensch etwa eine Frequenz von 63 Hz überhaupt erst ab ca. 40 dB hört.

Eine Frequenz von 250 Hz nimmt unser Ohr schon ab ca. 10 dB wahr. Die größte  Empfindlichkeit des gesunden menschlichen Ohres findet man knapp unter 4.000 Hz.

Von 4.000 Hz zu ca. 8.000 Hz nimmt die Empfindlichkeit des Ohres um 21 dB (an der Hörschwelle) bis 15 dB (bei ca. 40 – 70 dB) ab. Bei Lautstärken oberhalb von 70 dB spreizt der Empfindlichkeitsverlust wieder stärker (*Maue, Jürgen H.: = Dezibel + = Dezibel = 3 Dezibel; Erich Schmidt 2009 – Seite 92*).

Siehe auch Seite 501: Abb. zur Hörfläche<br>des menschl. Ohres von Pétturson/Neppert

Während DIN 18041 bei tieferen Frequenzen großzügig bleibt, geht die Empfehlung für 4.000 Hz und 8.000 Hz dahin, gerade dort die Nachhallzeiten gern durch Absorption auf nur 65 % bzw. 50 % gegenüber Soll zu realisieren (*DIN 18041:2016-03, Seite 14*).

Auch mit dem „Sprach-Gesamtstörschalldruckpegel-Abstand" empfiehlt die Norm **nicht** auf *qualitativer*, sondern auf *quantitativer* Ebene (*DIN 18041:2016-03, Anhang C*). – Ein Missverständnis, das respektvoll niemand mehr richtigstellen mag?

In DIN 18041 heißt es:

„Eine weitgehend störungsfreie Verständlichkeit ist bei Signal-Geräuschabständen von 10 dB bis 20 dB

zu erwarten. Modellrechnungen und Erfahrungen zeigen, dass eine störungsfreie Sprachverständlichkeit umso eher gewährleistet werden kann, je geringer das Störgeräusch ($L_{NA}$, zwischen 30 dB und 40 dB) und je geringer die Nachhallzeit ($T$, zwischen 0,3 s und 1 s) ist."
(*DIN 18041:2016-03, Anhang C – Seiten 27/28*)

Ich hatte bereits aufgezeigt, welche Probleme sich einschleichen, wenn man für starke Absorption sorgt – und damit hauptsächlich die mittleren und höheren Frequenzen einfängt.

Hartnäckig und allen Fakten zum Trotz hält sich das Gerücht, insbesondere Hörgeräte tragende Personen könnten davon im Sinne einer guten Sprachverständlichkeit optimal profitieren.

Obgleich – oder gerade *weil* – Hörbeeinträchtigung in personeller Präsenz Teil des DIN-Ausschusses war, bin ich überrascht, dass dieser Glaubenssatz augenscheinlich unhinterfragt bleibt.

Aber zurück zu den tiefen Frequenzen…

„Tiefe, auch ganz tiefe Frequenzen können hohe Frequenzen viel stärker verdecken als umgekehrt. Beim Ertönen eines lauteren Tons oder Geräuschs wird ein leiserer Ton im gleichen Frequenzbereich erst wahrgenommen, wenn sein Pegel einen Wert etwa 20 dB unterhalb des lauteren erreicht."
(*Helmut V. Fuchs, Raum-Akustik und Lärm-Minderung, 4. Auflage; Springer Vieweg, 2017 – Seite 202*)

Fuchs geht auf Art und Ausmaß des störenden Effektes genauer ein, nachdem er ein anderes Problem angeschnitten hat: Dass im Ohr Töne entstehen können, die physikalisch nicht einwirken, aber physiologisch präsent sind. Das heißt, es handelt sich um im Hörorgan selbst generierte (Misch-) Töne:

„Wirken mehrere starke Töne [...] ein, so werden außer ihren harmonischen auch noch Kombinationstöne gehört [...]. Diese zusätzlichen Töne entstehen im Hörorgan und sind in dem jeweiligen Tongemisch, das tatsächlich auf das Ohr eintrifft, nicht wirklich enthalten. Die Menge und Lautstärke dieser subjektiven Töne nimmt mit dem Pegel des tatsächlich einwirkenden Tons überproportional zu."

(*Helmut V. Fuchs, ebenda* – Seite 202/203)

Im Zusammenhang mit diesem „subjekten Schall" (Fuchs, ebenda) – also dem Schallereignis, das eine Eigenanregung von Teilen des Hörorgans darstellt – beschreibt Fuchs die Störeinflüsse der tiefen Frequenzen weiterreichend:

„Wenn hochfrequenter Schall gleichzeitig mit starkem Störschall bei tieferen Frequenzen ertönt, so kann der subjekte Schall den hochfrequenten also ebenso stark verdecken wie denjenigen in der Nähe der Störfrequenz. Gemäß Abb. 11.21* entstehen so sehr unsymmetrische Mithörschwellen. Frequenzanteile unterhalb der Störfrequenz werden dagegen vergleichsweise wenig verdeckt. Diese Asymmetrie wird offenbar umso stärker, je niedriger die Störfrequenz ist. Für $f_{\text{stör}}$ = 200 Hz und 60 dB wird ein gestörter Ton mit derselben Frequenz bei 40 dB, mit 400 Hz aber erst bei 50 dB wahrgenommen [...]. Hebt man denselben Störton auf 80 dB an, so verschiebt sich das Maximum der Verdeckung bereits so weit, dass ein Ton von 1.000 Hz erst mitgehört wird, wenn er ebenfalls mit etwa 80 dB ertönt. Dies lässt vermuten, dass noch tiefere Störfrequenzen wahrscheinlich den gesamten für die Verständigung so wichtigen Kilo-

hertzbereich stark verdecken. Nach Slawin (1960)**
wirken dabei Geräusche [...] stärker verdeckend
als Töne, weswegen sich jede Anregung bei tiefen
Frequenzen störend auf jede Art von Kommunikation (sei es Sprache oder Musik) auswirken kann."

*(Helmut V. Fuchs, Raum-Akustik und Lärm-Minde-
rung, 4. Auflage; Springer Vieweg, 2017 – Seite
203/204)*

* beide Abbildungen habe ich – gegenüberliegende
Seite – mit Schwerpunkt auf den Schalldruckpegel abweichend zu Abb. 11.21 von Fuchs entsprechend neu
gegenübergestellt

** *Slawin, I.I., Industrielärm und seine Bekämpfung,
Verlag Technik, Berlin, 1960* (aus dem Russischen
übertragen)

Wenn aber ein Geräusch stärker stört als ein klarer
Ton, dann ist es auch naheliegend, auch den Störschall
in erster Linie zu **entstören**, erst in zweiter Linie ggf.
durch Absorption zu schwächen: Die klar differenzier-
bare Störung stört weniger als das breitbandige und
wenig differenzierte Rauschen.

---

**Entstörung** ist bedeutsamer als **Absorption**

---

Die folgenden Grafen zeigen an, ab welchem Schalldruck eine andere Frequenz so genannt mitgehört werden kann, bei bestimmten konstanten Störgeräuschen,
nämlich hier für Slawin's Experimente mit 200 Hz und
800 Hz als Störfrequenzen.

Was Fuchs ausgeführt hat, bedeutet auch, dass eine
höhere Frequenz durch eine tiefere Frequenz dann stärker gestört wird, wenn diese Störung „verwaschen"
und unklar mehr „Geräusch" als klarer Ton ist.

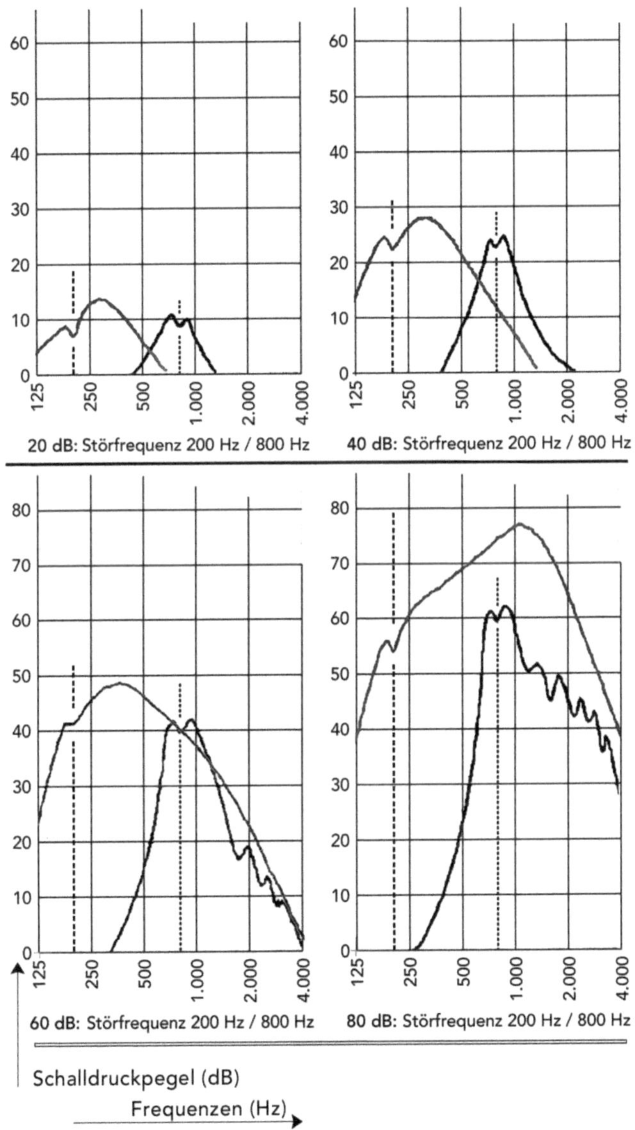



(die jeweiligen **Mithörschwellen** – in Anlehnung an: *H. V. Fuchs, Raum-Akustik und Lärm-Minderung, Springer Vieweg 2017* – Seite 203, Abb. 11.21)

Die klangreine tiefe Frequenz sorgt nicht nur dafür, dass Hörer die tiefe Frequenz sauber hören und gut zuordnen können, sondern auch, dass diese – bei gleicher Lautheit – ein entschieden geringeres Störpotenzial besitzt!

Die **Entstörung** der tieferen Frequenzen ist also wichtiger als deren Auslöschung (durch Absorption), um einen klaren Raumklang und auch eine hohe Sprachdeutlichkeit herstellen zu können.

---

ein **klarer** tiefer Ton stört **weniger**

---

Noch einmal Fuchs:

„Eigentlich gehört das Phänomen der Verdeckung hoher durch tiefe Töne zum Grundwissen eines Akustikers. Auch Meyer (2015, dort S. 20)[2] bestätigt dies: ‚Dabei tritt v. a. eine scheinbare Abschwächung der höheren Töne durch die tieferen auf, während die Verdeckung in umgekehrter Richtung verhältnismäßig gering ist.'"
(*Helmut V. Fuchs, Raum-Akustik und Lärm-Minderung; Springer Vieweg 2017 – Seite 205/254*)

[2] *Meyer, J., Akustik und musikalische Aufführungspraxis, Bochinsky, Frankfurt 2015*

Kuttruff gewichtet in seiner kurzen Abhandlung zur Verdeckung etwas anders, bestätigt aber inhaltlich schlussendlich Fuchs: Er hebt hervor, dass sich ein Störgeräusch bei tieferen Frequenzen weniger stark auswirkt, in die höheren Frequenzen hinein aber entschieden umfangreicher ausstrahlt. Dasselbe gilt auch für die Nachwirkung des Störsignals, zeitlich betrachtet.

Solche Problembeschreibungen – in punktgenauen Laborversuchen objektiviert – bieten gute Hinweise dahingehend, was stattfindet, wenn sich in einem Raum

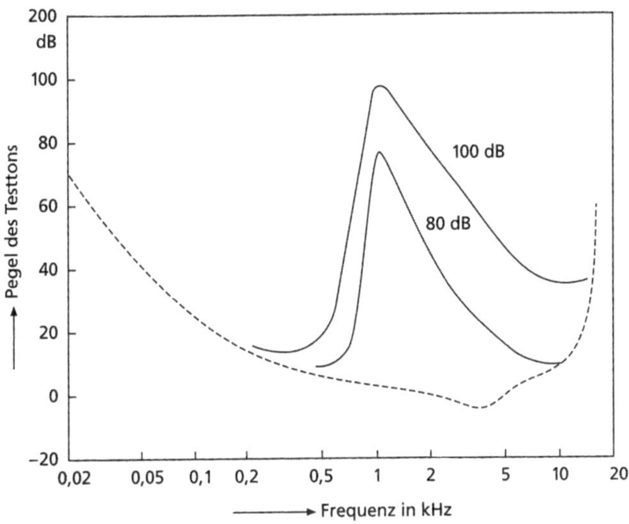


**Fig. 12.10** Verdeckung
a) im Frequenzvergleich (normale Hörschwelle gestrichelt)

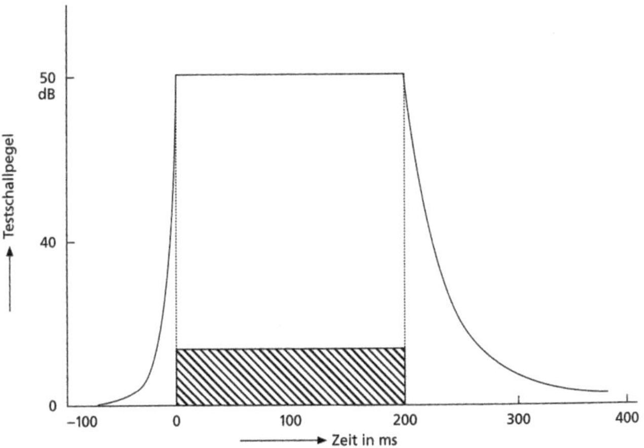


b) im Zeitbereich (verdeckender Tonimpuls grau angelegt)
(nach E. Zwicker, Psychoakustik, [...])

*(Kuttruff, Heinrich, Akustik – Eine Einführung; S. Hirzel Verlag, 2004 – Seite 242)*

parallel zum gesprochenen Wort das in der Frequenz
abgesenkte und in seiner Lautheit – mithin deutlich –
verstärkte Geräusch aus der Raumkante heraus über
die Sprache legt: *Gerade* diese Überdeckung aus der
Raumkante heraus wird noch einmal dominanter.

Um das besser nachvollziehbar zu machen, habe ich
auf vorhergehender Seite jene Illustrationen wiedergegeben, die Kuttruff in seinem Buch „Akustik – eine
Einführung" bietet (*Heinrich Kuttruff im S. Hirzel Verlag, 2004* – Kapitel 12.5 – „Verdeckung", Seiten
241–243).

Zu dem denkwürdigen Effekt, dass eine Störwirkung
im Millisekunden-Bereich nachweisbar wurde, *bevor*
das Störsignal ertönt, erläutert Kuttruff:

> „Das waagerechte Niveau ist der Bereich der
> Simultanverdeckung, während die langsam ab-
> fallende Flanke die Nachverdeckung anzeigt.
> Ihr zufolge braucht das Gehör eine gewisse
> Erholungszeit, bevor es zur Wahrnehmung
> weiterer Schallsignale bereit ist. Dagegen ist die
> Vorverdeckung darauf zurückzuführen, dass sich
> das Gehör mit der Verarbeitung des energiearmen
> Testimpulses mehr Zeit lässt als mit der des starken
> Maskierers."
> (*Heinrich Kuttruff, Akustik – Eine Einführung; S.
> Hirzel Verlag, Stuttgart, 2004 – Seite 243*)

# Von tiefen Frequenzen
## und Raumkanten

– und wie **DIN 18041** den Arbeitsschutz verletzt

Helmut V. Fuchs ist einer, der viel und unablässig über tiefe Frequenzen spricht.

Andererseits präsentiert Fuchs neben vielen interessanten (und teils berühmten) Räumlichkeiten für Musikveranstaltungen oder große Versammlungen auch seine Projekte in KiTas und Grundschulen. Dabei kommen offenbar nicht nur Missverständnisse auf, sondern Fuchs eröffnet Angriffsfläche.

Aber der Reihe nach, damit besser verständlich wird, worauf ich hinaus möchte…

Fuchs beschreibt:

„In Verbindung mit der im Hörsystem angelegten starken Verdeckung hoher durch tiefe Frequenzen [...] behindern diese die Verständlichkeit von Sprache und die Klarheit von Musik. Dies führt dazu, dass alle Musikanten und Diskutanten gemäß dem sog. Lombard-Effekt [...] unwillkürlich zum eigentlich unangebracht lauteren Artikulieren neigen, wodurch sich die Kommunikation weiter verschlechtert. So setzt sich [...] die [...] Lautheitsspirale in Gang. [...] Eigentlich sind diese für Musik und Sprache so destruktiven Effekte seit Langem bekannt. Ihre stärkere Berücksichtigung in der raumakustischen Gestaltung wird aber durch anders lautende Empfehlungen z. B. in der DIN 18041-2016 verhindert [...].“
(*Helmut V. Fuchs, Raum-Akustik und Lärm-Minderung, 4. Aufl.; Springer Vieweg, 2017 – Seite 333*)
Auch beklagt Fuchs trefflich:

„Allerdings hat DIN 18041-2016 mit der Kurve A4
für ‚*Unterricht/Kommunikation inklusiv*' für die Soll-
Nachhallzeit […] eine neue fast unüberwindliche
Hürde selbst für die mittleren Frequenzen aufgebaut: Eigentlich müssen alle öffentlichen Räume,
in denen Kommunikation oder Unterricht unbe-
hindert durch raumakustische Defizite stattfinden
soll, inklusiv […] ausgestattet werden."
(*ebenda* – Seite 349)

Zu dieser Norm merkt Fuchs an:

„Man hat unter massivem Druck zwar den unhalt-
baren $\alpha_W$* fallengelassen, dafür aber dem Nachhall eine neue Schleuse geöffnet, die dem tieffrequenten Dröhnen mehr denn je Tür und Tor
öffnet."
(*ebenda* – Seite 348)

* $\alpha_W$ ist der frequenzabhängig bewertete Schallabsorp-
tionsgrad bestimmter Oberflächen/Gegenstände per m$^2$.
Insoweit sind die $\alpha_W$-Werte nicht ganz aus DIN 18041 ge-
strichen, als sie in Tab. A1 und Anhang G auszugsweise
gelistet werden, um sie für die geforderten Berechnungen
als Korrekturwerte verwenden zu können.

Allein… um tieffrequentes Dröhnen geht es oft gar
nicht. Genau an diesem Punkt gerät Fuchs missverständlich. – Und bleibt unverstanden?

Dabei hat er so fruchtbare Ansätze eingebracht, um
seine Argumentation zu stützen. Ob das nun Slawin mit
einer Publikation von 1960 (Störtöne von 200 Hz und
800 Hz) oder Gelfand im Jahre 2004 war (Störtöne von
250 Hz, 500 Hz, 1.000 Hz und 2.000 Hz): Beide haben
die Verdeckungen gerade mittlerer Störfrequenzen aufgezeigt, aber Fuchs *scheint* das nicht konsequent genutzt zu haben, um das Störpotenzial der **Raumkanten**
vollumfänglich und besser verständlich zu machen.

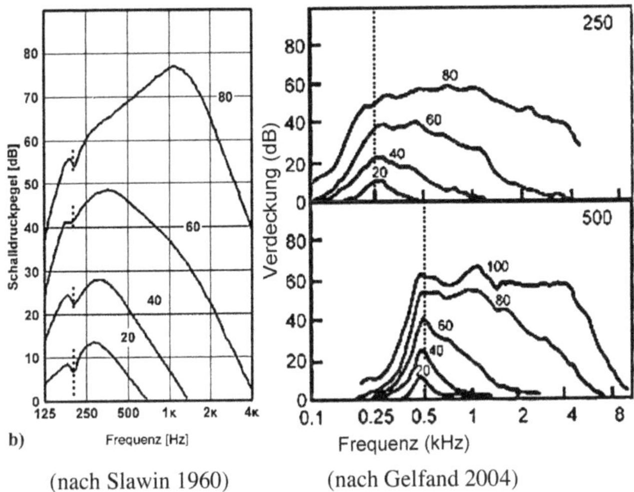


(nach Slawin 1960)        (nach Gelfand 2004)

*(auszugsweise nach: Helmut V. Fuchs: Raum_Akustik und Lärm-Minderung; Springer Vieweg, 2017 – Seiten 203/204) – und siehe Seite 371 zu Slawin*

Mit den obigen, angepassten Auszügen biete ich eine Gewichtung auf 200 Hz (Slawin) bzw. 250 Hz und 500 Hz (Gelfand) und gebe insoweit Fuchs' Abbildungen nur ausschnittweise wieder.

Hier hatte man mit reinen Störtönen gearbeitet, um Einflüsse objektivieren zu können. Die Realität von Lautheit oder Lärm – insbesondere die Realität von Raumkante – bildet das nicht ab: Wie Fuchs anmerkt, stört ein Geräusch stärker als ein klarer Ton.

Für mich bleibt am Ende unklar, ob Fuchs die **Raumkante** als *Störzone* zwar erkennt, aber ihr Wesen nicht substanziell durchdringt. Überhaupt kommuniziert Fuchs die Raumkante letztlich eher schwach. Was mir irgendwie so gar nicht einleuchten mag.

Wenn ich berücksichtige, dass Fuchs sich lieber um die größeren Räume gekümmert hat (*von Dritten* häufig angeführt: die von Fuchs gern und ausführlich besprochene Jesus-Christus-Kirche in Berlin), dann gewichte ich vielleicht verzerrend, wenn ich meine, Fuchs habe für sein Lebenswerk – die Raumkante – die rechten Worte nicht gefunden.

Wenn Fuchs sich etwa über Sichtbeton in Innenräumen erregt, oder wenn er engagiert gegen die *aktivierte Betondecke* wettert

– einer bemerkenswerten Lösung, um insbesondere bei lang andauernden Hitzeperioden Räume erträglich bis kühl zu halten (ohne mit der viel aufwändigeren Luftumwälzung der Klimaanlagen arbeiten zu müssen!) –

dann finde ich auch Fuchs sonderbar auf Absorption pochen. (Kapitel 13.3, „Aktuelle Trends in Architektur und Bauweisen"; *Fuchs, Helmut V.: „Raum-Akustik und Lärm-Minderung", Springer Vieweg 2017 – Seiten 338/339*)

Weiter, wenn Fuchs **im Kapitel 13.4, „Normen und Richtlinien zur Raumakustik"** (*Fuchs, Helmut V.: „Raum-Akustik und Lärm-Minderung", Springer Vieweg 2017 – Seiten 339-350*) abermals umfänglich über Absorption und tiefe Frequenzen diskutiert, es dort aber **versäumt**, endlich **die Bedeutsamkeit der Raumkante** wenigstens für kleine Kommunikationsräume **hervorzuheben**, dann könnte man daraus versehentlich schließen, dass, sich um die Raumkanten zu kümmern, doch eher weniger heilsam sei. Und auch das Kapitel 13.5, „Schalltechnische Konzepte für kleinere Räume", lässt Fuchs ungenutzt.

Schließlich Kapitel 13.7, „Raumakustik für Bildungsstätten" wäre beinahe chancenlos verstrichen. Zum Schluss bietet Fuchs immerhin drei Beispiele der Kantenabsorption:

Etwa mustergültig ein Unterrichtsraum für Musik, durch vollflächig bedämpfende Decke bereits unmöbliert und unbesetzt oberhalb von 250 Hz mit einem Nachhall von 0,6 s, jedoch in den Tiefen mit 2,2 s bei 125 Hz und 1,8 s bei 63 Hz für die Musikpädagogik offenbar untauglich. Fuchs beschreibt, dass der Raum „durch das Einbringen von Kantenabsorbern saniert werden konnte" (*Fuchs: Raum-Akustik und Lärm-Minderung, Springer Vieweg 2017 – Seite 363*).

In einem anderen Beispiel hilft schließlich die nachträgliche Einbringung starker Absorber nur einen Meter rundherum im darüberliegenden Hohlraum der abgehängten, vollflächig absorbierend ausgelegten Decke (*ebenda*).

## unerschlossenes Gebiet: die **Raumkante**

im Hinblick auf die Raumkante bleibt Fuchs seltsam unengagiert und zurückhaltend. Die günstige Gelegenheit, umfänglich aufzuklären und einzufordern, ergreift er nicht. Das gesamte Kapitel 13, „Raumakustische Grundlagen für kleinere Räume", nutzt Fuchs zwar, um sich bzgl. tiefer Frequenzen, nicht aber, um sich zur Raumkante argumentativ umfänglich durchzusetzen.

Auch wenn man um sie *weiß*: „Wissenschaftlich" erkannt worden ist die verheerende Kraft der Raumkante bisher nicht. Weder hat man bisher die Raumkante als *den* zentralen Faktor der Raumakustik mindestens für die kleineren Räume anerkannt, noch *analytisch* die Raumkante überhaupt erfassen und beschreiben können. – Und nun einmal mehr: Die Raum**ecke** – wo also **drei** Flächen und **drei** Kanten aufeinanderstoßen – sammelt *noch mehr* Energie ein und wirft **noch mehr** Lärm sinnlos und destruktiv in den Raum zurück.

So darf es wohl auch nicht mehr wundern, dass
die „Raumecken oder -kanten" (*DIN 18041:2016-03,
Ordnungspunkt 5.4*) nur einmal und schon ausweichend
pauschalierend in **der** Norm für Kommunikationsräume
kaum Erwähnung finden, eher nur als flüchtige Andeutung kurz aufflammen. Als habe man sie nur möglichst
nicht unerwähnt lassen mögen, um kein Versäumnis
vorgehalten zu bekommen.

Aber wenn man schon nicht wissenschaftlich begrün-
den kann, weshalb kurze Nachhallzeiten und ein großer
Abstand der Lautstärken zwischen Störgeräuschen und
Nutzsignalen zweckdienlich sei, weshalb klammert man
dann aber die umfänglichen, jedoch ebenfalls bisher
unwissenschaftlichen Kenntnisse um die Raumkante
konsequent aus?

---

die **Raumkante**: vehement verachtet…

---

Es ist ja nicht eine kleine Gruppe Oppositioneller, die
– um des Unfriedens Willen – zur Raumkante ein
Pseudowissen erdichten. Sondern die Kenntnis um das
Störpotenzial der Raumkante – und darum, wie man
diesem destruktiven Potenzial zumindest durch die
reine *Absorption* begegnen kann – ist seit Jahrzehnten
sehr gut bekannt.

Was sich in der immer gleichen Weise auch praktisch
spürbar auswirkt, ist erstens die **Verstärkung des
Schalldrucks**, zweitens die **Rauigkeit**, mit der der
Schall aus der Raumkante heraus zurück in den Raum
geworfen wird. (*Siehe auch mein Kapitel „Wonach wir
suchen".*)

Etwa der Alltag in einer Kindertagesstätte: Wenn 20
bis 25 Kinder eine Störgeräuschkulisse von runden 70
bis 80 dB bei 400 bis 1.000 Hz in einem Raum aufrecht-

erhalten, wenn dazu aber 6 – 8 dB aus den Raumkanten, sogar zusätzlich bis zu 20 dB aus den Raum**ecken** rau und lärmend in den Raum zurückgeworfen werden, dann sind Erzieherinnen und Erzieher im arbeitschutzrechtlichen Sinne und gesundheitlich bedenklich belastet.

Abhilfe wäre hier nicht nur freundlich, sondern Entlastung ist unabdingbar.

Heilung verspricht es nicht und erbringt es nicht, wenn – ich bleibe bei dem Beispiel der Kindertagesstätte – durch pauschale Deckenbedämpfung gleichsam mit dem großen Besen versucht wird, so etwas wie Lärm auszukehren: Maximale Absorption für vermeintlich maximale Ruhe.

Eine Erzieherin verdrehte ob des demonstrativen

---

… jedoch **seit Jahrzehnten entlarvt**

---

Lobes für die teure und aufwändige, vollflächig akustisch bedämpfende Decke nur die Augen. Das Gespräch mit ihr und die viel belächelten Klatschtests entlarvten schnell die praktisch unbewältigten akustischen Belastungen.

Oder: Die Leiterin einer Kindertageseinrichtung umschrieb nur in Andeutung, sie selbst sei ohnehin von starken Hörbeeinträchtigungen betroffen. Drehe eine Betreuungsgruppe im ausgelassene Spielen erst so richtig ungebremst auf, so könne sie nur noch den Raum verlassen: Dann sei der Lärm schlicht für sie nicht mehr aushaltbar. – Dabei hatte sie bereits in bester Manier Schritt um Schritt, in jeweils unterschiedlichen Formen, normgerecht für alle drei ihrer Gruppenräume stark und vollflächig bedämpfende Decken eingezogen bekommen.

Auch hier war, nur mit zwei Händen, der Gaukler schnell entlarvt, wie er da in jedem Raum noch immer in den Kanten saß und – mit rauem Unterton – nur höhnisch lachte und dazu seine Ratsche rotieren ließ.

Die Missverständnisse zwischen Fuchs und dem Rest der Welt sind also vor allem ein Symptom der mangelhaften Argumentation – nicht der Mangel an sachlicher Richtigkeit: In Kindertagesstätten sind mir die Probleme nie als ein „Dröhnen" beschrieben worden. Dennoch ist Fuchs mit seinen Maßnahmen in Kindetagesstätten und Grundschulen sehr wohl erfolgreich.

Als mich jemand im Rahmen der DAGA 2022 in Stuttgart mit einer gewissen Abfälligkeit wissen ließ, jener „Erfolg" sei ja keineswegs unumstritten und noch weniger erwiesen, da drängte sich mir der Verdacht auf, dass der Austausch nicht erwünscht war, sondern vielmehr Hoheitsgebiete verteidigt wurden.

Mir ist wohl bewusst und nur allzu bekannt, wie durch vollflächig bedämpfende Decken beruhigte Räume Applaus und Lob ernten – nachdem nach oftmals jahrelangem Kampf um Linderung die Nerven nur noch blank liegen. … und auch, wie nach Monaten in Gram und unter Selbstzweifeln zähneknirschend eingeräumt wird, dass „alles nichts gebracht" habe.

Denn nachdem tatsächlich der Gesamtlärm deutlich beruhigt ist, sticht nun aber bereits bei weniger ausgelassen spielenden Kindern das „Klirren im Ohr" umso tiefer, umso schmerzhafter durch – und bereitet durchschnittlich umso mehr Probleme, je älter das betreuende Personal ist.

Wohlwissend, dass nun aber für Nachbesserungen kein Geld mehr ausgegeben wird – etwaig nicht mehr ausgegeben werden *kann* – schwingt bisweilen auch noch ein subtiles Schuldgefühl mit. Hätte man nicht solchen Druck gemacht, so müsste man sich nun nicht auch noch den Vorwurf gefallen und die Mitverantwortung für die gegebene Geldverschwendung vorwerfen lassen müssen.

Glaubwürdiger jedoch wird Fuchs auch nicht, wenn er – nicht falsch – mit Geld argumentiert:

> „[…] angesichts der mageren Budgets der meisten Schulbauämter wäre es meist praktisch unmöglich und deshalb kontraproduktiv und unvernünftig, die Soll-Nachhallzeiten so generell weiter abzusenken. Um die Sollwerte […] [*eig. Anmerkung: sein Formelverweis als Hinweis auf Nutzungsart A4 nach DIN 18041*] auch nur bei den mittleren Frequenzen einzuhalten, müsste nach Abschn. 5.4 der DIN 18041-2016 wohl ‚eine vollflächig schallabsorbierende Decke in Kombination mit einer ebenfalls schallabsorbierenden Rückwand eingesetzt werden‘. Dies wäre für die dafür Zuständigen in den Ländern nur ein weiterer Grund, diese Norm nicht baurechtlich verbindlich zu machen."
> (*Helmut V. Fuchs, Raum-Akustik und Lärm-Minderung, 4. Aufl.; Springer Vieweg, 2017 – Seite 349*)

Fuchs hat recht!

Aber finanzielle Gründe sind kaum der Trumpf, um die Norm zu stechen: Geld ist nicht gerade ein zugkräftiges Pferd, um mit Zweiflern oder Widersachern über so etwas wie klaren Raumklang zu streiten.

Recht **hat** Fuchs, wenn er beklagt, dass nur unnötig Geld zum Fenster hinausgeworfen werde. Allein, verständlich wird darüber nicht, **warum** Bauträger an einer DIN 18041 ihr Geld verschwenden.

Denn ursächlich geht es ja nicht darum, dass man mit deutlich geringerem finanziellem Aufwand deutlich *bessere* Ergebnisse erzielen kann.

Sondern ursächlich geht es darum, dass vollflächig bedämpfende Decken und bedämpfte Rückwände das eigentliche Problem – gern wider anderlautende Behauptungen – nicht lösen!

Und also geht es letztlich um Arbeitsrecht, Arbeitsschutz, **Gesundheitsschutz**.


Und *eigentlich* sollte es nicht (erst) zuletzt um die Kinder und Jugendlichen gehen: Es sind dringend Gründe der **Chancengleichheit**:, die gegen die Vorgaben der Norm sprechen.

(Zu) viele nämlich reagieren mit Rückzug und Desinteresse auf ein im weitesten Sinne mangelhaftes Lernumfeld. Nicht jeder versteht es, sich allen Widrigkeiten zum Trotz glänzend durchzuboxen.

### **Raum** akustisch **nutzen** und **einbinden**

Und es wäre zynisch, mit einem Schulterzucken durchzuwinken, dass manche Kinder oder Jugendliche bereits früh hervorstechen, andere – oftmals wider Erwarten – allmählich immer weiter zurückfallen: Es mag Aufgabe von Schule sein, auf das „reale" Leben vorzubereiten (und deshalb Kinder auf keinen Fall in „Watte zu packen"). Jedoch, vordringliche Aufgabe von Schule ist es, Potenziale zu wecken und zu fördern – und die Entwicklung der Heranwachsenden zu unterstützen.

Es wollen also wohl nur Irrtum und Versehen der Autoren einer DIN 18041 sein, sich einerseits auf das „Benachteiligungsverbot aus Art. 3, Abs. 3 GG", auf die „Vorgaben des Behindertengleichstellungsgesetzes" und die „UN-Konvention über die Rechte von Menschen mit Behinderungen" (*DIN 18041:2016-03, Vorwort*) zu berufen, um andererseits – und mit zur Not zwanghaftem Engagement – für neue Verzerrungen und lediglich anders geartete Schlechterstellungen zu sorgen.

> *Ich hatte an anderer Stelle bereits darauf hingewiesen, dass es zu keiner Zeit Sinn und Ansinnen von Inklusion war, viele schlechter zu stellen, um* **Benachteiligung** *„auszugleichen".*
> *Folglich – und auch, weil Sprachverständlichkeit zum Beispiel in Klassenräumen oder in Besprechungsräumen der ganz durchschnittlichen Arbeitswelt ohnehin ein umfassend ungelöstes Problem ist – muss man etwas tun, das* **allen** *etwas bringt.*

Der tatsächliche Grund für Bauträger, die hinlänglich umstrittene Norm zurückzuweisen, ist, dass durch Absorption auf Norm getrimmte Räume im Wortsinn „dumpf" werden:

Das Resultat sind für die sprachliche Kommunikation **untaugliche** Umgebungen – für Lernen, Besprechen, Diskutieren…

Solche Räume beeinträchtigen in Wahrheit gerade die Sprachverständlichkeit, weil sie dort für ein Zuviel an Absorption und an „Beruhigung" sorgen, wo die für die sprachliche Kommunikation so wichtigen mittleren und höheren Frequenzen noch zusätzlich beeinträchtigt werden.

Aber derweil solche Räume tatsächlich dem **Arbeitsschutz** nicht (mehr) gerecht werden, werden vielfach die weiterhin bestehenden Probleme mit Lärm oder mit schlicht miserabler Sprachverständlichkeit vom Tisch gewischt: Mit dem Hinweis auf die Norm oder gar dem deutlichen Hinweis auf die enormen Kosten, die man nicht gescheut habe…

Von anderen, durchaus belastenden, jedoch nicht ausschlaggebenden, Begleiterscheinigungen ist dann erst recht nicht mehr die Rede, die die Arbeit aber noch zusätzlich erschweren.

Insbesondere nach Raumgruppierung A4 inklusiv bedämpfte Räume fallen dadurch negativ auf, dass sie der als „natürlich", als normal, als hilfreich empfundenen Antwort des Raumes auf die eigene Sprachäußerung entbehren. Dem Hirn fehlt die gewohnte Antwort des Raumes (auch zur sprachlichen Selbstkontrolle). So spricht man schon ganz unwillkürlich lauter. Was jedoch, da das störende Potenzial des Raumes nicht bewältigt ist, nicht notwendigerweise zu besserer Sprachverständlichkeit führt.

Und selbst wenn es *insgesamt* weniger Menschen sind, die sich noch gestört fühlen, so sind aber diejenigen, die vorher schon Probleme hatten, nun noch zusätzlichen Problemen und Erschwernissen ausgesetzt.

Nur am Rande und abschließend sei erwähnt, dass sich das menschliche Gehirn unterbewusst einem engen Raum ausgesetzt wähnt, wo der Raum keine akustische Antwort gibt. Das ist ein subtiles Stressmoment, über das bisher überhaupt nicht gesprochen wird.

# Abschied von der Welle

Schlussendlich bin ich zu einem anderen Ansatz für das Verständnis von Schall gelangt.

Dieser Ansatz jedoch wird kaum verstören, denn es ist *nicht neu* und allbekannt: Schall ist **Druck**.

Ehe man nun aber zu neuen und tragfähigen Berechnungen für die Akustik in geschlossenen Räumen gelangen kann, muss man sich nicht nur von einfachen Hilfsmitteln und Modellvorstellungen verabschieden, wie etwa damit einhergehend dem „Schallstrahl" – sondern man muss überhaupt die Vorstellung vom Schall in Form von „Schall**wellen**" hinter sich lassen.

Es mag sein, dass allein die Periodizität irgendwann einmal nahegelegt hatte, sich eine Welle vorzustellen, wenn man sich Schall „vor Augen" führte.

Oder es mag die Tatsache, dass man auf praktisch jedem die akustische Anregung annehmenden Medium eine Wellenbewegung oder ein Wellenmuster ablesen kann, dazu verleitet haben.

## Antworten gibt erst die Abstraktion

Ich erahne schon die Aufregung, wenn ich ja bereits das Modell vom „Schallstrahl" so barsch zurückweise… und nun auch noch dem Begriff der „Schallwelle" eine irreführende Suggestivkraft unterstelle.

Aber wenn ich hören und lesen muss, die „Amplitude" der Schallwelle drücke die Lautstärke aus, dann hat das Wort seine unheilvolle Kraft schon entfaltet.

Denn wenn die Vorstellung von der „Longitudinal**welle**" den Begriff der „Welle" nur im Sinne der Periodizität zulässt, dann lässt sich auch die „Amplitude" nur noch am Grafen zeigen, mit dem eine mathematische Auswertung illustriert wird.

Zu vieles spricht **gegen** die „Welle" als Modell für die Schallwelle. Und sogar der Stand der aktuellen Wissenschaft spricht klar dagegen.

Ich möchte hier also noch einmal wiederholen, wie Wissenschaflter den Schall beschreiben – und dazu auch zeigen, wie man solche Beschreibungen grafisch darzustellen versucht, um das Beschriebene leichter verständlich zu machen.

> „Eine Schallwelle pflanzt sich in der Richtung fort, in der die durch die Druckschwankungen vermittelte Wechselwirkung zwischen benachbarten Volumenelementen am stärksten ist, d. h. in der Richtung des Druckgradienten. […] Die Gl. (22) besagt also, dass Schallwellen in Gasen und Flüssigkeiten Longitudinalwellen sind. Ihr Gegenstück wären Transversalwellen, die allerdings nur im Festkörper vorkommen."
>
> *(Kuttruff, Heinrich: Akustik – Eine Einführung; S. Hirzel Verlag, 2004 – Seite 41)*

oder:

> „Bei der Längs- oder Longitudinalwelle stimmen Schwingungsrichtung und Ausbreitungsrichtung überein, […]. […] Bei dieser Wellenform handelt es sich um Dichtewellen, wobei sich die einzelnen Moleküle in Ausbreitungsrichtung hin und her bewegen."
>
> *(Werner, Ulf-J.: Handbuch Schallschutz und Raumakustik, 2. überarb. Aufl., Beuth Verlag 2015 – Seite 52)*

Problematisch an der Vorstellung von der Schallwelle ist außerdem die Vorstellung von der „Wellen**länge**":

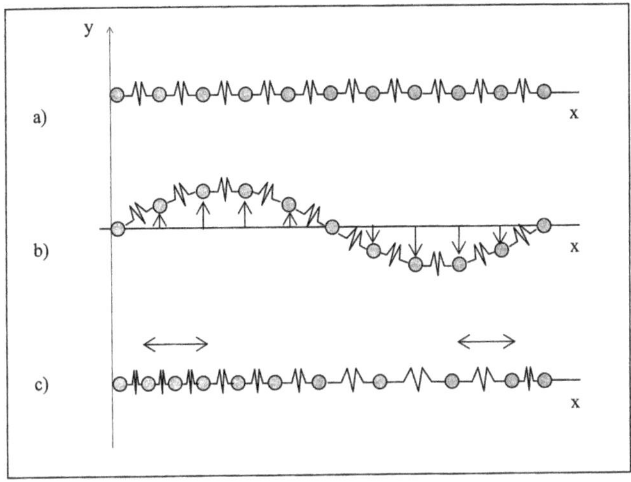

Abb. 3.4: Koppelpendel zur Verdeutlichung der Welllendar-
stellung, Ausbreitungsrichtung ist die x-Richtung,
die Pfeile geben die Schwingungsrichtung
der Masseelemente an;
a) Ruhelage
b) Transversalwelle
c) Longitudinalwelle

(entnommen: *Werner, Ulf-J.: Handbuch Schallschutz und Raum-akustik; Beuth, 2015 –* Seite 53)

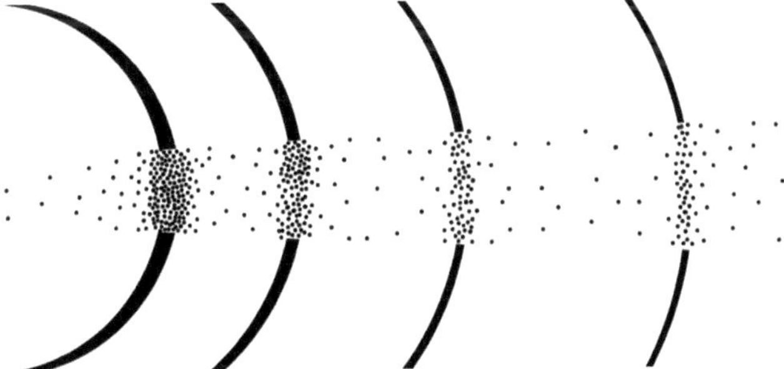

eigene Grafik (in Anlehnung an Abb. 2.1, in *Nocke, Raum-akustik im Alltag, Fraunhofer IRB 2018,* und abgewandelt): mit zunehmendem Abstand zur Schallquelle nimmt der Schalldruck, und entsprechend die Teilchenverdichtung ab

Ich stelle in Frage, ob es – rein physikalisch – legitim ist, eine reine Zeitperiodizität unmittelbar in Wellenlänge umzurechnen, nur weil das mathematisch möglich ist. Ich stelle das in Frage, obgleich zum Besipiel Raummoden die Richtigkeit einer solchen Betrachtungsweise zu bestätigten *scheinen*. Ich stelle das in Frage, weil die Wellenbetrachtung kein hinreichend umfassendes Erklärungsmodell ist.

Zu vieles spricht dafür, entschieden mit bisherigen Vorstellungen zu brechen – und einzugestehen, man habe in Ermangelung anderer aussagekräftiger Erklärungen dankbar und billigend in Kauf genommen, dass das Symptom zugleich das Wesen erklärt habe.

---

## besser als die Welle: das **Ornament** ?

---

Man hätte wohl auch jeden anderen Begriff wählen können – so etwa den des Ornamentes. Mit einem **Ornament** hätte man ebenfalls eine regelmäßige Abfolge – Periodizität – ausdrücken, sich aber zugleich mehr beschreibende Ausdrucksmöglichkeiten erschließen können.

Erläuternd weise ich noch einmal auf Werner's Darstellung hin (siehe unten und dazu Vorseite oben):

Werner bietet die aus meiner Sicht beste und anschaulichste Darstellung, die ich hier unten in etwas größerer Wiedergabe bewusst wiederhole – mit der das große Dilemma deutich wird: Nämlich, dass man sich eigentlich mehr  Ausdrucksmöglichkeiten wünscht, um den Schall zu beschreiben.

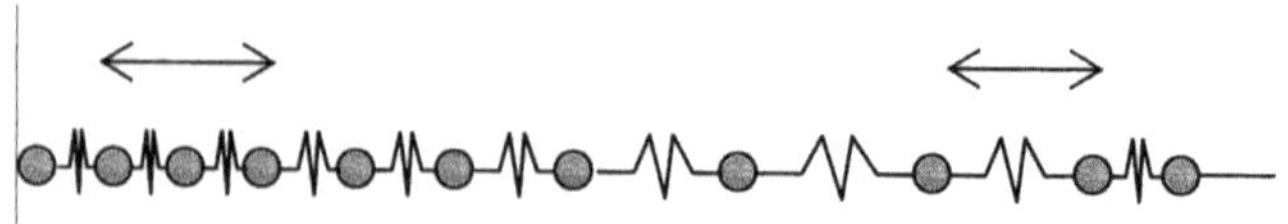

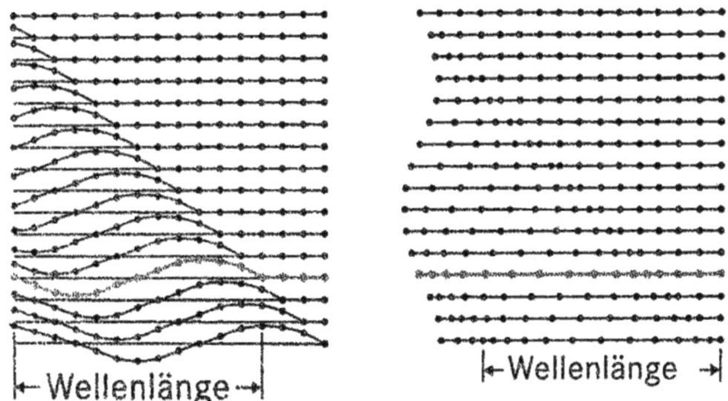


„Welle 2) [eig. Anm.: *zum Ordnungspunkt ‚2) Physik' ge-*
*hörig*]: schematische Darstellung des zeitlichen Fortschreitens
(jeweils von oben nach unten) bei einer Transversalwell (links)
und bei einer Longitudinalwelle (rechts)"
<u>entnommen</u>: Brockhaus – das Taschenlexikon; F. A. Brock-
haus, 2010 – Seite 8440 (*jedoch abgewandelt: ursprünglich*
*farbige Darstellung in reine Strichwiedergabe umgesetzt*)

Der BROCKHAUS bringt es im Wortsinn *dann* auf
den Punkt, wenn man die zeitliche Verlaufsdarstellung
zur Logitudinalwelle um 90 Grad auf sich selbst zu
schwenkt: Damit man sozusagen dem Schall in seiner
Verlaufsrichtung von der Quelle zum Empfänger
hinterher schaut:

.

Was bleibt… ist nur ein Punkt.

Im zweidimensionalen Querschnitt gedacht, trans-
portieren die Dichtestöße in ein und demselben Punkt
sowohl Qualität (Ton) als auch Quantität (Lautstärke)
eines Energieimpulses. Die Qualität kann aber mehr
sein, nämlich auch Klang (mehrere klar trennbare Töne)
oder Geräusch (die Vielzahl nicht mehr klar differenzier-
barer Töne oder Klänge).

Der Mensch ist mit seinen zwei Ohren und der Drei-
dimensionalität, die das Hören damit erlangt, schon
nicht mehr in jenem Sinne analytisch „objektiv" (bezogen auf die Klangquelle), als ein jedes Schallereignis
somit im Kontext der Umgebung wahrgenommen –
und analysiert – wird.

. . . . . . . . . . . . . . . . . . . . . . . . . . . . . . . . . . . . . .

die Longitudinal**welle** *ist* keine „Welle"

. . . . . . . . . . . . . .

Das menschliche Ohr – ich möchte nicht missverstanden werden – braucht für den Empfang nur eine ganz
simple Membran: ein kleines Trommelfell.

Was sich daran anschließt, um den gesamten Informationsgehalt aufschlüsseln zu können, ist ein faszinierend komplexes Gebilde. Aber einer schlichten und
kleinen Membran gelingt es, Schallereignisse so detailliert abzubilden, dass darin erst einmal alle diese
Informationen enthalten sind.

Zugegeben: Von diesen kleinen Membranen braucht
das Gehirn zwei, die zudem sorgsam voneinander getrennt sind, um Schall nicht mehr als das wahrzuneh-
men, was er stets erst einmal ist: ein Punktereignis.
Sondern um mithilfe von Schall Umgebung zu erfahren.

Wenn ich von Ornamenten als Chance für die Darstellung des Schalls spreche, so muss ich aber darauf
hinweisen, dass diese nicht verwechselt werden sollten
mit solchen bildhaften Darstellungen, die Chladni geschaffen hat. Indem E. F. F. Chladni feinen Sand auf
eingespannte Metallplatten streute, machte er die
Schwingungen sichtbar, die diese Platten durch akustische Anregung annehmen.

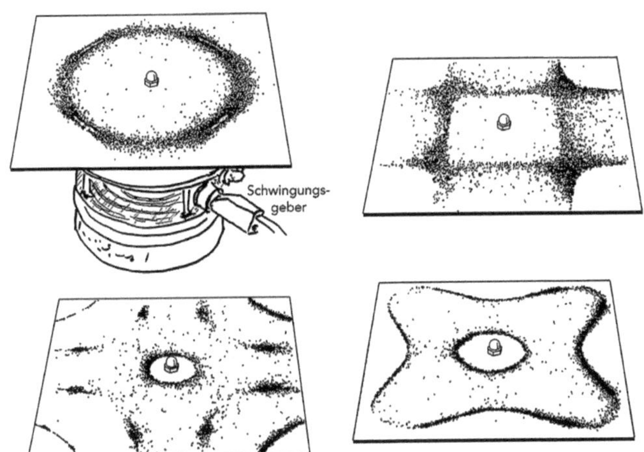



eigene grafische Ableitungen aus einer Präsentation der „Pädagogischen Hochschule St. Gallen", Fachdidaktik Naturwissenschaften, **Ulrich Schütz**; zu sehen via Youtube: https://www.youtube.com/watch?v=b3gzS9olw38

Chladni hatte dereinst seine Metallplatten angeregt, indem er sie an unterschiedlichen Stellen am Rand mit einem Geigenbogen angestrichen und somit in unterschiedliche Schwingungen versetzt hat.

Ulrich Schütz, Professor an der Pädagogischen Hochschule St. Gallen, hat Metallplatten über ihren Mittelpunkt an einem Schwingungsgeber befestigt und über die Zentralachse in Schwingungen versetzt. Hier erzeugt der Schwingungsgeber keinen Ton, sondern allein die Metallplatte nimmt Schwingung an: Der Schwingungsgeber ist eine Art Rüttler.

Chladni hatte seine Metallplatten dereinst mit Sand bestreut. Heute wird offenbar für solche Experimente auch gern Gries genutzt. Der Effekt bleibt derselbe: Frequenzabhängig in ganz verschiedenen Bildern fliehen von den Anregungszonen der Platte die Teilchen fort und versammeln sich umgekehrt in den weniger stark vibrierenden Bereichen. In Zonen der absoluten Ruhe bilden sie statische Häufungen.

Solche „Chladnischen Klangfiguren" sagen also eher etwas über Eigenresonanzen des Trägers aus, als über den Schall an sich.

Werner lässt uns beiläufig wissen, dass Chladni auch als „Begründer der Meteorenkunde" gelte. Er betont außerdem, dass die Chladnischen Klangfiguren „auch heute noch zu jeder Vorlesung in Experimentalphysik" gehören (*Werner, Ulf-J.: Handbuch Schallschutz und Raumakustik; Beuth 2015* – Seite 10). Was ein BROCK-HAUS in aller Knappheit über Chladni zu berichten weiß, ist Werner vermutlich einfach zu geläufig, um es überhaupt zu erwähnen:

Chladni begründete die experimentelle Akustik.

Chladni lebte zu einer Zeit, als das Deutsche Reich noch ein eher mit Grimm und Gram hingenommenes Bündnis aus recht eigenen Königreichen und Fürstentümern war: 1756 in Wittenberg geboren, verstarb der Physiker Ernst Florenz Friedrich Chladni (das „ch" wird als „k" ausgesprochen) 1827 in Breslau.

Inspiriert von den Chladnischen Klangfiguren gibt es heutzutage die unterschiedlichsten, teils sehr aufschlussreichen, teils tendenziell abenteuerlichen Anwendungen. Da wird die Oberfläche von Wasser oder Öl mal durch einen Schwingungsanreger, mal über Lautsprechermembranen in wilde und rhythmische Strukturtänze versetzt. Oder ein Musiker illustriert gleichsam seine Musik, indem er Gasflammen zu einem Tanz anregt.

Wenngleich es rein künstlerisch motiviert ist, so zeigt aber doch nichts plausibler als dieser Flammentanz, dass Schall ganz reale Druckunterschiede im gasförmigen Medium erzeugt: Je nach Frequenz und auch Lautstärke strömt aus einzelnen Löchern in einem gleichmäßig mit Gas durchströmten Rohr dieses Gas unterschiedlich stark aus – und lässt die Flammen somit mal zaghaft untergehen, mal hoch und vibrierend aufschießen – während an einem Ende dieses Rohres eine Lautsprechermembran das Gas anregt.

# Die Raumkante
## – der unerforschte Raum

Es mag provokant anmuten, wenn ich dazu anrege, sich auch Explosionen in geschlossenen Räumen anzuschauen, um der Raumakustik näher zu kommen.

Dabei möchte ich nicht missverstanden werden: Eine Explosion wird durch eine chemische Reaktion hervorgerufen, die extrem schnell abläuft und als Abfallprodukt thermische Energie im Übermaß erzeugt. Das schwache Ende dieser Kette bieten durch Hitze angeregte gasförmige Teilchen, die auf dem direktesten Wege dem Reaktionsort entfliehen.

Im Unterschied zur Schallausbreitung, bei der mechanisch ein Teilchen das nächste anregt, und so fort, ist die Druckwelle der Explosion also dadurch gekennzeichnet, dass gasförmige Teilchen konkret durch den umgebenden Raum schießen, bis sie durch Abkühlung keinen Energieüberschuss mehr besitzen.

Auch möchte ich darauf hinweisen, dass es nicht die Notfallmedizin sein wird, die dem Raumakustiker das Handwerk erklärt.

Aber ich bin bei der Notfallmedizin auf etwas gestoßen, das im Hinblick auf so etwas wie Rauigkeit stutzig machen darf: Ist auch für die Explosionsdruckwelle die Raumkante ein Verstärker, etwaig Modulator?

An dieser Stelle möchte ich nun also meine Aufmerksamkeit insbesondere den Raumkanten zuwenden:

Das Modell von den Spiegelschallquellen *erscheint* zwar recht anschaulich, erklärt aber weder quantitativ noch überhaupt schlüssig, weshalb es „heller" wird in den Kanten. – „Heller" meint hier „lauter" – wenn ich

hier ja ohnehin schon die Schall-„Strahlen" bemüht
habe. *Erklären*, weshalb die Raumkanten Lautstärke
potenzieren, kann dieses Modell von den Spiegelschallquellen *nicht*.

Und auch die Frequenzmodulation, die in Raumkanten stattfindet, kann innerhalb eines solchen Modells
nicht erklärt werden. Jenen Effekt also, über den es
heißt, die Raumkante wirke „wie" ein Resonator.
Selbstverständlich ist dabei jedem bewusst, dass die
Raumkante an sich kein Resonator ist.


Bei der Betrachtung von Explosionen möchte ich
allein auf die Druckwelle schauen. In der Notfallmedizin
ebenso wie in der Raumakustik weiß man um die besonderen Umstände in geschlossenen Räumen:

> „Leibovici et al. konnten zeigen, dass in geschlos-
> senen Räumen bei [...] Explosionsereignissen eine
> signifikante Steigerung der Mortalitätsrate auftritt.
> Im Gegensatz zu offenen Räumen kann sich die
> entstandene Schockwelle in geschlossenen Räu-
> men nicht uneingeschränkt ausbreiten, sondern
> wird von den Wänden mehrfach reflektiert [...]."
> (aus: *Bombenexplosion – Was muss der Notarzt
> wissen?* 21.12.2006 in *Thieme – via medici*; der
> Artikel ist ein Auszug aus „*Der Notarzt*", 2006; 22:
> Seiten 7-11)

Aber auch die Medizin beschreibt den Raum nur
über die Wände – und erinnert irgendwie an das Raummodell von Sabine. Auch hier wird der verheerende
Effekt der Raumkanten übersehen.

Vermutlich jedoch reicht der Medizin, zu *wissen*,
*dass* „die durch die Schockwelle verursachten Scher-
kräfte an der anatomischen Organaufhängung [...] zu
einer Verletzung oder einer Ruptur von Parenchym-

organen führen" (*ebenda*) können. Wie oder warum im Einzelnen diese sehr spezifischen Verletzungsmuster an inneren Organen zustandekommen, wird für die Behandlung kaum relevant sein.

Die Darstellungen zu den besonderen Verletzungsbildern, die Explosionen in geschlossenen Räumen mit sich bringen, sind bemerkenswert – und für die Raumakustik möglicherweise aufschlussreich, da sich ein ähnlicher Effekt wie für Schall vermuten lässt:

Raumkanten werden auf Explosionsdruckwellen einen ähnlichen Einfluss haben wie auf Schall. Und so kann es neben dem *verstärkenden* Effekt auch Rauigkeit sein, die eine Detonation im geschlossenen Raum um ein hohes Maß verheerender macht.

Wenn bei Thieme die Rede ist von „durch die Schockwelle verursachten Scherkräften", die sich offenbar besonders auf die Organaufhängungen auswirken, dann wird deutlich, welche Kräfte da wüten.

Das *kann* schlicht daran liegen, dass die Druckwelle mehrfach hin und her auf die Organe einwirkt – jeweils mit einer kaum abgeschwächten Energie, und noch ehe ein Organ wieder in Normallage zur Ruhe kommen konnte.

Es *kann* aber auch bedeuten, dass – bisher unerkannt – die Raumkanten sowohl eine verheerende Verstärkung einbringen, also auch eine besondere Belastung durch Rauigkeit. In einem solchen Fall führte das Bild von den „Scherkräften" zu einer unvollständigen Betrachtung der Ursachen, die zu solchen atypischen Verletzungsmustern und der Häufung von verhängnisvollen inneren Verletzungen führen.

Für diese Überlegung muss ich auf Erdbeben hinweisen: Häufig überdauern Häuser auch mehrere einzelne, aber mithin extrem heftige Erdstöße recht gut.

Wenn aber ein Beben gezeichnet ist von relativ lang andauerndem Rütteln – gleichsam einer Rauigkeit – dann brechen Häuser bisweilen wie Kartenhäuser in sich zusammen.

Eben ein solches durch *Rauigkeit* als schnell getaktete Stoßfolge gekennzeichnetes Rütteln an den Organen *könnte* die Raumkante nicht nur auslösen, sondern zudem verstärken – so wie man das auch vom Schalldruck bereits kennt.


Gegenüber einer Explosion unter freiem Himmel wird die Druckenergie erheblich gesteigert – nicht nur dadurch, dass sich die Druckwelle im geschlossenen Raum nicht verlieren kann und mehrfach innerhalb des Raumes reflektiert wird. Eine an das Raummodell von Sabine erinnernde Vorstellung, ein Raum sei quasi allein das Produkt seiner Wände, reicht auch hier nicht aus.

Folgend möchte ich einige Abbildungen anbieten (nächste Doppelseite), betreffend Reflexion und Brechung von Schall. Ich kommentiere das nicht weiter.

Sondern ich möchte diese Betrachtungen zum Überdenken und Abwägen für sich stehen lassen. Zugleich muss ich aber darauf hinweisen, dass die Grundregel *„Einfallswinkel = Ausfallswinkel"* für die Schallreflexion als Orientierung gewählt werden kann, aber das Verhalten von Schall nicht (umfänglich) beschreibt – und nur im Strahlen**modell** mit der nötigen Zuverlässigkeit funktioniert.

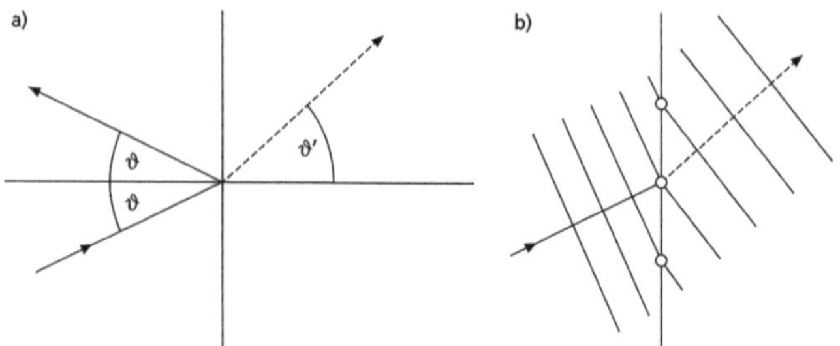



**Fig. 6.1**  Reflexion und Brechung
a) Definition des Einfalls-, Reflexions- und Brechungswinkels,
b) Spuranpassung bei der Brechung

*entnommen: Kuttruff, Heinrich: Akustik – Eine Einführung;
S. Hirzel Verlag, 2004 – Seite 91*

*Einige Gedanken zu Druckwellen und Verläufen, in
grob schematisierter Darstellung…*

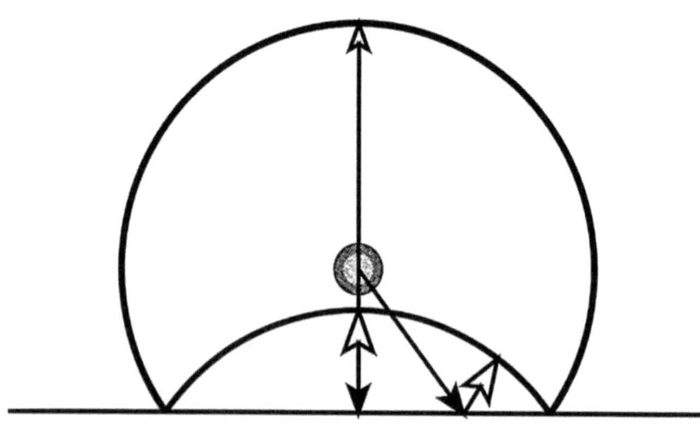

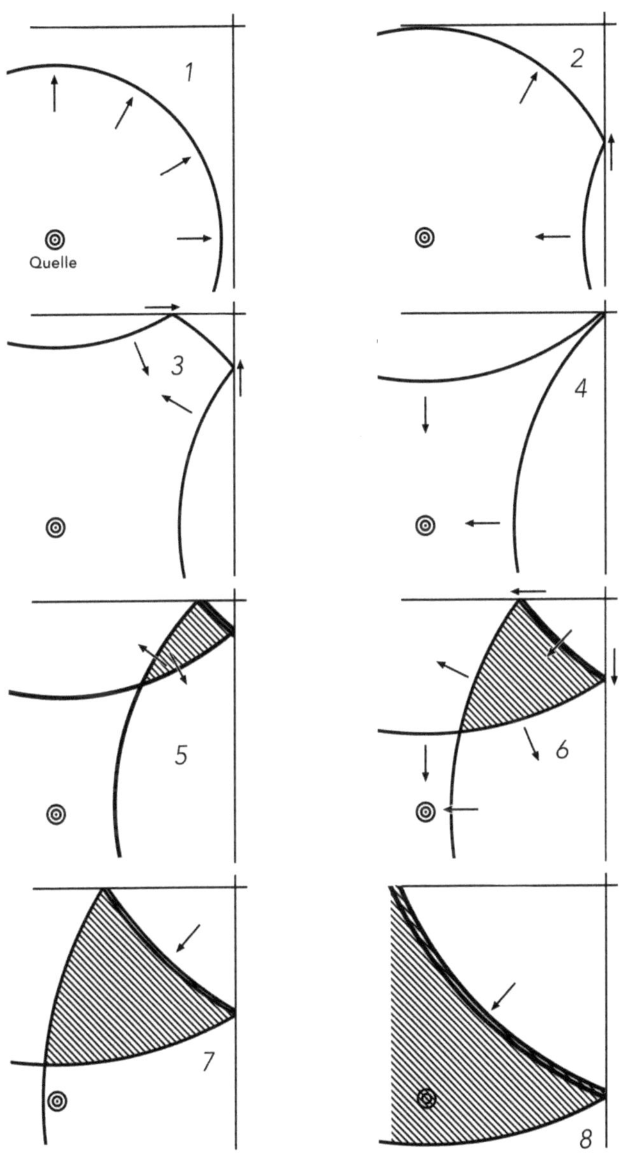

Quelle
1
2
3
4
5
6
7
8

# Schalldruck und Ausbreitung

Beim Licht findet man augenscheinliche Ähnlichkeiten, wenn man sich vom Schall ein Bild machen möchte. Wahrscheinlich ist dies die Ursache für so manches Missverständnis: diese Augenscheinlichkeit.

Wir können Licht „sehen". Und vielfach gehorcht der Schall auch ganz zwanglos der einfachen Gesetzmäßigkeit „Einfallswinkel = Ausfallswinkel". Beides (ver-) führt leicht dazu, sich den Schall in Strahlen vorzustellen.

Wiederum die Verschiedenartigkeit von Licht und Schall ist viel zu groß...


Zuerst möchte ich auf Sprache eingehen – und wie wir sie in die Welt entsenden.

Davon lernen jene Menschen viel, die den Umgang mit ihrer Stimme und Sprache als Profession wählen. Tatsächlich kann man durch den gezielten Einsatz der körperlichen Befähigungen Lautheit und Klangcharakteristik von Stimme und Sprache enorm modulieren.

Nur für die Raumakustik spielt all das (fast) gar keine Rolle. Spricht jemand ohnehin undeutlich, nuschelt und verschleift munter die Konsonanten – aus Gewohnheit oder um Lippen und Zunge Arbeit zu ersparen – so versteht man die Sprache auch dann schlecht, wenn man nur den Abstand einer gewöhnlichen Zweierkonversation zueinander hält.

Um aufzuzeigen, ab welchem Punkt der Raum etwas mit unserer Kommunikation zu tun bekommt, möchte ich mich hier zunächst etwas näher mit Entstehung und Aussendung eines Sprachereignisses befassen.

Die Mundhöhle sendet über seine Öffnung nach vorn den meisten Schall aus... und vor allem am deutlichsten. Im Mundraum angelangt, ist man dann – vordergründig – bei den Konsonanten: *Diese* werden nämlich allein am und im Mundraum gebildet. Es sind Blas-, Zisch-, Klick-, Schnalz- oder Hauchlaute, die alle zudem auch noch mittel- bis hochfrequent und besonders kraftlos sind.

Aber ich hatte es an anderer Stelle bereits beschrieben: Es sind auch die Vokale, die erst durch Modulation im Mundraum zu einem *bestimmten* Vokal werden.

Auch **das** also ist eines der großen Missverständnisse – nicht die Sprache betreffend, sondern die Sprach**bildung** betreffend. Ich hatte das die längste Zeit ja auch so übernommen – und geglaubt: Dass Sprache schlussendlich von den Konsonanten lebe. Denn man *kann* in der Tat einen Text aus seinem Kontext heraus eher verstehen, wenn man sämtliche Vokale fallen lässt und nur die Konsonanten anbietet.

> **vo|kal** ⟨[vo-] Adj.; Mus.⟩ *für Singstimme(n) geschrieben, Gesangs…* [zu lat. *vocalis* „tönend, redend"]
> **Vo|kal** ⟨[vo-] m. 1; Sprachw.⟩ *Laut, bei dem der Atemstrom ungehindert aus dem Mundkanal entweicht (a, e, i, o, u)*; Sy *Selbstlaut*; Ggs *Konsonant*; → Lexikon der Sprachlehre [<lat. *vocalis* „Selbstlaut; tönend, klangreich"; zu *vox*, Gen. *vocis* „Laut, Ton, Stimme"]

(entnommen: *BROCKHAUS – WAHRIG, Deutsches Wörterbuch, 9. Aufl., 2011; „wissenmedia in der inmedia ONE] GmbH"; erstmalig 1966 als „Wahrig" im Bertelsmann Lexikon Verlag, Güberloh*)

Aber **eindeutig** sind Silben oder Worte nicht aus sich selbst heraus, wenn man die Vokale nicht zur Verfügung stehen hat – weil die Variation der Vokale unterschiedliche Silben und Bedeutungen trägt.

Wenn man nun zur Ausbildung, zum Aussprechen des Vokals übergeht, dann kann man leicht feststellen, dass der Vokal noch nicht einmal ein Selbst-Laut ist:

Auch der Vokal ist kein **Selbst**laut – sondern wird vollumfänglich im Mundraum ausgebildet. Und ein Selbst**laut** ist der Vokal auch nicht – denn er kann „stimmlos", eben **laut**los gesprochen werden.

## Auch der Vokal ist kein „Selbstlaut"

Machen Sie ein kleines *Selbst*-Experiment.

Pressen Sie die Lippen aufeinander und sagen Sie: **a – e – i – o – u**.

Oder machen Sie gern den Mund dabei auf, damit Sie dann doch etwas klarer sprechen können: Stellen Sie sich, zur Vermeidung von Verletzungen, vor einen Spiegel und halten sich eine Gabel zwischen die Zähne. Beißen Sie nur leicht auf die Gabel, damit Sie auch garantiert keine sprachmodulierende Kieferarbeit leisten. Sie werden dennoch beobachten, dass Sie sich unwillkürlich selbst betrügen: Die Zunge arbeitet gewohnheitlich mit. ... soweit sie in dieser Mundhaltung kann. Die Zunge möchte sich an der Sprecharbeit beteiligen.

– Dennoch können Sie, ehrlich zu sich selbst, die „Vokale", diese „Selbst-Laute", nicht wirklich sauber identifizieren.

Auch der Vokal wird *allein* im Mundraum gebildet.

Der Grundton der Stimme, der im Kehlkopf über die Stimmlippen, umgangssprachlich die „Stimmbänder", gebildet wird, wird bereits unmittelbar am Kehlkopf an die Umgebung abgegeben. Die Modulation durch unterschiedliche Öffnung und Formung des Mundes gestaltet die **Obertöne** mit, nicht den Kehllaut selbst.

Was nun erschwerend hinzu kommt: Hinter dem Kehlkopf befindet sich viel absorbierende Masse in Form der knöchernen Wirbelsäule und von dichtem Muskel- und Bindegewebe.

Dasselbe gilt auch für den Mundraum. Außerdem liegt der Schädel mit seiner knöchernen Schale und seiner sehr dichten Hirnmasse als wiederum sehr effektivem Absorber direkt über und leicht schräg nach hinten versetzt über der Mundhöhle und entzieht viel Resonanz und praktisch jeden Durchgang höherer Frequenzen. – Das sind beinahe ideale Bedingungen für einen reinen und unverfälschten Klang, um die Modulation von Stimme, Sprache und Gesang vollumfänglich nutzen zu können.

Ein wenig enttäuschen mag also:

Die Kehlstimme wird bereits am Hals abgestrahlt, nach vorn zwar stärker, aber insgesamt als Kugelschallereignis. Die gesamte Sprachausbildung, die nur im Mundraum stattfindet, wird auch vom Mundraum – und zunächst recht stark – gerichtet ausgesendet.

Entsprechend negativ wirkt es sich regelmäßig aus, wenn man jemandem im Gespräch oder Vortrag den Rücken zukehrt: Während die Stimme an sich noch gut und praktisch unverändert zu hören ist, leidet die Sprachverständlichkeit immens.

*Nicht mehr so in einem Raum, der mit dem **ReFlx**-System ausgestattet ist. Die Resonanz zahlreicher befragter Personen findet auch konsequent Niederschlag in der Analyse: Die STI-Werte sind durch das **ReFlx**-System im gesamten Raum ausgewogen und beschreiben eine hohe Klarheit des Raumklangs.*

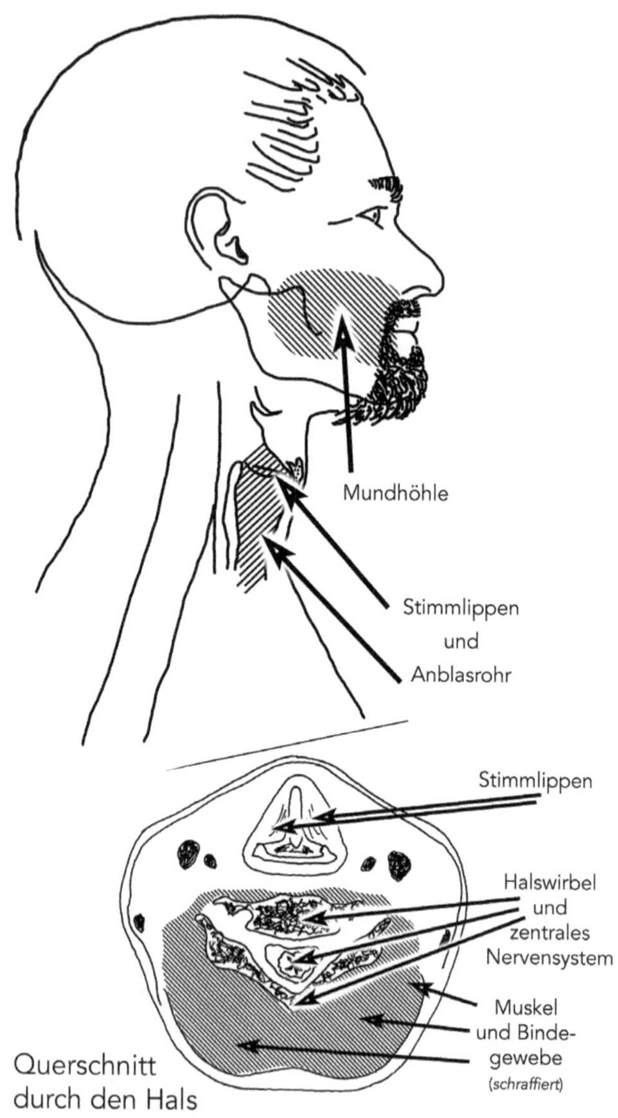



*(schematische Zeichnungen in Anlehnung an: „Anatomie" – 2. Aufl., 2010; in: „Duale Reihe", Georg Thieme Verlag, Stuttgart)*

*Im Kapitel „Raumklang zwischen Maß & Nutzen"
war ich auf die Wirksamkeit des* **ReFlx***-Systems und
auf das Gutachten eines Akustikers zu einem
Klassenraum bereits ausführlicher eingegangen.*

Leben und Alltag beweisen immer wieder, einen
wie großen Unterschied es macht, ob man eine Person
direkt anspricht oder sich wahllos in andere Richtungen
wendet: Es ist die Deutlichkeit der mittleren und insbesondere höheren Frequenzen, die schnell unter der
Distanz oder unter Störeinflüssen aus der Umgebung
leiden – und deshalb von einer klaren Ausrichtung und
von Reflexion stark profitieren.

Die Ausrichtung von Schall durch den Mundraum ist
also ein wichtiger Faktor für die Sprachverständlichkeit.

*In einem mit dem* **ReFlx***-System ausgestatteten
Raum wiederum spielt die Ausrichtung der Sprachquelle eine nur noch untergeordnete Rolle. Weil das
Zusammenspiel von Entstörung der Raumkanten einerseits, die Reflexion von Nutzsignalen andererseits
– über optimal platzierte und passend ausgerichtete
Reflektoren – die Bedeutung der Sprechrichtung
mindestens marginalisiert, wenn nicht gar aufhebt.*

Die Empfehlung in DIN 18041, sich für mittelgroße
Räume auch die Reflexion möglichst zunutze zu machen, wird für kleine Räume (wie ich bereits mehrfach
aufgezeigt hatte) durch klare Aussagen innerhalb der
Norm – und ganz unverständlich – verschenkt.

---

*Nur beiläufig und interessehalber angemerkt:*

*Faszinierend konsequent sind Hersteller von Laut-
sprecherboxen, die* **Beton** *für den Korpus nutzen.*

*Ich zitiere ohne Quellenangabe, um mich nicht dem Vorwurf der Schleichwerbung auszusetzen – zumal ich jenen Hersteller nicht kenne, für den ich andernfalls eine konkludente Empfehlung aussprächе:*

*„Im Gegensatz zu Musikinstrumenten darf das perfekte Lautsprechergehäuse nicht schwingen und keine Resonanzen aufweisen, da diese den Klang der Musikwiedergabe verfärben."*

*Mit dicken MDF-Platten kommt man der Wahrheit schon näher als mit (wohl am häufigsten gebräuchlichen) sehr dünnschaligen Korpi aus Spanplatten oder Kunststoffen. Wenn man dann noch die Hohlräume mit Sand verfüllt, dann ist man schon ganz und gar auf dem richtigen Wege. Umgekehrt kann auch Beton noch übertroffen werden. Ob das ökonomisch, ökologisch und akustisch Sinn macht, das sei dahingestellt.*

---

Schon **die alten Griechen** wussten, wie Sprachverständlichkeit geht.

Andernfalls hätten sie die Musiker begünstigt und hinten platziert, um *ihnen* eine klare Ausrichtung und eine Unterstützung zuteilwerden zu lassen. Und andernfalls hätten sie die Schauspielbühne möglichst nahe ans Publikum herangeführt, um im bloßen Direktschall den Ohren so nahe zu kommen wie nur möglich.

Aber man hat die *Schauspieler* auf der etwas erhabenen Bühne und recht unmittelbar vor dem hoch aufragenden Bühnenhintergrund ruhig weiter vom Publikum weg positioniert – und somit die Bühnenrückwand als nahe und förderliche Reflexionsfläche eingesetzt, um gerade Sprache und Gesang der Schauspieler noch einmal zu verstärken… und die Instrumente ruhig tendenziell zu benachteiligen.

Auch gab es – wie man offenbar erst in den 1990er Jahren entdeckt hat – eine halbrunde Überbauung aus

Holzkonstruktionen in etwa über der hinteren Hälfte
der Sitzreihen, die vor allem für die weiter entfernten
Ränge als Reflektor dienten.

Die – verglichen mit der Antike – späte Erfindung
des Megaphons hat an sich nie wirklich geholfen: Es
klingt immer irgendwie blechern und dumpf, weil es
den höheren Frequenzen nicht die nötige Unterstützung verschaffen kann.

Hört man Durchsagen über Megaphone, so versteht
man, dass man aufmerksam sein soll: *„Ach-Tung-Ach-
Tung!"* Die Silben sind unterschiedlich genug für eine
gute Wiedererkennung – auch unter akustisch miserablen Verhältnissen. Folgend versteht man zumindest
aus dem Kontext heraus, dass man sich an jemanden
wenden sollte, der etwas weiß…

Megaphone sind eine immer wieder gern gewählte
Katastrophe. Tiefe Frequenzen können die kleinen
Membranen ohnehin nicht generieren. Mittlere Frequenzen mag der dünnwandige Trichter aus Metall
oder Hartkunststoff recht gut verstärken. Unter dem
lauten Brei wiederum erstickt jede auch nur etwas höhere Frequenz, so dass ein differenzierter Wortschatz
keine Chance bekommt.

Aber der Einsatz eines Megaphons beruhigt das
Gewissen – wegen des für jedermann erkennbaren
Bemühens…

# Der Gleichbehandlungsgrundsatz
## – hier: für Sprache und Musik

Ich hatte Leo Beranek schon erwähnt, der laut Fuchs (*Raum-Akustik und Lärm-Minderung, Springer Vieweg, 2017* – Seite 214) 1962 ein Bassverhältnis mit Bassdominanz definiert hatte, um Musikdarbietungen aufzuhübschen.

Sabine's Gesetzmäßigkeit spricht nicht dafür – jedoch einige seiner Betrachtungen könnten darauf hindeuten, dass sich Sabine auch explizit mit der Sprachverständlichkeit in Versammlungshallen befasst haben könnte. Mangelhafte Sprachverständlichkeit in einem Hörsaal war schließlich der Auslöser für Sabine's Befassung mit so etwas wie Raumakustik. – Ich räume also ein: Ich habe Sabine noch immer nicht vollumfänglich gelesen – und betrachte es eher als sportliche Ertüchtigung, ihn irgendwann einmal komplett zu lesen. Aber es ist interessant, zu beobachten, wie weit Sabine bereits gelangt war! Und welche Tragweite das für die Gegenwart hätte haben können…

Die Anfänge einer Trennung zwischen Musik und Sprache vermute ich in die 1930er Jahre zurückgehen.

Spätestens eine DIN 18041 hat für den deutschen Rechts- und Regulierungsraum die getrennte Betrachtung forcieren und betonieren geholfen: getrennt in Räume für Sprachkommunikation… und solche für Musikdarbietungen.

Natürlich kann ich nachvollziehen, dass Musik von mehr Klangvolumen getragen werden solle. Dabei geht es auch um den Spaß, den Musik macht, wenn sie sich im Raum „klangvoller", volumiger und eindrucksvoll Bass-getragen ausleben kann.

Diesem Verständnis von „Klangvolumen" jedoch liegt ein Irrtum zugrunde, den ich gern erläutern und ausräumen möchte.

Zuvor aber zitiere ich mit einer gewissen Genugtuung Helmut V. Fuchs, da er zum Beispiel im „Bauphysik-Kalender 2014" zur Bewertung von Theaterbauten der griechischen und römischen Antike feststellt:

> „[…] ihre [*eig. Anm.: gemäß Quellennachweis Fuchs: Vassilantonopoulos, Mourjopoulos*] Disqualifikation der odeia für die Aufführung der großen antiken Dramen spiegelt nur die überkommene Ansicht wider, dass es keine optimale Akustik für Sprache und Musik gleichermaßen geben könne."
> (*Helmut V. Fuchs, Unterkapitel „Funktionelle Raumakustik im erweiterten Frequenzbereich", im „Bauphysikkalender 2014", Ernst & Sohn 2014 – Seite 486*)

Ich folge Fuchs ohne Einschränkung, wenn er bereits ein paar Zeilen zuvor auf derselben Seite anmerkt:

> „Daraus schließen die Autoren etwas voreilig, dass die odeia überwiegend oder gar ausschließlich für Musikdarbietungen und -wettbewerbe genutzt wurden, für alle anderen Nutzungsarten aber ungeeignet gewesen seien. Denn seit jeher ist Musik substanzieller Bestandteil des Theaters – und Musik ganz ohne Sprache in der Antike sicherlich die Ausnahme gewesen."
> (*ebenda*)

Fuchs hat sich sehr zurückhaltend ausgedrückt, denn eher das Gegenteil scheint der Fall zu sein: Die Sprache spielt in den Dramen der Antike die Hauptrolle. Symphonien oder solche den Opern oder Operetten ähnliche Aufführungswerke – die stets auch musikalisch sehr aufwändig begleitet sind – sind uns (meines

Wissens) aus der griechischen Antike nicht überliefert
– also Werke, die dem Genuss **und** der Hingabe an die
reine Musik gewidmet wären.

*(Sollte ich mich hierin täuschen, so wäre ich interessehalber
für jeden Hinweis dankbar, denn das würfe auch ein anderes
Licht auf die antiken griechischen oder römischen Kulturen.)*

Man geht umgekehrt eher davon aus, man habe bewusst in Kauf genommen, die Musiker weniger optimal
platzieren zu können. Die Schauspielbühnen aller dieser
antiken Theater sind akustisch optimal ausgerichtet.
Die Hinterbauung trug nicht nur das Bühnenbild als
Scheinwelt und symbolischem Handlungsort, sondern
unterstützte zudem als akustischer Reflektor die
Sprache optimal.

Musik und Sprache nicht in der gleichen Weise
gerecht werden zu können, bezieht sich für die antiken
Theater auf die Anlage selbst, das heißt auf die Büh-
nenanlage mit Schauspielern/Sprechern einerseits,
die Orchestra andererseits. Baulich kann man nun
einmal nicht beide in der gleichen Weise optimal
unterbringen.

Die Orchestra ist einfach räumlich nicht (ganz) optimal positioniert. Andererseits kann es gut sein, dass
die Gesamtanlage antiker Theater das sehr wohl *hinreichend* kompensiert hat: Die partiellen Überbauun-
gen der Zuschauerränge hat ja nicht nur der Sprachverständlichkeit gedient, sondern auch die mittel- und
insbesondere höherfrequenten Instrumente in demselben Maße gut unterstützt.

Seit Richard Wagner kennt man den Orchestergra-
ben als Schalltrichter. Welche weitreichenden akustischen Nachteile das wiederum mit sich bringt, kann
man gut bei Fuchs verfolgen.

Musik und Sprache nicht in der gleichen Weise gerecht werden zu können, bezieht sich meines Erachtens in der modernen Akustik eher auf sehr grundlegende Missverständnisse.

Eines dieser Missverständnisse ist, dass Nachhall sich im allgemeinen Verständnis grundsätzlich negativ auf Sprachverständlichkeit auswirke. Das andere Missverständnis findet man in der Auffassung wieder, mehr „Nachhall" trage Musik und vor allem Bässe gut.

In der Praxis von Klassenräumen bieten sich mir zahlreiche Gegenbeispiele. Und Fuchs zählt uns darüber hinaus viele Veranstaltungsorte als Gegenbeispiele auf.

Es ist an der Zeit, sich erst einmal darauf zu einigen, was man denn unter „**Nachhall**" verstehen möchte.

---

**Nachhall** erzeugt nicht zwangsläufig „**Klangvolumen**"

---

Wenn man den Raum um den Raumkanteneffekt bereinigt – sei es durch reine Absorber, sei es durch das **ReFlx**-System – so klingt der nur leicht verringerte „Nachhall" völlig anders. ... und besitzt ein entscheidend geringeres Störpotenzial.

Bisher aber wird gemäß des Verständnisses und auch ganz im Sinne der (eingeschränkten) Mess- und Aufnahmetechniken der **Raumkanteneffekt** ganz einfach dem Nachhall zugeordnet – was sachlich vollkommen unangemessen ist.

Der Status Quo der DIN 18041 begnügt sich vehement mit diesem Mangel: Mehr Nachhall in den tieferen Frequenzen sei tolerabel – und beeinträchtige die Sprachverständlichkeit weniger als höherfrequenter Nachhall. Für Musik *fordert* man sogar *mehr* „Nachhall", weil Musik dadurch schön getragen sei.

Tatsächlich bleibt nicht einmal das Störpotenzial der tieferen Frequenzen stets das Gleiche: Auch tiefe Frequenzen, um den Raumkanteneffekt bereinigt, werden im Nachhall klarer, im Klang reiner – und durch die fehlende besondere Verstärkung (durch die Raumkante) weniger beherrschend.

(Siehe auch meine Hinweise und Beschreibungen im Kapitel „Raumklang zwischen Maß & Nutzen".)

Beinahe hätte ich gar formuliert: weniger dominant. Das hingegen trifft es nicht. Denn der Begriff der Dominanz impliziert eine mehr oder minder umfängliche Beherrschung des Geschehens. Und das genau ist in der Regel gar nicht die Funktion der tiefen Frequenzen – und auch nicht deren eigentliche Kraft, wenn man nicht elektroakustisch für irreale und überzogene Verschiebungen sorgt.

Selbst ein so bekanntes „Toccata und Fuge in D-Moll" von Johann Sebastian Bach enthält nur wenige und kurze Passagen, in denen die Tiefen einmal ganz sie selbst sein dürfen. In der Regel setzt Bach auch in diesem Stück die tiefen Frequenzen als Fundament ein.

Ein klares und sattes Fundament hingegen – nicht bar des Nachhalls, sondern mit reinem und deutlichem Nachhall – ist ein Gewinn für jede Art von Musik!

Die Frage ist also, *wie* tolerabel *welche* Nebenwirkungen sind. Und weshalb.


Schlechte Sänger etwa lieben viel Nachhall. Dabei muss man sich vor Augen führen, dass der bisher beobachtete Nachhall aufgeladen ist von undifferenzierten Störungen aus den Raumkanten heraus! Die Überdeckungen nivellieren größere oder kleinere Unzulänglichkeiten.

*Gute* Sänger empfinden sich als disqualifiziert durch einen insbesondere in den Tiefen ausgeprägten Nachhall: Man kann ihre extrem detaillierte Beherrschung der Stimm- und Sprachmodulation nicht angemessen heraushören. – Bisher allerdings kennt man den qualitativ unterschiedlichen Nachhall nur wenig.

Es darf an dieser Stelle als unbedeutende Meinungsäußerung bewertet werden, wenn ich behaupte, dass für Gesang eine viel umfangreichere Ausdruckspalette eröffnet würde durch Räume mit ruhig etwas mehr Nachhall – wenn dieser Nachhall um den Raumkanteneffekt bereinigt ist **und** der Raum in den mittleren und höheren Frequenzen durch angemessene Reflexion mehr Transparenz verliehen bekommt.

Das ist aber gar nicht neu. Fuchs nennt es nur eben, wie ich bereits an anderer Stelle erwähnt hatte,

**„Durchhörbarkeit“.**

*(H. V. Fuchs: Raum-Akustik und Lärm-Minderung, Springer Vieweg 2017 – Seiten 350/351)*

Wenn der so genannte Nachhall rein und sauber ist – gemeint ist also, wenn die undifferenzierte Störung durch die Raumkanten entfällt – dann hat der insgesamt leisere und zugleich sehr differenzierte Nachhall auch die Möglichkeit, positiv zu untermalen.

Beispiel: Eine „warme", holzige Resonanz unterstreicht eine angenehme Erzähl- oder Gesangsstimme.

Mein C-Case zum Beispiel kombiniert bewusst Reflexion und Resonanz in dieser Weise – und löscht zugleich den Raumkanteneffekt aus.

Aber auch das **ReFlx**-System *kann* man bewusst auf Resonanz trimmen.

# Strömungsabriss
– die dunkle Seite

*eine Exkursion*

Da ich diesen Begriff ins Spiel bringe, habe ich zum Strömungsabriss recherchiert. Würde ich diesen Begriff plausibel für die Raumkanten anwenden können?

Ich wiederhole aber, um nicht missverstanden zu werden: Eigentlich geht es eher um die Betrachtung von *Turbulenzen*, nicht von Strömung.

Bei meinen Recherchen bin ich auf die detaillierte Untersuchung eines Vorfalls gestoßen, der eine Beobachtung der Turbulenzen für den Schall zumindest nicht ganz ad absurdum führt.

Andererseits mutiert dieser Vorfall auf äußerst zynische Weise zur Posse auf den Umgang mit Erfahrung, Kompetenz… und möglicherweise respektvollem Nichteingreifen.

Man mag mir entgegenhalten, nachher sei man immer schlauer…

„Damit ein Flügel Auftrieb liefert," so erläutert Markus Beck im Erklärvideo zu dem Absturz einer Ju 52 am 4. August 2018 […], „und das Flugzeug kontrolliert fliegen kann, muss die Luftströmung mehrheitlich am Flügel anliegen." – Markus Beck ist einer der Untersuchungsleiter bei der Schweizerischen Untersuchungsstelle SUST.

Er erläutert weiter:

„Der Anstellwinkel ist der Winkel zwischen der Profilsehne und der Anströmrichtung. Bewegt sich das Flugzeug so, dass der kritische Anstellwinkel überschritten wird, löst sich die Strömung auf der Oberseite des Flügels ab und bildet Wirbel. Diesen Vorgang nennt man Strömungsabriss. Ein Strömungsabriss ist […] nicht von der Geschwindigkeit der Luftströmung, sondern nur vom Anstellwinkel abhängig. Ein Strömungsabriss führt zu einem deutlichen Verlust an Auftrieb. Damit geht die Kontrolle über das Flugzeug verloren."

(„Erklärvideo zum Unfall der Ju 52 vom 4. August 2018" – auf dem Youtube-Kanal der „Schweizerische Sicherheitsuntersuchungsstelle SUST; 28.01.2021)

Weshalb erweckt man den Eindruck, Geschwindigkeit spiele für ein Flugzeug nur eine untergeordnete Rolle?

Dem ist nämlich **nicht** so.

Zugleich wird aber auch am Anfang dieses Videos darauf hingewiesen, dass jenes „Erklärvideo […] keine Zusammenfassung des Schlussberichts" sei, „der die detaillierten Abläufe und die systemischen Aspekte des Unfalles darlegt". – Was mag der Sinn eines solchen Videos sein, wenn man darin einen tendenziell anderen Gesamteindruck erweckt, als im detaillierten Bericht?

Im nicht einmal 6-minütigen Video wird zumindest
der Eindruck erweckt, die Piloten seien Opfer ungünstiger Umstände gewesen – und mit ihnen weitere 18
Opfer, die tatsächlich keinen Einfluss auf die Geschehnisse hatten nehmen können.

So spricht etwa Daniel W. Knecht, ein Leiter der Untersuchung, vor der laufenden Kamera von sehr erfahrenen „ehemaligen Militär- und Airline-Piloten".

Auch stellt Knecht dort fest: „Der Raum für eine Umkehrkurve oder einen anderen Flugweg war nicht mehr
vorhanden." Korrekt, aber leider unerläutert spricht er
weiter: „Das Flugzeug wäre aber in der Lage gewesen,
höher zu steigen oder schneller zu fliegen." – Zumindest wird grafisch visualisiert, wenn auch nicht erläutert, dass dann die Linkskurve und Passpassage ge-
glückt wären.

Im Gegensatz zum Abschlussbericht der SUST äußern sich Personen im Erklärvideo – ebenfalls von der
SUST veröffentlicht – bemüht zurückhaltend. Vielleicht
um den Piloten postum Respekt und Ehre nicht zu
verweigern?

„Die Ju 52 flog in ein Abwindfeld ein und begann
abzusinken", so lässt Herr Knecht die Umstände schicksalhaft erscheinen – oder hält sich nur vorerst neutral
bedeckt.

Ich zeige später auf, wie das mit dem Abschlussbericht in Deckung gelangt:

> „In dieser Phase reduzierte die Flugbesatzung die
> Leistung der Motoren und holte mit einer Rechts-
> kurve für den Überflug des Passes aus. Während
> des Sinkens hob die Flugbesatzung die Nase der
> Ju 52 kontinuierlich an. Damit war das Sinken aus
> dem Cockpit nur schwer zu erkennen."

Was möchte uns Herr Knecht damit sagen?

Und was mag den Piloten bewogen haben, die Geschwindigkeit zurückzunehmen, obwohl die Maschine im Tal an Höhe verlor?

„Es gehört [...] zu den elementaren Grundsätzen des Gebirgsfluges, dass die Fluggeschwindigkeit und damit die Energie des Flugzeuges bei turbulenten Bedingungen und bei Annäherung an das Gelände erhöht werden muss, damit es [...] nicht zu einem [...] Strömungsabriss kommen kann."
(Schlussbericht Nr. 2370, Seite 57)

---

höhere Geschwindigkeit **stabilisiert** den Flug

---

Der Pilot – noch in der Annäherung an das Martinsloch – hat genau das Gegenteil getan und Leistung von den Motoren zurückgenommen, wie wir gleich sehen werden.

„Als die Ju 52 die Rechtskurve begann, befand sie sich immer noch in einem Abwindfeld. [...] Die Luftströmung lag zu diesem Zeitpunkt noch ungestört am Flügel an. Dann flog das Flugzeug in einen Aufwind ein. Solche Wechsel zwischen Auf- und Abwinden sind im Gebirge, insbesondere in Geländenähe, nicht außergewöhnlich."
(Erklärvideo)

Ich höre hier den deutlichen Hinweis, dass der erfahrene oder gut ausgebildete Pilot mit diesen Windverhältnissen hätte rechnen müssen. Oder möchte Herr Knecht doch eher suggerieren, der Pilot habe im Rahmen des Erwartbaren keinen Fehler gemacht?

Und weiter:

„Dies führte dazu, dass sich die Anströmrichtung des Tragflügels änderte und der kritische Anstellwinkel überschritten wurde. Dadurch riss die Strö-

mung am Flügel ab und die Besatzung verlor die Kontrolle über das Flugzeug."
(Erklärvideo)

Die Darstellung mutet – mindestens tendenziell – schicksalhaft an. – Dann entsteht gar der Eindruck, die Piloten hätten Geistesgegenwart bewiesen:

„Die Flugbesatzung leitete ein Manöver ein, um die Kontrolle über das Flugzeug wiederzuerlangen."
(Erklärvideo)

Unerläutert, deutet der fortgeführte Vortrag nicht auf einen klaren Pilotenfehler hin:

„Weil aber das Flugzeug nahe am Gelände geführt worden war, reichte der zur Verfügung stehende Raum für ein Abfangen nicht aus [...]."
(Erklärvideo)

Michael Flückiger, ein weiterer Untersuchungsleiter der SUST, wird etwas deutlicher:

„Alle Aufzeichnungen zeigen, dass auch auf vergleichbaren Ju-52-Flügen riskante Flugwege im Gebirge gewählt wurden. Die Piloten hatten sich an diese Art des Fliegens gewöhnt."
(Erklärvideo)

Leider ist im Video der Strömungsabriss an sich detaillierter behandelt worden, als was es bedeutet, dass die Piloten gewohnheitlich „riskante Flugwege" gewählt haben.

Andere Medien hatten sich von Anfang an um eine ausgewogene Berichterstattung bemüht, wie auch die SUST letztlich einen umfassenden und schonungslosen Abschlussbericht vorgelegt hat.

Bei „Austrian Wings" etwa ist nur zwei Tage nach dem unheilvollen Flug vom 4. August 2018 zu lesen:

„Die Ju 52 mit ihren gedrosselten BMW-Stern-

*motoren gilt nach heutigen Kriterien als leistungs-
schwach im Verhältnis zum Startgewicht.
[…] hochsommerliche Temperaturen in der Schweiz
[…], kombiniert mit einer Flughöhe zwischen 2.500
und 3.000 Metern führten einerseits dazu, dass die
Motoren der Maschine weniger Leistung zur Verfügung können stellen als üblich und andererseits
erhöhte sich durch die zuvor genannten Faktoren
auch die Überziehgeschwindigkeit im Horizontal-
flug.
Das ist jene kritische Geschwindigkeit, bei der die
Luftströmung an den Tragflächen abreißt und eine
Maschine nicht mehr flugfähig ist. […]"*
(„Austrian Wings – Österreichs Luftfahrtmagazin",
06.08.2018; Titel des Beitrags: „Ju Air Absturz: Ein
mögliches Szenario")

---

### *Ju 52*: gutmütig – aber **schwach motorisiert**

---

*Mit anderen Worten: Nicht nur die Bewegung von
Körpern wird mit steigender Geschwindigkeit stabilisiert. Sondern die schnellere Anströmung am Flügel
lässt einen Strömungsabriss auch erst später einsetzen.
Ich zitiere weiter aus derselben Quelle:*

„Die Tante Ju wird in der Literatur und diversen
Internetbeiträgen immer wieder als ‚gutmütig'
beschrieben, ist aber wie viele Flugzeuge im
Grenzbereich empfindlich, […]. Der von Hugo
Junkers konstruierte, so genannte Doppelflügel
vermittelt der Ju über weite Geschwindigkeitsbe-
reiche ihre Gutmütigkeit – daher auch die guten
Langsamflugeigenschaften. Aber die physikalischen Grenzen kann auch der Doppelflügel nicht
umgehen, […]."

*(„Austrian Wings" – 06.08.2018)*

*Die Feststellung im Erklärvideo, ein Strömungsabriss sei nicht von der Geschwindigkeit abhängig, mag geometrisch betrachtet in Ordnung gehen – übergeht aber die unmittelbare Wechselwirkung von Strömung und Geschwindigkeit im Flugbetrieb.*

*Aufschlussreicher ist also in der Tat der detaillierte „Schlussbericht Nr. 2370" der SUST:*

> „[…] das Flugzeug kurz nach dem Vorbeiflug am Berghaus Nagens mit [...] über längere Zeit nur noch rund 140 km/h über Grund [...]. Berücksichtigt man den in dieser Phase herrschenden Gegenwind, so bewegte sich das Flugzeug mit ungefähr 180 km/h wahrer Fluggeschwindigkeit. [...] ungefähr 44 % über der Abrissgeschwindigkeit. Da während des bisherigen Fluges bereits Turbulenz aufgetreten war und für die Passüberquerung eine Kurve, verbunden mit einer höheren Abrissgeschwindigkeit, notwendig wurde, war diese Sicherheitsmarge zu gering. Dazu [...] bereits in dieser Phase eine tendenziell geringe Überhöhung von weniger als 200 m gegenüber dem zu überquerenden Segnespass [...] verbunden mit dieser tiefen Geschwindigkeit eine riskante Ausgangslage [...]."

> („Schlussbericht Nr. 2370 der Schweizerischen Sicherheitsuntersuchungsstelle SUST über den Unfall des Verkehrsflugzeuges Junkers Ju 52/3m g4e, HB-HOT, betrieben durch Ju-Air, vom 4. August 2018, 1.2 km südwestlich des Piz Segnas, Flims (GR)" – Seite 54)

*Nun aber zum Geschehen… Ich erlaube mir, Schwerpunkte zu setzen, um die Darstellung knapp zu halten.*

Die Ju 52, Baujahr 1939, wurde am 4. August 2018, einem außerordentlich heißen Sommertag, in Locarno, an der Nordostspitze des Lago Maggiore in der Schweiz gelegen, für den Flug nach Dübendorf (nahe Zürich) gestartet. Die Piloten hatten wegen des heißen Wetters für den Start kurzfristig die befestigte Start- bahn erbeten – anstelle der Graspiste. Das heißt, den Piloten war die witterungsbedingte Leistungseinbuße der Motoren bewusst.

### Hitze des Tages lähmt die betagten Stern-Motoren

Im Rahmen einer zweitägigen Reise waren der Flug nach Locarno und der Rückflug die zentralen Ereig- nisse: die Flüge im historischen Flugzeugmuster über die Hochalpen hinweg. – Im Schlussbericht der SUST fällt, den Schicksalsflug von Locarno nach Dübendorf umschreibend, der Begriff „Erlebnisreise". (Schluss- bericht Nr. 2370, Ordnungspunkt 1.9)

Außer des Piloten und des Co-Piloten (die sich seit 1978 aus dem gemeinsamen Dienst im Überwachungs- geschwader der Schweizerischen Luftwaffe kannten, sich als befreundet bezeichneten und häufig und mit wechselnden Rollen gemeinsam für die Ju-Air flogen) war Frau Yvonne Blumer als Flugbegleiterin an Bord, außerdem 17 Passagiere.

„Der Flug [...] verlief nach dem Start in Locarno zunächst ereignislos [...] in Richtung der Greina- ebene. Die in der Luftfahrtkarte als 'zu meidende Zone' eingezeichnete Landschaftsruhezone im Be- reich der Greinaebene wurde in einer Höhe von 120 bis 300 m über Grund überflogen, was auf eine wenig rücksichtsvolle Beachtung dieses Ge- bietes durch die Flugbesatzung schließen lässt.

*Hierzu ist anzumerken, dass es bereits in den Jahren vor dem Unfall zu Reklamationen aus der Bevölkerung kam, weil Flugzeuge der Ju-Air Wildtierschutzgebiete in tiefer Höhe überquert hatten. In der Folge hatte das Bundesamt für Zivilluftfahrt vom Flugbetriebsunternehmen entsprechende Sensibilisierungs- und Schulungsmaßnahmen verlangt, die aber offensichtlich zumindest auf die beiden Piloten A und B keine Wirkung hatten.“*
(„Schlussbericht Nr. 2370“, Seite 54)

*Solche Worte im Schlussbericht der SUST verlocken geradezu, sich den Piloten genauer zuzuwenden.*

*Die SUST legt dar, Pilot B – der die Ju 52 am Vortag von Dübendorf nach Locarno geflogen hatte, umgekehrt mit Pilot A als Copiloten – habe am Samstag vormittag mit einem wiederum anderen Copiloten ab Dübendorf drei Rundflüge mit einer anderen Ju 52 geflogen.*

*„Auf allen drei Flügen wurde das Flugzeug von der Flugbesatzung so geführt, dass es im Gebirge mehrfach deutlich unterhalb der Sicherheitsüberhöhung von mindestens 1000 ft AGL (300 m/G*) flog [...]“,*

*[* eig. Anm.: AGL = Above Ground Level; m/G = Meter über Grund]*

*so ist dort zu lesen. Das entspricht auch seinem Flug am Vortag nach Locarno in Stil und Charakter:*

*„[...] wurde in einer leichten Rechtskurve und mit geringem Abstand zur Felswand – schätzungsweise 30 bis 50 Meter zwischen Flügelspitze und Felswand – das Ritzlihorn (3277 m/M) passiert. [...] Im Laufe des Tages äußerten sich manche Passagiere speziell positiv über den morgendlichen Flug von*

Dübendorf nach Locarno. Insbesondere das lang-
same Fliegen nahe am Gelände wurde von zwei
Personen geschätzt."
(Anlage A1.1 zum Schlussbericht, Seiten 9, 6 und 8)
Dieser Pilot B hatte am Segnas-Pass ein ähnliches
Manöver, wie das vom 4. August 2018, bereits geflogen – mit einer Kühnheit, die nun nicht mehr verwundert. Aber dennoch, wie wir gleich sehen werden,
risikobewusster angegangen.

„Am 6. Juli 2013 flog Pilot B als Kommandant zusammen mit Pilot A, der damals noch als Copilot
tätig war, mit dem Schwesterflugzeug HB-HOP im
Steigflug in ähnlicher Weise wie auf dem Unfallflug
in den Talkessel südwestlich des Piz Segnas ein
und überflog die Krete des Segnaspasses in rund
30 m über Grund".
(Schlussbericht Nr. 2370, Seite 22)

Das mag den Piloten A einmal mehr herausgefordert
haben, hier nicht nachzustehen.

Jedoch war Pilot B fünf Jahre zuvor nicht mittig in
den Talkessel eingeflogen, sondern deutlich weiter östlich, hatte sich also etwaigen fallenden Winden im
(Wind-) Schatten der Tschingelhörner **nicht** ausgesetzt!

Und so lohnt es sich einmal mehr, sich dem Piloten A
genauer zuzuwenden:

„(Einschätzung durch das fliegerische Umfeld)
[…] Seine fliegerischen Fähigkeiten wurden als
durchschnittlich mit Ausreißern nach unten eingestuft. [...] teilweise fehlende Selbstkritik und mangelnde Detailtreue bei Prüfungen [...]. In betrieb-
licher Hinsicht wurde ihm ein eher verringertes Risikobewusstsein attestiert, [...] er mögliche Gefahren teilweise nicht zu erkennen oder ihnen nicht
entsprechendes Gewicht beizumessen schien."

(Anlage A1.5 zum Schlussbericht, Seite 4)
*„(Frühere Flüge im Sommer 2018)*
*Aus den sichergestellten Flügen zwischen April*
*2018 bis und mit dem Unfalltag liegen 6 Radarauf-*
*zeichnungen mit Flugwegen der Risikokategorie*
*(Score) 8 bis 10 vor […], bei denen der Pilot A ein*
*Mitglied der Flugbesatzung war; davon 4 mit dem*
*Piloten B des Unfallfluges.“*
(Anlage A1.5 zum Schlussbericht, Seite 5)
*„Es wurden 36 Flüge (16.7 % der ausgewerteten*
*Flüge) identifiziert, die mit einem Score von 8 bis*
*10 und damit als außerordentlich auffällig und*
*hochriskant klassifiziert waren. […] Ein Auszug*
*dieser 36 detailliert bewerteten Flüge umfasst 10*
*Flüge mit darin enthaltenen 27 Hotspots […].“*
(Anlage A1.18 zum Schlussbericht, Seite 12)
*Ich zitiere nur beispielhaft vom ersten betrachteten*
*Fallbeispiel die stichwortartige Bewertung der SUST:*
*„[…] eine hochriskante Flugwegwahl, die durch*
*folgende sicherheitsrelevante Merkmale gekenn-*
*zeichnet ist:*
- *Tiefer Überflug des Geländes;*
- *Eingeschränkter Einblick in die nächste Gelände-*
*kammer;*
- *Steigender Flug gegen ein Hindernis;*
- *Keine Möglichkeit für einen alternativen Flugweg*
*über einen längeren Zeitraum.“*
(Anlage A1.18 zum Schlussbericht, Seite 17)
*Aber weiter zum Ereignistag:*
*Im Taleinschnitt ‚Las Palas‘ und auf den Piz Segnas*
*zu herrschten fallende Winde vom westlichen Gebirgs-*
*kamm und Pass her, die zu Strömungsabrissen an den*
*Flügeln führten. Der Pilot schaffte es nicht mehr, die*
*Kontrolle über das Fluggerät zu erlangen, das schnell*

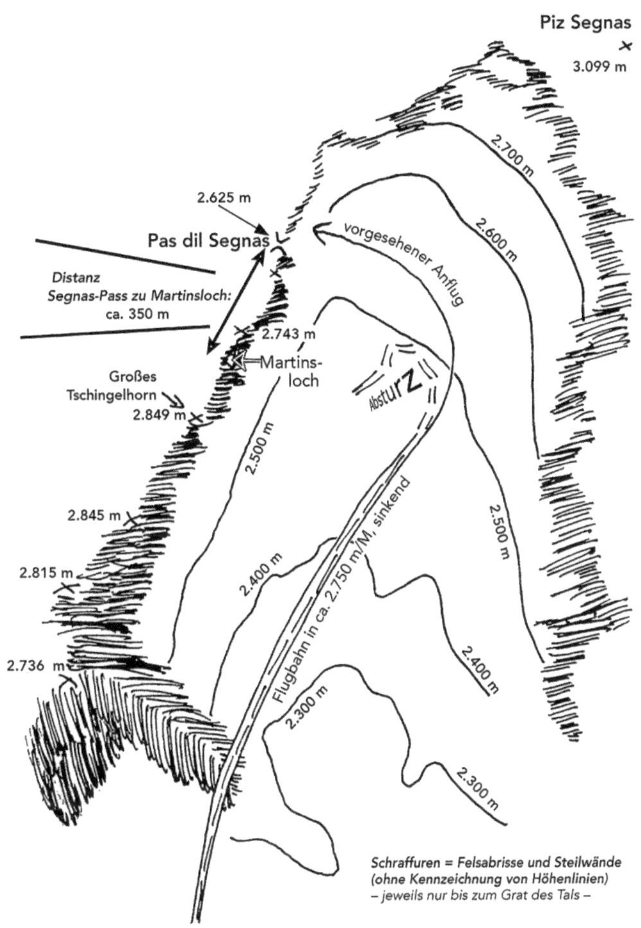


vollständig außer Kontrolle und in den senkrechten
Absturz geriet. – Die siebzehn Passagiere und drei Be-
satzungsmitglieder verlieren dabei sämtlich ihr Leben.

Der Augenzeuge und Hüttenwart auf der Segnas-
Hütte, Herr Raini Felder, beschrieb gegenüber dem
„Tagesanzeiger Schweiz":

„Dann kippte sie einfach vom Himmel."

und

> „Es hat keine 15 Sekunden gedauert."
> (Tagesanzeiger Schweiz, 07.08.2018)

Ob die beiden „sehr erfahrenen ehemaligen Militär- und Airline-Piloten" kühn und leichtsinnig geflogen waren, bleibt auf eine schon aufdringliche Weise im „Erklärvideo" unausgesprochen.

Im Schlussbericht der SUST ebenso wie in der Mitteilung an die Medien wird ganz im Gegensatz dazu deutlich Stellung bezogen.

Leichtere technische Mängel am Fluggerät, die von der Aufsichtsbehörde zuvor angemahnt und noch nicht behoben worden waren, hatten laut SUST keinen Einfluss auf die Sicherheit das Fluggerätes.

Auffallend ist, dass der Anflug in das Tal hinein von der SUST als riskant bewertet wurde. – Herr Knecht (der im Video eine umständehalber so nebensächliche Angelegenheit, wie dass die Piloten „ausgeruht und gesund" gewesen seien, ausführt) trägt vor:

> „[…] war es nur noch möglich, den Pass zu überfliegen. Der Raum für eine Umkehrkurve oder einen anderen Flugweg war nicht mehr vorhanden."

Dann führt er weiter aus:

> „Das Flugzeug wäre aber in der Lage gewesen, höher zu steigen oder schneller zu fliegen."

Das bleibt gänzlich unerläutert: Ab wann (höher fliegen) und mit welcher Konsequenz?

Tatsächlich wird im Schlussbericht der SUST festgestellt, dass man eine noch vorhandene Leistungsreserve der Motoren nicht ausgenutzt hatte (Seite 55 des Schlussberichts Nr. 2370).

Ich werde noch genauer darauf eingehen, dass und warum die Ju 52 dieser Anforderung dort aus dem Tal heraus und ab der den Passagieren gebotenen „Sensation" – das Martinsloch mit nur geringer Überhöhung backbords beinahe „auf Augenhöhe" zu sehen – mit an Sicherheit grenzender Wahrscheinlichkeit nicht mehr gewachsen war. Im Schlussbericht wird auch keine andere Ansicht vertreten. Dass der Leiter der Untersuchung im ebenfalls von der SUST verantworteten „Erklärvideo" eine Erläuterung unterlässt, mit der er Position hätte beziehen können, behält einen mindestens faden Beigeschmack.

Im Abschlussbericht der SUST wird also schlüssig festgehalten, dass, nach einer Linkskurve wie vorgesehen den Segnas-Pass zu überqueren, unter allen Um-

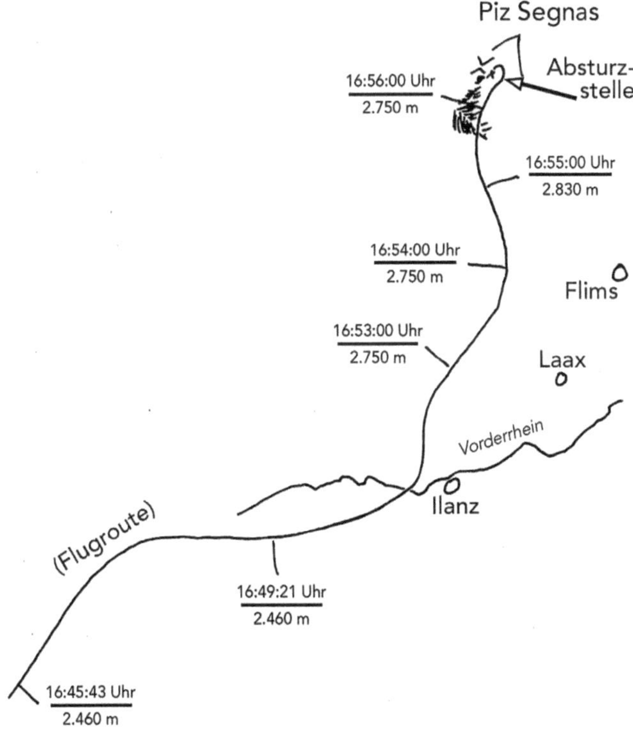

ständen alternativlos war. Dieses Manöver blieb schon wegen der geringen Höhe über Pass riskant: Wegen möglicher fallender Winde, mit denen – in den Gegenwind hinein und also noch vor dem Hindernis – im Gebirge stets gerechnet werden muss. Hinzu kommt bei so geringer Flughöhe, dass man, ohne Sicht in die nächste Geländekammer hinein, quasi blind über die Krete „gesprungen" wäre.

Fotografische Bilddokumente eines Fluggastes, die unter den Funden an der Absturzstelle wiederhergestellt werden konnten, zeigen deutlich, dass die Ju 52 etwa auf durchschnittlicher Höhe des Kammes der Tschingelhörner geflogen worden ist. Das „Große Tschingelhorn" mit 2.849 m/M wurde deutlich unterflogen. Die SUST gibt im Bericht eine Flughöhe von 2.750 m an.

Allein für die Linkskehre mit einem Radius von 400 bis 500 m hätte man nun deutlich mehr Zug aus den Motoren heraus gewinnen müssen:

> „[…] Überziehgeschwindigkeit […] ist jene kritische Geschwindigkeit, bei der die Luftströmung an den Tragflächen abreißt […]. Bei Schräglage, also im Kurvenflug, erhöht sich die Überziehgeschwindigkeit weiter, bei 30 Grad Schräglage […] um 8 Prozent."
> (Austrian Wings, „Ju Air Absturz: Ein mögliches Szenario", 06.08.2018)

Eine mindestens deutliche, geschweige denn unter den schwierigen Umständen gar maximale Beschleunigung ist laut SUST nicht versucht worden.

Im Schlussbericht der SUST wird die Auswirkung von Auf- oder Abwinden auf den notwendigen Anstellwinkel (siehe hierzu mein nächstes Kapitel) – ehe ein Strömungsabriss der Tragfläche den Auftrieb nimmt –

schematisch dargestellt. Demzufolge vergrößert Aufwind den Winkel α, also die Toleranz gegenüber der Profilsehne, um runde 50 %. Umgekehrt wird diese Toleranz in einem Abwindfeld um ca. 33 % verringert.

(Seite 57 des Schlussberichts Nr. 2370)

Im Abschlussbericht der SUST wird für die Flughöhe von 2.800 m eine Abrissgeschwindigkeit von 125 km/h bei 9.200 kg Gesamtgewicht der Ju 52 angegeben (Seite 24). Im Bericht ist entsprechend ein „Sicherheitspolster" von 44 % gegenüber der Abrissgeschwindigkeit angegeben – bei 140 km/h über Grund, sind das tatsächlich 180 km/h im gegebenen Gegenwind.

Der Bericht der SUST beschreibt die tatsächliche Abflugmasse der Ju 52 in Locarno mit 9.387 kg (Anlage A1.1 zum Schlussbericht HB-HOT der SUST, Seite 11). In einer technischen Beschreibung habe ich den Verbrauch der Ju 52 mit 380 Litern/Stunde angegeben gefunden. Nach Start und 43 Minuten Flug kann man somit unterstellen, dass 230 kg Flugbenzin zum Ereigniszeitpunkt verbraucht waren, folglich die Masse mit 9.160 kg angenommen werden kann. So erklären sich die Berechnungen und Bewertungen der SUST, die ich im vorhergehenden Abschnitt benannt hatte.

Trotz des ohnehin schon bescheidenen Geschwindigkeitspuffers war laut Bericht der SUST die Motorleistung nicht gesteigert, sondern bei Taleinflug im Gegenteil zurückgenommen worden (Schlussbericht Nr. 2370, Seite 15). Derweil man mit der Fotografie eines Passagiers den guten Blick durch das Martinsloch hindurch belegt findet, kann man vermuten, dass der Pilot die Motoren gedrosselt hatte, um an Höhe zu verlieren und einen spektakulären Blick auf den natürlichen Felsdurchbruch bieten zu können, der sogar etwas tiefer gelegen ist als der Pass-Durchgang.

Blick von Elms (also westlich) auf den westl. Kamm des Tals bzw. östl. derTschingelhörner – nach einer Fotografie, aus Gründen der Deutlichkeit zweifach überhöht dargestellt

Andererseits mag man über die Höhenruder einen Steigflug schlussendlich eingeleitet und sich selbst über die tatsächliche Lage getäuscht haben.

„Während des Sinkens hob die Besatzung die
Nase der Ju 52 kontinuierlich an. Damit war das
Sinken aus dem Cockpit nur schwer zu erkennen."

So Herr Knecht im Erklärvideo. – Der „erfahrene" Pilot sollte diesem Widerstreit die angemessene Bewertung beimessen können.

Für den recht engen Kurvenflug hätte – die spezifische Situation außer Acht lassend – das Fluggerät bei einer wirksamen Fluggeschwindigkeit von 180 km/h tatsächlich auf mindestens 195 km/h beschleunigt werden müssen, um die Sicherheitsreserve aufrechtzuerhalten, mit der man dank des Gegenwindes flog.

Weiterhin hätte laut demselben Bericht im Aufwind die Toleranz des Anstellwinkels hinzugewonnen. Zum einen war das Aufwindfeld noch nicht erreicht; zum anderen verlor man, dem außerdem ansteigenden Grund entgegen, quasi doppelt an Höhenspielraum.

Dass es bei dieser Ausgangslage – die man etwa bis Erreichen des Martinslochs allem Anschein nach bewusst so angestrebt hatte – hätte gelingen können, relevant an Höhe zu gewinnen, halte ich unter allen gegebenen Voraussetzungen für mindestens unwahrscheinlich, nicht zuletzt wegen des höhenbedingten Leistungsverlustes („dünne" Luft in ca. 2.750 m Höhe) der ohnehin tendenziell schwachen Motorisierung des Flugzeugmusters.

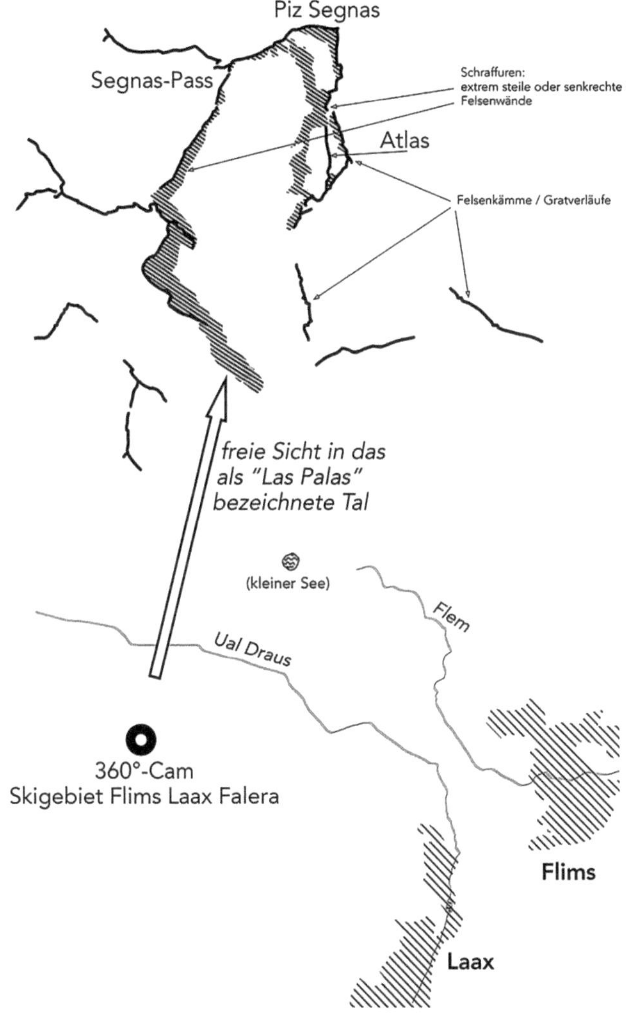

Wird nun für den Pass von einer Höhe von 2.625 m/M gesprochen, dann beschönigt das die Bedingungen: Nur an jener tiefsten und recht engen Stelle, die durchwandert wird, weist der Pass diese Höhe auf. Der fliegerisch nutzbare Pass muss mit Höhenzuschlag betrachtet werden (siehe Zeichnung).

Die Ju 52 hatte so, von einer Flughöhe von 2.750 m ausgehend, schon nur noch eine Überhöhung von knapp 100 m gegenüber dem Pass – und verlor an Höhe.

Ob man etwa ab dem Martinsloch nach oben hin noch hätte ausbrechen können, muss verneint werden. Die SUST hat auch nicht anders festgestellt, dass es keine alternative Flugroute mehr gab – was darauf hindeutet, dass die „Tante Ju" auch unter günstigsten Bedingungen die nötige Steigfähigkeit nicht hätte leisten können.

Auf der Grundlage aller gebotenen Daten und verfügbaren Karten habe ich errechnet, dass man – um in nördlicher Richtung über den Kamm des Tales auszubrechen – bei einer unterstellten Geschwindigkeit von 39 m/s (140 km/h über Grund) mit knapp 12 m/s oder nicht ganz 30 % hätte steigen müssen, um mit einem „Puffer" von nur 100 m den Grat halbwegs moderat überspringen zu können.

Das wiederum hätte eine leichte Kurskorrektur von Nordost auf Nord erfordert, weil man unter exakter Beibehaltung der dem Talverlauf folgenden Flugrichtung noch mehr hätte steigen müssen, um östlich knapp am 3.099 m hohen Piz Segnas vorbeizugelangen – was noch einmal eine um zwei Drittel höhere Steigleistung abverlangt hätte, also gute 20 Höhenmeter pro Sekunde. Der Kamm wäre früher erreicht worden, der dann auch noch mehr Höhe aufgewiesen hätte.

Einmal abgesehen von der ganz unzweifelhaften Einschätzung der SUST, dass kein alternatives Flugmanöver – also auch kein Ausbrechen nach oben aus dem Talkessel hinaus – zur Verfügung gestanden hatte, muss man sich im Grunde nur all diese Rahmenbedingungen genau anschauen und durchrechnen, um zu verstehen, dass eine alte Tante Ju – mit 70 % der maximalen Zuladung belastet, in einer Höhe von knappen 3.000 m, bei zudem heißer Umgebungsluft, die die Leistungsfähigkeit der schwachen Motoren weiter drosselte – diese nötige Steigleistung nicht hätte erbringen können.

Der Hüttenwart am Segnas-Pass äußerte, an jenem Samstag sei „vor der Unglücksmaschine bereits eine andere Ju durchgekommen" – und wird wörtlich zitiert: „Problemlos." (Tagesanzeiger Schweiz, 07.08.2018)

Was hatte sich im Verlaufe des Tages verändert? Vor allem aber: Hatte der Hüttenwirt von seiner Position aus die genauen Verläufe der jeweils gewählten Flugbahnen genau beobachten, geschweige denn, also angemessen vergleichen und beurteilen können?

Eine Besonderheit wird die Verhältnisse zur Ungunst beeinflusst haben: Die Sonne hatte seit drei Stunden die östlichen Steilwände der Tschingelhörner und die steilen Geröllrampen darunter zunehmend in den Schatten gelegt. – Ich unterstelle kühn, dass dem „erfahrenen" Piloten die sich somit verstärkenden Abwinde nicht fremd sein konnten, die damit einhergehen, zumal ihm die Hauptwindrichtung aus Nord bis Nordwest bekannt war.

Dass man nicht beim Einflug in das Tal, als das Flugzeug bereits an Höhe verlor, entgegengewirkt hat, kann nur als riskant gelten: Die Motorleistung wurde dem entgegen noch reduziert. – Der Pilot **wollte** in geringer Höhe fliegen: Für einen spektakulären Ausblick auf

das Martinsloch, gleichsam „auf Augenhöhe", und
zudem in gringem Abstand, also mitten durch das Tal
hindurch.

Ich möchte das Tal kurz beschreiben.
Der Talzugang – am tiefsten Punkt der Talsohle
knapp 2.200 m/M – ist 2.600 m Luftlinie entfernt vom
Piz Segnas, einem Gipfel mit 3.099 m/M, und verläuft
dabei mit ca. 33° in östlicher Richtung, ziemlich genau
zwischen NNO und NO. Auf der Sehne zwischen Martinsloch und Atlas ist das Tal zwischen den Steilhängen
der Tschingelhörner im Westen und den Felswänden im
Osten knappe 1.000 m breit. Von dieser „Sehne" bis
zum Gipfel des Piz Segnas bleiben noch 1.200 m.
Der tiefste Geländepunkt auf dieser Sehne liegt auf
ca. 2.475 m/M. Der tiefste Punkt des Segnas-Passes
ist mit 2.625 m/M angegeben. Die Sohle des Martins-
loches lässt sich mit knapp unter 2.600 m/M veran-
schlagen.

Wie andere Piloten mit den Witterungsbedingungen
umgegangen sind:
„Unmittelbar vor dem Unfall der HB-HOT überflog
[…] um 16:55 Uhr ein einmotoriges, zweiplätziges
Motorflugzeug des Baumusters Cessna 152 von
Süden herkommend den Segnespass. […] Das
Flugzeug traf in der Region Flims auf Abwindfelder
und die Besatzung entschloss sich, an der Ostseite
des Talkessels südwestlich des Piz Segnas entlang
zu fliegen, damit auch bei anhaltendem Abwind
jederzeit eine Umkehrkurve möglich gewesen
wäre. Auf der gewählten Flughöhe […] entsprechend 2800 m/M flog die Cessna 152 in Aufwinde
ein, die erst kurz vor dem Segnespass nochmals

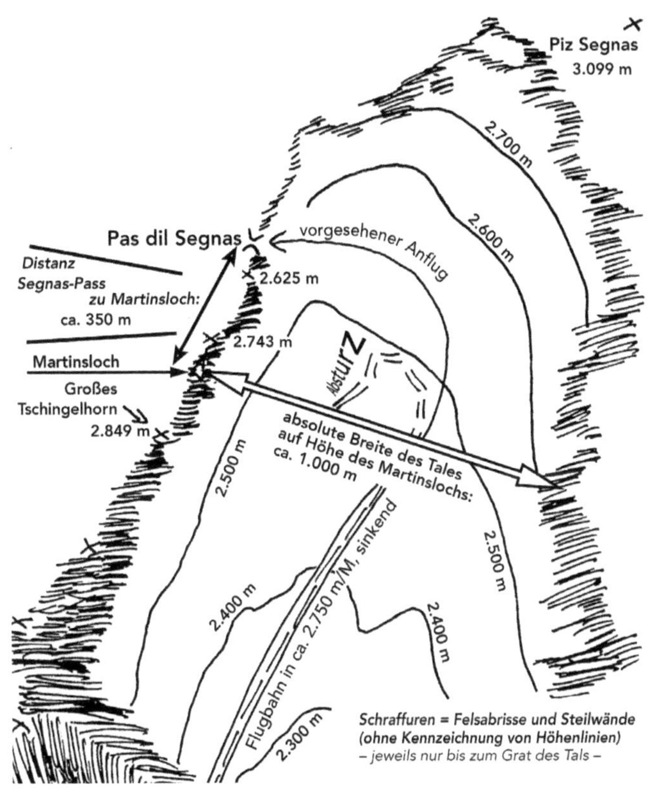



kurz durch ein schwaches Abwindfeld unterbro-
chen wurden. Die Überquerung der Krete des
Segnespasses war problemlos möglich."
(Schlussbericht Nr. 2370 der Schweizerischen
Sicherheitsuntersuchungsstelle SUST, Seite 29)

*Der detaillierte Schlussbericht der SUST und die
zweiseitige Stellungnahme für die Medien sprechen
klar und eindeutig vom Pilotenfehler. – Im Erklärvideo
(Youtube) wird peinlichst vermieden, Aufsehen zu
erregen.*

*Da tut es gut, feststellen zu können, dass die Presse die Gelegenheit genutzt hat, den Schlussbericht wiederum genau zu lesen und öffentlich zu machen.*

*Die im Erklärvideo so ehrend und respektvoll hervorgehobene „Erfahrung" des Piloten A hat zu nichts (Gutem) geführt – und die Ehrerbietung ist schlicht un--angemessen, insbesondere nämlich gegenüber allen Opfern des tollkühnen Fluges.*

*Ich möchte dem Piloten A noch einmal eingehend Aufmerksamkeit widmen:*

*Pilot A war 1977 bei der Schweizerischen Luftwaffe eingetreten – und hatte bis zu seinem freiwilligen Austritt 1985 Kampfjets geflogen.*

*Wenn man im Bericht der SUST die Ausführungen zu einer von ihm durch Unachtsamkeit verursachten Kollision liest, aus der sich Pilot A und sein Manövergegner nur per Notausstieg (Schleudersitz) hatten retten können, dann ist vorstellbar, dass ihm fortan eine Zusammenarbeit mit Kameraden kaum mehr möglich war, er also etwaig „geschnitten" worden ist.*

*An diesen lange zurückliegenden Vorfall zu erinnern wäre unangemessen, wenn man nicht an anderer Stelle des Berichts läse, Pilot A sei später von Kollegen bei der Ju-Air als „eher extrovertierte Person", „manchmal stur mit teils etwas forschem Ton" eingeschätzt worden – und man habe ihm „ein eher verringertes Risikobewusstsein attestiert". (Anlage A1.5 zum Schlussbericht Nr 2370, Seite 4).*

*Auf jeden Fall ziehe ich für den damaligen Vorfall in Betracht, dass Kameraden dem jungen Jetpiloten 1981 im Rahmen eines Simulationsluftkampfes „eins auswischen" wollten. – Was sein riskantes Manöver zumindest erklären könnte.*

Als der eine von zwei gegnerischen Kampfpiloten auch nach dem dritten Funkruf über seinen Abschuss nicht das vorgeschriebene Rollmanöver durchführte, drohte er so seinem Flügelmann einen Vorteil gegenüber dem Piloten A zu bieten, indem er den Luftraum nach seinem „Abschuss" nicht frei gab. Pilot A konzentrierte sich nach dieser Verweigerung des „kill removal" auf die Verfolgung des Flügelmannes und ließ den anderen Kampfjet kurz aus den Augen, ohne sich zu vergewissern, dass der Luftraum tatsächlich vorschriftsmäßig – und hinreichend – frei war.

Das Gericht sprach Pilot A nach eingehender Untersuchung vom Schuldvorwurf frei.

Im Zuge seines Ausscheidens schulte Pilot A für die zivile Luftfahrt auf zwei Flugzeugmuster um, die damals bei der Swissair in der Kurzstrecke genutzt wurden. Ab 1991 flog er Airbus und bediente die letzten fünf Jahre bis 2015 nur noch den Langstreckenflug.

Bleibt – runde dreieinhalb Jahrzehnte später – die Einschätzung seiner Kollegen der Ju-Air als einen Piloten, der „mögliche Gefahren teilweise nicht zu erkennen oder ihnen nicht entsprechendes Gewicht beizumessen schien" (Anlage A1.5 zum Schlussbericht Nr. 2370, Seite 4).

Dem Piloten fehlte es allzu offensichtlich nicht an Abenteuerlust, die sich zweifelsohne passend paarte mit dem Vergnügen zahlreicher Fluggäste an spektakulären Ausblicken und Flugmanövern in den Kulissen des Hochgebirges.

Dem Piloten fehlte es nicht an Flugerfahrung – die jedoch einer anderen technischen Entwicklungsstufe entstammte. Und so fehlte es dem Piloten an Erfahrung mit dem Flugzeugmuster und an Erfahrung im Gebirgsflug. Oder es fehlte an der Bereitschaft, sich auf das

*Flugzeugmuster und auf den Gebirgsflug in der ange-
messenen Weise einzulassen – insbesondere vor dem
Hintergrund, dass er für die Sicherheit von Passagieren
verantwortlich war.*

**post scriptum**:
*Der Schweizer Hans-Peter Zimmermann, selbst
Pilot einmotoriger Propellermaschinen im Gebirge,
hat einen knappen Monat nach Veröffentlichung des
ausführlichen Berichtes der SUST auf seinem Kanal bei
Youtube ein Video veröffentlicht, in dem er den Bericht
mit einer Flugsimulation untermauert, den Flug kom-
mentiert – und deutlich Stellung bezieht.*

*Man habe ihn, so schreibt er selbst im Kommentar
zu seinem Video, deshalb verschiedentlich als pietätlos
angefeindet.*

*Das finde ich recht bezeichnend. Denn umgekehrt
empfinde **ich** es als pietätlos mindestens 18, etwaig
19 Opfern jenes tollkühnen Piloten gegenüber, der
Wahrheit keinen klaren Ausdruck zu verleihen.*

*Der Tod eines Menschen kann nicht Einladung sein,
leichtfertig Schuld zuzuweisen – darf aber auch nicht
Rechtfertigung sein, den „Respekt" vor dem Toten
höher zu stellen als den vor der Wahrheit.*

*Letzteres wäre entwürdigend gegenüber jeglichen
Opfern.*

# Turbulenzen stören Tragfähigkeit

Der so genannte Anstellwinkel $\alpha$ drückt aus, mit wie viel Grad die anstehende Luftströmung an einem Flügel geometrisch von der Profilsehne abweichen kann, ehe die Strömung abreißt. Die Profilsehne ist die geometrische Mittellinie des Flügelquerschnitts.

Unterschiedliche Flügelformen haben jeweils spezifische Neigungstoleranzen gegenüber der Profilsehne. Der Anstellwinkel $\alpha$ ist eine konstruktive bzw. eine Größe des Entwurfs: Dieser Anstellwinkel selbst hat erst einmal mit der Geschwindigkeit nichts zu tun.

Es sei erlaubt, das sehr vereinfacht *so* zu erklären: Je höher die Geschwindigkeit des Flugzeugs, mit umso höherer Kraft wird die Wirbelzone des Strömungsabrisses  zusammengedrückt – und ihre bremsende Kraft somit eingedämmt.

Insoweit erweckt die Behauptung aus dem Erklärvideo der SUST einen falschen Eindruck vom Einfluss der Geschwindigkeit auf die Flugstabilität:

> „Bewegt sich das Flugzeug **so**, dass der **kritische** Anstellwinkel überschritten wird, löst sich die Strömung an der **Ober**seite des Flügels ab und bildet Wirbel. Diesen Vorgang nennt man Strömungsabriss. Ein Strömungsabriss ist somit nicht von der Geschwindigkeit der Luftströmung, sondern **nur** vom Anstellwinkel abhängig."

> (*Fett-Schrift repräsentiert die Betonungen des Sprechers*)

> (*„Erklärvideo zum Unfall der Ju 52 vom 4. August 2018", Schweizerische Sicherheitsuntersuchungsstelle SUST*, Publikationsmedium: Youtube – min. 2:38 – 2:45).

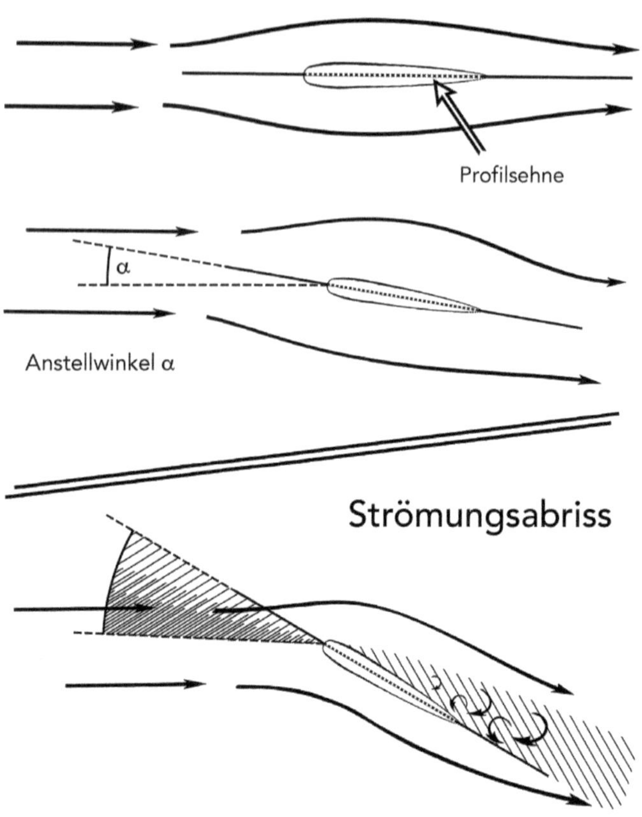


Und parallel – mitten ins Bild hinein – wird in dem Erklärvideo darüber hinaus eingeblendet:

„Strömungsabriss ist nur vom Anstellwinkel abhängig."

Mit dem Winkelzug, von der „Geschwindigkeit der Luftströmung" zu sprechen, werden die Fakten um den Strömungsabriss einmal mehr verschleiert. Denn tatsächlich erzeugt die motorisierte Fliegerei sich – in zumindest hohem Grade – selbst die Geschwindigkeit der Luftströmung.

Im Abschlussbericht – und somit im Widerspruch zu dem also nicht bloß verkürzten „Erklärvideo" – heißt es:

> „[…] die Fluggeschwindigkeit […] bei turbulenten Bedingungen und bei Annäherung an das Gelände erhöht werden muss, damit es […] nicht zu einem […] Strömungsabriss kommen kann."
> (*Schlussbericht Nr. 2370*, Seite 57 – siehe mein vorhergehendes Kapitel)

Das umreißt bereits die bedeutende Chance der Motorfliegerei, quasi ordentlich „Wind zu machen".

Das war ja der Grund, weshalb das Segelfliegen von der motorisierten Fliegerei sozusagen rechts überholt worden ist: Die Resultate kamen nicht nur spektakulär daher, sondern man konnte Probleme lösen, von denen man im reinen Segelflug noch ganz weit weg war – und nicht gerade Perspektiven anzubieten hatte: nämlich allem voran bezüglich der unbedingten Witterungsabhängigkeit der Segelfliegerei. Vornehmlich das Militär hatte Interesse, sich vom Wetter – wenigstens zu einem erheblichen Teil – unabhängig zu machen. Das motorisierte Fluggerät bot eine solche Autonomie – noch ehe man das Fliegen schlechthin überhaupt hinreichend verstanden hatte.

Man hatte jeden guten Grund – und mit dem Motorantrieb auch (fast) jede Möglichkeit – sich zunächst eine unabhängige Aufklärung, schnell auch eine unabhängige Artilleriewaffe zu erschließen: Bis auf Sturm, Schneetreiben oder Nebel unabhängig von Windstille, Windgeschwindigkeit und Windrichtung.

Diese „Selbstbemächtigung" des Menschen über so etwas wie Luftströmung bewirkt dann bisweilen auch, dass die – weiterhin bestehende – Abhängigkeit von Physik und Naturkräften schon mal übersehen wird.

Über diese Selbstbemächtigung mithilfe von Motorkraft sind auch Unschärfen entstanden, die zum Beispiel solche Irrtümer wie den Doppeldecker haben entstehen lassen. Erst allmählich fand man heraus, dass man sich mit diesem Mehr an Flügelfläche eben nicht mehr **Trag**fläche erarbeitet hatte – und steuerte erst einmal gegen, indem man den Abstand zwischen beiden Tragflächen vergrößerte und drüber hinaus auch die untere Tragfläche mehr oder minder stark nach hinten versetzte, um Turbulenzen zwischen oberem und unterem Flügel zu vermindern– und somit auch tatsächlich mehr Tragkraft zu erzielen.

Heute weiß man, dass am Doppeldecker 100 % mehr Tragfläche nur runde 20 % mehr Auftrieb mit sich bringen.

Statt sogleich für den Eindecker die Tragflächen an sich zu vergrößern, hatte man sich an diesen Schritt erst herangetraut, als die Leistungsfähigkeit der Propellerantriebe verbessert werden konnte.

---

### Wie das Weglassen eines Teils der Wirklichkeit ...

---

Aber zurück zum Strömungsabriss.

Genau umgekehrt wird nun ein Schuh draus: Nicht der *Anstellwinkel* ist von der Geschwindigkeit abhängig, sondern der *Strömungsabriss*.

Im Erklärvideo werden also zwei Aspekte versehentlich oder zum Zwecke der Verschleierung durcheinander geworfen. Das enttäuscht umso mehr, als das Erklärvideo eben von derselben Stelle verantwortet wird, wie auch der umfangreiche Abschlussbericht.

Nun ist aber der Strömungsabriss – es möge kein Missverständnis aufkommen – nicht wiederum *allein* von der Geschwindigkeit des Flugobjekts abhängig!

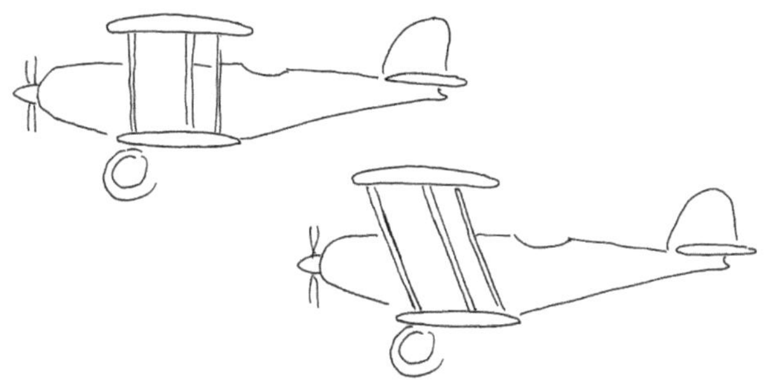

Dennoch komme ich zuerst zur Geschwindigkeit: Tatsächlich gibt es eine Wechselwirkung zwischen dem Anstellwinkel und der wirksamen (*!*) Geschwindigkeit.

Die wirksame Geschwindigkeit ist nicht die Geschwindigkeit über Grund, sondern **nur** die auf die Luftbewegungen bezogene. Verkürzt auf Idealsituationen bedeutet das: Zeigen die Instrumente eines Flugzeugs 180 km/h, so bewegt es sich bei einem Gegenwind von 40 km/h mit nur 140 km/h über Grund, bei gleichem Rückenwind aber mit 220 km/h über Grund. – Kommt der Wind aus unterschiedlichen seitlichen Richtungen, dann ist auch der Gegenwind unterschiedlich wirksam; zusätzlich destabilisiert Seitenwind an sich und auch je nach Flugzeugform auf seine Weise.

Hinzu kommt nun auch noch der Aspekt der steigenden oder fallenden Winde – was aber wiederum nicht die Geschwindigkeit direkt betrifft, sondern erst einmal wieder den Anstellwinkel.

Man erahnt schon, dass auch Tempo kein Allheilmittel gegen Instabilitäten eines Fluggerätes ist.

Und wiederum – davon ganz unabhängig – spielt ein Senkrechtstarter nicht mit den tragenden Luftströmungen am Flügel. Durchaus vergleichbar mit einem Senkrechtstarter kann ein Kampfjet sich stehend auf den

Schubstrahl seines Triebwerks stellen, gleichsam wie ein Hund auf seine Hinterläufe: Der Jet hält sich mit der Grenzschubkraft, die stark genug ist, um das Eigengewicht des Fluggerätes zu tragen. – Die Tragflächen stehen dann senkrecht in den Himmel gerichtet und „tragen" eben nicht.

Ein solches Manöver ist wiederum hochriskant, weil das Fluggerät umso anfälliger für jegliche Windveränderungen ist – und sei also dem Luftakrobaten vorbehalten. Erst das mit hoher Geschwindigkeit senkrecht in den Himmel schießende Flugzeug stabilisiert in den Luftströmungen am Flügel.

---

### … eine andere Wirklichkeit erschafft

---

Der Strömungsabriss…

… entfaltet eine bremsende Wirkung. Wenn das nun auch noch in Kurvenneigung passiert, wie das für jene Ju 52 der Fall war, dann wird das Flugzeug noch stärker in die Kurve hineingezogen.

Denn nur auf den ersten Blick sollten sich die Effekte an beiden Flügeln ausgleichen. Tatsächlich ist zum Beispiel in einer Linkskurve (also nach Backbord) die rechte Tragfläche schneller unterwegs als die linke. Je enger die Kurve gezogen wird, umso mehr. So wirkt sich ein Strömungsabriss am außen liegenden Flügel schwächer aus als am innenliegenden. Der Effekt schaukelt sich quasi an sich selbst auf.

Mit einem Pkw vergleichend – und also unsachlich vereinfachend – könnte man vielleicht davon sprechen, das Flugzeug „übersteuere". Aber das ist mit Vorsicht zu genießen: Die jeweiligen Effekte sind für beide, Flugzeug und Pkw, physikalisch nicht wirklich vergleichbar, nur in der Auswirkung ähnlich.

Sind für einen Piloten die Probleme mit einem Strömungsabriss bereits eingetreten, so bedarf es einerseits einer bedeutenden Reserve im Vortrieb, um durch eine zügig gesteigerte Geschwindigkeit die Lücke in der Tragfähigkeit wieder zu schließen, andererseits aber auch Raum, um ein Flugmanöver überhaupt entwickeln zu können.

Dennoch wehre ich mich dagegen, den besprochenen Absturz als schicksalhaft und den misslichen Umständen geschuldet anzuerkennen.

Die Risiken, die zum Absturz geführt haben, waren nicht unwägbar, sondern absehbar und vermeidbar. Wenn ich die Ansicht vertrete, dass eine geeignete Wahl von Flugroute und Flughöhe solchen Risiken hätte gerecht werden können, dann spreche ich auf keinen Fall von Regelkonformität, sondern allein von dem Umgang mit Vertrauen – das andere dem Piloten vorbehaltlos schenkten. Und natürlich geht es auch um Verantwortung.

# Strömungsabriss
## – die freundliche Seite

Aber was hat all das mit Raumakustik zu tun?

Erst einmal nichts. Genau betrachtet. – Weil Schalldruck keine Strömung kennt.

Die sichtbare Welle an der Wasseroberfläche hat eine Verlaufsrichtung – aber sie strömt nicht.

Und dennoch kennt dieselbe Welle irgendwann dann auch Turbulenzen und Wirbel.

Darauf komme ich gleich wieder zurück. Aber hier gehe ich erst einmal mit Ihnen aufs Wasser: im Kajak.

Paddelt man flussaufwärts, so muss man gut beobachten, wie viel Strömung man sich zumuten kann. Das gilt erst recht, wenn man auf dem Fließgewässer zum Ausgangspunkt zurückpaddeln möchte. Deshalb gilt grundsätzlich: Gegen die Fließrichtung starten. Hat man definitiv nur eine kurze Etappe und einen kleinen Trip ins Auge gefasst… sei es drum. Andernfalls hat man sich auch schnell übernommen, weil man flussab viel geschenkt bekommt. Im Auf und Ab *darf* man, im Ab und wieder Auf *muss* man die Fließgeschwindigkeit immer doppelt rechnen: Was, sagen wir, flussab magere, aber angenehme zweieinhalb Kilometer Fließgeschwindigkeit pro Stunde sind, die man geschenkt bekommt, muss man *gegen* eine solche gut schaffbare Strömung effektiv an Strecke zusätzlich paddeln. – Sich bei einer Fließgeschwindigkeit von 2,5 km eine Stunde lang nur treiben zu lassen, bedeutete effektiv, 5 km zurückpaddeln zu müssen.

Noch etwas anderes spricht dafür, die Abfolge beim Paddeln nicht zu vertauschen. Denn die kleinen

Spaßbringer, die wie Sahnehäubchen oder Obstkrönchen für Abwechslung sorgen, hatte ich noch nicht erwähnt: die Stromschnellen.

Da mag die eine verspielte Stromschnelle auf breiter Geröllschüttung einfach nicht hinreichend Wasser unter Kiel lassen, um das Paddel überhaupt tief genug einstechen und kraftvollen Vortrieb entwickeln zu können. Eine andere Stromschnelle ist so eng gefasst, dass die Gegenströmung nicht mehr zu schaffen ist. So oder so kommen flussauf Kraft aufzehrende Etappen hinzu – oder auch zeitaufwändige Umtragungen.

Dem verständigen Leser schwätze ich hier schon viel zu viel von Dingen, die doch ohnehin einleuchten.

Aber worauf ich hinaus wollte, als ich Sie zu einer Kajak-Tour eingeladen habe: Wenn ich das Paddeln bei 5 bis 6 Windstärken im Gegenwind genieße, dann bin ich nur deshalb langsamer oder muss mich nur deshalb mehr anstrengen als an ruhigeren Tagen, weil das Boot und mein eigener Körper vom Gegenwind getroffen werden.

Die Wellen selbst, die mir entgegen schlagen, stellen keine aktive Kraft dar. Ob ich auf dem glatten Wasser fahre oder im spaßigen Wellenspiel des Windes: Das Boot durchsticht die Wellen, ohne dass diese dem Boot eine Kraft entgegenstemmen.

Bei Seedurchfahrten etwa konnte ich auch immer bestätigt finden, dass ich im Gegenwind und mit allem Spaß an dem sportlichen Wellenbild letztlich zumindest nicht relevant langsamer auf dem strömungsfreien Gewässer unterwegs war, als an windstillen Tagen.

Der langen Paddelei kurzer Sinn: Die Welle hat keine Energie als Fließkraft – lässt sich aber bisweilen dennoch durch Strömungshindernisse ablenken, umlenken… und kann gar Turbulenzen erliegen.

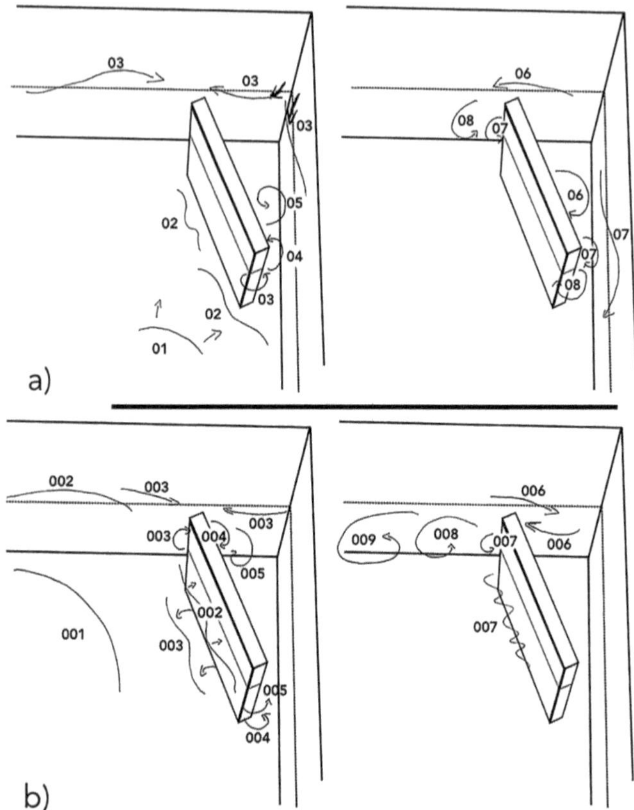

Hier noch einmal identisch und wiederholend, damit man nicht lästig zurückblättern muss (siehe Kapitel „Von Wellenbrechern und Schutzschilden"):

Vereinfachter Versuchsaufbau und Resultate in Welle und Turbulenz, obig schematisch dargestellt.

Die zwei- bzw. dreistelligen Zahlen symbolisieren zeitliche Abläufe: gleiche Zahl steht für Gleichzeitigkeit.

Abb. a) für den Verlauf einer Wellenanregung (Nr. 01) eher schräg von unten gegen den vor der Innenkante positionierten Schild; Abb. b) für eine näher an der oberen Begrenzungsfläche angesiedelte Anregung (Nr. 001), so dass die Welle etwa vertikal auf den Schild trifft.

Ich komme also zurück zu meinen Experimenten in der Badewanne. Oder ich erinnere an Tsunamis.

In der Wanne haben sich dort, wo der Wellenanlauf gestört wurde, Strudel gebildet. Oder jene Stoßwellen, die ein Seebeben auslöst, kennen ebenfalls keine Strömung – bilden aber, wo sie auf den Schelf stoßen, allmählich immer höhere Wellen aus.

Zugegeben: Als Sekundärerscheinung.

Aber was – bitte – spricht dagegen, wenigstens in Betracht zu ziehen, dass die Schalldruckwelle, wenn sie auf Widerstand stößt, als Sekundärerscheinung in Strudeln und Turbulenzen ihrer Kraft beraubt werden könnte?

Denn auch Schall ist nicht das, wonach er aussieht: Schall ist nicht hörbar, nur weil wir ihn als „Schall" bezeichnen. Schall ist schlicht: Energie.

Die Energieausbreitung wird als in Gasen ebenso wie in Flüssigkeiten identisch anerkannt. Und **Strömungen** und Turbulenzen betreffend werden ebenfalls gasförmige und flüssige Medien als letztlich denselben Gesetzmäßigkeiten unterworfen betrachtet.

Grund genug, sich zu fragen, ob wir nicht unseren Blick auf den Schall verändern, erweitern und neue Perspektiven zulassen müssen.

*(Ich verweise an dieser Stelle noch einmal insbesondere auf mein Kapitel „Dämonen und Projektionen".)*

## Das **ReFlx**-System…

*Was wir **hören**, ist genau betrachtet noch nicht einmal eine Sekundärerscheinung, sondern darf im besten Falle als ein tertiärer Ausdruck gelten. Allein deshalb, weil wir mithilfe eines schlicht bestaunenswert komplexen Apparates die Schwingung des*

*Trommelfells – einer Sekundärerscheinung – ent-
schlüsseln können, deshalb **denken** (!) wir zu „hören".
Tatsächlich also machen wir uns nichts als Energie-
umwandlung zunutze, wenn wir Sprache oder Musik
hören.
Folglich möchte ich – wenn es dort etwas zu lernen
gibt – etwas lernen vom Wasser, von Wellenbrechern, von Strudeln, von Turbulenzen…*

In diesem Sinne wende ich mich nun meinen Experimenten in der Badewanne zu, die ich mit der Kamera
begleitet habe, um überhaupt etwas sehen zu können.

Schon mit dem harten Mittel eines den Druckverlauf
in die Raumkante hinein störenden Schildes kann der
Raumkanteneffekt deutlich abgeschwächt werden.

## … ist kein Helmholtz-Resonator

Aber: Ein solcher Schild muss nicht notwendigerweise, sollte aber günstigerweise schräg gegenüber
der Grenzfläche ausgerichtet sein. Vor allem aber muss
zu beiden Begrenzungsflächen hin, also zu beiden
Wänden – in senkrechten Raumkanten – bzw. zu Wand
und Decke – für horizontal verlaufende Raumkanten –
hin ein Abstand eingehalten werden:

Die Wirksamkeit steht und fällt mit den **Spalten**.

Es darf keine neue geschlossene Kante entstehen!

Zudem steht und fällt die Wirksamkeit mit der *Breite*
der Spalten: Durch die klaffend offenen Spalten schließen die Reflektoren das Kantenvolumen nicht ab.

Das ReFlx-System ist **kein** Helmholtz-Resonator, weil
das durch die Reflektoren beschriebene Volumen nicht
fest eingeschlossen ist – nicht angeregt werden kann,
sondern nur begrenzt wird.

Während beim Helmholtz-Resonator das umschlossene Volumen akustisch angeregt und wegen der schmalen Spalten über die gleichsam schleusenartige Verengung abgefedert wird, können beim **ReFlx**-System die (je nach Dimension und zirka) 40 bis 80 mm breiten, offenen Räume zur Decke und zur Wand hin gar keine Feder abbilden. Dafür brauchte es unermesslich größere Volumina *hinter* den Reflektoren.

Weiterhin: Man kann die Reflektoren resonieren lassen – etwa als Holzreflektoren, um einen „warmen" Raumklang zu unterstützen. Jedoch stützt sich das **ReFlx**-System nicht auf die Resonanz der Schilde, sondern auf deren Abschirmung – und Reflexion: Was von den Reflektoren in den Raum zurückgeworfen wird, fördert einen klaren Raumklang…

## … ist kein **Plattenresonator**

… was erst einmal *hinter* die Schilde gelangt ist, das findet nicht mehr in den Raum zurück.

Im Wasserexperiment sind es nun aufgebrochene „Anströmungen" und wirre, jedoch noch immer energiereiche Wirbel, die sich in die Kante hinein und hinter einem solchen Schild verlaufen.

Der unmittelbare Wellenverlauf durch den Spalt hindurch ist bereits stark abgeschwächt. Bei – im Experiment – Verwendung nur *eines* Reflektors läuft wenig des klaren Wellenverlaufs wieder zurück ins Becken.

Nun zurück in der Realität des Schalls, reicht es wiederum nicht aus, wenn die Rückseite nur *eines* Schildes schallhart verbleibt. Sondern es bedarf entweder eines zusätzlichen Schildes, der zwischen dem größeren, dem

Raum zugewandten Schild und der Raumkante angeordnet wird. Oder es bedarf, verdeckt durch den einen Reflektor, der Nutzung von Absorption, um die restliche Energie im abgeschirmten, aber nicht abgeschlossenen Kantenvolumen auslöschen zu können.

Noch einmal mit anderen Worten beschrieben:

Was etwaig an tieffrequenter Energie vom vorderen Reflektor nicht abgeschirmt werden kann, das wird durch das Zusammenspiel zwischen dem zweiten, innenliegenden Schild und der Rückseite des Frontreflektors, oder aber das wird durch das innenliegende Dämmmaterial ausgelöscht – oder mindestens maßgeblich abgeschwächt.


Vorrangig spreche ich von schallharten Schilden, weil es mir um die Klarheit, die Transparenz von Raumklang geht – und damit vorrangig auch um gute Sprachverständlichkeit, um herausragende Sprachdeutlichkeit.

Aber auch, wenn – zum Beispiel für Großraumbüros – ein Maximum an Absorption unbedingt im Vordergrund steht, so ist es *effektiver*, zunächst einmal dem Grundsatz der Durchbrechung einer regelmäßigen und freien „Anströmung" in die Raumkante hinein gerecht zu werden.

Auch das Großraumbüro sollte **zuerst** von der Raumkante aus betrachtet und geplant werden. Das ist die erste und grundlegende Maßnahme, um den Hauptstörfaktor in der Raumakustik zu bewältigen:

Der Raumkanteneffekt ist eine Sekundärerscheinung in der Raumakustik, die jedoch **primär** angegangen werden muss.

Ich verschmähe nicht bedingungslos die Absorption. Aber ich möchte sie gezielt und nur einsetzen, wenn sie auch Sinn macht.

Das heißt: *Dann*, wenn es sinnvoll oder ausdrücklich erwünscht ist, die Klarheit von Musik und Sprache zu *unterstützen* – oder gar nach einem Zuviel der Absorption wiederherzustellen – dann ist es gerade *förderlich*, die Raumkante zugleich auch zur Verstärkung nützlicher (*!*) Schallenergie mit einzubeziehen:

Im Sinne der Klarheit von Musik und Sprache macht es *unbedingt* Sinn, sich die Reflexion auch bereits in kleineren Kommunikationsräumen zunutze zu machen.

Mit Schilden kann man das zum Beispiel in der Form tun, dass man einen – mehr oder minder – schallharten Reflektor nutzt, um in den Raum hinein die Klarheit des Klangs zu fördern und zur Raumkante die Potenzierung von Energie zu behindern. Auf der Rückseite eines solchen Reflektors lässt sich also sehr wohl die Absorption sinnvoll einsetzen.

Es können aber auch andere Gründe dafür sprechen, rein schallhart vorzugehen.

Solche rein schallharte Reflektoren einzusetzen drängt sich mindestens in Fluren, Foyers und in Eingangs- und Versammlungshallen auf. Dort nutzt man zum Beispiel Glas, um die transparenten Entwürfe beizubehalten – oder auch mit Feinsteinzeugen in unterschiedlichsten Dekoren die Raumgestaltung aufzugreifen. In beiden Fällen werden zwei schallharte Schilde auf Edelstahlträgern gelagert.

Dasselbe schallharte Konzept lässt sich auch komplett  in Holz umsetzen – muss aber, etwa in Fluchtbereichen, ins Brandschutzkonzept passen.

# Halligkeit

„Im Sinne dieser Norm ist die frequenzabhängige
Betrachtung der Nachhallzeit zwingend erforder-
lich."
(*DIN 18041:2016-03; Ordnungspunkt 4.2.3 –*
*„Anforderungen an die Nachhallzeit" – Seite 12*)

„Soll-Nachhallzeit
$T_{SOLL}$ – geforderte Nachhallzeit eines Raums in
Abhängigkeit von Nutzung und Volumen"
(*DIN 18041:2016-03; Ordnungspunkt 3.11 von*
*„3 – Begriffe" – Seite 8*)

„Im Zweifel sollten in Räumen zur Sprach-
Information und -Kommunikation eher kürzere als
längere Nachhallzeiten realisiert werden."
(*DIN 18041:2016-03; Ordnungspunkt 4.2.3 –*
*„Anforderungen an die Nachhallzeit" – Seite 12*)

„Von Personen mit Hörschäden wird die raumakustische Situation für Sprachkommunikation
umso günstiger empfunden, je kürzer die
Nachhallzeit ist."
(*ebenda*)

Dazu im Widerspruch sind die Resonanzen zu mit
dem **ReFlx**-System ausgestatteten Räumen positiv –
was gemäß Norm nicht sein *kann.*
Ein Gutachten aber bestätigt objektiv (siehe auch
mein Kapitel „*Raumklang zwischen Maß & Nutzen*"):
„In Raum 122 liegen im Ist-Zustand bei Ausrüstung
mit ReFlx-Elementen Nachhallzeiten vor, die die
Planungsempfehlungen der einschlägigen Richt-

linien im vorhandenen Zustand deutlich übersteigen ($T_{mid}$ = 0,92 s [...]). [...]
[...]
Der Sprachübertragungsindex (STI) [...] ergaben [...] bei Ausstattung des Raumes mit ReFlx-Elementen Werte zwischen 0,72 und 0,78 (Einstufung ‚gut' bzw. ‚ausgezeichnet') [...]."
*(Prüfbericht mit Begutachtung; Nr. 1970-0001-22 vom 05.05.2022 – „Raumakustische Eigenschaften von Unterrichtsräumen mit ReFlx System"; SG-Bauakustik, Institut für schalltechnische Produktoptimierung, Mülheim/Ruhr, Schornsheim)*

Ich hatte mich zum Thema des Nachhalls und den Aussagen der DIN 18041 zu Nachhall und Sprachverständlichkeit bereits in vorangehenden Kapiteln mehrfach und mit unterschiedlichen Schwerpunkten ausführlicher gewidmet.

Kurz fasse ich hier zusammen, dass die eingangs zitierten Feststellungen weder wissenschaftlich fundiert untermauert wurden, noch sachlich in dieser Form sinnvoll begründet werden können. Auch die „hervorragenden Beurteilungen durch betroffene Personenkreise" *(Nocke [Hrsg.], Hörsamkeit in Räumen; Beuth 2018 – Seite 15)* sind bisher zwar vermutlich belegt, aber nicht in einer nachvollziehbaren Weise objektiviert worden. Dennoch werden sie normativ beansprucht.

Ich hatte ebenfallls an anderen Stellen ausgeführt und erläutert, weshalb die Reaktionen auf stark bedämpfte Räume gern positiv ausfallen.

Aber fairerweise möchte ich an dieser Stelle noch einmal hervorheben – damit kein falscher Eindruck entsteht – dass in Kapitel *„1 – Anwendungsbereich"* der DIN 18041:2016-03 eingeräumt wird:

„Die Norm berücksichtigt den aktuellen Kenntnisstand bezüglich Hörsamkeit und Inklusion. Eine vollständig wissenschaftlich begründbare Ableitung für genaue numerische Anforderungen ist hierfür zurzeit nicht bekannt:"
(*DIN 18041:2016-03*, Seite 5)

Dennoch werden mit DIN 18041 numerische Anforderungswerte ausgedrückt und im Gesamtkontext als *verbindlich* ausgesprochen.

Auch hat man – möglicherweise wegen der ebenfalls wissenschaftlich mindestens mangelhaften Klärung der Rolle der Raumkanten – die „Raumecken und -kanten" nur genau einmal randläufig erwähnt, aber deren Beachtung für kleine Räume sehr klar, mindestens aber konkludent zurückgewiesen:

„Da bei Räumen mit einem Volumen bis ca. 250 m$^3$ keine Gefahr zur akustischen Überdämpfung besteht, kann hier eine vollflächig schallabsorbierende Decke in Kombination mit einer ebenfalls schallabsorbierenden Rückwand eingesetzt werden (siehe Bild 4d)."
(*DIN 18041:2016-03; Ordnungspunkt „5.4 – Positionierung akustisch wirksamer Flächen" – Seite 19*)

Bild **4d** der DIN 18041:2016-03 visualisiert die gebotene Beschreibung, vergleichend mit anderen Bedämpfungsarten. Solchen Darstellungen **4a** bis **4f**, jeweils mit Raumquerschnitt und Raumaufsicht, kann man entnehmen, dass die Bedämpfung der Ränder der Decke zwar als sinnvoll bekannt, die Bedämpfung explizit der Raumkanten aber – zumindest augenscheinlich – unbekannt ist. Oder nicht anerkannt.

Es hatte zu allen Zeiten einer DIN 18041, also schon beginnend mit der ersten Ausgabe von 1968, erst recht

Skizzen im Sinne von und beschriftet nach: **Bild 4** aus DIN 18041:2016-03, Ordnungspunkt „5.4 – Positionierung akustisch wirksamer Flächen": *„Verteilung von Schallabsorptionsflächen für Räume kleiner bis mittlerer Raumgröße, z. B. Unterrichts- und Sitzungsräume"* – Seite 20

aber für die Novellen von 2004 und 2016, hinreichend Hinweise aus wissenschaftlicher Richtung gegeben, dass andere Auffassungen als die vereinfachte Schau auf allein die Nachhallzeiten zu den besseren akustischen Verhältnissen in geschlossenen kubischen Räumen führen können.

In diesem Sinne kann man nur vermuten, dass die „Betroffenen" für Räume vor und nach klassischen Bedämpfungen um eine Beurteilung gebeten worden seien – und selbstverständlich den ruhigeren Raum als den angenehmeren erachtet haben dürften. Möglicherweise hat man folglich auch eine verbesserte Sprachverständlichkeit *unterstellt*.

Im Hinblick auf die Sprachverständlichkeit muss man sich jedoch vor Augen führen: Zum einen versuchen Lehrkräfte überwiegend, durch lauteres Sprechen und auch durch konzentriert klareres Artikulieren die Bedämpfung zu kompensieren – was aber für Lehrkräfte mit einer permanent höheren Anstrengung einhergeht. Zum anderen sind zumindest solche Personen, die Hörgeräte tragen, zumindest dann auf diese starke Bedämpfung von Räumen ohnehin nicht angewiesen, wenn Sprechanlagen eingesetzt werden:

Die Sprachinduktion schaltet zugleich Umgebungsgeräusche aus. Sobald über ein Mikrophon ein Sprachsignal an die Induktionsspule gesendet wird, wird ausschließlich die Sprachinformation ohne Hintergrundgeräusche gehört.

Der überdämpfte Raum bietet dann einmal mehr keinen besonderen Nutzen – vielen (nämlich allen, die in klassischer Weise am Unterricht beteiligt sind) jedoch einen deutlichen Nachteil.

Nun mag man noch versehentlich für die erste Version der DIN 18041 von 1968 die reichhaltigen Hinweise in wissenschaftlichen Publikationen übersehen haben.

Verständlich bleibt auch, dass die Veröffentlichung von Slawin von 1960, mit der Fuchs in seiner Publikation „Raum-Akustik und Lärm-Minderung" punkten kann, etwaig übersehen worden war. Erstens lässt der Titel – zu Deutsch „Industrielärm und seine Bekämpfung" (Quellenverweis gemäß Fuchs) – kaum darauf schließen, dass man hier auch für Raumakustik und Kommunikation etwas lernen könnte.

Zweitens konnte Slawin vor dem zeitgeschichtlichen Hintergrund leicht übersehen werden: Die Übersetzung aus dem Russischen erschien im damaligen Ostdeutschland – und somit vor prekärem Hintergrund.

Unverständlich bleibt, weshalb man nicht wenigstens 2004 für die erste Novelle, erst recht 2016 für die zweite Novelle von DIN 18041 andere Stimmen gehört und maßgeblich in die Normierung hat einfließen lassen. Das betrifft sowohl die Kenntnisse um den Nachhall, als auch speziell die Raumkante.

Dass eine niedrige Nachhallzeit eben *kein* Garant für eine gute Sprachverständlichkeit sei, ist, so wird in die Breite hinein erkennbar, eine jahrzehnte alte „Weisheit". Und je mehr ich mich im Laufe der Zeit mit unterschiedlichsten Personen austauschen konnte, desto weniger erschien mir die Beruhigung der Raumkante ein „Geheimtipp" zu sein.

Besonders aber, das „Allheilmittel" der Absorption betreffend, muss ich abermals anmerken, dass schon Wallace C. Sabine auf Probleme für die mittleren bis höheren Frequenzen im Zusammenhang mit unterschiedlich ausgeprägter Absorption hingewiesen hatte.

Wenn ich zu den Räumen 222 und 122 der Städtischen Realschule Waltrop im direkten Vergleich auch Aussagen dahingehend geerntet habe, der Raum mit dem niedrigeren Nachhall werde als angenehmer empfunden, dann kann ich das gut nachvollziehen und auch gut akzeptieren.

Nichtsdestotrotz belegt Raum 122 auch messtechnisch, und belegt Raum 1002 der Gesamtschule Waltrop deckungsgleich in der Erfahrung aus dem regulären Unterricht heraus, dass die Nachhallzeiten und die Sprachverständlichkeit doch recht wenig miteinander zu tun haben.

Und der unterschiedliche Einfluss des **ReFlx**-Systems auf die beiden Räume der Realschule Waltrop (*siehe Raum 222 im Vergleich zu Raum 122: Hebung der Nachhallzeiten*) bietet Anlass genug, einen differenzierten Blick auf die Raumkante zu werfen.

Das **ReFlx**-System ist nicht *der* Grund, sondern nur *ein weiterer Grund*, in der wissenschaftlichen Betrachtung die Effekte der Raumkante endlich grundsätzlich zu trennen von den Betrachtungen um den Nachhall. Das ist auch schon längst überfällig. Und ich bedauere, dass man Zeit und auch Aufmerksamkeit darauf verschwendet (hat), den Effekt zum Beispiel von Kantenabsorbern umzurechnen in äquivalente Absorptionsfläche – um sie in die gängigen Formeln einbinden und somit berechnen zu können.

*Raumakustik geht anders – und benötigt deshalb **neue** mathematische Betrachtungen, nicht nothafte Anpassungen an schon jetzt unangemessene Formeln und Modelle.*

Gemurmel dröhnt drohend…

… wie Trommelklang,
gleich stürzt eine ganze Armee,
die Treppe hinauf, und die Flure entlang,
dort steht das kalte Buffet.
Zunächst regiert noch die Hinterlist,
doch bald schon brutale Gewalt,
da spießt man, was aufzuspießen ist,
die Faust um die Gabel geballt.
Mit feurigem Blick und mit Schaum vor dem Mund
kämpft jeder für sich allein,
und schiebt sich in seinen gefräßigen Schlund,
was immer hineinpaßt, hinein.

Bei der heißen Schlacht am kalten Buffet,
da zählt der Mann noch als Mann,
und Auge um Auge, Aspik um Gelee,
hier zeigt sich, wer kämpfen kann […]

Reinhard Mey, 1972

Ich stolperte zufällig darüber, Reinhard Mey sei in der damaligen Presse gern als der „Heintje für Schöngeistige" verunglimpft worden.

Ich kann nur vermuten, dass – wer so etwas über Reinhard Mey äußerte – mit der bisweilen banalen und gern verspielten Lyrik, der es aber an kabarettistischem Humor und scharfem Biss nicht mangelte, schlicht in einen Spiegel geschaut hatte.

# DIN 18041
## – von Sinn bis sinful

Um das enorme Selbstbewusstsein verstehen zu können, mit dem sich verschiedene Personen, mit einer DIN-Norm in der Hand, aufstellen, muss man auf die Website des DIN e. V. gehen.

Der DIN e. V. ist der „Deutsches Institut für Normung e. V.", kurz: „DIN" genannt.

Auf der Website erfahren wir:

„DIN wurde 1917 gegründet […].“

Ein langes Bestehen allein führt noch nicht zu Kraft und Bedeutsamkeit.

Beide gewann der DIN e. V. kraft Vertrags „zwischen der Bundesrepublik Deutschland, vertreten durch den Bundesminister für Wirtschaft, und dem DIN Deutsches Institut für Normung e. V., vertreten durch dessen Präsidenten",
wirksam geschlossen am 5. Juni 1975.

Mit diesem Vertrag verpflichtet sich DIN, „bei seinen Normungsarbeiten das öffentliche Interesse zu berücksichtigen" (*§ 1 Abs. 2 des Vertrages*). Wiederum eine Norm des Instituts selbst steckt dabei die Richtlinien und Maßgaben ab: „Das DIN gewährleistet, daß DIN 820 sowie die Richtlinien für Fachnormenausschüsse von seinen Organgen eingehalten werden […]." (*§ 3 Satz 1, 1. Halbsatz des Vertrages*)

Die Sinnbindung macht aus dieser Vereinbarung kein beliebig wandelbares Zweckbündnis: „Bei Änderungen von DIN 820 wird das DIN dafür Sorge tragen, daß hierdurch die in diesem Vertrag von ihm übernommenen Verpflichtungen nicht beeinträchtigt werden." (*§ 3, Satz 2 des Vertrages*)

In Ordnungspunkt „4 – Allgemeine Grundsätze" der aktuellen Ausgabe (2014-06) heißt es nun in *DIN 820*: „Durch die Normung wird eine planmäßige, durch die interessierten Kreise gemeinschaftlich durchgeführte Vereinheitlichung von materiellen und immateriellen Gegenständen zum Nutzen der Allgemeinheit erreicht. Sie darf nicht zu einem wirtschaftlichen Sondervorteil Einzelner führen." (*Sätze 1 und 2*)

Eine solche Formulierung – und das war gewiss kein Versehen – ist geschickt gewählt, derweil „Einzelne" dann nicht mehr übervorteilt sind, wenn eine Gruppe von Unternehmen übervorteilt ist.

*Zum Nutzen der Allgemeinheit* hätte man also formulieren müssen: „Sie darf nicht zu einer wirtschaftlichen Benachteiligung Einzelner führen."

Ich möchte mir auch erlauben, einen Blick auf Arbeitsschutzaspekte zu werfen:

> **„Schutzziel der Normung**
> Der Arbeitsschutz ist ein Schutzziel der Normung und daher hat er bei der DIN in der Normung eine hohe Relevanz. Arbeitsschutz hat Bezüge zu vielen Normungsbereichen."
> (Website des DIN e. V.; *„Arbeitsschutz in der Normung"*)

Ich hatte an anderer Stelle bereits erwogen, aus welchen Gründen DIN 18041 *den Arbeitsschutz gerade nicht* angemessen *abdeckt* – obgleich stets spontan nach akustischen Maßnahme Zufriedenheit erlangt wird wegen der vordergründigen Ruhe.

Auch im Kontext  des Gemeinwohls ist interessant, auf der Website des DIN e. V. zu lesen:

> „Unternehmen profitieren nicht nur durch die Anwendung von Normen. Die aktive Teilnahme am

Normungsprozess ist stets eine strategische Entscheidung. Unternehmen, die aktiv in der Normung mitwirken, können eigene Technologien oder Vorstellungen einbringen, […]. […] Innovationen, die durch Normungsprozesse begleitet werden, haben höhere Chancen, sich am Markt durchzusetzen. Dies trägt zur Investitionssicherheit bei. In der Zusammenarbeit mit Wissenschaft und Forschung in den Normungsgremien können frühzeitig Weichen für die Umsetzung neuer Technologien gestellt werden."
(Website des DIN e. V.; *„Nutzen für die Wirtschaft"*)

Was der DIN e. V. auf seiner Website als innovationssichernd bezeichnet, umschreibt tatsächlich die langfristige Garantie der Marktfähigkeit und besichert Herstellungs- und Absatzprozesse, indem Veränderungen *blockiert* werden.

Das ist das Gegenteil eines innovationsoffenen, innovationsfähigen und innovationswilligen Marktsystems.

Und der Hinweis in DIN 18041:2016-03, im Vorwort – und schon im zweiten Satz – löst nun kaum noch Aufmerksamkeit, aber auf keinen Fall Verwunderung aus:

„Es wird auf die Möglichkeit hingewiesen, dass einige Elemente dieses Dokuments Patentrechte berühren können. DIN ist nicht dafür verantwortlich, einige oder alle diesbezüglichen Patentrechte zu identifizieren."
(DIN 18041:2016-03, Vorwort, Satz 2 – Seite 3)

## kleine Exkursion

*in die Geschichte eines „Überraschungsangriffs"*

*Als ich beim DIN e. V. das erste Mal von „Normung als strategischem Instrument" gelesen hatte, da waren mir unwillkürlich Erinnerungen an bzw. Vergleiche mit anderen, lang zurückliegenden Zeiten und Ereignissen in den Sinn gekommen. Dabei geht es um ein sehr abgestimmtes Gestalten hier, Nichteingreifen dort, um bestimmte beabsichtigte Weichenstellungen zu bewältigen…*

*Ich möchte Sie mitnehmen auf eine Reise in die Geschichte…*

# Relativität und Wahrheit

Der eigentliche „Sündenfall" des Zweiten Weltkriegs ist eine Geschichtsklitterung, die seither um dieses aus heutiger Sicht oftmals schlicht unfassbare Weltereignis rankt.

Damit hier keine Missverständnisse aufkommen:

Es ist unbestreitbar, dass der deutsche Angriff auf Polen im September 1939 der Auslöser für eine unsägliche Verheerung auf europäischem Boden war.

Jenes Ereignis, das zumindest in Bezug auf Mitteleuropa auch als Fortsetzung eines nicht wirklich beendeten Ersten Weltkrieges betrachtet werden kann, war in der Tat als weltumspannendes militärisches Ereignis eines von dreieinhalb Jahren.


Unbedingt in Betracht ziehen muss man die Bemühungen des Völkerbundes, aus einem eher abgebrochenen Krieg mit in vieler Hinsicht unbefriedigenden Resultaten eine förderliche Zusammenarbeit der Staaten zu gestalten. Ich werde hier nicht auch noch eine „Exkursion" über Zielsetzungen und Chancen einer europäischen Zusammenarbeit ausrollen, die man mehr oder minder engagiert anpackte – durchaus bereit, schon den Ersten Weltkrieg eher als unliebsames Unfallereignis außer Betracht zu lassen.

Dennoch möchte ich es an dieser Stelle nicht versäumen, einen großartigen europäischen Visionär nicht in Vergessenheit geraten zu lassen, der – nicht um als Galionsfigur hervorzustechen – einen Großteil seiner Energien in so etwas wie eine europäische Union steckte:

**Aristide Briand** und seine Vorstellung von „einer Art Bundesverhältnis zwischen europäischen Völkern".

(„Memorandum über die Organisation einer europäischen Bundesordnung" vom 1. Mai 1930)

Das Datum jenes bereits recht konkreten Memorandums verschleiert, wie viele Jahre der diplomatischen
Vorarbeit in dieses Projekt bereits eingeflossen waren.

Nicht ganz 70-jährig verstirbt Briand 1932. Nach
allen Wirren jener Zeiten, nach einem weiteren Krieg,
griff wiederum ein französischer Außenminister, Robert Schumann, den Gedanken der versöhnlichen und
ausgleichenden Zusammenarbeit mit Deutschland
früh auf – was auch in die bekannte Montan-Union
mündete.

Die allgegenwärtige Darstellung eines Zweiten Weltkrieges als einem Ereignis von sechs Jahren Dauer –
von 1939 bis 1945 – ist eine zumindest unter europäisch
orientierter Deutungshoheit tendierte Auslegung.

Was ich meine, in Kurzform: Die Einbeziehung der
Vereinigten Staaten von Amerika als Kriegspartei kenn-
zeichnet den Beginn des Zweiten „Weltkrieges", die
Kapitulation des Deutschen Reiches dessen Ende.

Das möchte ich knapp erläutern.

Es gab einen Krieg auf europäischem Boden. Kon-
flikte in Afrika waren solche kolonialer Mächte auf dem
Boden der von ihnen beherrschten Gebiete. Andererseits gab es einen Konflikt zwischen Japan und China.
Die weiteren Übergriffe Japans waren wiederum Verein-
nahmungen kolonial vereinnahmter Besitzungen.

Weshalb also betrachtet man nicht bereits 1937 als
Beginn des Zweiten Weltkriegs, wohl aber 1939?
Schließlich war der Angriff Japans auf China letztlich
der Grund für den Überfall Japans auf Pearl Harbor –
und damit für den Pazifikkrieg. Und auf der anderen
Seite hatte der Angriff des Deutschen Reiches auf
Polen vorerst lediglich dazu geführt, dass zwei andere
europäische Staaten, Großbritannien und Frankreich, in
einen begrenzten Krieg gegen Deutschland eintraten.

Jener „Sündenfall" des Zweiten Weltkriegs, den ich zuvor etwas spektakulär so benannt hatte, ist in Wirklichkeit nur ein „Sündenfall" der Geschichtsschreibung. – Und also am Ende nur ein Streit der Worte gegen Worte?

Es geht um die wohl nicht mehr auslöschbare Behauptung, Amerika sei durch einen **Überraschungsangriff** Japans auf den Seestützpunkt „mitten" im Pazifik, Pearl Harbor, mitten in den Krieg hineingezogen worden.

Man möge mir diesen Schwenk in die Geschichte – und so fern der Raumakustik – nachsehen. Hier bietet Geschichte nicht nur einen Musterfall der eher freien Gestaltung von Geschichtsbewusstsein, sondern ist auch ein Musterbeispiel für die recht eigene Auffassung vom umsichtigen Umgang  mit öffentlicher Meinung und mit langfristigen öffentlichen Interessen.

„[…] wurde ein Angriff auf Pearl Harbor […] keineswegs ausgeschlossen. Am 24. Januar 1941 erwähnte der Marineminister, Frank Knox, diese Möglichkeit in einem Brief an seinen Kollegen, den Kriegsminister […]. […] Zwei Monate später verfaßten Konteradmiral Bellinger, der Kommandeur der Marineluftstreitkräfte, und General Martin, der Chef der Heeresluftwaffe, gemeinsam ein Memorandum, das die Geschehnisse des 7. Dezember vorwegnahm: militärische Aktion vor der Kriegserklärung, Luftangriff im frühen Morgen, kombiniert mit dem Einsatz von Unterwassereinheiten, wahrscheinlich Verwendung von sechs Trägern, usw. Am 1. April fügte der Chef des Admiralstabes […] folgende Warnung hinzu: »Die Erfahrungen lehren, daß die Achsenmächte gewöhnlich ihre Unter-

*nehmungen am Sonnabend oder Sonntag starten:
Es ist wichtig, an diesen Tagen die Vorsichtsmaß-
regeln nicht zu lockern.« Der 7. Dezember 1941,
an dem die Sonne so strahlend aufging, war ein
Sonntag…*
*An diesem Sonntag hatte man besonderen Anlaß
zur Wachsamkeit. Nachdem man die verschlüssel-
ten japanischen Funksprüche in Washington gelesen hatte […]. Roosevelt und seine Stabschefs
waren im Besitz eines Kabels, das Außenminister
Togo an Nomura und Kurusu geschickt hatte: »[…]
die Vereinigten Staaten haben uns diese demüti-
genden Bedingungen überreicht. Die Verhandlungen sind zu Ende, doch dürft ihr das nicht erkennen lassen. […]« Angesichts der traditionellen japanischen Taktik des Überfallangriffs – der berühmte
Präzedenzfall Port Arthur – war klar, was diese
Formulierung bedeutete."*
*(Cartier, R., Der Zweite Weltkrieg, dt. Ausgabe
Piper 1967, in 7. Aufl. 1985)*
*„Port Arthur" umschreibt den japanischen Überra-
schungsangriff auf die Hafenstadt in der Mandschurai
am 8. Februar 1904, zwischen 1900 und 1905 von Russ-
land besetzt. (Die Große Chronik – Weltgeschichte,
Wissen Media Verlag 2008; Bd. 14)*
*Aber weiter bei Cartier:*
*„An jenem 26. November war die japanische
Trägerflotte eben in See gegangen. Sechs Tage
Fahrt trennten sie von ihrem Ziel. […] Aber die
Kommandobehörden von Pearl Harbor glaubten
nicht, daß sie in der ersten Linie standen. […] Als
sein Abwehroffizier ihm mitteilte, der amerikanische Geheimdienst habe zwei Divisionen japanischer Träger aus den Augen verloren, meinte*

*Admiral Kimmel ironisch: »Wollen Sie damit sagen, daß sie soeben Kap Diamond umschiffen, und wir nichts davon wissen?« An der Routine des Stützpunktes wurde nichts geändert."*
(Cartier, R., Der Zweite Weltkrieg, dt. Ausgabe Piper 1967, in 7. Aufl. 1985)

*Der Kraterberg „Diamond Head" ist zirka acht Kilometer südwestlich vom Zentrum Honolulus gelegen. Mit „Kap Diamond" – auf das durch zahlreichere und größere Riffe gefährliche „Kap der Guten Hoffnung" in Südafrika anspielend – ist die Umrundung des Diamond Head gemeint, nur gute zehn Seemeilen ostsüdöstlich von der Zufahrt zu jener Meerenge entfernt, die die Bucht von Pearl Harbor gegen das offene Meer schützt.*

*„Die Deflektoren zur Torpedoabwehr waren nicht eingesetzt worden, da sie den Schiffsverkehr behindert hätten, und die Ballonsperre war nicht gehißt worden, weil das zu jener Beunruhigung der Zivilbevölkerung geführt hätte, die man vermeiden wollte. Die Radarwache […] war nur von 4 bis 7 Uhr morgens besetzt, und die Luftaufklärung beschränkte sich auf ein paar Abschnitte im Westen und Süden. Der nüchterne, arbeitsame Admiral Kimmel war ein Seemann von so hervorragendem Ruf, daß man ihn 32 rangälteren Offizieren vorgezogen und ihm das Kommando über das Pazifikgeschwader […] und damit auch den Oberbefehl über die amerikanische Flotte […] übertragen hatte. Er betrachtete es jedoch als seine Hauptaufgabe, seine Mannschaften in Schwung zu halten, und seiner Ansicht nach waren allzu ausgedehnte Alarmvorschriften schädlich für die Ausbildung."*

(Cartier, R., Der Zweite Weltkrieg, dt. Ausgabe
Piper 1967, in 7. Aufl. 1985)
In Jung's Zeittafeln, in dessen Universalgeschichte,
findet sich all das darstellungshalber nur knapp, aber
aufschlussreich unter (Jahreszahl) 1941 bestätigt:
„Roosevelt stellt Ultimatum an japan. Kaiser, infor-
miert die militär. Außenstellen auf Hawai nur unge-
nügend über wachsende Kriegsgefahr".
(Jung, K. M., Weltgeschichte in einem Griff,
Ullstein 1994 – Seite 902)
Doch zunächst weiter bei Cartier:
„50 Kilometer nördlich, an der äußersten Spitze
Oahus, ging die Radarwache zu Ende. [...] Aber da
der Lastwagen, der ihn zum Frühstück mitnehmen
sollte, noch nicht gekommen war, ließ Elliott sein
Gerät noch laufen. Plötzlich fuhr er hoch: Ein
Schwarm von Punkten war auf seinem Schirm auf-
getaucht. Es war 7 Uhr 02, als Lockard und Elliott
sich entschlossen, im Stützpunkt anzurufen:
»Zahlreiche Flugzeuge auf 132 Meilen Nordost.«
Offizier vom Dienst war ein Oberleutnant Tyler.
Seine Antwort »Vergessen Sie's" wurde historisch.
Eben in diesem Augenblick rissen die Wolken auf,
und Mitsou Fuchida sah vor sich die grünen Berge
von Oahu. Der von ihm geführte Verband bestand
aus 190 Maschinen [...].
[...]
Der amerikanische Oberkommandierende dagegen mußte vom Abhang des Vulkans Makalapa aus
zusehen, wie die Flugzeuge in der grellen Sonne
über seinen Schiffen kreisten. [...] Ein Wagen, mit
einem völlig konsternierten Fliegeroffizier am
Steuer, brachte Kimmel in wahnsinniger Fahrt zu
seinem Gefechtsstand: Er wurde nur mehr hilfloser

*Zeuge der Katastrophe, die seine Karriere zerstörte. Ein abgeprallter Splitter traf ihn, worauf er den Ausspruch Neys bei Waterloo wiederholte: »Warum hat er nicht durchgehauen?« Ein japanischer Admiral in der gleichen Situation hätte es vorgezogen, nicht am Leben zu bleiben."* (Cartier, R., Der Zweite Weltkrieg, dt. Ausgabe Piper 1967, in 7. Aufl. 1985)

Jener soeben erwähnte Mitsou Fuchida war Kommandant der Flugstaffeln auf den sechs Trägern des Verbandes mit insgesamt 423 Flugzeugen. Er war unter den gegebenen Umständen mit dem Angriff auf Pearl Harbor nicht einverstanden, hatte aber den zu geringen militärischen Rang – und auch einen schwachen Stand: Zumindest in der deutschen Übersetzung findet man bei Jung den Begriff des „Plebejers", der verdeutlichen soll, wie extrem ständeorientiert das alte Japan noch war, wenn es um Politik und Militär ging.

„*Aus Honolulu trafen weitere Berichte des Geheimdienstes ein, getarnt als Geschäftsreklame einer Rundfunkstation. Genda und der Kommandant der Flugstaffeln, Kapitän zur See Mitsou Fuchida, erfuhren auf diese Weise [...] daß die drei Träger des Pazifikgeschwaders, Enterprise, Lexington und Saratoga, sich nicht in Pearl Harbor befanden.*

*Fuchida war über das Fehlen der wichtigsten Ziele so betroffen, daß er sich fragte, ob man nicht das ganze Unternehmen aufgeben solle. Aber Nagumo, ein Admiral der alten Schule, war der Ansicht, die acht in Pearl Harbor anwesenden Schlachtschiffe stellten das Rückgrat der Flotte dar [...]."* (Cartier, R., Der Zweite Weltkrieg, dt. Ausgabe Piper 1967, in 7. Aufl. 1985)

Dass diese drei wesentlichen Stützen der amerikanischen Pazifikflotte nicht in Pearl Harbor ankerten, war nun wiederum nur insoweit einer strategischen Weitsicht zu verdanken, als man die militärische Präsenz im Pazifik aufrechterhielt bzw. anpasste:

> „Wenn die drei Träger der Pazifikflotte nicht auf der Reede von Pearl Harbor ankerten, dann nur deshalb, weil die Enterprise Flugzeuge nach Wake und die Lexington Flugzeuge nach Midway brachte, während die Saratoga zur Reparatur in San Diego lag."
> (Cartier, R., Der Zweite Weltkrieg, dt. Ausgabe Piper 1967, in 7. Aufl. 1985)

Präsident Roosevelt hatte seit Längerem ein ganz banales Problem mit dem Wesen der amerikanischen Demokratie: Noch 1936 hatte er selbst das Gesetz über die „»permanente Neutralität« der USA" (Jung, Weltgeschichte in einem Griff – Seite 862) verabschiedet. Schon für 1937 ist dann zu lesen:

> „US-Präsident erklärt die bisherige amerik. Neutralitätspolitik angesichts d. nationalistischen Achsenmächte für inopportun, fordert Maßnahmen gegen japan. Chinapolitik."
> (Jung, K. M., Weltgeschichte in einem Griff, Ullstein 1994 – Seite 868)

– Ein Schelm, der dabei Böses denkt? –

Ich muss nun ganz unprofessionell gestehen, dass ich weder weiß noch nachvollziehen kann, in welcher weiteren Quelle ich vor sehr vielen Jahren gelesen hatte, Roosevelt habe sich in Kreisen seines engsten Vertrauens darüber ausgetauscht, wie man in erster Linie die Medien, infolgedessen die öffentliche Meinung würde umstimmten können – zugunsten eines Kriegseintritts der USA.

In den USA war man nach den Erfahrungen im Ersten Weltkrieg deutlich gegen eine erneute amerikanische Einmischung eingestellt. Die überwiegende Ansicht war, man habe amerikanische Ehemänner und Söhne und Brüder ganz vergebens auf fremdem Boden geopfert.

Auch war aus öffentlicher (medialer?) Sicht die Lage auf angenehme Weise entschärft: Seit Sommer 1941 war Deutschland mit Zweidritteln seiner Kräfte im Osten gebunden. Großbritannien schien weniger stark unter Druck zu stehen. Und was aus amerikanischer Sicht tief im Westen an den pazifischen Küsten gespielt wurde, konnte kaum bedrohlich für die USA sein: Japan war als rohstoffarmer Inselstaat viel zu stark abhängig von den USA. Genau diese Abhängigkeit von sowohl Rohstoffen als auch den USA als Absatzmarkt war wiederum Roosevelts Trumpf.

Zugleich war vor den atlantischen Küsten überwiegend wieder Ruhe eingekehrt: Nachdem Roosevelt sein „shoot first" gegenüber deutschen U-Booten ausgerufen hatte, war Zurückhaltung für Hitler das Gebot der Stunde. Kaum etwas fürchtete er mehr als den unmittelbaren amerikanischen Kriegseintritt. Und wutrasend soll Hitler getobt haben, nachdem er von dem Angriff Japans auf die USA erfuhr. (Jung und Cartier)


Das sind alles keine Erkenntnisstände der jüngeren Geschichtsforschung, sondern ganz alte Hüte – und über ganz „normale", für jedermann zugängliche Quellen veröffentlicht:

Die eine hier von mir bemühte Quelle: Kurt M. Jung, Weltgeschichte in einem Griff, Verlag Ullstein, 1994. Leider erfährt man aus dem Impressum des Buches selbst nur:

„Fortgeschriebene Ausgabe des ursprünglich im Safari-Verlag, Berlin, und 1985 bei Ullstein erschienen Werkes."

Die andere Quelle zu veröffentlichen, mochte sich zu jener Zeit vielleicht nur ein Franzose trauen: Raymond Cartier hatte 1965 in Frankreich unter dem Titel „La seconde geurre mondiale" publiziert. Als ich jenes Buch in deutscher Übersetzung 1987 erstand, da lag die Erstpublikation genau zwei Jahrzehnte zurück, die der Piper Verlag übernommen hatte… und, in bereits 7. Auflage, 1985 noch immer lukrativ vertreiben konnte.

Die von mir zitierten Stellen (Cartier) findet man dort auf den Seiten 364 bis 375 auf keinen Fall langatmig, sondern in spannender Ausführlichkeit.

Von amerikanischer Seite hatte man unmittelbar und am Tage des 7. Dezember 1941 damit begonnen, im Wortsinn Geschichte zu „schreiben":

Die lange Vorgeschichte zu jenem japanischen Angriff wurde ebenso verschwiegen wie der Umstand, dass man „eigentlich" schon seit Januar 1941 mit dem Ereignis gerechnet hatte, das schließlich als „Überraschungsangriff" in der Geschichtsschreibung haften bleiben sollte..

Die nüchternen Ausführungen etwa eines Raymond Cartier sind bis heute nicht merklich durchgedrungen.

# Über Direktschall und Erstreflexionen

In Ordnungspunkt 4.2.1 – „Allgemeines" (zu 4.2 – „Raumakustische Anforderungen an Räume der Gruppe A") heißt es in DIN 18041:2016-03 gut und richtig:

> „Für eine optimale Sprachverständlichkeit über mittlere und größere Entfernungen müssen bei geringer bis mäßiger Sprechanstrengung des Sprechers (normale bis angehobene Sprechweise) möglichst viel Direktschall und deutlichkeitserhöhende Anfangsreflexionen bis 50 ms nach dem Direktschall vom Sprecher zum Hörer geleitet werden."
> (*DIN 18041:2016-03, Ordnungspunkt 4.2.1 – Seite 10*)

Als ich einmal die Probleme zu skizzieren suchte, die es mit dem Direktschall auf sich hat, da wirkte einer der Zuhörer recht amüsiert. Und sein Amüsement schien zuzunehmen, als ich die Ansicht vertrat, dass der Direktschall allein bis drei, höchstens vier Meter Distanz energiereich genug sei, damit ein Sprecher entspannt sprechen könne bzw. umgekehrt entspannt verstanden werden könne. Also fragte ich frei heraus, weshalb der Herr so recht belustigt sei. „Ich weiß genau, wovon Sie sprechen", gab er nun lachend zum Besten: „Ich mache nebenberuflich Fremdenführungen."

Das wiederum deckte sich ganz und gar mit der Erfahrung, die die Pädagogin einer Fachoberschule dargelegt hatte: Erfreut über schöne und laue Tage im späten September, kam man überein, die anstehende Unterrichtsstunde auf die grüne Wiese zu verlegen. Aber nach nicht einmal 20 Minuten ging man freiwillig und einvernehmlich zurück in den Klassenraum.

Naheliegenderweise in Kreisanordnung, konnte kaum die Hälfte der Klasse dem Unterricht gut folgen, weil der Kreis zu groß geschlagen werden musste. Auf den bloßen Direktschall angewiesen, kam ein konstruktiver Austausch zwischen Pädagogin und Lernenden nicht recht zustande.

Damit durchaus in Übereinstimmung wird in der Norm festgestellt, Erstreflexionen „bis 50 ms nach dem Direktschall" wirkten deutlichkeitserhöhend: Die konsequente Einbeziehung von Anfangsreflexionen mit bis zu 50 ms Verzögerung gegenüber dem Direktschall seien als deutlichkeitserhöhend möglichst einzuplanen (*DIN 18041:2016-03* – Seite 10).

Die Ansicht, eine Differenz von 50 Millisekunden zwischen Direktschall und Erstreflexion wirkten verständnisförderlich, entspricht nicht durchgängig der Quellenlage. Verschiedentlich ist zu finden, dass Menschen mit einer höheren Sensibilität (was nicht zugleich heißt, dass das Ohr höhere Frequenzen physiologisch besser wahrnimmt) oder solche mit Hörbeeinrächtigungen, bereits Verzögerungen von 35 ms und weniger als störend und die Hörsamkeit in einem Raum somit als beeinträchtigt empfänden.

So schreibt Carsten Ruhe:

> „Jeder Diffusschall verschlechtert die Sprachverständlichkeit, weil er bereits wieder als Störsignal wirkt. Dies gilt bei Guthörenden erst für Schallsignale, die mehr als 35 ms gegenüber dem Direktschall verzögert sind. Bis etwa 35 ms wirken solche Schallanteile bei Guthörenden lautstärke- und verständlichkeitserhöhend.
>
> [...] Eine stehende Lehrerin und die vorne sitzenden Schüler/innen hören bei horizontaler Schall-

ausbreitung über die Köpfe der Schüler/innen hinweg ein Rückwandecho mit einer Zeitverzögerung von fast 50 ms. Dieses verschlechtert – insbesondere für hörgeschädigte Personen – die Sprachverständlichkeit."
*(Deutscher Schwerhörigenbund e.V., „Klassenraumgestaltung für die Integrative Beschulung hörgeschädigter Kinder")*

Erstens: Was Carsten Ruhe hier pauschal dem Rückwandecho zuordnet, wird aus derselben Richtung – und um ca. 1 Tausendstel Sekunde (= 1 ms) zeitlich versetzt – von jener unklaren Störung aus der hinteren Raumkante heraus überdeckt. Zweitens: Die beschriebene Problemstellung kann man geometrisch leicht veranschaulichen. Sie betrifft eine bis zwei Hörpositionen.

Der objektive Blick auf das Rückwandecho ist somit nicht mehr gegeben.

---

### mangelhafte Modellvorstellung durch mangelhafte Analyse

---

Weiterhin, wo das Sprachsignal schräg auf die Rückwand trifft, da verliert sich auch die Reflexion im Diffusschall.

Man muss sich aber wiederum bewusst machen, dass bisher dem „Diffusschall" pauschal auch die Störungen aus den **Raumkanten** zugeordnet werden. Zum so genannten „Nachhall" hatte ich dieses Problem bereits erörtert.

Diffusschall wird überlagert von Störungen aus den Raumkanten heraus. Und für die so genannt „kleinen" Räume (bis 250 m$^3$) muss man vereinfacht sagen, dass sie vom Raumkanteneffekt dominiert werden.

Es ist weder sinnvoll noch sachlich angebracht, den besonderen Effekt der Raumkanten nicht klar zu trennen vom Diffusschall oder vom Nachhall. Analytisch allerdings hat man hierfür bisher keine Antworten.

Was aus den Raumkanten zurück in den Raum fällt, wirkt sich niemals deutlichkeitserhöhend aus – egal, mit welcher Verzögerung es am Hörort eintrifft.

*Bis dato einzig das **ReFlx**-System kann **nützliche Erstreflexionen** von den Raumkanten anbieten.*

Da bisher jedoch noch kein Weg und keine Methode gefunden worden ist, mit der explizit der Einfluss der Raumkanten mathematisch beschrieben werden kann, kann auch  nicht wundern, dass die Literatur dominiert wird von kontraproduktiven Tipps und Hinweisen.

Hier stellt sich nicht einmal die Frage nach Huhn oder Ei: Es fehlt schon an Analysewerkzeugen, um die Raumkante gesondert betrachten zu können.

---

## mangelhafte Analyse durch mangelhafte Modellvorstellung

---

Es ist auf keinen Fall ein spezifisches Problem der Raumakustik – und jedermann aus allen Bereichen hinlänglich bekannt: Ist die Problemanalyse mangelhaft oder lückenhaft, so bleiben auch die Lösungsansätze unzulänglich.

Wenngleich eingestanden wird, es gebe keine wissenschaftlich fundierte Ableitung für die Empfehlungen, so wird aber doch mit DIN 18041 klar suggeriert, mit einer vollflächig schallabsorbierenden Decke könne gerade Hörgeschädigten *gut geholfen* werden.

Das hatte man bisher als richtig angesehen – vor dem Hintergrund, es müsse eine möglichst große Differenz des Schalldruckpegels zwischen Nutzsignal und Störsignal erreicht werden, um Hörgeräte nutzende Personen möglichst gut zu unterstützen.

**Diese „Faustformel" war** *noch nie* **richtig** – wurde hingegen aus genannten Gründen von Hörgeräte nutzende Personen als angenehm beschrieben... ohne dass sie je eine belastbare Vergleichsgrundlage zu wirklich klarer Sprachdeutlichkeit angeboten bekommen hatten.

---

**Hörgeschädigte haben bisher keinen
neutralen Vergleich
mit guten Hörumgebungen angeboten bekommen**

---

|  | „Standard-klassenraum für gut hörende Schüler/innen | Standard-klassenraum für hörgeschädigte Schüler/innen |
|---|---|---|
| Raumbreite | 7 bis 8 m | 7 bis 8 m |
| Raumlänge | 8 bis 9 m | 8 bis 9 m |
| Anteil hochgradig absorbierender Platten ($\alpha_W = 0{,}85$) | U-förmig hinten und seitlich ca. 50 % der Decke | U-förmig hinten und seitlich ca. 80 % der Decke" |

Bei weniger stark absorbierendem Material tritt das Missverständnis klarer hervor:

|  | „Standard-klassenraum für gut hörende Schüler/innen | Standard-klassenraum für hörgeschädigte Schüler/innen |
|---|---|---|
| Anteil mittelgradig absorbierender Platten ($\alpha_W = 0{,}60$) | U-förmig hinten und seitlich ca. 80% der Decke" | ca. 100 % der Decke |

(beide Tabellenauszüge: *Deutscher Schwerhörigenbund e.V., „Klassenraumgestaltung für die Integrative Beschulung hörgeschädigter Kinder", beide Auszüge aus Tabelle 2, Seite 14*)

Selbst wenn man berücksichtigt, dass durch starke Deckenbedämpfung (nach A4 regelmäßig zusätzlich mit schallabsorbierend ausgestatteter Rückwand *und* häufig mit dämpfendem Teppich) auch der Raumkanteneffekt zumindest abgeschwächt wird, so hatte man aber offenbar bisher nicht in Betracht gezogen, dass nicht nur Normalhörenden, sondern auch Trägern von Hörgeräten viel Bedämpfung zugleich die klare Konsonanten- und Silbenverständlichkeit vereitelt.

### Raumkante erzeugt nicht: Diffusschall

Wenn man dem Gedanken der DIN 18041 folgt, dann wird leicht nachvollziehbar, wie das Credo jener Norm – die Bedämpfung – zustande kommt.

Ich verweise hier ausdrücklich auf die beiden Skizzen in meinem nächsten Kapitel, mit dem ich genauer auf die höheren Frequenzen eingehe. Über diese Skizzen stelle ich die Sachverhalte zur Akustik in einem Klassenraum vereinfacht dar. Einen solchen Klassenraum kann man beispielhaft im Hinterkopf haben, wenn ich aus dem „Kommentar zu DIN 18041" zitiere:

„Die Konsonanten sind wichtiger als die Vokale. Die (häufig altersbegleitende) Schallempfindungsschwerhörigkeit, welche bei mehr als 90 % der Schwerhörigen vorliegt, steigt typischerweise mit der Frequenz an: während die tiefen und bisweilen auch mittleren Frequenzen noch recht gut gehört werden, werden die hohen Töne stark geschwächt oder gar nicht mehr wahrgenommen. Noch unversorgte Hörgeschädigte haben dann oft den Eindruck, dass ihr Gesprächspartner ‚nuschele'. Dementsprechend müssen die Hörgeräte die hohen Frequenzen mehr verstärken als die mittleren oder

tiefen. Dadurch werden dann aber auch die häufig hochfrequenten Anteile vieler Störgeräusche mit verstärkt. Hieraus resultiert die für Hörgeschädigte besonders wichtige Forderung nach der Vermeidung oder zumindest Verminderung von Störgeräuschen."
(*Nocke, Chr. [Hrsg.]: Hörsamkeit in Räumen; Beuth 2018 – Seite 121*)

Die „Vermeidung oder zumindest Verminderung von Störgeräuschen" muss aber in der Raumkante geschehen – damit **alle** etwas davon haben.

Die Grundgeräuschkulisse in einer Klasse wird meist mit 45 dB veranschlagt. Der Direktschall von „normaler" Sprache kommt in einem Klassenraum hinten bestenfalls auf 42 dB – eine normale Sprechweise, einen Ausgangssprachpegel von 60 dB vorausgesetzt, den ich für meine Betrachtungen zugrundegelegt habe.

„Der Sprechapparat des Menschen ist normalerweise für eine Sprechweise auf einen A-bewerteten Schalldruckpegel in 1 m Abstand von 54 dB bis 60 dB ($L_{pA,\,1m}$) ausgelegt."
(*DIN 18041:2016-03; Anhang C, „Sprachkommunikation" – Seite 27*)

Unabhängig davon bieten die ohnehin schwachen Konsonanten, also Zisch-, Streich- oder Blaslaute mit Frequenzen oberhalb von 4.000 Hz, gerade einmal 45 bis 50 dB Anfangslautstärke – **und** erliegen in einem deutlich größeren Maße der Luftdämpfung.

Was geschieht umgekehrt für solche, die von der angesprochenen altersbedingten Schwerhörigkeit betroffen sind: die Lehrkräfte? Fragen oder Beiträge von Schülerseite kommen ebenfalls nur als Direktschallsignal vorn an – und heben sich nicht mehr hinreichend von der Grundstörschallkulisse ab.

Die Logik, die mit DIN 18041 vertreten wird, ist die, durch Bedämpfung nehme man 10 bis 15 dB von der Grundgeräuschkulisse. Das Direktschallsignal bleibt jedoch schwach – weil es *keine* Unterstützung erfährt. Dabei könnte mindestens die Decke ein effektiver Verstärker sein, wenn die Decke wenigstens schallhart verbliebe.

## Durchhörbarkeit: klare Sprachsignale erzeugen

Man kann aber nun nicht einfach zwei Klangereignisse als gleichwertig nebeneinanderstellen und allein nach ihrer Lautstärke betrachten.

Man muss unterscheiden zwischen einem Rauschen oder zum Beispiel einem unklar genuschelten Wort oder Satz – und einer nur gleichlauten, aber klaren Äußerung: Es gibt den nachgewiesenen Unterschied zwischen der objektiven Lautstärke und der Durchhörbarkeit.

Diesen Unterschied sollte man sich unbedingt – und ganz im Sinne der Sprachverständlichkeit – zunutze machen.

Geht man hin und belässt eine Decke wie sie ist, schallhart, dann wirkt diese sprachunterstützend.

*Darüber hinaus schaltet das **ReFlx-System** die Verstärkung von Störschall in den Raumkanten aus und macht sich zugleich die Frontseite des Reflektors zunutze, um Sprach- oder Musiksignale am optimal ausgerichteten Reflektor zusätzlich zu unterstützen.*

Rein theoretisch – so mag man mir vorhalten – reflektiere ich damit auch die unnütze Störgeräuschkulisse.

Jedoch wird einerseits die Störkulisse nicht mehr überproportional durch die Raumkante verstärkt.

Andererseits ist das ebenfalls aus der Raumkante resultierende Potenzial der Selbststörung des Sprachsignals aufgehoben. So gewinnt das Sprachsignal deutlich an Klarheit – und kann sich als sehr rein hervortretendes Muster von den regelmäßig weniger sauberen Störsignalen gut absetzen.

Genau betrachtet „übervorteilt" die Reflexion an der Frontplatte des **ReFlx**-Systems mittlere und höhere Schallanteile des Sprachsignals gegenüber tieferen Frequenzen – und hebt somit das Sprachsignal noch einmal deutlicher über die Grundgeräuschkulisse, als das umgekehrt durch rein absorbierende Maßnahmen je erlangt werden könnte.

---

## Harmonisierung der Frequenzanteile durch **ReFlx-System**

---

Auch für Nutzer von Hörgeräten gilt, dass bereits eine nur mäßig wirksame Deckenbedämpfung mindestens den höherfrequenten Schall komplett – und vom mittelfrequenten Schall wertvolle Energieanteile – verschlingt. ... und so der konstruktiven Nutzung durch das Hörgerät *entzieht*!

In der praktischen Erfahrung werden durch auch nur mäßig bedämpfende Decken die Räume dumpf, nämlich arm an mittel- und vor allem höherfrequenten Schallanteilen. Eine Wirkung, über die regelmäßig ungern gesprochen wird, weil gerade die Bedämpfung von Räumen über die große Fläche aufwändig und teuer ist. Und also nicht gern eingeräumt wird, dass die Wirkung an Wunsch und Ziel vorbeigeht, *obwohl* man zunächst sogar eine *angenehme* Entlastung empfindet.

Dass klassisch bedämpfte Räume „dumpf" sind, besagen nicht Messungen der Nachhallzeiten, die die Er-

gebnisse als normgerecht in positivem Licht erscheinen
lassen. Sondern dass die Räume „dumpf" sind, bemer-
ken Leidtragende erst allmählich, wenn sie den Nachteil durch permanent lauteres Sprechen kompensieren
oder Rückfragen und Bitten um Wiederholungen
häufiger aufkommen als zuvor.

Man beachte also noch einmal Ordnungspunkt 4.2.1
der DIN 18041 zu deutlichkeitserhöhenden Anfangsreflexionen in den mittleren und höheren Frequenzen.
Und – im Widerspruch dazu – in derselben DIN, schon
im übernächsten Ordnungspunkt (*4.2.3 – Anforderungen an die Nachhallzeit*) die Empfehlung:

> „Im Zweifel sollten […] eher kürzere als längere
> Nachhallzeiten realisiert werden."

Mit anderen Worten ausgedrückt: Lieber und gern
über den dicken Daumen **mehr** Bedämpfung in einen
Raum einbringen als weniger.

Es ist nicht zuletzt DIN 18041, die die Fachwelt deutlich drängt, stark zur Deckenbedämpfung hin zu bera-
ten und auszuführen, weil auf kurze Nachhallzeiten in
den mittleren Frequenzen gedrungen wird – insbesondere dann, wenn es um die Inklusion von Hörbeein-
trächtigten geht.

Im Grunde aber wäre es den Autoren der DIN 18041
am liebsten, wenn zum Beispiel in Schulen von vornherein alle Räume nach A4 (*DIN 18041:2016-03, Tabelle
1 – „Beschreibung der Nutzungsarten der Räume der
Gruppe A" – Seite 11*) bedämpft würden, denn schon
im Vorwort wird mit Nachdruck darauf hingewiesen,
dass ein Raum ohne Bedämpfung nach DIN 18041 eine
Benachteiligung zum Beispiel auch für Personen sei,
die Deutsch nicht als Muttersprache kennen.

> „Es gelten das Benachteiligungsverbot aus Art. 3,
> Abs. 3 GG, die Vorgaben des Behindertengleich-

stellungsgesetzes § 4 und die UN-Konvention über
die Rechte von Menschen mit Behinderungen […].
Hiernach haben alle Menschen das Recht, unabhängig von ihren Fähigkeiten oder Beeinträchtigungen sowie ihrer ethnischen, kulturellen oder
sozialen Herkunft einen gleichberechtigten Zugang
zu allen relevanten Teilhabebereichen einer Gesellschaft zu haben."
*(DIN 18041:2016-03, Vorwort)*

Für mich liest sich so etwas wie eine Anbiederung
im Zeichen der ‚political correctness'. Denn die prekäre
Situation des Spracherwerbs hat *uns **alle** schon **immer***
betroffen: So etwa in den Fachunterrichtungen wegen
der Fachtermini – oder spätestens in den Fremd-
sprachenunterrichten.

Insofern erübrigt es sich, auf solche Bemühungen
von UN-Konventionen oder Menschenrechten überhaupt noch einzugehen.

Sprechen wir über Arbeitsschutz. Und sprechen wir
über Chancengleichheit. Dann sind wir auch bei der
**Barrierefreiheit**.

## Absorption ist eine **Barriere**.

Absorption *kann* man einsetzen – mit Bedacht.
Absorption *kann* man einsetzen – um Raumakustik
gezielt zu gestalten.
Absorption kann man ***auf keinen Fall*** „im Zweifel"
großzügiger einsetzen, um „eher kürzere als längere
Nachhallzeiten" zu realisieren. Denn…

# … hohe Frequenzen sterben einen schnellen Tod

In DIN 18041 wird – wie ich hier noch einmal wiederholen muss – die Ansicht vertreten, bei Entfernungen zwischen Sprecher und Hörer von maximal acht Metern reiche der bloße Direktschall für eine gute Sprachverständlichkeit und unbeeinträchtigte Sprachkommunikation.

„Um eine der Raumnutzung angepasste Nachhallzeit *T* erzielen zu können, […] können umfangreiche schallabsorbierende Maßnahmen erforderlich werden. Dadurch wird der Schalldruckpegel am Hörort reduziert. Dies ist in größeren Räumen mit Entfernungen zwischen Sprecher und Hörer von über 8 m von Nachteil […]."
*(DIN 18041:2016-03, Ordnungspunkt 5.2 – Seiten 16/17)*
Zugleich auch heißt es ausdrücklich:
„Da bei Räumen mit einem Volumen bis ca. 250 m$^3$ keine Gefahr zur akustischen Überdämpfung besteht, kann hier eine vollflächig absorbierende Decke in Kombination mit einer ebenfalls schallabsorbierenden Rückwand eingesetzt werden (siehe Bild 4d)."
*(DIN 18041:2016-03, Ordnungspunkt „5.4 – Positionierung akustisch wirksamer Flächen" – Seite 19)*

*(siehe hierzu: Skizzen auf Seite 463)*

Als günstig werden zwei weitere Darstellungen „e“ und „f“ in Bild 4 der DIN 18041 mit Bedämpfungen geboten, bei denen nur die Decke im Randbereich schallabsorbierend ausgestattet ist, zusätzlich die Rückwand.

Nocke et al. befreien durchaus praxisorientiert die Formulierung der DIN 18041 aus ihrem etwas abstrakten Nebel. Es heißt im „Kommentar zu DIN 18041“:

„Die Beispiele zur Verteilung der Absorptionsflächen in Bild 4 a) bis f) gelten in erster Linie für Räume mit einer Länge bis zu etwa 10 m und somit insbesondere für Klassenräume. Für größere Räume sind auch die Anordnungen nach b, c und d ungünstig, da sie deutlichkeitsfördernde Reflexionen von der Decke verhindern oder einschränken.“ (Nocke, Chr. [Hrsg.]: Hörsamkeit in Räumen, Beuth 2018 – Seite 79)

Den Autoren der DIN 18041 sind die für die Sprachverständlichkeit so kostbaren Reflexionen an schallharter Decke also wohl bewusst. Allein, überschätzt werden Kraft und Deutlichkeit des reinen Direktschalls. Und so wird die Reflexion für eine übliche Klassenraumgröße zurückgewiesen.

Spricht man über Direktschall,
muss man auch über die **Kurzlebigkeit der hohen Frequenzen** sprechen.

Auch die Rückwandbedämpfung wird fehleingeschätzt: Bleibt man bei durchschnittlichen Klassenräumen und bleibt bei den Ausführungen der Norm, dann ist die Rückwandbedämpfung gerade ungünstig, weil sie günstige Reflexionen verschlingt. Schon in der engen Schau nur auf die Nachhallzeiten ergibt die Reflexion von der Rückwand mindestens keinen Nachteil:

Maximal 50 ms zeitversetzter Erstreflexion bedeuten eine Schallwegstrecke von insgesamt 17 Metern bzw. eine Distanz zwischen Sprecher und Rückwand von 9 bis 10 Metern. Die Lehrkraft an Pult oder Tafel und Schülerarbeitsplätze in erster Reihe betrachtet, erreicht man in einem gewöhnlichen Klassenraum diese 17 m Gesamtschallstrecke nicht. Denn hier ist die Schallstrecke senkrecht auf die Rückwand gerichtet zu betrachten. Ein schräg auftreffender Schallverlauf mündet mit Zweitreflexion an Fensterflächen oder Seitenwand in die willkommene Diffusion.

Und so bleibt offen, weshalb man für Schülerinnen und Schüler, die etwa ab Mitte bis ganz hinten im Raum sitzen, den Nutzen einer schallharten Rückwand entzieht: In durchschnittlich großen Klassenräumen ist eine schallabsorbierende Rückwand eher ungünstig.

– Erst mit dem **ReFlx**-System kann der Nachteil, den schallabsorbierende Rückwände oder Decken einbringen, sinnvoll und hinreichend kompensiert werden.

Lassen Sie mich folgend veranschaulichen, wie die Situation in Klassenräumen dargestellt ist.

Der von mir skizzierte Klassenraum ist gewöhnlich groß und nicht besonders tief: mit 9,2 Metern. Da es wiederum inzwischen wegen der Computerarbeitsplätze verbreitet ist, das Lehrerpult vorn seitlich zu positionieren, muss man die Raumdiagonale als Standard-Hördistanz grundsätzlich mit in Betracht ziehen. Und zwei bis vier Schülerarbeitsplätze befinden sich somit zudem nah unter einer besonders „lauten" Raumecke bzw. vor einer senkrecht verlaufenden, akustisch kaum minder ungünstigen Raumkante.

Mir fällt bei den Empfehlungen und Darstellungen der DIN 18041 außerdem auf, dass es eine sehr klare

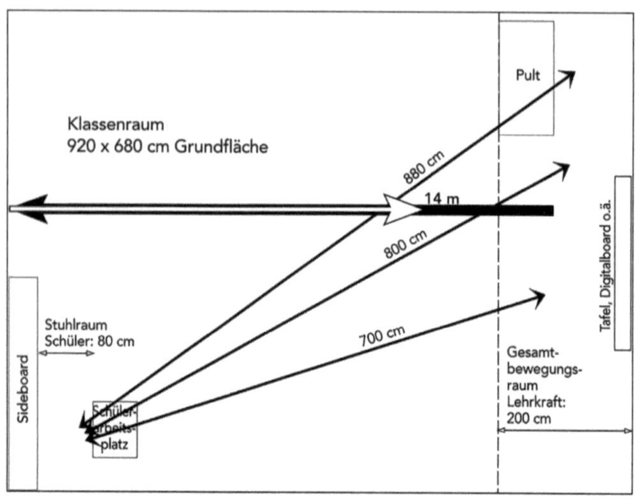



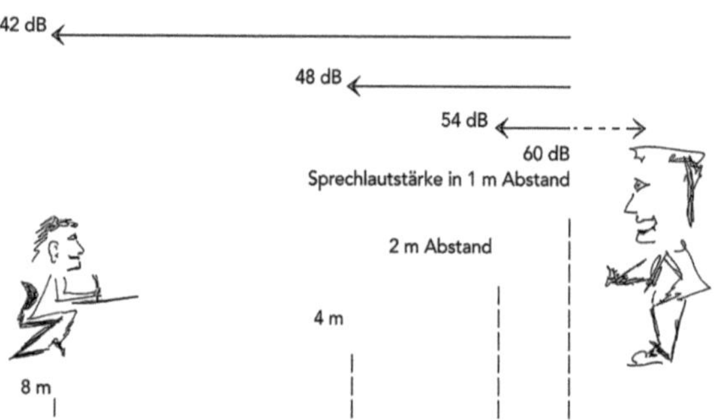



Ausrichtung ganz allgemein vom Sprecher aus zu einer Hörergruppe hin gibt. Wegen Belangen des Arbeitsschutzes darf man aber nicht aus den Augen verlieren, dass Lehrkräfte aufgrund von Fragen, Beiträgen und Diskussionen stets auch in der Hörposition sind.

Lehrkräfte stehen nicht auf einer Bühne – sondern sind Teil eines kommunikativen Austausches! Deshalb sollten in einem Klassenraum – als **dem** Musterfall eines Kommunikationsraumes – überall im Raum möglichst ausgewogene akustische Grundbedingungen herrschen, die für das Hören ebenso wie für das Sprechen in jeder Position optimale Voraussetzungen bieten.

Zudem kommt ja für Lehrkräfte hinzu, dass sie allein altersbedingt mit „schleichender" Hörbeeinträchtigung zu tun haben: Ab pauschal etwa 50 Jahren setzen allmählich und zunehmend Probleme mit dem Hören ein – insbesondere in höheren Frequenzen.

Und eines macht es nicht besser: Ist sich eine Schülerin oder ein Schüler der eigenen Antwort sicher oder hält einen Einwand für berechtigt, so ist auch regelmäßig die Sprache klar, deutlich und laut.

Sind sich jedoch Lernende der eingeforderten Antwort nicht sicher – oder fürchten ob einer Frage Hohn und Spott… oder den Vorwurf, dem Unterricht nicht angemessen gefolgt zu sein, so wird in der Regel leiser gesprochen und unklarer artikuliert.


Was aber hat es – noch darüber hinaus – rein physikalisch mit den höheren Frequenzen im Besonderen auf sich?

Höhere Frequenzen tragen nicht weit. Hier mögen Fachleute entgegenhalten, das spiele wegen der kurzen Distanzen keine Rolle… : Der praktische Alltag spricht eine andere Sprache.

Zum Grundverständnis ziehe ich hier noch einmal die Tabelle von Ulf-J. Werner hinzu (nächste Seite oben).

Es handelt sich ganz offenbar um reine Rechenwerte, die aber das Thema der Luftdämpfung gut veranschaulichen. Die Aussagekraft wird dadurch nicht geschmälert.

Werner erläutert im Tabellentitel wie folgt:

„Tab. 3.13: Einfluss frequenzabhängiger Luftdämpfung auf die Schallausbreitung, Temperatur 20 °C,

| Frequenz (Hz) | Entfernung für $L = 0$ dB (m) |
|---|---|
| 500 | 22.000 |
| 1.000 | 8.700 |
| 2.000 | 2.700 |
| 4.000 | 880 |
| 8.000 | 420 |
| 10.000 | 250 |

(entnommen: *Werner, U.-J.; Handbuch Schallschutz und Raumakustik; Beuth 2015* – Seite 123)

relative Luftfeuchte 50 %, Schallquelle: P = 5 W, $L_W$ = 127 dB, kugelförmige Schallausbreitung".

Man muss sich hier fachlich gar nicht vertiefen, um zu erkennen, dass eine höhere Frequenz von 4.000 Hz gegenüber einer mittleren Frequenz von 500 Hz 25-mal stärker durch die Luftdämpfung ausgebremst wird – bei gleichen Umgebungsbedingungen und gleichem Anfangsschalldruck.

Bitte blättern Sie zurück auf Seite 339, zur Grafik der „Sprachlaute im Hörfeld", und testen Sie oder spielen Sie zumindest einmal gedanklich durch, was etwa mit einem Wort

**threat·en·ing** [ˈθretᵊnɪŋ] (entnommen: Großwörterbuch Englisch, PONS GmbH, 2014

in einem klassisch bedämpften oder in einem Raum mit Transparenz und guter Durchhörbarkeit geschieht...

In diesem Zusammenhang kann ich es nun nicht lassen, die grafische Darstellung von Pétursson und Neppert zur „Hörfläche des menschlichen Ohres" wiederzugeben – nicht ohne den etwas spitzen Hinweis auf das Jahr der Publikation: 2002. – Vielleicht war diese Grafik, das entzieht sich meiner Kenntnis, auch schon in genau dieser Form auch schon in der Erstausgabe enthalten. Die Erstausgabe war 1990 herausgekommen.

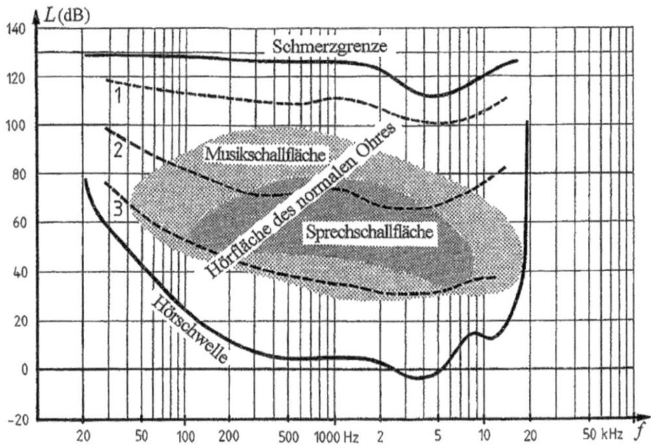


*Abb. 41:* Die Hörfläche des menschlichen Ohres:
1 Unbehaglichkeitsgrenze bei etwa 110 Phon
2 Isophone angenehm lauten Hörens bei etwa 75 Phon
3 Durchschnittlicher Störschallpegel bei etwa 40 Phon

(entnommen: *Pétursson, Magnús / Neppert, Joachim M. H.: Elementarbuch der Phonetik, 3. durchgesehene u. bearb. Aufl., Helmut Buske Verlag, 2002 – Seite 126*)

Dass bei Pétursson und Neppert die „Sprachbanane" sogar bis ca. 8.500 Hz hinaufreicht, mag in deren besonderer Sensibilität für Klangbildung Erklärung finden: In ihrem „Elementarbuch der Phonetik" legen sie alles dar, was ihnen in anderen Lehrbüchern fehlt – und was „aus unserer Lehre in den Einführungsveranstaltungen für Studierende der Allgemeinen und Angewandten Phonetik und für Studierende der Hör- und Sprachbehindertenpädagogik entstanden ist" (aus deren Vorwort zur ersten Auflage).

Bei denen finde ich mich verstanden. Auch wenn ich inzwischen noch etwas weiter gehe und mich davon distanziere, zu behaupten, Sprache sei konsonantisch getragen. Gesprochene Sprache allgemein ist die Modulation von Lauten allein im Mundraum. Denn wenn man zum Beispiel flüstert, dann unterscheiden sich auch die Vokale – nämlich durch deren Ausprägung im Mundraum. Obgleich allen „Vokalen" dann die „vox", die Stimmhaftigkeit bzw. der Laut fehlt, so kann man aber alle Vokale durch die Formung des stimmlosen Luftstroms eindeutig aussprechen.

Und somit kurzum:

## Verständigung an sich<br>braucht Stimme nich'

Zur Not können wir, wenn wir niemanden stören möchten oder dürfen, flüsternd diskutieren und komplexe Fachtermini mit einfließen lassen, um einen nach oben hin offenen Sprachschatz von beliebiger, sechsstelliger Zahl erfolgreich zu nutzen. So etwas wie Stimme *unterstützt* die Sprachverständlichkeit, bedingt sie aber nicht.

Wenn ich jedoch von der „Formung des Luftstroms" spreche, dann befindet man sich praktisch ausschließlich in der leisen Artikulation mittlerer und höherer Frequenzen.


Das liebste Beispiel unter den Konsonanten ist mir immer das „th". Das harte ebenso wie das weiche „th" – die sich nur unterscheiden durch den Anschlag der Zungenspitze hinter den Zähnen.

Aber dann kommen die „Absorbierer vom Dienst" – wie ich mir erlauben möchte, sie einmal salopp zu umschreiben – und reden vom „Sprach-Gesamtstörschalldruckpegel-Abstand" (DIN 18041:2016-03, Seite 27), reden von „Personen mit Hörschäden" oder von der „Kommunikation mit Personen in einer Sprache, die nicht als Muttersprache gelernt wurde" (DIN 18041:2016-03, Seite 12).

Es fällt mir schwer, hier im starken Verwischen noch die Konturen zwischen ‚political correctness' und Problembewusstsein auszumachen…

Ich hatte an anderer Stelle bereits mit Nachdruck darauf hingewiesen: Über Fremdsprachen und den Austausch von Fachtermini sind wir alle und immer wieder in Situationen, in denen wir auf eine außerordentlich gute Sprachverständlichkeit angewiesen sind.

Und also: Was hilft es, wenn man in einem Klassenraum – und vorzugsweise mit Rücksicht auf gerade diejenigen Hörgeschädigten, denen die hohen Frequenzen besondere Probleme bereiten – einen „Sprach-Gesamtstörschalldruckpegel-Abstand" von löblichen 15 oder gar 20 dB durch viel Absorption erreicht hat?
… aber das „th" schon in der Mitte des Raumes und schon für das gesunde Ohr „auf der Strecke" bleibt?

Mit solchen Betrachtungen im Hinterkopf möchte ich die geneigte Leserschaft zu einem Spaziergang einladen. An einem Sonntagmorgen, irgendwann im Frühjahr, kurz vor Sonnenaufgang möchte ich gern starten. Ein blauer Himmel verspricht mit höchstens wenigen Wolken bei klarer Luft einen prächtigen Tag. Die Luft kneift spitz – bei freundlicher Grundgesinnung.

Es darf eine Frage des persönlichen Geschmacks sein, ob man so früh raus und ins Grüne möchte. Mir geht es um die Ruhe. Zu früher Stunde, und an einem Sonntag, sind Vogelkonzerte und das Rascheln im Laub das Einzige, das die Welt mit ihrer Geräuschkulisse umarmt.

Irgendwann, alsbald, wird sich ein Geräusch einschleichen, dass man gar nicht zuzuordnen weiß – in der Stille. Zunächst nur unterschwellig, entlarven wir es bald als grummelig und tieffrequent. Es könnte einfach leise sein. Aber es hat etwas Unbehagliches. Und es schwillt allmählich an.

Irgendwann ist es so deutlich, dass wir unserer Erfahrung folgen: Ein solches Geräusch wird wohl von einem Flugzeug stammen.

Aber nichts ist auszumachen in der Umgebung. Und schlussendlich wird es auch nicht mehr lauter, bleibt sogar recht zurückhaltend. Unserem schwächelnden Hörvermögen sei Dank: In den sehr tiefen Frequenzen sind 30 oder 40 dB schon mal leicht verschenkt – an das Konto der Sonntagsruhe.

Der Rest der Ruhestörung grummelt in großer Höhe weiter vor sich hin – und über uns hinweg. Ob wir den Störenfried sehen können, hängt ab vom Anstrich des Objekts, von der Anstrahlung durch die Sonne, von der Luftfeuchtigkeit… Denn bisweilen, wenn sich kein verräterischer Kondensstreifen absetzt, sind die hohen und fernen Winzlinge nicht mehr auszumachen.

Gelingt es, den Flieger zu sehen, ist er auch schon weitergetrieben: Runde 35 Grad von der Senkrechten abweichend – von dort, wo unsere Ohren die Quelle wähnen – ist das Flugzeug bei einer unterstellten Geschwindigkeit von 850 km/h (als Richtwert für Treibstoff sparendes Fliegen) schon knappe acht Kilometer weiter gelangt.

Selten ist es so laut wie an klaren und windstillen Tagen. Häufiger sorgen Winde oder sehr hohe Luftfeuchtigkeit für eine verringerte Schallübertragung. Besonders aber schlicht die Präsenz von Alltagsgeräuschen überdeckt mit seiner steten Kulisse vieles dieser Reste von Fluglärm, die sich erfolgreich über die Strecke haben retten können.

Dennoch ist über die Faust schnell überschlagen, weshalb man häufig auch die sehr hoch fliegenden

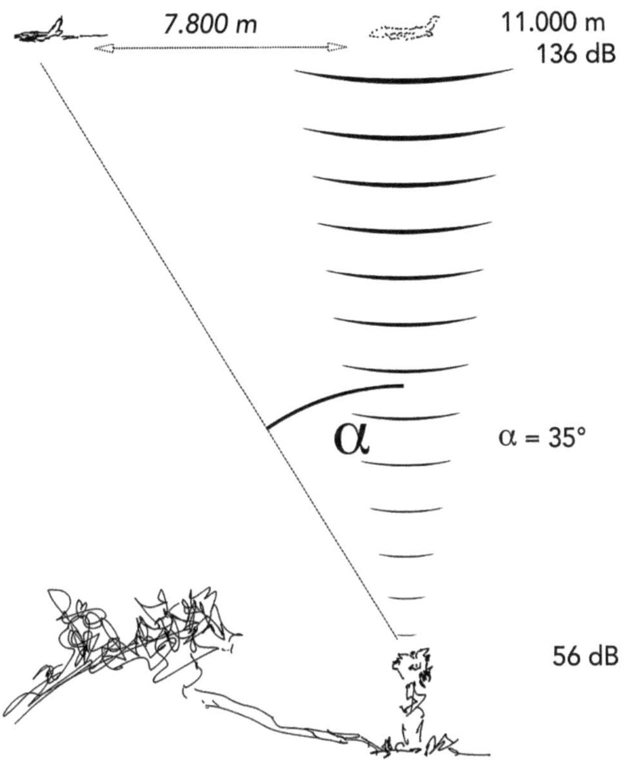


Jets noch vernehmen kann: Jede Verdoppelung des Abstandes nimmt sich, wie mit dem Teelöffel von der Sahnehaube, nominell 6 dB. Je größer das Flugzeug, je mehr Tonnage die Triebwerke stemmen, desto mehr bleibt übrig.

Bei einer unterstellten Flughöhe von 11.000 Metern bleibt für die großen und schweren dieser „Vögel", dass wir sie noch immer hören können. Miniaturisierte Höllenschlunde verbreiten diesen Lärm, den man den kleinen Kreuzchen am endlosen Himmel nicht ansieht. Die Angaben schwanken so zwischen 130 und 150 Dezibel.

Und wenn das Fluglärm-Portal (.de) in einer anschaulichen Übersicht zu wissen gibt – was dann natürlich nur auf volle 10er gerundete Werte sind – dass eine Boing 747-400 in 300 Metern Entfernung auf 90 dB, ein Airbus A-319 aber „nur" auf 80 dB kommt, dann wird leicht ersichtlich, dass durch Art und Anzahl der Triebwerke großzügige Spannen zwischen den unterschiedlichen Düsenjets klaffen.

Eine Boing 747-400 kommt vierstrahlig daher und mit größeren Triebwerken. Maximales Startgewicht: 394 t, maximale Geschwindigkeit: 920 km/h. Ein Airbus A-319 begnügt sich für ein maximales Startgewicht von 68 t, eine maximale Geschwindigkeit von 840 km/h mit zwei – und bescheideneren – Triebwerken.

*(Angaben zu Startgewicht und Geschwindigkeit: Lufthansa)*

# Ausklang

*– von Meinung und Motivation*

# Die Schweigespirale

Ich möchte nicht behaupten, dass ich mit einer hinreichenden Zahl von Personen gesprochen hätte, um eine dahingehend repräsentative Darstellung der Lage abgeben zu können.

Jedoch, da ich mir jene Personen, mit denen ich mich im Verlaufe der vergangenen vier, fünf Jahre über die Raumakustik ausgetauscht habe, überwiegend nicht gezielt ausgesucht hatte, sondern da uns meistens in der einen oder anderen Weise Zufall und Betroffenheit zusammengeführt hatten, wage ich, eine Tendenz auszusprechen.

Diese Tendenz wiederum hat mich erinnert an ein Thema der Sozialpsychologie:

die **Schweigespirale**.

Die Tatsache, dass sich die Sozialpsychologie des Themas der Schweigespirale angenommen hat, ist wiederum ein eigenes Problem, das ich noch anschneiden werde. Kümmerte sich nämlich die Individualpsychologie darum, so kämpfte man möglicherweise nicht so bemüht um Größe und Reichweite des Begriffs der „öffentlichen Meinung" – sondern könnte näher beim eigentlichen, individuell wirksamen Druck der „sozialen Kontrolle" bleiben.

So überrascht aber auch nicht, dass Elisabeth Noelle-Neumann als Statistikerin sich mit „öffentlicher Meinung" im größeren Kontext bewegt – und dabei Einzelpersonen eingebettet sieht in das ganz große Große und Ganze. Das wird nicht allein gut erkennbar, wenn sie in die (Vor-) Geschichte schaut und gern Aristoteles heranzieht oder gar das Alte Testament bemüht, um aufzuzeigen, dass schon der König David bewusst und manipulativ mit öffentlicher Meinung gespielt habe, um seine Macht zu stützen.

Noelle-Neumann darf man unbedingt anrechnen, dass sie die „Schweigespirale" in Deutschland überhaupt erst bekannt gemacht und auch ihrerseits weiter erforscht hat. Jedoch weist sie damit auch auf Einflüsse und Verhaltensweisen hin, die ebenso bis hinunter in den (gesellschaftlichen) Mikrokosmos der Kleinfamilie hochwirksam sind.

Es geht um grundsätzliche Aussagen zur menschlichen Psyche, deren soziale Einflechtung – und auch um Wechselwirkung, also der Rückwirkung des Einzelnen wiederum auf das Große und Ganze.

Ich möchte mich nicht quälend wiederholen. Andererseits liegt jene Bezugnahme nun hinlänglich über 400 Seiten zurück, als ich Sabine Hossenfelder aufgegriffen hatte – die da sagt, Wissenschaftler sollten berücksichtigen, „wie ihre Mitgliedschaft in einer Gruppe die Objektivität beeinträchtigen kann".

Die eigene Objektivität? Die des einzelnen Wissenschaftlers? Oder die der Gruppe gegenüber Meinungsführerschaft?

Es handelt sich nicht um die Äquivalenz in einer mathematischen Formel. Es geht um Wechselwirkung.

Beides gilt also.


Nicht zuletzt eine DIN 18041 profitiert von der Sprachlosigkeit in der Branche.

Und über diese Sprachlosigkeit gelange ich zu jener Schweigespirale…

Eine Sprachlosigkeit, die tatsächlich daraus resultiert, dass der physikalischen Wissenschaft bisher Antworten auf die wesentlichste Frage der Raumakustik nicht gelungen ist: Woher rühren die akustischen Probleme in geschlossenen Räumen?

Nicht nur „draußen", also dort, wo konkrete Probleme mit Lärm in geschlossenen Räumen zu lösen sind, sondern auch unter den Wissenschaftlern scheint es so zu sein, dass, wer keine plausiblen Antworten bieten kann, lieber schweigt. Oder mit den Wölfen heult.

Wer vernehmlich aufbegehrt gegen das Credo von der Absorption, mit der Nachhallzeiten getrimmt und kurz gehalten werden, *läuft Gefahr, vorgeführt zu werden wie ein Makake im Zirkus.*

---

## mit **Gefahrenpotenzial**: Skepsis und „Untreue"

So sehr Hossenfelder's Kritik und Erklärungen für dieses Verhalten von Wissenschaftlern nachvollziehbar erscheinen, so sehr erstaunen sie: Die Profession des Wissenschaftlers ist, Neues zu entdecken. Und damit einhergehend: Erwartungsgemäß häufig wird man Befremdliches äußern – und Gefahr laufen, dafür verlacht zu werden.

Insbesondere aber unter Auftragnehmern, und sogar unter Herstellern von Produkten (zugegeben: die wiederum – je nach Vertriebskonzept – auch Auftragnehmer sind) findet man häufig… nein, ich muss sagen, überwiegend die latente Furcht, ein Zuschlag könne allein dadurch gefährdet werden, dass man Vergabestellen gegenüber und etwaig konkret in Bezug auf ein Ausschreibungsobjekt Kritik an DIN 18041 ausführt.

Also akzeptiert man stillschweigend die Bedingungen jener Norm. Die etwas von Raumakustik verstehen, versuchen so leidlich, jene Schwierigkeiten in einem wettbewerbsfähigen Kostenrahmen mit abzudecken, die man dennoch sieht.

Für auftraggebende Stellen hat DIN 18041 inzwischen überwiegend einen solchen Rang und Ruf errungen, dass Ausschreibungen praktisch lückenlos und direkt mit dieser Norm verknüpft werden.

Das wiederum wundert für die öffentliche Hand kaum: Wie wir vom DIN e. V. selbst erfahren, ist genau das Ziel der verbrieften Kooperation zwischen DIN e. V. und der Bundesregierung, öffentliche Stellen auf DIN-Normen einzuschwören.

Für die freie Wirtschaft darf das wundern, denn der Mangel an freiem Wettbewerb verteuert Projekte unnötig, die effektiver umgesetzt werden könnten, wenn man es etwaig bei dem Hinweis auf ASR A3.7 beließe.

Auf der Suche nach Erklärungen für eine solche Vergabepraxis stolpere ich so beiläufig wie zwangsläufig über Noelle-Neumann – und die Schweigespirale.

---

der Selbsterhaltung geschuldet: **das Schwei-Gen**

---

Das Schweigen ist eine Haltung geworden, die die Existenz sichert – und somit unternehmerisch nachvollziehbar ist und schwerlich angeprangert werden kann.

„Das Verhalten von Menschen unter Meinungsklimadruck ist denjenigen, die sich außerhalb der konkreten Situation befinden, kaum verständlich", so stellt Noelle-Neumann fest.

(Noelle-Neumann, Elisabeth, Die Schweigespirale, Langen Müller, 2001 – Seite 349)

Und tatsächlich werden Betroffene durch das Unverständnis Außenstehender noch eher weiter in die Isolation und ins (Ver-) Schweigen getrieben. Für die unterschiedlichsten Themen und Sachgebiete ist das an sich hinlänglich bekannt.

Man kann also nur eine herrschende Meinung immer wieder hinterfragen, auf Mängel hinweisen, etwaig gar Lösungsvorschläge anbieten.

„Aufklärung" ist da so ein Begriff.

Wenngleich – im weitesten Sinne – der Beginn der Aufklärung erst dem 17. Jahrhundert zugeschrieben wird und ihre Philosophen nicht zwingend freidenkende, aber weltliche Köpfe sind, so gibt es aber auch die – etwas euphorisch begeisterte – Ansicht, die Aufklärung sei durch Luthers „Thesenanschlag" (mit) angestoßen worden:

Es war kein „Anschlag" im heutigen Verständnis, sondern Luther hat sein Thesenpapier mit Hammer und Nagel „angeschlagen" an eine Schautafel – und somit jedermann zugänglich gemacht.

Gewissen Kreisen der beiden herrschenden Klassen – Adel und Klerus – mag das vorgekommen sein wie ein unmittelbarer, körperlicher und wie von roher Gewalt getragener „Anschlag".

Nicht unwahrscheinlich ist, dass selbst dieses „Anschlagen" nichts als eine Legende ist: Zunächst allein in lateinischer Sprache verfasst, konnte „jedermann" mit diesem Anschlag gar nichts anfangen. – Dann könnte auch der 31. Oktober 1517 eine Legende sein, weil man den Gedenktag brauchte… oder im einstigen Prozess gegen Luther ein zweckdienlich konkretes Datum.

Wenn selbst die „Evangelische Kirche in Deutschland" (EKD) den Akt des Anschlagens jenes Thesenpapiers als ungesichert publiziert (deren Website) und wenn Luther eben zunächst in lateinischer Sprache – und also keineswegs für das „Volk" im heutigen demokratischen Verständnis – formuliert hatte, wenn man außerdem bedenkt, dass das „einfache Volk" an der

Gestaltung seiner Lebensumstände praktisch gar nicht beteiligt wurde, dann möchte man sich wenigstens an die bloße Legende von der initiativen Aktion noch klammern.

Aber man begreift dann weiter, dass durch die erst allmähliche Übersetzung und Vervielfältigung der 95 Thesen in eine allemannische Sprache auch erst allmählich die Auflehnung im damaligen Bürgertum um sich greifen konnte. – Der Adel hatte gegenüber der römischen Herrschaft ohnehin andere Interessen, die ich hier jedoch nicht auch noch besprechen möchte.

Wenn Immanuel Kant 1874 in seiner Schrift „Was ist Aufklärung?" beschrieben hat:

> »Habe Mut, dich deines eigenen Verstandes zu bedienen! ist also der Wahlspruch der Aufklärung.«
>
> (Zitat: Luchtenberg, P., „Johannes Löh und die Aufklärung im Bergischen", Springer Fachmedien Wiesbaden, 1965; Kapitel „Vom Zeitalter der Auf-klärung" –
> Seite 19)

dann darf man bei der Lektüre jener Thesen Luther's in Frage stellen, ob Luther den freien Geist hinreichend angesprochen hatte, um bereits als aufklärerisch gelten zu können.

Andererseits haben Herrschende wohl ganz richtig gelesen, dass Luther die Kirche zu einer profanen Macht zurückschneiden wollte – die auch im geistigen Sinne nur noch „herrschen" könne, soweit der Priester als vermittelndes Organ zwischen Gott und Mensch auch reinen Geistes sei.

Förderlich für Luther und in der Zeit ist, was Heinrich Lutz Anfang der 60er Jahre wie folgt beschreibt:

> „Dem Reichtum und der Vitalität spätmittelalterlichen Frömmigkeitslebens hatte eine geringe Fähigkeit entsprochen, zentrale und fällige Probleme

*der geschichtlichen Inkarnation des Gotteswortes
anzugehen und zu lösen. [...] die Nichterfüllung
der Reformhoffnungen bedeutete für Rom eine
starke Einbuße an spiritueller Autorität; [...]."*
(Propyläen Weltgeschichte, Band 7, Ullstein 1964;
dort Lutz, Heinrich, Der politische und religiöse
Aufbruch Europas im 16. Jahrhundert)

*Oder, mit anderen Worten: Die Zeit war reif – noch
nicht für den Umbruch, der erst einige Zeit später so
richtig anrollte, aber für zahlreiche Anstöße in dieser
Zeit, die befreiende Wirkung haben sollten.*

*Weiterhin besitzt nun bei Luther selbst der Priester
keine „Macht" mehr, als er nur noch ein Vermittler ist
zwischen Gott und dem Einzelnen – dessen Buße und
Reue, jenseits von Urteilsmacht und Urteilsfähigkeit
des Priesters, der Einzelne mit sich und vor Gott aus-
machen muss.*

---

## Luther: (noch k) ein Aufklärer

*Damit allerdings erfüllt Luther's Anspruch längst ein
Kriterium, an dem Aufklärung gemessen wird: die individuelle Verantwortung des Einzelnen für sein Handeln.*

*Das nämlich ist Luthers unausweichlicher Aufruf an
das Individuum: Sich nicht mit Geist und Verstand dem
Wohl und Wehe der Institution zu übergeben.*

*Unzweifelhaft ist der Grundanspruch der so genann-
ten Aufklärung damit vorweggenommen.*

*Wenngleich im philosophischen Sinne Luther nicht
weit genug gegangen ist, so hat er aber doch nicht
allein institutionell, sondern insbesondere geistig jene
Fesseln aufgebrochen, die einer vernunftgelenkten und
an der Natur von Wesen und Dingen ausgerichteten
Schau auf die Welt im Wege gestanden hatten.*

Der kirchliche „Reformator" war neben anderen frei Denkenden ein wesentlicher „Aufklärer".

Die Fortsetzung der einstigen römischen (Welt-) Herrschaft über die zwar „nur" noch kirchliche Gewalt, die sich aber über die Unterordnung aller europäischen profanen Herrscher umso stärker erhalten konnte, war im Grunde nur noch ein Sack Zement, der allen Wettern ausgesetzt liegengeblieben war und sich in der unausweichlichen Versteinerung seiner selbst schlussendlich Gültigkeit nur noch verschaffen konnte durch die Härte seiner geistigen Haltung.

Damit möchte ich hier den Schwenk zu Luther wieder loslassen und zurückkommen zur Schweigespirale.

Leider klammert Noelle-Neumann sich beinahe verbissen daran, „öffentliche Meinung" sehr umfassend zu betrachten und die Medien schlechthin als Meinungsbildner in jegliche Studie mit einzubeziehen, wenn es darum geht, die öffentliche Meinung als Druck auf Einzelne – und eben jene Schweigespirale – zu überprüfen.

Aber gerade diese Schweigespirale ist sowohl Auswirkung als auch Instrument von sozialer Kontrolle: Auf unterschiedlichsten Ebenen wird durch das Erzwingen von Verschwiegenheit der Status Quo verteidigt.

Derweil Noelle-Neumann so weit fasst und so umfassend schaut, droht die Bedeutsamkeit der „Schweige-Hypothese" – wie Noelle-Neumann es benennt – eher übersehen zu werden.

Dabei wäre es vermutlich sogar für Wissenschaftler ebenso wie für jedermann einfacher zu akzeptieren, wenn Individuen sich dem sozialen Druck des selbstgewählten engeren Kontextes (sozusagen der eigenen

„Subkultur") beugen, als sich einzugestehen, dass man sich unweigerlich dem Druck der großen „öffentlichen Meinung" unterwirft.

Wer mag es schon – sich selbst oder anderen – eingestehen, dass einem die „öffentliche Meinung" eben nicht schnuppe ist? Und zugleich, je plakativer deklariert wird, wie sehr einen Denken und Meinung von Medien und Allgemeinheit egal seien, desto feinfühliger fällt die Ausrichtung des eigenen Schweigens oder Meinens am unmittelbaren Umfeld aus.

Der moderne Mensch sei frei und unabhängig und selbstbestimmt! ... so das Credo der sich selbst als aufgeklärt darstellenden Gegenwartsbefindlichkeit. Und also: So und nicht anders möchte „man" zeitgemäß sein und bitte auch nicht anders gesehen werden:

Unabhängig von dem, was andere Leute über einen denken.

Mit der allzu strengen Auffassung von „öffentlicher Meinung" verschenkt die Psychologie und hat auch Noelle-Neumann viel Erkenntnispotenzial verschenkt, wenn die „Öffentlichkeit" nur das ganz große Publikum ist. Und wenn zudem der Einfluss der (öffentlich zugänglichen) Medien in den Betrachtungen nicht fehlen sollte.

Noelle-Neumann sieht es einerseits als spannend an, was von verschiedenen Fachleuten als zu verwischt kritisiert wurde am Ansatz der Schweigespirale:

> „Vielleicht hatten sie recht, daß es ein Handicap für die Theorie der Schweigespirale ist, daß sie Reviergrenzen nicht respektiert. Sehr oft legen ja Wissenschaftler keinen Wert auf einen Dialog mit benachbarten Disziplinen."
> (Noelle-Neumann, E., Die Schweigespirale, Langen Müller 2001 – Seite 296)

Andererseits beharrt Noelle-Neumann klar und deutlich auf das ganz große Spielfeld, möchte die „Meinungen der Bevölkerung" abgeklopft sehen, möchte wissen, wie die „Redebereitschaft und Schweigetendenz insbesondere in öffentlichen Situationen" ausgeprägt ist – und hat so etwas wie die Gesellschaft an sich im Auge, wenn sie darauf besteht, „zur Redebereitschaft gehört eben auch, daß man die Medienunterstützung hinter sich weiß". (Noelle-Neumann, E., Die Schweigespirale, Langen Müller 2001 – Seite 296/297)

Aber der eigentliche – und damit viel größere – soziale Druck wirkt auf Individuen durch das unmittelbar wirksame Umfeld, das nicht minder „öffentlich" ist: durch das unmittelbare berufliche Umfeld, durch Vereine, durch Religionsgemeinschaften, durch Nachbarschaft, durch Familie.

Die (sämtlich alle, nicht nur solche unter eines Gottes Segen) sind eben auch Formen von „Öffentlichkeit" – die meistens bedeutend schwerer wiegt, um so etwas wie inneren Frieden zu pflegen oder überhaupt erst zu erlangen.

Das nahm früher nicht und nimmt heute nichts von der Bedeutsamkeit der ganz großen „öffentlichen Meinung":

> „Rousseau gebraucht  hier öffentliche Meinung, wie der Ausdruck später in der »liaisons dangereuses« in der Warnung einer Weltdame an eine junge Frau, die zu wenig auf ihren Ruf achtet, gebraucht wurde: öffentliche Meinung als Urteilsinstanz, vor deren Missbilligung man sich hüten soll."
> (Noelle-Neumann, E., Die Schweigespirale, Langen Müller 2001 – Seite 112)

Noelle-Neumann spielt mit der »liaisons dangereuses« auf den gleichnamigen Briefroman von Pierre-Ambroise-François Choderlos de Laclos an. Freilich aus gutem Grunde hatte der französische Offizier 1782 den Briefroman anonym publiziert – wie von Helmut Knufmann aus Koblenz in seiner Dissertation „Das Böse in den »Liaisons dangereuses« des Choderlos de Laclos" von 1965 zu erfahren ist (Philosophische Fakultät der Albert-Ludwigs-Universität, Freiburg/ Breisgau).

---

über **Wahrheit** stets erfreut ist allein die **Anonymität**

---

Derweil Noelle-Neumann meine Aufmerksamkeit darauf gelenkt hat, möchte ich nur beiläufig die so ungeahnt weitreichende allegorische Tauglichkeit jenes Werks einmal ins Rampenlicht zerren – während ich mich ermahnen muss, nicht allzu weit von DIN 18041 abzuschweifen:

> „[…] Verführer-Praxis. Hier zeigte sich, daß die willkürlich mit Schein und Sein umspringende Verstellungskunst nicht erst in der effektiven Täuschung der Opfer ihren Zweck erfüllt, sondern gewissermaßen schon um ihrer selbst willen ausgeübt wird. Denn was der Böse beabsichtigt, ist […] die Abschaffung alles Ursprünglichen und Echten zugunsten des Surrogats […]. […] Indem er überall mit unerhörtem Erfolg die Fälschung zur Geltung bringt, betreibt er systematisch die Zerstörung der Wirklichkeit."
> (Knufmann, Helmut: „Das Böse in der »Liaisons dangereuses« des Choderlos de Laclos", Inaugural-Dissertation, München 1965 – Seite 198)

Noelle-Neumann geht auf Rousseau ein, wie sie auch auf viele andere Personen der Geschichte eingeht, um

*einen geschichtlichen Überblick über die Auffassung
von der öffentlichen Meinung zu geben.*

*Dennoch ist es in einem anderen Sinne weder ver-
altet noch überkommen, wenn Jean-Jacques Rousseau
1762 – vielleicht vor dem Hintergrund des enttäuschten
Staatsbediensteten – Tragweite und Gewicht der
öffentlichen Meinung als staatstragend umschreibt.*

> *„Nachdem er [eig. Anm.: Rousseau] die drei Arten
> von Gesetzen, auf denen der Staat beruht, vorge-
> stellt hat: öffentliches Recht, Strafrecht, Zivilrecht,
> erklärt er:* »Es schließt sich diesen drei Arten von
> Gesetzen noch eine vierte an, und zwar die
> wichtigste von allen. Diese gräbt sich weder in
> Marmor noch in Erz, sondern sie steht nur in den
> Herzen der Bürger. Sie macht die wahrhafte Ver-
> fassung des Staates aus; sie erlangt jeden Tag
> neue Kräfte; veralten oder verbleichen die ande-
> ren Gesetze, so belebt sie dieselben wieder oder
> ersetzt sie; sie erhält ein Volk bei dem Geiste
> seiner Einrichtung und bringt die Macht der Ge-
> wohnheit unmerklich an die Stelle der Macht des
> Staates. Ich spreche von den Sitten, den Gewohn-
> heiten, vorzüglich aber von der Meinung; ein
> Kapitel, welches unseren Staatskünstlern ganz
> unbekannt ist, von welchem aber alle anderen in
> ihrer Wirksamkeit abhängen; [...]« *„*
> (Noelle-Neumann, E.: Die Schweigespirale; Langen
> Müller 2001 – *Seite 115*
> *und:* Jean-Jacques Rousseau: Der Gesellschaftsver-
> trag; Phaidon Verlag, ohne Jahr – *Seiten 88/89)*

*Ich muss hier jetzt einmal pausieren und abschweifen
– um aus Gründen der Transparenz eingestehen und
erklären zu können:*

*Der von mir obig in der Schriftart leicht abgesetzte Teil des Zitates ist wiederum jener Teil, den Noelle-Neumann ihrerseits aus „Rousseau, Jean-Jacques, 1762, 1963: Der Gesellschaftsvertrag. Deutsche Übersetzung von H. Denhardt. Stuttgart: Reclam, 2. Buch, 12. Kapitel, S. 91" als Zitat übernommen hatte – und der mir nicht besonders gefiel.*

*Dieses Zitat habe ich ersetzt durch jene Übersetzung, die der Phaidon-Verlag herausgebracht hat. Ich empfinde diese Übersetzung als weniger steif und staksig, als eingängiger und besser lesbar. Aber Geschmack und Auffassung dürfen hier gern auseinander gehen.*

*Ohne Jahresangabe durch den Verlag, habe ich Anlass anzunehmen, dass die Ausgabe aus Mitte der 1990er Jahre stamme. Sie wird bezeichnet als „nach der Übersetzung von Johann Heinrich Gottlieb Heusinger neu herausgegeben von Alexander Heine".*

*Mir kommt es überhaupt häufiger so vor, auch wenn ich einen Text originär nicht kenne, dass eine Übersetzung schlecht, gar fehlerhaft sei. So war ich auch mit jenem Zitat bei Noelle-Neumann eher unglücklich.*

*Vermutlich kennt jeder das: Man liest einen Text, ohne das Original zu kennen, beherrscht etwaig auch die Ausgangssprache nicht, bemerkt aber doch unzweifelhaft, dass es der übersetzenden Person am Mut oder an der Legitimation gefehlt hat, für eine Übersetzung zu vermitteln zwischen hoher Texttreue einerseits, der Gewohnheit in der Zielsprache andererseits. Das Ergebnis ist oft schwer verständlich, kaum nutzbar und im Sinne der Leseertüchtigung schlicht genussfrei.*

*Oder eine Übersetzung ist von subjektiven Empfindungen und Ansichten des Übersetzer so stark eingefärbt, dass Stil oder Botschaft des Autors verzerrt werden. – Ein solches Beispiel ist jener Satz, den ich meinem Buch vorangestellt habe: das Zitat von Daniel J. Boorstin.*

*Bei Michael Brooks ist zu lesen:*

*„Marshall zitiert gern folgenden Ausspruch des Historikers Daniel Boorstin: ‚Das größte Hindernis auf dem Weg zum Wissen ist nicht die Dummheit, sondern die Illusion, man wisse etwas.'"*

*(Brooks, Michael: Freie Radikale – Warum Wissenschaftler sich nicht an Regeln halten; Springer Spektrum 2014 – Seite 141)*

*Derweil Brooks die Quelle offenlegt, hat wohl nicht der Mediziner Barry Marshall dieses Zitat dem Journalisten Michael Brooks salopp und fehlerhaft mit auf den Weg gegeben. Sondern der Übersetzer der deutschen Ausgabe, Carl Freytag, mag hier dem eigenen Drang zu einer gewissen… ich möchte es vorsichtig und respektvoll ausdrücken… „Ironie" gefolgt sein.*

*Carl Freytag, als Übersetzer, mag sich auf gutem Wege wähnen und den Text mit Gespür für die Ausgangssprache einerseits, die Zielsprache andererseits zu transkribieren versucht haben. Jedoch, es erschien mir unwahrscheinlich, dass der als Historiker bezeichnete Daniel Boorstin dieses so geäußert haben soll.*

*Ich habe also auf den Artikel zugegriffen, auf den der Autor, Michael Brooks, verweist.*

*Es ist gut denkbar, dass Freytag der scharfe Ton passend erschien für Boorstin, der laut ‚Washington Post' einmal geäußert haben soll:*

*„‚Schreiben ist wie eine Darmentleerung', sagte er einmal einem Reporter. ‚Du tust es, um etwas loszuwerden.'"*

*(‚The 6 O'Clock Scholar' – Washington Post, 29. Januar 1984)*

*Aber Boorstin hatte tatsächlich keine Vulgärsprache genutzt, sondern von „defecation" gesprochen. Das passt auch gut zu jenem Boorstin, den man über den Artikel der ,Washington Post' kennenlernt.*

---

### Writing is like defecation. You do it to get rid of something.

Daniel J. Boorstin

---

*Boorstin hat nicht den Wissenschaftler schlechthin, wenn er nichts Großartiges und Bahnbrechendes entdeckt, als „dumm" hingestellt.*

*Daniel J. Boorstin hat tatsächlich gesagt:*

*„Das größte Hindernis für Entdeckungen ist nicht die Unwissenheit – sondern das Trugbild von Wissen."*

*Jedoch, falls Carl Freytag das Bedürfnis hatte, die Botschaft etwas markanter zu formulieren, so kann ich das gut nachvollziehen. Denn wie leicht wirft sich das Bewusstsein um das eigene „Wissen" den Mantel der Unanfechtbarkeit über – an dem alles abprallt, was das Ego auch nur scheinbar bedrohen könnte…*

*Aber zurück zu Noelle-Neumann und zur Schweigespirale.*

*Wenn man mit einem so hohen Anspruch an die öffentliche Meinung herangeht, wie Rousseau das tut, nämlich mit quasi-gesetzlichem Anspruch, und wenn man diesem „vierten Gesetz" eine Kontrollgewalt einräumt, dann gelangt man natürlich sogleich in ein schwerwiegendes Dilemma.*

*Das ist nun keinesfalls ein philosophisches Dilemma, wie man vielleicht allmählich vermuten möchte, wenn – mit Rousseau als einem von vielen Trümpfen auf der*

Hand – die Autorin philosophisch zu debattieren und dem Praktiker nichts als Zeit zu stehlen scheint.

Sondern, wer (öffentliche) Meinung und Leitlinie (mit-) gestaltet, kann sich umgekehrt auf die Kontrollwirksamkeit der öffentlichen Meinung nicht mehr verlassen.

Und also geht mit der Gestaltung von öffentlicher Meinung und mit der Gestaltung von Leitlinie eine sehr große Verantwortung einher.

Das Größte an dieser Verantwortung ist, dieselbe **nicht** zu missbrauchen – aber auch niemals zu vergessen.


Springt da nicht der alte Platon – und mit ihm gern auch Sokrates – hervor? Längst nicht mehr aus deren Gräbern, denn allzu lang ist's her. Sondern aus dem Widerhall des Geistigen schlechthin.

„[…] wenn das eine mit dem anderen – politische Macht und Philosophie – nicht eins wird, […] dann […] ist […] kein Ende des Unheils abzusehen […]", lesen wir bei Platon in „Der Staat", dort im Fünften Buch, wo Sokrates mit seinen Studenten verschiedene Staatsmodelle diskutiert. Platon legte es dem Sokrates in den Mund – um zugleich sinngemäß dessen Philosophie und dessen Kritiken darzulegen. So sehr er Sokratiker war, zieht Platon sich wohlweislich in die Erzählerposition zurück.

„Sokrates (470 – 399) mußte, von den Athenern zum Tode verurteilt, den »Schierlingsbecher« trinken. Sein Schüler Platon (427 – 347 v. Chr.) schildert die Hinrichtung genau: »Darauf berührte ihn eben dieser, der ihm das Gift gegeben hatte, von Zeit zu Zeit und untersuchte seine Füße und Schenkel. Dann drückte er ihm den Fuß stark und

fragte, ob er es fühle. Er sagte: Nein. Darauf berührte er die Knie, und so ging er immer höher hinauf und zeigte uns, wie er erkaltete und erstarrte. Darauf berührte er ihn noch einmal und sagte, wenn ihm das bis ans Herz käme, würde er hinscheiden.« – Das ist die Beschreibung einer aufsteigenden Lähmung, wie sie von –> Conium maculatum hervorgerufen wird."
(Roth, L./Daunderer, M./Kormann, K.: Giftpflanzen – Pflanzengifte, 6. überarb. Auflage als Sonderauflage im Nikol-Verlag 2012; ursprünglich ecomed Verlagsgesellschaft 1984–2012 – Seite 4)

Bei Roth/Daunderer/Kormann liest sich der Akt des Sterbens durch die Droge des Schierlings nicht ganz so freundlich:

„Donium maculatum L.; gefleckter Schierling. […] Vergiftungserscheinungen: Schnelle und leichte Aufnahme durch die Schleimhäute und sogar durch die unverletzte Haut. Zuerst Brennen im Mund, Lähmung der Zunge und Erbrechen, danach aufsteigende Lähmung, Kälte und Gefühlslosigkeit, zuletzt Tod durch Atemlähmung, meist bei vollem Bewusstsein. Als Dosis letalis gelten beim Menschen oral 0,5 bis 1 g Coniin. […]"
(ebenda –Seite 259)

Dabei mag die Gabe einer hohen Konzentration des Giftes aus dem Becher – also als Trunk die Mundschleimhäute eher wenig einbezogen – bedeutende Unterschiede für die Wirksamkeit herbeiführen.

Das mag ähnlich sein, wie beim Genuss alkoholischer Getränke. Spült man ein Getränk gleichsam glatt über die Zunge hinunter, dann wirkt der Alkohol auch erst über die Magenschleimhaut ein. Genießt man hingegen vollmundig und umspült die Zunge mit einem alkoholischen Getränk, um die ganze Palette der Geschmacksknospen ansprechen zu können, dann erreicht man auch so viel der Mundschleimhäute, dass der Alkohol unmittelbar und spürbar schon vom Munde in die Blutbahn hinein aufgenommen wird.

Sokrates Verurteilung zum Tode erscheint grotesk – für eine aus der heutigen Sicht so hoch geachtete Demokratie wie jener athenischen. In anderen Fällen wählten die alten Griechen auch die Verbannung, um unliebsame Personen zum Schweigen zu bringen.

Der Dialog war Sokrates' Art der Lehre – die Platon gut aufgreifen konnte, um methodisch authentisch vorgehen und Sokrates gleichsam fortleben lassen zu können, ohne sich selbst dem Schicksal seines einstigen Lehrmeisters auszuliefern, wenn er gleichsam wie ein Historiker das Wirken des Sokrates beschrieb.

## … kein Ende des Unheils abzusehen …

Es ist die Sprache der Gaukler und der Fabulierer, die dem Menschen in allen Zeiten und auch in der Gegenwart und in freiheitlichen Gesellschaften den Maulkorb wenigstens erträglicher macht.

Vielleicht wäre es für Platon so weit nicht gekommen. Das Schicksal des Sokrates miterlebt, hatte Platon jedoch gute Gründe, seine sachlichen philosophischen Gespräche als Dialoge des Sokrates zu verfassen.

I. F. Stone (Isidor Feinstein Stone, * 24. Dezember 1907, † 18. Juni 1989) hat mit seinem Buch „Der Prozess gegen Sokrates" (im Original von 1988, in deutscher Sprache 1990) sehr interessante Aspekte beleuchtet.

Dort vertritt er klar die Ansicht, Sokrates habe schlicht die falsche Strategie zu seiner Verteidigung gewählt – die dann aber schlüssig zu seiner ganzen vorherigen Lebenshaltung passt:

> „Hätte Sokrates die Redefreiheit als ein Grundrecht aller Athener beschworen und nicht lediglich das Vorrecht einiger Selbsterwählter seiner eigenen Art betont, hätte er einen wichtigen, empfindlichen Nerv getroffen. Er hätte damit eine gewiße Achtung vor Athen gezeigt statt der belustigten Herablassung, die in der Apologie Platons nur allzu leicht erkennbar ist. Die Herausforderung wäre auch eine Anerkennung gewesen."
>
> (I. F. Stone: Der Prozeß gegen Sokrates, Paul Zsolnay Verlag Wien 1990 – Seite 253)

Stone hätte mit dem Thema kein Buch gefüllt, hätte er nicht auch die gesellschaftlichen und politischen Umstände und Umstürze beleuchtet, die überhaupt erst zur Anklage gegen Sokrates geführt hatten.

In möglicherweise illegitimer Verkürzung fasse ich Stone einmal zusammen, Sokrates habe in jener Zeit und in jenem Athen politischen und gesellschaftlichen Veränderungen im Wege gestanden. Er habe für ein überkommenes Athen und ein abgelaufenes Gesellschaftsbild gestanden – und daran festgehalten.

Aber womit sollte der „alte Knopp" die Gegenwart denn gestört haben, wenn er die Jugend mit seinem vermeintlich veralteten Denken vergiftete? Etwa mit seinem Hang zum Spott?

Wohl eher damit, dass er versuchte, der Jugend ein objektiv analytisches Denken zu vermitteln. Unter den Sophisten war Sokrates unbequem und störsam – neben den übrigen so pragmatisch ausgerichteten Sophistikern.

Ich zitiere, weil es eine gute Zusammenfassung der Verhältnisse bietet:

„Wurden mit Sophisten zunächst im Sinne des
Wortes alle ‚Gebildeten, Gelehrten' bezeichnet, so
verschiebt sich der Begriff jetzt auf solche Leute,
die umherziehend, meist für Geld, sich anboten,
jedermann die nötigen Fähigkeiten beizubringen,
die der Bürger jetzt benötigte: Redegewandtheit,
praktische Lebensklugheit und politische Staats-
kunst. Parallel zur Veränderung der politischen
Verhältnisse entwickelten sich auch die sittlichen
Anschauungen, und es kam zu einer allmählichen
Ablösung von den althergebrachten Sitten."
(aus der „Einleitung" zu: Platon, Sämtliche Werke,
Phaidon Verlag, Essen – leider ohne Jahresangabe
und ohne ausdrückliche Benennung des Autors der
Einleitung)
(dieselbe Quelle für das Zitat vier Seiten zuvor)
Laut Stone hatte Sokrates kein Geld von seinen
Schülern verlangt. So konnte er andererseits sagen
und lehren, was er für gut und richtig hielt. – Dass
seine Frau Xanthippe häufig mit ihm gestritten haben
soll, weil sie mit dem Haushaltsgeld regelmäßig kaum
zurecht kam, steht dabei auf einem ganz anderen Blatt,
dass ich hier nicht erörtern möchte.

Alles in allem störte Sokrates wohl die Herrschaften
und Verhältnisse dabei, ungestört ihr profitables Ge-
schacher zu betreiben. Darin nämlich störte er nicht nur
mit seiner Philosophie, sondern hatte das auch stets in
seinem Entscheiden und Benehmen so gehalten, wann
immer er (zyklisch) im Rat der Stadt beteiligt war.

Mag Sokrates auch noch so schräg gewesen sein…
Durch alle Quellen hindurch erkennt man einen zu-
tiefst demokratisch gesonnenen Kerl – mit einer hohen
Achtung vor Mensch und (geistiger) Freiheit. Wenn
man Stone folgen darf, hat er das allerdings nicht gut

ausdrücken können, wenn er seinen Spott auch über hoch angesehene Bürger ausgeschüttet haben soll – soviel sie ihm schlicht angepasst und käuflich erschienen.

Man muss insgesamt doch irgendwie staunen über solche Eigenheiten der antiken griechischen „Demokratie" – oder eher darüber, dass uns heute das antike Athen so gern als Matrize für Demokratie schlechthin gelten möchte.

Eher wohl möchte man mit Achtungsbekundungen und Ehrerbietungen den Spott übertönen, der uns aus dem alten Athen entgegenhallt – derweil wir unseren Kenntnissen über solche „Ur"-Demokratien nicht mehr entnehmen können, als resigniert anzuerkennen, der Mensch sei halt eben so…

Ich möchte also abschließend nur anmerken, dass etwa Aristoteles – durch sein hohes Ansehen und seinen Pragmatismus so enthusiastisch empfohlen – mich alles in allem nur enttäuscht hat, derweil er in seinem Pragmatismus die verheerenden Widersprüche in seiner eigenen Lehre nicht bemerkte – oder gern übersah, da sie ihm und seiner Bürgerklasse eher zuträglich sein mochten. Das zumindest ist meine (ganz persönliche) Kritik an Aristoteles, den es offenbar selbst schließlich nicht zum Allerbesten getroffen hatte:

Einst den Alexander – **den** Alexander (den **Großen**) – erzogen und unterrichtet, musste er nach dessen Tod Athen verlassen. Was immer das heißen mochte – zumal er dann nur ein Jahr darauf, und verglichen mit Sokrates oder Platon, im Alter von „nur" 62 Jahren eher jung im Exil verstarb…

Also zurück zum Schweigen…

Wer sich des Zuspruchs vieler sicher sein möchte, unterwirft sich zugleich selbst einem Anpassungsdruck: Das Bedürfnis in der Welt und anderen jemand Beachtliches zu sein – oder wenigstens darzustellen – lässt nicht allzu viel Spielraum für Abweichung.

Konformitätsdruck trifft jeden und be-trifft jeden. Nicht: auch jede Frau. Sondern schlicht: jedermann.

Edward A. Ross kann es noch so sehr glorifizieren, wenn er die Ansicht vertritt:

>»Den derben kraftstrotzenden Mann mag die gesellschaftliche Ächtung kalt lassen. Der Gebildete, Kultivierte mag sich dem Mißfallen seiner Nachbarn entziehen, indem er sich in andere Zeiten oder andere Kreise flüchtet. Aber für die Masse der Menschen sind Lob und Tadel ihrer Umwelt die Herrscher des Lebens.«
> (Noelle-Neumann, Die Schweigespirale, Langen Müller, 2001 – Seite 135)

Noelle-Neumanns unmittelbare Quellenangabe verschleiert die (geschichtlichen) Umstände einer solchen Äußerung – und mag mit 1969 der Autorin einige Aktualität bescheinigen. Tatsächlich handelte es sich um einen Reprint aus dem Jahre 1901 – wie der Verweis auf den Verweis offenlegt. Dem Gesamtverständnis tut es gut zu wissen, dass der US-amerikanische Soziologe Edward Alsworth Ross von 1866 bis 1951 (Spektrum [.de/lexikon/…]) gelebt hatte und offenbar als einer der Pioniere in der Sozialpsychologie gilt.

Ross sei also die stürmisch anmutende Behauptung nachgesehen, Raubeinigkeit oder Intellektualität könnten vor so etwas wie menschlichen Bedürfnissen schützen. Aber das sieht ja auch nur auf den ersten Blick so aus. Denn wo der „Gebildete, Kultivierte […] flüchtet", da ist dieser auch entwurzelt.

Mit einem also hat Ross sehr wohl recht: Wer wirtschaftlich geringere Möglichkeiten hat, konzentriert sich umso mehr auf sein nahes Umfeld; wer auch intellektuell geringere Möglichkeiten hat, konzentriert in diesem nahen Umfeld, der umso näheren Nachbarschaft, auch all sein Streben umso mehr auf die rein äußerlich ablesbare Konformität.

Was nun nach außen hin – ob man beruflich achtsam eingebunden, in dem einen oder anderen Verein engagiert, in religiösen oder sozialen Gemeinschaften eingebettet ist – als „geistige Heimat" oder als „Freundeskreis" teuer verkauft wird, muss nach innen teuer erkauft werden durch das Schweigen des Einzelnen:

---

### der hohe Preis der Anerkennung: das **Schweigen**

---

Hat man sich in ein Umfeld erst eingefunden, hat man sich eingebracht, hat man dadurch einen Platz errungen, so kann diese Bestätigung wiederum nur aufrechterhalten werden, indem man sich mit den Gegebenheiten abfindet und arrangiert. Der Golfclub oder der akademische Kreis unterscheidet sich in letzter Konsequenz überhaupt nicht von dem nachbarschaftlichen Umfeld, das Ross noch zumindest tendenziell abzuwerten scheint. Tatsächlich bleibt nur die Flucht – die Ross ja auch so benennt – in das gesellschaftliche Ansehen.

Was von außen kostbar schillert wie ein förderlicher Halt für den Einzelnen, das kann nach innen auch schnell ein (extrem) repressives System werden, dem das Individuum wiederum nur durch die Flucht nach vorn zu entrinnen vermag: durch mustergültige Anpassung.

Eines bleibt sich immer gleich: Die Währung für so etwas wie inneren Frieden ist die Anerkennung des Umfeldes – der Preis ist das Schweigen.

Der Kontext von „Öffentlichkeit" – die für Subgesellschaften wohl lieber als „soziale Kontrolle" beschrieben wird – beherrscht stets die Thematik. Aber die soziale Kontrolle inflationiert den Öffentlichkeitsbegriff – und beraubt **scheinbar** die „Schweigespirale" ihrer Bedeutsamkeit. – Was bleibt, ist wiederum ein Ringen um Geltung und Bedeutsamkeit – das seinerseits einer jeden Subgesellschaft als Geltungsraum und Forschungsobjekt die Aufmerksamkeit, ja überhaupt die Gültigkeit entzieht.

Bliebe es dabei, so wäre das bedauerlich: Man verspielte kostbare Chancen für die Erkenntnis – und verschenkte nicht einmal großzügig, sondern unbedacht und eher versehentlich umfassende Freisprüche an alle Formen von Subgesellschaften.

Was Noelle-Neumann schreibt, liest sich vielleicht etwas speziell – ist aber vorzüglich getroffen, wenn man dem Versuch, Definitionen zu finden, die einhergehende Härte der Grenzziehung etwas nachsieht: Mit Definitionen werden auch stets Claims abgesteckt und schroffe Kantenabrisse erzeugt.

„Die vier Annahmen sind:
1. Die Gesellschaft gebraucht gegenüber abweichenden Individuen Isolationsdrohungen.
2. Die Individuen empfinden ständig Isolationsfurcht.
3. Aus Isolationsfurcht versuchen die Individuen ständig, das Meinungsklima einzuschätzen.
4. Das Ergebnis der Einschätzung beeinflusst ihr Verhalten vor allem in der Öffentlichkeit und

*insbesondere durch Zeigen oder Verbergen von Meinungen, zum Beispiel Reden oder Schweigen."*
(Noelle-Neumann, Elisabeth, Die Schweigespirale, Langen Müller, 2001 – Seite 299)

Überhaupt nicht im Widerspruch dazu gibt Noelle-Neumann James Madison wieder, der ein deutlich größeres Verständnis dafür durchblicken lässt, wie flexibel im Grunde das Empfinden des Einzelnen für so etwas wie „Öffentlichkeit" ist:

*»Die Vernunft des Menschen, der Mensch überhaupt ist furchtsam und vorsichtig, wenn er sich allein gelassen fühlt, und er wird kräftiger und zuversichtlicher in dem Maße, in dem er glaubt, daß viele andere auch so denken wie er.«*

*(laut* Noelle-Neumann, Die Schweigespirale, Langen Müller 2001, *Seite 107; als Quelle benannt:* Madison, James, 1788, 1961: »The Federalist No. 49, February 2, 1788«. Jacob E. Cooke: The Federalist. Middletown, Conn.: Wesleyan University Press, S. 338 – 347)

James Madison war nicht nur der vierte Präsident der Vereinigten Staaten von Amerika. Sondern er war maßgeblich beteiligt an Ausarbeitung und Formulierung der US-amerikanischen Verfassung.

Frau Elisabeth Noelle-Neumann ist hochbetagt 2010 verstorben.

Es obliegt anderen, sich mit der „Schweigespirale" weiter zu befassen – und auch zu enttäuschen. Denn wie auch sie selbst schon deutlich darauf hingewiesen hatte, geht das damit einher, in Bezug auf den so genannten „mündigen Bürger" mithin umfänglich zu desillusionieren. Sollte ich sagen: Den so genannten „mündigen Bürger" zu **de**-maskieren?

So obliegt es anderen, den Menschen schlechthin vom hohen Ross zu stoßen – von dem aus die Pflicht des Einzelnen zur Rücksichtnahme innerhalb der Gesellschaft schnell vergessen ist. Von dem aus man sich auch so komod erheben kann über das innere Eingeständnis, dass einem eben nicht Schnuppe ist, was die anderen von einem denken.

Nicht ganz unerwartet ernüchternd ist es dann auch, wenn Noelle-Neumann uns schon einmal darauf vorbereitet, dass wir an die Entdeckung des Menschen nicht zu hohe Erwartungen richten sollten.

Auch wenn sie – milde, aber dazu nicht im Widerspruch – über ihre Begegnungen mit Menschen sagte:

(Frage – im Rahmen einer Fernsehsendung des Südwestrundfunks; 9. Januar 1964: „Sie wissen Bescheid über das Denken und Handeln der Menschen. Sind Sie in den letzten vierzehn Jahren zum Menschenfeind geworden?")

„Ich würde eher umgekehrt sagen. Sie müssen bedenken: Das Menschenbild, das unsere Kulturkritiker, auch unsere Publizistik entwirft, ist eigentlich recht unfreundlich. Was man von der Masse sagt und annimmt, ist eigentlich nicht freundlich. In meinem Beruf – und das geht glaube ich den meisten Menschen so, die mit Interviewen zu tun haben – ist man überrascht, wie viele Nachdenkliche, wie viele Hilfsbereite und mit ihrem Leben fertigwerdende Menschen einem begegnen. Ich gehe aus jedem Interview, das ich selber mache, eigentlich als Menschenfreund hervor."

Nun… Ich pflege zu sagen, „eigentlich" sei eines der gefährlichsten Worte im deutschen Wortschatz.

Was immer es also bedeuten mag, wenn Noelle-Neumann die „mit ihrem Leben fertigwerdenden Men-

schen" (keine miese Übersetzung, sondern mutter-
sprachlicher O-Ton) so bemerkenswert findet – um
damit zu belegen, sie sei „trotz" ihrer Profession kein
Misanthrop geworden…

Wenn es in derselben Reportage heißt:
(Sprecherstimme) „Sie fühlt sich verwandt mit
Nofretete",

dann überrascht eine solche Äußerung so wenig wie
die Tatsache, dass Frau Noelle-Neumann von tendenziell privilegierter Herkunft war. Darüber hinaus aber
fällt Frau Noelle-Neumann insgesamt – und beruhigend
– mehr als Mensch, denn als Königin auf.

1916 in Berlin geboren, Tochter eines Juristen, Enke-
lin eines Bildhauers, Urenkelin eines Dichters. „Erzogen" – wie uns der Sprecher jener Reportage über Frau
Elisabeth Noelle-Neumann wissen lässt – an einer Salemer Schule. Man ist geneigt zu vermuten, dass mit
„einer Salemer Schule" ein privates Internat gemeint
sei, das deutlich gut situierte Eltern erforderte.

Es mag auch ernüchtern, jedoch kaum noch sonder-
lich überraschen, wenn Noelle-Neumann – keinesfalls
zu Unrecht – Erik Zimen zitiert…

… der sich tief und intensiv mit Wölfen beschäftigt
hatte. Erk Ziemen hatte nicht nur **für** die Wölfe gelebt,
sondern auch **mit** ihnen, gleichsam als Wolf auf zwei
Beinen.

**Nur** auf den ersten Blick möchte nur **etwas** irritieren,
dass Noelle-Neumann auch Wölfe in ihre Betrachtungen einbezieht. Auf den zweiten Blick versteht man,
dass Wölfe recht ursprüngliche Sozialgemeinschaften
bilden. Insoweit taugt vieles, das dem Wolf zueigen ist,
um dem Menschen den Spiegel vorzuhalten.

»Für Wölfe ist«, so gibt Noelle-Neumann Erik Zimen
wieder…

*»Für Wölfe ist das Heulen eines anderen Wolfes ein sehr starker Auslöser, selbst zu heulen [...] Nicht immer aber zieht ein Einzelheulen den Chor nach sich. Das anfängliche Heulen eines rangniederen Wolfes z. B. ist seltener der Anlaß als das eines ranghohen.«*

*(Noelle-Neumann, E.: Die Schweigespirale; Langen Müller 2001 – Seite 139; aus: Zimen, E.: ,Der Wolf: Mythos und Verhalten', Meyster, 1978)*


*Ernüchternd eben.*

   *Aber doch auch so sehr menschlich.*


  ...

# Personenregister


Personenname  ............................................................  Seite

*Diese Listung erfasst nicht zwingend jede Person, die in diesem Buch einmal Erwähung finden könnte bzw. es wird nicht jede Stelle gelistet, wenn eine solche im Kontext nicht wesentlich ist.*

Aristoteles ....................................................... 524
Barron, Michael ........................................... 84, 87
Beranek, Leo Leroy ........................... 83, 90-92, 414
Bösendorfer, Ludwig ..................................... 368
Boldt, Antje ................................... 178, 192, 194
Briand, Aristide ..................................... 474/475
Boorstin, Daniel Joseph ............... 9, 16, 69, 521/522
Brooks, Michael ........................................... 521
Chladni, E. F. F. ................................. 42, 396-398
Fuchs, Helmut V. ................... 21-23, 69, 72, 76/77, 83-93,
.................... 130/131, 136/137, 202, 209,
.............. 211/212, 277, 289-292, 297-299,
.............. **306**, 356/357, 369-376, 379-387
.................................... 414-419, 465
Galilei, Galileo ..................................... 259/260
Hancock, Graham ........................................ 207
Hettler, Stefan ..................... 160, 164-168, 170/174
Hossenfelder, Sabine ............... 58-64, 176, 509/510
Kopernikus ..................................... 35, 259/260
Kuttruff, Heinrich ............ 34, 38-41, 45-47, 74, 238,
.................... 241-250, 376-378, 392, 404
Lissek ....................................... -> Pham Vu
Luther, Martin ............................. 259, 512-515
Madison, James ........................................ 532
Maue, Jürgen H. ............................. 344/345, 367
Mey, Reinhard ..................................... 467-469
Neppert, Joachim M. H. ................. 29-31, 342, 359,
.................... 362-364, 500/501

Nocke, Christian ...................... 129, 132/131, 137, 161/162,
........ 169-175, 179/181, 185-191, 263, 330,
...................... 333, 337-346, 355, 393, 461,
.............................. 489/490, 496
Noelle-Neumann, Elisabeth ............... 16, 508-511, 515-520,
........................... 522, 529-535
Pétursson, Magnús ......... 29-31, 342, 359, 362-364, 500/501
Pham Vu & Lissek ...................................... 138-142
Platon .............................................. 260, 523-528
Ptolemaios ............................................. 35, 260
Reinhard Mey ......................................... 466-468
Richard Wagner ............................................ 416
Roosevelt, Franklin D. ............................... 477-482
Ross, Edward A. ....................................... 529-531
Rousseau, Jean-Jacques ............................. 517-522
Sabine, Wallace D. ................... 52-57, 72, 88, 119-122, 140,
.................... 209/210, 212/213, 215-224,
.................... 227-231, 235, 263-265, 290,
........................................... 304, 414, 465
Sokrates ............................................... 523-528
Schrammel, Florian ...................................... 166
Schreier, Ursula ................................. 300/301, 346, 348-350
Stone, I. E. ...........................................525-527
Wagner, Richard ......................................... 416
Werner, Ulf–J. .................. 36, 41/42, 44, 48/49, 76, 239/260,
........................... 273-277, 284, 342, 392-394,
............................................... 398, 499/500
Xanthippe ............................................... 527
Zimen, Eric ........................................... 534/535
Zöller, Matthias .................................... 174, 192-194

# Stichwörter


Schlagwort  ..........................................................  Seite

*Die Auswahl der Stichwörter erhebt keinen Anspruch auf Voll-*
*ständigkeit und versteht sich nur als Orientierungshilfe.*

Abschirmung ............. 85, 112/113, 144, **253**, 267, 270-273, 359
Absorption .................. 22, 37, 52, 57, 84, 85, 88/89, 96-98, 108,
............. 119-122, 159, 183, 184, 189-191, 193, 196-
..............200, 202, 210, 213, 216, 217, 222, 230-234,
........................ 251-253, 264-267, 274, 290, 295, 299
............. 300/301, 304, 305/306, 312/314, 321, 327,
............. 331-333, 344, 347, 354/355, 369-372, 384-
............. 386, 389, 458/459, 463, 465/466, 494, 496
Absorptionsfläche, äquivalente ...................................... 304, 466
Anstellwinkel ............................. 421, 434-436, 445/446, 448/449
antike Theater .................................................. 412/413, 415/416
ASR A3.7 .......................... 180/181, 195, 323-326, 328, 329-337
Athen ................................................................... 523-528
Aufklärung ................................................. 259, 512-514
Bass ................... 83/84, 88-93, 113-116, 120/121, 131, 145-147,
.................................... 199, 229/230, 234, 312/314, 368/369
Bassfundament ................. 83/84, 89, 231-233, 369/370, 417-419
bass ratio ....................................................................... 90-93
Bedämpfung .............. 25, 28, 102, 107, 137, 162, 172, 174, 191,
.....................199, 242, 275/276, 301, 320, 323, 326,
.............................................. 371, 463, 465, 489-496
Berechnung der Raumkanten, Anmerkungen zur ................... 71,
......................... 98, 212/213, 251/252, 299/300
Betonboxen ................................................................. 412
Betonkernaktivierung ............................................. 186-191, 295
 = Betondecken, kernaktiviert
Beugungskante ......................................... siehe ,Schallbeugung'
Boxen aus Beton .......................................................... 412
C-Case ............................. 97, 100-102, 113, 142, 144-146, 419
Chancengleichheit ........................................ 152, 156, 187, 494
Chladnische Klangfiguren ...................................... 42, 396-398
Cochlea ...................................... 351, 353/354, 356-358, 360-362
+ Cochlea Implantat (= CI)
Deckenbedämpfung ............... 27, 47, 67, 103-106, 119,122, 132-
......... 137, 158/159, 186-190, 384, 492/493

DEGA ................................................................................... ist:
Deutsche Gesellschaft für Akustik e. V. ................... 83, 129, 150,
.......... 160/161, 163-166, 168, 175,
.......... 193, 329/330, 333, 337/338
Deutscher Schwerhörigenbund ............... 351, 353/354, 486, 488
Dichtewellen ..................................... siehe: ‚Longitudinalwellen'
Diffusion ......................... 48, 55, 85, 87, 116, 121/122, 193, 200,
................................... 209, 295, 302, 485-487, 489, 497
Diffusschall ....................................................... siehe: ‚Diffusion'
DIN 18041 ..................... 21/22, 56, 75, 100, 102, 107-109, 118,
......... 129-137, 148-158, 161-164, 165-187, 189-195,
................. 233/234, 265, 268, 288-291, 293-297, 299
....................... 301-303, 314/316, 323/324, 328-334,
....................... 337/338, 344-346, 352, 355, 371/372,
................ 379/380, 384 386-388, 390, 411/412, 414,
................ 417, 460-465, 467/468, 484/485, 489-491,
........................................ 493-497, 503, 509-511
DIN e. V. ...................................................... 329, 470-472, 511
Direktschall ................... 36/37, 93, 107, 122, 133/134, 185/186,
..................... 191, 200, 234/235, 293/294, 484-487,
.................................................. 490/491, 495-498
Dröhneffekt ...................................................... 288/289
Druckwelle ............................... 41, 237, 278, 280, 400-404, 455
Erstreflexion .................... 117, 119, 121/122, 145, 484-487, 496
Fachausschuss Bau- und Raumakustik .................... 129, 131/132,
.............................. 164, 166-168, 288, 329, 338
Fluglärm ....................................................... 503-506
Frequenzmodulation ............... 347, 349, 353/354, 359, 383, 401
Gesang .......................................... 55, 265/266, 409, 413, 419
große Welle im Hafen ........................................ siehe: Tsunami
Großraumbüro ................... 65 200, 233/234, 239, 265, 331, 458
HiFi-Anlage ........................................................ 65, 116, 119
Hörbeeinträchtigte ....... 132, 152/1453, 183, 225, 301, 346/347,
........ 348-355, 361, 372, 485, 487, 489/490,
.................................................. 493, 499
Hörgeräte ............................................. 347, 348-355, 464
Hörschnecke ................................................. siehe ‚Cochlea'
Hörschwelle ................................................ 48/49, 337, 342, 346
Ju 52 ........................... 421-429, 432-441, 444/445, 450
Kanteneffekt .................. siehe ‚Raumkante' / ‚Raumkanteneffekt'
Klassenraum ........ 75, 95-98, 100-127, 133-136, 144-146,

............ 149, 159, 181/182, 184-191, 197, 231, 235,
............ 266, 290, 293, 296/297, 316, 320, 352/353,
........................ 386-388, 417, 484-491, 494-499
kleine Räume ............ 21, 37, 95-98, 100-127, 133-136,184-191,
.................... 193/194, 212-215, 221-225, 235/236,
.................... 288-297, 299, 344, 462/463, 485-491
Konsonanten ................ 28-31, 36/37, 120, 191, 314, 339, 371,
.................... 389, 406/407, 489/490, 501/502
Lärmschutzwände ..................................................... 270-273
Lautsprecher, aus Beton ...................................................... 412
Luftdämpfung ........................................ 36/37, 191, 499/500
liaison dangereuses ....................................................... 517/518
Longitudinalwelle ........................ 44, 255-257, 282-284, 392-396
Martinsloch ............................................. 423, 432/433, 435-440
Megaphon ..................................................................... 413
Mehrpersonenbüro .................................... siehe ‚Großraumbüro‘
Mithörschwelle ...................................................... 373, 375-378
Musik ........................ 25, 55/56, 74-77, 79, 84-93, 113/116,
................ 119-122, 149-151, 210-212, 229-231, 264/265,
.............................. 312, 332, 353, 367-370, 373-376, 379,
.................................. 412/413, 414-419, 459
Nachhall (-zeit) ................... 38/39, 52-56, 83-93, 97/98, 100-106,
.......... 109-111, 120/121, 130/131, 142, 144-146,
... 148/149, 153, 155/156, 169, 177/178,181/182,
... 187/188, 192/193, 209-224, 232-234, 263-269,
... 293-296, 303/304, 314/316, 326-328, 330-332,
................. 337, 352, 371/372, 417-419, 460/461,
.............................. 464-466, 492-496
Odeia ......................................................................... 415
öffentliche Meinung ................... 476, 4717; 508-511, 515-519,
........................................ 522/523, 531/532
Orgel-Bombarden ............................................................ 369
Ornament ....................................................... 42, 394-396
Pearl Harbor .............................................................. 475-481
Piz Segnas ............................................ 422, 425/426, 438-440
Psychoakustik ..................................................... 144, 341, 377
Rauigkeit .............................. 69/70, 199, 359, 384, 400-403
Raum, klein ............ 37, 96/97, 107, 129, 133/134, 193/194, 212
............. 224, 269, 288-293, 299, 344, 411, 462, 486
    mittelgroß ............ 96, 129, 194, 200, 236, 288ff, 303, 411
    windschief ................................................. 138-144, 292

Raumdiagonale .................................................... 134, 497/498
Raumkante ............ 22, 26/27, 68-77, 85/86, 96-99, 101-103,110,
........ 113-119, 121-122, 131/132, 136-138, 144/145,
.............. 159, 181-185, 188-190, 197-203, 205/206,
........ 209-216, 217/218, 221, 223-227, 230, 234-236,
.............. 237, 245/246, 250/251, 253, 266-269, 279,
.................... 287, 289-297, 298, 301-307, 312-320,
.................... 326/327, 352/351, 359-361, 370, 376,
............ 379-386, 400-405, 411, 417-419, 452-459,
.......................... 462, 465/466, 486/487, 489-492
Raumkanteneffekt ............................................ siehe vorhergende
Raumklimatisierung
    über aktivierte Betondecken ...... siehe ‚Betonkernaktivierung‘
Raumproportionen ................................................ 288, 291/292
ReFlx .............. 95-99, 100-127, 145/146, 185, 197-200, 203/204,
................ 213, 251-253, 291, 306-308, 312-320, 409-411,
........................ 419, 455-459, 460/461, 466, 491/492, 497
Resonanz ...................... 22, 47, 70, 87, 146, 191, 217, 262, 305,
.................................... 327, 359, 409, 412, 419, 457
Rückwandbedämpfung .................... 118, 159, 296/297, 386, 462,
.............................................. 486, 489, 495-497
Schallausbreitung .................... 37, 255, 280, 283, 305/306, 308,
................................................ 400, 499/500
Schallbeugung ............ 37, 239-246, 249/250, 270-273, 278/279
Schalldruck ............................ 34, 43, 47-50, 108, 133, 158, 234,
.................... 236, 237, 245-248, 272, 277, 293/294,
............ 299, 356, 363, 368, 371, 374, 384, 393, 403,
.................... 406ff, 452, 455, 488, 490, 500/501, 503
Schallschutz ...................... 160/161, 163-168, 270-273, 330, 334
Schallschutzwände ............................................... 270-273
Schallstrahl .......... 34-41, 45, 237-245, 248, 279, 302, 391, 401
Schallwelle ........................ 41-44, 45/46, 50, 238, 241-244, 247,
................................................ 250, 284, 391-393
Schirmkronen ....................................................... 270-273
Schweigespirale ...................... 510-513, 517-525, 532-537
Schwerhörige ........................................ siehe: Hörbeeinträchtigte
Schwerhörigkeit .................................... siehe: Hörbeeinträchtigte
Seebeben ................................................ 207, 255, 280-283, 455
soziale Kontrolle ........................................ 508/509, 515, 530/531
Spiegelschallquellen ........................ 71, 246, 249-251, 400/401
Sprachbanane ........................................ 339/340, 501

Sprachbereich ................................................... 77, 338-347, 367
Sprechschallfläche ..................................... siehe: Sprachbereich
Sprachverständlichkeit ...................... 27, 28, 37, 74/75, 86, 99,
.................. 100-127, 131-133, 137, 144-146,
............. 148-159 , 177/178, 181, 183-186,
...... 189/190,197, 211, 233/234, 294-297,
..... 300-302, 325-327, 332-337, 341, 345,
.......... 350-355, 371/372, 388, 411, 412,
............ 414-417, 458, 460/461, 464-466,
..................................... 484-491, 495ff
städtische Realschule Waltrop .......................... 97, 103, 106,
......... 108, 118, 120, 144, 315, 466
STI ...................................... (siehe auch: Sprachverständlichkeit)
....................................... 99, 103-122, 123, 460/463
Stimmbänder, Stimmlippen ............................................ 135, 408
Strömungsabriss ..................................... 278, 420ff, 445ff, 452ff
Subkontra C (auch: Subkontra-C) ......................................... 369
tiefe Frequenzen ................... 39, 45, 70, 83ff, 102/103, 113, 116,
.......... 120/121, 122, 129ff, 138ff, 197,199, 201,
..... 209, 212/213, 232, 288-291, 326, 341, 356,
................ 361/362, 367ff, 371ff, 379ff, 417/418
tiefster Ton ................................................ 45, 368/369
Theater, antike ............................... 53, 412/413, 415/416
amerikanische ................................. 215, 219-221
Ton, tiefster (tiefes C) ............................................. 369
Träger von Hörgeräten ... 132, 157/158, 188/189, 294, 300, 301,
.................. 346/347, 348ff, 487/488, 492
Tsunami ................................... 206/207, 256, 278-283
Turbulenz ............................ 202ff, 246/247, 253-255, 283,
................................... 306/307, 420, 452ff
Überdämpfung ............... 107, 158/159, 186, 188, 190, 293, 296,
................................... 384, 462-464, 489-496
„Unterton" ........................................................ 146/147, 385
................................... (siehe auch: Bassfundament)
Violine ........................................................ 120, 229/230, 262
Verdeckung
  (durch störende Frequenzen).................... 86/87, 136, 356, 371ff
Vokale ..................................... 28-30, 36, 407/408, 489,501/502
Welle, Wasser- .... 206/207, 255-257, 279-296, 306-311, 452-455

raumakustik-premium.de

FSC
www.fsc.org
MIX
Papier aus ver-
antwortungsvollen
Quellen
Paper from
responsible sources
FSC® C105338